5G
丛书

软件定义移动网络

超越传统架构

Software Defined Mobile Networks(SDMN)
Beyond LTE Network Architecture

马杜桑卡·利亚纳吉（Madhusanka Liyanage）

[芬]　　　　安德烈·格托夫（Andrei Gurtov）　主编

米卡·伊兰提拉（Mika Ylianttila）

肖善鹏　郭霏　张悦　张蕾　张魏魏　译

机械工业出版社
CHINA MACHINE PRESS

软件定义网络（SDN）是一种面向未来的技术，可以为移动网络提供所需的灵活性、可扩展性和性能改进。而软件定义移动网络（SDMN）将在超越传统架构移动网络中发挥关键作用。本书提供了对 SDMN 的可行性的深入讲解，并评估了应用于移动宽带网络的新技术的性能和可扩展性限制，以及 SDMN 将如何改变当前移动通信网络的网络架构。

　　本书由许多学术界权威研究人员和产业界一线资深工程师共同创作，提供了超越目前移动通信网络架构和可行性实施方面的理论原则。

　　本书以易于理解的简单风格编写，向通信研究人员、一线工程师、相关专业师生传授最新的电信知识，为其解读 SDMN 的前沿理论，以助其应对未来创新竞争。

　　北京市版权局著作权合同登记　图字：01-2015-6384 号。

图书在版编目（CIP）数据

软件定义移动网络：超越传统架构/（芬）马杜桑卡·利亚纳吉（Madhusanka Liyanage）等主编；肖善鹏等译．—北京：机械工业出版社，2019.1
　　（5G 丛书）
书名原文：Software Defined Mobile Networks（SDMN）: Beyond LTE Network Architecture
ISBN 978-7-111-61548-4

Ⅰ．①软…　Ⅱ．①马…　②肖…　Ⅲ．①移动网络　Ⅳ．①TN929.5

中国版本图书馆 CIP 数据核字（2018）第 279360 号

机械工业出版社（北京市百万庄大街 22 号　邮政编码 100037）
策划编辑：林　桢　责任编辑：林　桢
责任校对：刘雅娜　封面设计：鞠　杨
责任印制：张　博
北京铭成印刷有限公司印刷
2019 年 2 月第 1 版第 1 次印刷
184mm×240mm·20 印张·1 插页·496 千字
标准书号：ISBN 978-7-111-61548-4
定价：89.00 元

凡购本书，如有缺页、倒页、脱页，由本社发行部调换

电话服务	网络服务
服务咨询热线：010-88361066	机工官网：www.cmpbook.com
读者购书热线：010-68326294	机工官博：weibo.com/cmp1952
010-88379203	金书网：www.golden-book.com
封面无防伪标均为盗版	教育服务网：www.cmpedu.com

原书推荐序一

在设计之初，互联网便是一个去中心化的分组交换网络，它支持多重冗余和容错，拥有很多的外围计算组件。时至今日，互联网已经占据了社会信息和通信技术（ICT）的大部分应用，从电视、音乐到视频流，再延伸到网络接入和交互式通信（语音和视频电话），甚至支持不同环境中的机器设备互连，并进一步连接到网络。与此同时，在摩尔定律的驱动下，价格下降、功耗降低、设备尺寸变小等因素导致计算、存储和联网变得更加便宜，以至于几乎所有的产品都可以融入智能化。企业 IT 系统也正在迅速向云计算转变，从而使计算、联网和存储服务的部署效率大幅提升。互联网和廉价计算正在创造一个网络化的社会，在这个社会中，任何能够从互连中受益的东西都将被连接起来，这将对社会生活产生更广泛的影响。

支撑网络社会的技术核心是移动网络，它一方面为人与人之间的通信提供连接，另一方面为物联网设备提供连接。而今天，移动网络面临的挑战与日俱增，不同业务的传输特性有很大差异，例如，传感器读数往往是周期性的小包数据，而高清视频流的数据量就很大，同时车载通信和工业互联网应用等新业务则对安全性、时延和可靠性提出了严格的要求。这样，移动运营商必须构建和提供能够满足海量数据需求的网络，并简化根据客户需求定义和部署新业务的方式。随之而来的是，面对这些挑战，供应商必须为运营商提供低成本、高效率的解决方案。

令人感到庆幸的是，新技术正在帮助 ICT 行业应对挑战。最初，业界为企业网络开发了云计算和软件定义网络（SDN），目前欧洲电信标准化协会（ETSI）网络功能虚拟化（NFV）项目正在努力将这些新技术带给运营商网络，包括移动网络。本书对软件定义移动网络（SDMN）中的重要问题进行了探讨，代表了近年来学术界和产业界研究的最新成果。正如本书所述，SDMN 的研究将在定义 NFV 和 5G 移动网络方面发挥关键作用。

Ulf Ewaldsson

爱立信高级副总裁，CTO

原书推荐序二

受用户需求和新技术的驱动，移动网络正进入一个激动人心的发展时期。新的核心技术包括网络功能虚拟化（NFV）和软件定义网络（SDN），这两个概念经常被人们同时谈起，甚至混为一谈。简而言之，NFV 将网络功能与底层硬件和软件平台分开，而 SDN 将网络控制与用户数据路由分开。这些技术在容量伸缩、降低成本以及引入新业务的灵活性和速度方面具有很大优势。NFV 的概念已经得到广泛的认同，例如，经过 ETSI 的标准化工作，基于 NFV 的产品正在进入商用领域。然而对于如何在移动网络中使用 SDN，业界还缺乏广泛的共识，所以本书及时弥补了这一空白。为了在移动网络中充分发挥 NFV 和 SDN 的作用，我们需要重新审视现有的网络架构。

本书既有深度又有广度，介绍了 SDN 和 NFV 领域的最新技术，探索了利用 SDN 和 NFV 发展移动网络的潜在途径，还讨论了系统级和产品级体系架构以及网络管理、服务质量和安全性等关键问题。本书揭示了移动网络演进和未来 5G 架构定义的核心技术，虽然没有给出最终答案，但展示了有关移动网络 SDN 和 NFV 最前沿的研究成果。

Lauri Oksanen
诺基亚研究和技术副总裁

原 书 前 言

本书主要介绍软件定义移动网络（SDMN）架构的最前沿技术。业界对利用 SDMN 解决当前移动网络存在的局限性寄予厚望，该架构在灵活性、伸缩性以及性能方面做了必要的改进，使得移动网络能满足未来移动流量的增长预期。

本书探讨了 SDMN 概念的可行性及由此带来的机会，对 SDMN 架构在性能和伸缩性方面存在的不足进行了评估。本书对后 LTE 移动网络架构及其实现方面也进行了理论探讨。

SDMN 架构以软件定义网络（SDN）和网络功能虚拟化（NFV）理论为基础。本书致力于评估、定义并验证与未来 SDMN 有关的 SDN 和 NFV。可以预见，SDMN 将改变当前移动网络的架构，为业务、资源和移动性管理带来新的机遇，同时也将给网络安全带来新的挑战，并且将影响网络成本、价值链、业务模式以及对移动网络的投资。本书组织严密、可读性强，是学习 SDMN 各方面知识的优秀参考书。本书既包含一般性的介绍，也为有一定知识背景和水平的读者提供了更深层次的参考。

SDMN 的需求

20 世纪 80 年代诞生了全球第一个移动通信网络。在过去几十年中，移动通信技术取得了长足的进步，移动业务不断发展、上网速度迅速提升、内在的移动性支持吸引了大量用户。因此，移动通信正成为许多人主要甚至唯一的网络接入方式。当前的移动网络上运行着复杂的网络业务，如 IP 语音（VoIP）、高清视频流、高速宽带连接和移动云服务等，因此每年的移动业务流量急剧增加。预计未来数年，移动数据流量将比有线互联网增长得更快。因此，必须升级移动网络才能满足流量的增长需求，并支持迅速发展的移动服务市场。然而，由于无线带宽资源非常有限，回传网络设备既复杂又不灵活，提高移动网络容量的努力总是充满挑战。

另外，电信业目前的经营环境正在发生着日新月异的变化。电信市场的竞争本来就很激烈，今天的移动运营商又迎来了新的竞争对手，包括通过互联网向用户提供各种应用服务（OTT）的市场参与者、云运营商和成熟的互联网服务提供商（ISP）巨头。因此，运营商需要通过压缩硬件成本以最大限度地减少网络的资本开支（CapEx），并最大限度地提高硬件资产的利用率以降低运营开支（OpEx）。为了迎接这些挑战，移动网络不仅要通过体系架构和流程的优化提升现有资源的利用率，而且还要引入新的组件或技术来提升网络容量。

正是基于此，SDN 和 NFV 被认为是非常有前景的技术。以 SDN 和 NFV 为基础的 SDMN 架构，有望解决目前移动网络面临的问题。SDN 在灵活性、伸缩性和性能方面进行了必要的改进，使移动网络满足流量增长预期。NFV 提供了设计、部署和管理网络业务的新方法，可以通过软件来实现网络功能，从而允许网络功能与专用硬件设备解耦。

引入 SDN 的概念有望解决当前移动网络面临的许多问题。在 SDN 使能的电信网络中，每个运营商都可以灵活地开发新的网络概念、优化它们的网络，并满足特定用户的需求。此外，SDMN 网络交换机是软件可编程的，可以通过先进的敏捷编程方法来开发，该软件开发方法可以更快地完成开发迭代，与现有的移动回传网络设备开发方法相比更有优势。

SDN 和 NFV 的发展

在过去的几十年中，为解决电信网络的灵活性、伸缩性以及性能方面的问题，业界发起了多个倡议，如"电信信息网络体系架构（TINA）论坛"、智能网和主动网络等。由于实施阶段的失败和缺乏产业巨头的支持，这些架构最终都没有实现。然而，SDN 和 NFV 已经达到了商用的水平，几乎所有的设备制造商都在设计 SDMN 的产品，且有些电信设备制造商已经开始向移动网络运营商提供 SDMN 产品了。

一方面，我们确实在网络接入设备、应用和服务中看到了大量的创新，但是网络基础设施毕竟是由复杂而不太灵活的设备组成的，流量的快速增长对这些设备提出了更高的要求。SDMN 架构改变了底层的电信网络基础设施，无论是 SDN 还是 NFV，都为设计、构建和运营电信网络提供了新的思路。

SDN 的引入使得控制平面与数据平面可以解耦，并通过第三方软件客户端就可以远程访问并修改控制平面。因此，当前的移动网络正朝着以流为中心的模式发展，这种模式可以使用廉价的硬件和一个在逻辑上集中的控制器。NFV 支持可配置共享网络资源池的访问，使得泛在的、便捷的、按需的网络接入成为可能。

因此，SDN 和 NFV 创建了一个新的电信网络环境，它能够支持快速的业务创新和拓展，还可以在不影响用户体验的条件下更有效地利用和优化网络资源。

SDMN 标准化

许多标准化组织已经开始了 SDMN 的标准化工作，而标准化通常是新技术得到广泛应用的第一步，因此标准化工作对于电信领域的所有参与方都意义重大。

欧洲电信标准化协会（ETSI）是一个由产业领导的标准开发组织，从 2012 年开始就致力于未来移动网络 NFV 的标准化工作，也是目前从事这一工作的最大的电信组织。起初，全球七大领先的电信网络运营商在 ETSI 发起成立了 NFV 行业规范组（ISG NFV）。在过去的两年里，这个组织发展很快，ISG NFV 目前由超过 220 家公司参与，涵盖了全球 37 家大型服务提供商。目前这个由专家组成的大型社区正在紧张开发 NFV 所需的标准，并分享他们早期的 NFV 开发及实践经验。

另一方面，作为非营利组织的"开放网络基金会（ONF）"，也在致力于加速开放 SDN 的部署，它也是 SDN 领域领先的标准化组织。ONF 成立于 2011 年，其成员已经发展到 100 多家，包括电信运营商、网络服务商、设备供应商和虚拟化软件供应商。2014 年，ONF 正式成立"无线和移动工作组（WMWG）"。如果要把 SDN 扩展到无线和移动领域（包括无线回传网络和 LTE 分组核心网 EPC），在架构和协议方面都需要做出调整，WMWG 就负责分析这些方面的需求。

自 2014 年以来，这两个组织已开始在它们的标准化工作上进行协作。ETSI 与 ONF 签署了战略合作协议，以利用 SDN 进一步深化 NFV 规范的开发。

此外，ITU（国际电信联盟）电信标准化委员会的若干研究小组（SG）已经着手研究如何把 SDN 用于公共电信网络。例如，SG13（未来网络工作组）聚焦在为 SDN 移动网络定义功能要求和体系架构，SG11（信令工作组）配合 SG13 为 SDN 架构开发信令需求和协议。

此外，其他各种研究团体如互联网工程任务组（IETF）下的软件定义网络研究组（SDNRG）、光互联网论坛（OIF）、宽带论坛（BBF）和城域以太网论坛（MEF）也在研究 SDN 和 NFV 在不同的网络场景下的部署问题。

虽然我们几乎无法预测未来的网络架构，然而，引入 SDMN 确实能够带来好处。在研究机构和行业巨头的鼎力支持下，SDMN 已经成为未来移动网络最有前景的候选技术。

目标读者

对于正在设计新型电信设备的行业或中小企业，正在运营商网络中实现新技术的网络工程师，下一代移动网络领域的研究人员，以及对于正在研究网络安全、移动性管理，或技术经济学领域的硕士或博士研究生，本书会很有吸引力。

本书提供了网络虚拟化以及与下一代移动网络相关的 SDN 方面的最前沿知识，有助于行业或中小企业基于本书的研究成果来创新解决方案，并把这些创新方案应用到产品中，使其在充满挑战的电信市场继续保持竞争力。网络运营商可以获得诸如 SDN 和虚拟化等最新的网络技术，同时它们也可以早点看到 SDMN 在成本、伸缩性、灵活性、安全性等方面的优势。SDMN 带来了更多的可能性，能够帮助运营商应对日益增加的成本和竞争压力。

最后，本书有助于向研究机构、大学生及青年科学家们传授最新的电信知识，也向该研究领域的新人完整地介绍了 SDMN 的概念。此外，本书还对几个相关的研究领域进行了概括，如虚拟化传输/网络管理、流量、资源和移动性管理、移动网络安全及技术经济学建模等。

本书的组织结构

本书由 5 个部分组成：第 1 部分引言，第 2 部分 SDMN 架构及网络实现，第 3 部分流量传输和网络管理，第 4 部分资源管理和移动性管理，第 5 部分安全和经济方面。

第 1 部分包括 SDN 和当前移动网络体系架构的概述和背景知识，简要介绍了 SDN 的概念和移动网络体系架构的历史演变。第 1 章的概述部分，介绍了 SDMN 的基础架构。该章首先讨论了现有移动架构的不足，进而介绍了 SDMN 架构的高级特性以及由其带来的好处。第 2 章介绍了移动网络的演变，分析了移动通信的市场趋势和业务预测。在此基础上，该章还阐述了未来移动网络的需求。第 3 章对 SDN 的概念进行了解释，介绍了 SDN 的历史、发展及其在各种领域的应用，同时对产业和标准化组织中与 SDN 有关的活动进行了简要总结。第 4 章详细研究了 SDN 技术如何应用于无线领域，说明了 SDN 应用于无线网络时所面临的机遇和挑战。第 5 章介绍了 SDN 在未来 5G 无线网络设计中的作用，还包含了一个以 SDN 为基础的 5G 移动系统的趋势、前景和挑战的调研。

第 2 部分包括 SDMN 架构的基础知识和各种实现场景，介绍了 SDMN 的最新技术，以及为了更广泛地部署 SDMN 需要对当前 LTE 架构所做的改变。第 6 章简要介绍了 LTE 网络架构及其向基于 SDN 的移动网络的演进，该章阐述了基于 SDN 的移动网络如何使移动运营商和最终用户受益。第 7 章介绍了演进分组核心网（EPC）的部署模型，在该模型中，EPC 功能是作为服务在云计算基础设施的虚拟化平台上进行部署的。本章还阐述了通过跨域编排将 EPC 服务集成到更多运营商网络时 SDN 的潜力和优势。第 8 章讨论了软件定义移动网络（SDMN）中非常重要的控制器放置问题（CPP），给出了可用的解决方案和方法，分析了相关算法的性能指标。对于开源平台软件控制的电信云，第 9 章分析了影响其未来演进的因素。

第 3 部分讨论了 SDN 对未来移动网络的流量传输和网络管理功能的影响，同时也阐述了

SDMN 的伸缩性以及如何对 SDMN 流量传输进行优化。第 10 章介绍了欧洲电信标准化协会（ET-SI）的网络功能虚拟化（NFV）体系架构及 SDN 对移动网络环境提供的底层支持。第 11 章介绍了移动网络业务管理的主要构成，也对 3G/4G 网络中的服务质量（QoS）和动态策略控制进行了介绍，然后讨论了 OpenFlow 交换机 QoS 执行的典型特征，提出了把应用层业务优化协议集成到软件定义网络的新技术（该技术可用于改进资源选择）。第 12 章介绍了动态服务链，可用于分组核心网、无线接入网内以及用户设备（UE）间直接通信，证明了 SDN 对移动应用的适用性。第 13 章介绍了软件定义移动网络中的负载均衡技术，讨论了当前负载均衡技术中存在的主要挑战，阐述了对软件定义移动网络新型负载均衡技术的需求。

第 4 部分解释了在适应 SDN 的同时，未来移动网络在资源管理和移动性管理方面面临的各类挑战。第 14 章介绍了 SDN 使能的互联网业务 QoE 监控和执行框架，该框架通过基于流的、以网络为中心的体验质量监控和执行功能，增强了移动网络和软件定义网络中现存的服务质量管理功能。第 15 章讨论了在互联网中基于 SDN 的移动性管理，回顾了现有的互联网移动性管理协议，并解释了为什么 SDN 有利于解决现有的互联网移动性管理方面的问题。第 16 章首先回顾了现存 MVNO 的架构，解释了该架构的局限性。此外，从 SDN 的角度来看，可为现有的 MVNO 添加可重配置的移动网络参数并增强移动网络的功能，第 16 章也对此进行了解释。

第 5 部分涉及安全和经济方面，对未来移动架构的安全挑战和 SDMN 安全管理有关的文献进行了全面综述。此外，该部分还讨论了虚拟化移动网络环境下的商业案例，同时还介绍了演进型和变革型两种 SDMN 产业架构。第 17 章阐述了传统安全模型的不足，提出了为 SDMN 开发包容性的内在安全模型的需求。第 18 章介绍了 SDN 和 NFV 引入的安全问题，以及将这些技术整合到未来移动网络而成为软件定义移动网络（SDMN）所带来的安全问题。最后，第 19 章定义了关键的业务角色，介绍了演进型和变革型 SDMN 产业架构，并讨论了移动网络产业不同利益相关方的观点。

致谢

本书聚焦于软件定义移动网络，这是通过很多人的努力才完成的一个成果。首先，我们要感谢本书的每一位作者，他们的工作非常出色！

如果没有大家的贡献，本书是不可能完成的。编著本书的想法最初源自我们在 SIGMONA（通用移动网络架构中的 SDN）项目中的工作，项目的合作伙伴不仅大力支持我们，还为本书各个章节的写作做出了贡献。我们要感谢 CELTIC SIGMONA 项目所有的合作伙伴。

还要感谢所有审稿人帮助我们为本书确定了合适的章节。此外，要感谢所有匿名参与审稿的专家，他们对所有的建议进行评估，并对如何改进提出了许多有益的见解。我们很荣幸地邀请到爱立信公司的 Ulf Ewaldsson 先生和来自诺基亚公司的 Lauri Oksanen 先生为本书撰写了序言，非常感谢他们。我们要感谢来自 John Wiley & Sons 出版社的 Clarissa Lim、Sandra Grayson、Liz Wingett 和 Anna Smart，感谢他们在本书出版过程中给予的帮助和支持。此外，我们要感谢思科公司的 Brian Mullan 先生、诺基亚公司的 Jari Lehmusvuori 先生和爱立信公司的 James Kempf 先生，他们在各种场合一直支持本书的写作，直至完成。

此外，还要感谢无线通信中心（CWC）和奥卢大学，它们承担了 SDN 移动相关的研究项目，这些项目为本书打下了基础。我们同时要感谢芬兰国家技术创新局（TEKES）及芬兰科学院，它们在 CWC 和 HIIT 资助了相关的研究工作。Madhusanka 还要感谢他的妻子 Ruwanthi Tissera，她不仅大力支持本书的写作，而且还参与了校对方面的工作。

最后，同样重要的是，要感谢我们的每一个家庭以及我们的朋友们对完成本书投入的热忱和支持。

Madhusanka Liyanage，Andrei Gurtov，Mika Ylianttila

目　　录

原书推序一

原书推序二

原书前言

第 1 部分　引言 ……………………… 1

第 1 章　概述 ………………………… 1

1.1　现有移动网络及其局限性 ……… 2

1.2　软件定义移动网络 …………… 3

1.3　SDMN 的主要优势 …………… 4

1.4　结论 ………………………… 5

参考文献 …………………………… 6

第 2 章　移动网络的历史 …………… 7

2.1　概述 ………………………… 7

2.2　移动网络的演进 ……………… 8

2.3　当前移动网络的局限性和挑战 … 10

2.4　未来移动网络的需求 ………… 13

参考文献 …………………………… 14

第 3 章　软件定义网络概念 ………… 15

3.1　引言 ………………………… 15

3.2　SDN 的历史及演进 …………… 16

3.3　SDN 模式及应用 ……………… 20

3.4　SDN 对科研及产业的影响 …… 28

参考文献 …………………………… 30

第 4 章　软件定义无线网络 ………… 33

4.1　引言 ………………………… 33

4.2　无线 SDN …………………… 34

4.3　相关工作 …………………… 37

4.4　无线 SDN 的机遇 …………… 38

4.5　无线 SDN 的挑战 …………… 42

4.6　结论 ………………………… 44

参考文献 …………………………… 44

第 5 章　SDN 用于 5G 网络的趋势、前景

　　　　和挑战 …………………… 46

5.1　引言 ………………………… 46

5.2　无线通信向 5G 演进 ………… 46

5.3　软件定义网络 ………………… 48

5.4　NFV ………………………… 49

5.5　以信息为中心的网络 ………… 51

5.6　移动和无线网络 ……………… 52

5.7　协作式蜂窝网络 ……………… 54

5.8　控制平面的统一 ……………… 56

5.9　自动 QoS 配置 ……………… 58

5.10　认知网络管理及运维 ………… 58

5.11　卫星通信在 5G 网络中的

　　　角色 ……………………… 59

5.12　结论 ………………………… 60

参考文献 …………………………… 61

第 2 部分　SDMN 架构及网络

　　　　　实现 …………………… 63

第 6 章　LTE 架构与 SDN 的集成 …… 63

6.1　概述 ………………………… 63

6.2　将移动网络重构为 SDN ……… 63

6.3　移动回传网络的伸缩 ………… 70

6.4　安全性和分布式防火墙 ……… 74

6.5　SDN 和 LTE 集成的好处 …… 76

6.6　SDN 和 LTE 集成给终端用户

　　　带来的好处 ………………… 78

6.7　相关工作及科研问题 ………… 80

6.8　总论 ………………………… 81

参考文献 …………………………… 82

第7章　云 EPC ···················· 83

7.1　引言 ························· 83

7.2　云 EPC 1.0 版本 ·········· 89

7.3　云 EPC2.0 版本 ·········· 91

7.4　把移动服务引入 SPSDN 跨域
　　编排 ······················ 96

7.5　总结及结论 ············· 98

参考文献 ························ 98

第8章　SDMN 控制器放置问题 ·· 101

8.1　引言 ······················· 101

8.2　SDN 与移动网络 ········ 102

8.3　SDMN 控制器放置的性能
　　目标 ······················ 103

8.4　控制器放置问题（CPP） ·· 106

8.5　结论 ······················· 115

参考文献 ······················ 115

**第9章　移动网络技术演进：开放 IaaS
　　　云平台** ···················· 117

9.1　引言 ······················· 117

9.2　技术演进的一般规律 ···· 117

9.3　研究框架 ·················· 119

9.4　云计算概论 ·············· 120

9.5　平台举例：OpenStack ···· 121

9.6　案例分析 ·················· 122

9.7　讨论 ······················· 126

9.8　总结 ······················· 129

致谢 ···························· 129

参考文献 ······················ 129

第3部分　流量传输和网络管理 ··· 131

**第10章　移动网络功能和服务交付虚拟
　　　化与编排** ················ 131

10.1　引言 ······················ 131

10.2　NFV ····················· 131

10.3　SDN ····················· 141

10.4　移动性案例 ············· 142

10.5　数据中心的虚拟网络 ···· 144

10.6　总结 ······················ 144

参考文献 ······················ 144

**第11章　软件定义网络中的流量管理
　　　研究** ···················· 146

11.1　引言 ······················ 146

11.2　移动网络的流量管理 ···· 146

11.3　QoS 执行及 3G/4G 网络的
　　　策略控制 ··············· 147

11.4　SDMN 中的流量管理 ···· 154

11.5　SDMN 中的 ALTO ······ 156

11.6　总结 ······················ 161

参考文献 ······················ 161

**第12章　用于移动应用服务的软件定义
　　　网络** ···················· 163

12.1　概述 ······················ 163

12.2　3GPP 网络架构概述 ····· 164

12.3　无线网络架构向 NFV 和 SDN
　　　演进 ····················· 165

12.4　NFV/SDN 服务链 ······· 168

12.5　开放研究与未来的课题 ·· 174

致谢 ···························· 175

参考文献 ······················ 175

**第13章　软件定义网络中的负载
　　　均衡** ···················· 176

13.1　引言 ······················ 176

13.2　SDMN 负载均衡 ········ 179

13.3　负载均衡技术未来发展方向和
　　　挑战 ····················· 191

参考文献 ······················ 192

**第4部分　资源管理和移动性
　　　管理** ···················· 193

**第14章　SDMN 中互联网业务 QoE
　　　管理框架** ················ 193

14.1　概述 ······················ 193

14.2　引言 ······················ 194

14.3　最新情况 ················ 194

14.4　QoE 框架结构 ··········· 195

14.5　质量监测 ················ 196

14.6　质量规则 ……………… 201
14.7　QoE 执行 ……………… 202
14.8　示例 …………………… 202
14.9　总结 …………………… 204
参考文献 ………………………… 205
第 15 章　软件定义的移动互联网移动性
　　　　　管理 ………………… 206
15.1　概述 …………………… 206
15.2　互联网移动性和问题陈述 … 208
15.3　软件定义互联网移动性管理 … 213
15.4　结论 …………………… 222
参考文献 ………………………… 223
第 16 章　以软件定义网络的视角看移动
　　　　　虚拟网络运营商 …… 225
16.1　引言 …………………… 225
16.2　以 SDMN 的视角看 MVNO 体系
　　　架构 …………………… 229
16.3　MNO、MVNE 及 MVNA 与 MVNO
　　　的交互 ………………… 230
16.4　3G、4G 和 LTE MVNO 的
　　　发展 …………………… 236
16.5　认知 MVNO …………… 237
16.6　MVNO 业务策略 ……… 239
16.7　结论 …………………… 241
16.8　未来的方向 …………… 242
参考文献 ………………………… 242

第 5 部分　安全和经济方面 …… 246
第 17 章　软件定义网络安全 …… 246

17.1　引言 …………………… 246
17.2　演变中的移动网络安全威胁 … 246
17.3　应对移动网络安全威胁的
　　　传统方法 ……………… 247
17.4　移动网络充分安全原则 … 249
17.5　移动网络典型的安全架构 … 250
17.6　SDMN 增强安全 ……… 252
17.7　SDMN 安全应用程序 … 253
参考文献 ………………………… 255
第 18 章　SDMN 安全方面 …… 256
18.1　概述 …………………… 256
18.2　SDMN 架构的现状和安全
　　　挑战 …………………… 256
18.3　监控技术 ……………… 266
18.4　其他重要的方面 ……… 272
18.5　结论 …………………… 274
参考文献 ………………………… 275
第 19 章　SDMN 产业结构演进路线 … 278
19.1　引言 …………………… 278
19.2　从目前的移动网络到 SDMN … 279
19.3　SDMN 的业务角色 …… 282
19.4　演进型 SDMN 的产业结构 … 284
19.5　变革型 SDMN 的产业结构 … 288
19.6　讨论 …………………… 291
参考文献 ………………………… 292
缩略语 …………………………… 295

第 1 部分 引　　言

第 1 章 概　　述

Madhusanka Liyanage[1], Mika Ylianttila[2], Andrei Gurtov[3]

1 Centre for Wireless Communication, University of Oulu, Oulu, Finland

2 Centre for Internet Excellence, University of Oulu, Oulu, Finland

3 Helsinki Institute for Information Technology (HIIT), Aalto University, Espoo, Finland

人们对未来移动通信的期望越来越高，比如大带宽、低功耗、高安全性、海量新业务、高频谱利用率等，为应对这些新需求，移动网络架构需要进一步演进。尤其是移动用户越来越多，业务量越来越大，对移动网络容量的需求也在不断增加。另一方面，在未来几年，预计移动数据流量的增长速度将远超固定网络。因此，满足流量增长预期是未来移动网络最迫切的需求。

为了跟上流量的增长，移动网络不仅需要通过架构变革来优化现有的资源，还需要通过添加新的组件或引入新的技术来增加容量。但是，移动回传网络的设备非常复杂且不灵活，尽管蜂窝移动网络的接口实现了全球的标准化，但大多数网络设备是由不同供应商提供的，因此移动运营商无法灵活组合来自不同厂商的网络设备。另外，移动网络的标准化是一个长期的过程，虽然运营商有好的想法，但是往往需要等待数年才能在他们的网络中实现这些想法，并且很有可能因为缺乏支持而丧失了发展机会。

基于此，软件定义网络（Software Defined Network，SDN）最有可能弥补当前移动网络的不足。为了满足移动网络快速增长的需求，SDN 在灵活性、伸缩性和性能方面都进行了必要的增强，由此软件定义移动网络（Software Defined Mobile Network，SDMN）应运而生，并正在引导当前移动网络转变为以流为中心的模式，该模式采用了廉价硬件和逻辑上集中的控制器。SDN 提供了数据转发平面与控制平面（Control Plane，CP）分离的能力。SDN 控制器或网络操作系统（Network Operating System，NOS）负责管理 SDN 使能的交换机、路由器和网关，它们都被视为虚拟资源。移动网元的控制平面也可以部署在运营商的云计算平台上。

在这种模式下，每个运营商都可以灵活地开发和优化自己的网络，来满足用户的特定需求。此外，SDMN 交换机是软件可编程的，可以使用流行的敏捷编程方法开发，利用这些软件方法进行开发、优化和升级，比今天最先进的移动回传网络设备开发周期还要短。

将虚拟化技术引入到 LTE 移动网络中，可以在经济上带来两方面的好处。首先，SDMN 可以采用廉价的硬件（如通用服务器和交换机）替代昂贵的移动回传网关设备。其次，在移动网络中引入 SDN，新的参与方就可以加入到移动网络生态系统，如独立的软件供应商（Independent Software Vendor，ISV）、云服务提供商、互联网服务提供商（Internet Service Provider，ISP），这将改变整个移动网络的业务模式。

因此，SDMN 会在很大程度上改变目前由 3GPP 定义的 LTE 网络架构。SDN 将为流量、资源和移动性管理带来新的机遇，但也对网络安全提出了新的挑战。许多产业界和学术界的研究人员都在对 SDMN 的部署进行研究，我们相信，对于关心下一代移动网络的研究人员，SDMN 相关的设计和试验思想将提供不可或缺的参考。

1.1 节是概述部分，将首先讨论当前移动网络的不足。1.2 节将介绍 SDMN 架构及其组件。1.3 节将阐述 SDMN 架构的核心价值。1.4 节是对内容的小结。

1.1　现有移动网络及其局限性

移动通信诞生于 20 世纪 80 年代，第一代移动网络只支持话音业务，连接速度只有 56kbit/s。但是，在过去近四十年的时间里，移动通信技术取得了迅猛的发展。今天的移动网络已经可以支持多种网络服务，如增强的移动互联网接入、IP 电话、游戏、高清移动电视、视频会议、3D 电视、云计算以及 Gbit/s 高速宽带接入[1]等业务。

由于需要移动性的支持，这些业务自然而然地倾向于使用移动宽带网络而不是有线互联网。预计在不久的将来，移动数据业务将超过有线数据业务。另外，即使在面临很大量业务需求的时候，移动网络也必须提供运营商级的服务质量。

但是，因为存在诸多限制，今天的网络已经很难满足所有业务需求，总结起来有以下几点[2,3]：

- **伸缩性差**：在线流媒体、视频通话和高清移动电视等大带宽业务快速发展，移动流量呈爆发式增长态势，但现有的静态移动网络不够灵活，要花很大代价才能满足日益增长的数据需求。

- **网络管理复杂**：管理当前的移动网络需要专业知识和大量的平台资源。大多数情况下，回传设备缺乏通用的控制接口。因此，即使很简单的任务（如执行配置或实施策略）都需要大量的投入。

- **手动网络配置**：大多数网络管理系统都是劳动密集型的，因为手动配置更容易产生错误，一旦产生错误，又需要很长的时间排除错误，所以代价很高，即使训练有素的操作员[4~7]也只能达到中等程度的安全要求[8]。根据 Yankee Group 的报告[4]，在多厂商网络中，62% 的网络宕机是由人为失误造成的，80% 的 IT 预算用在了网络维护和运营上。

- **网络设备复杂且昂贵**：移动回传网络设备往往需要处理大量的业务。例如，在 LTE 网络中，分组数据网关（Packet Data Network Gateway，PDN GW）要负责多个数据平面（Data Plane，DP）的功能，如业务监控、计费、服务质量（Quality of Service，QoS）管理、接入控制及上位控制等，这些功能很重要，因此这些设备既复杂又昂贵。

- **成本高**：移动运营商无法灵活组合不同厂商的设备，因此无法使用不同供应商的廉价设备组建网络，这就直接增加了网络的资本开支。另外，手动配置和不灵活也增加了网络运营开支。

- **不灵活**：移动网络的标准化是一个长期持续的过程，引进新业务需要几个月甚至数年时间。

此外，由于手动开通、交付和保障业务工作量很大，新业务的实现也需要数周或数月的时间。

除了这些关键问题，未来的移动网络还将面临严重的网络拥塞。无线带宽资源是有限的，但移动数据的需求却在快速增长。因此，移动网络运营商必须使用更小的小区来适应流量增长，最终需要增加网络中基站的数量。据统计，2015 年年底，全球蜂窝基站的数量达到 400 万，而这一数字在 2010 年底才只有 270 万[1]。因此，由于移动宽带业务的增长和基站数量的增加，移动回传网络也将面临和数据中心一样的拥塞。

1.2　软件定义移动网络

在移动网络领域引入 SDN 和虚拟化将有助于解决前面提到的问题。SDN 不仅能解决这些问题，而且可以提高电信网的灵活性、伸缩性和性能。SDN 最初是为固定网络设计的，然而移动网络相比固定网络有不同的需求，如移动性管理、宝贵的传输资源、空中接口的有效保护、更高的 QoS、在分组传输中大量使用隧道等。因此，为了支持移动网络特定的功能需求，SDN 扩展成为 SDMN。此外，SDMN 在业务感知和网络资源利用方面也比最初的 SDN 研究得更为深入。

3GPP 定义的 LTE EPC 是一种极简的电信架构，证明了把 CP 从 DP 中分离出来的好处，EPC 在一定程度上做到了这种分离，然而 SDN 支持控制平面与数据平面的完全分离。此外，互联网工程任务组（Internet Engineering Task Force，IETF）和欧洲电信标准协会（European Telecommunication Standard Institute，ETSI）等标准化组织也正在致力于将网络功能虚拟化（Network Function Virtualization，NFV）概念用于电信网络。SDN 有助于 NFV 功能的引入，更容易实现移动网络的按需供给和在线扩展。过去几年，学术界和产业界的许多研究人员都在对 SDMN 的部署进行深入研究，多篇论文[3,9-11]也都提到了在移动网络中集成 SDN。

图 1.1 举例说明了 SDMN 的基本架构[2,12]。

简单地讲，SDMN 实现了移动网络 CP 和 DP 的分离，所有控制功能集中化，DP 只包含低端交换机及其之间的链路。

SDMN 的架构分为三层[2,12,13]。

1. DP 层

DP 层也被称为基础设施层，由交换机等网络设备单元组成，支持分组交换和转发功能，基站连接到边界 DP 交换机。SDMN 架构对现有的无线技术是透明的。同样地，核心网的边界交换机与互联网相连，将移动用户的业务转发出去。

2. 网络控制器

逻辑上集中的控制器负责 DP 交换机的统一控制功能。控制器使用控制协议（例如，OpenFlow[14]、Beacon[15]、Maestro[16]和 DevoFlow[17]）与 DP 单元进行通信。通常，控制器使用控制协议在每个 DP 交换机中安装流规则，让业务沿着移动网络 DP 进行路由。网络控制器通过南向应用程序编程接口（Application Programming Interface，API）与 DP 层相连。NOS 运行在控制器顶端以支持控制功能。

3. 应用层

应用层由移动网络的所有业务应用组成，传统的移动网元，如策略和计费规则功能（Policy

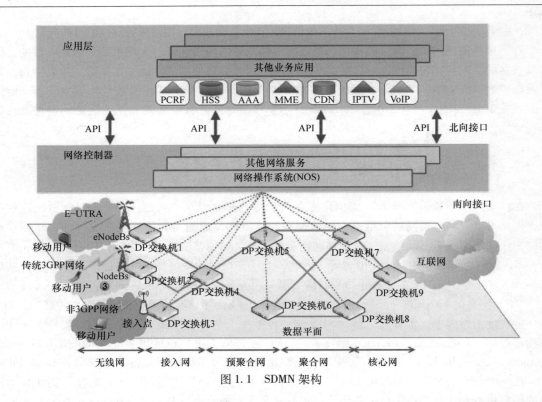

图 1.1　SDMN 架构

and Charging Rules Function，PCRF）、归属用户服务器（Home Subscriber Server，HSS）、移动性管理实体（Mobile Management Entity，MME）以及认证、授权和计费（Authentication，Authorization and Accounting，AAA），现在变成了运行在 NOS 上的软件应用程序，应用层和网络控制器之间的接口为北向 API。控制单元负责传统功能并协助 NOS 处理移动性管理、资源管理和数据传输等移动网络相关的功能。

　　SDN 的引入改变了当前移动网络的架构。此外，SDN 还将在许多方面为移动网络带来新的机遇，特别是在流量管理、资源管理和移动性管理方面带来很大增益，但同时也给网络安全带来了新的挑战。

1.3　SDMN 的主要优势

　　SDN 的引入为整个移动网络带来很大的好处，包括无线接入网、移动回传网和核心网。在这里，我们介绍 SDMN 的主要优势[2,11-13]：

　　● **逻辑上集中控制**：集中控制器可以根据网络的全局情况进行控制决策，比现有的基于自主系统的决策机制更准确、更适宜和更高效。

　　● **灵活性**：SDN 架构定义了回程设备之间的通用标准。因此，控制器可以控制来自任何供应商的任何支持 SDN 的移动网络组件，网络运营商可以任意组合来自不同供应商的网络设备。

- **创新速度更快、新业务机会更多**：网络可编程和通用 API 加快了移动网络的业务创新，运营商可以灵活地在 NOS 上快速创新并验证各种新型的控制应用。相比现在基于硬件的应用部署，基于软件的应用程序部署更快。

- **自动网络管理**：集中控制器有助于快速部署、配置和管理回传设备。自动网络管理可以实现在几小时而不是几天内部署新的网络服务和网络功能，而且可以动态地微调设备配置，以获得比静态配置更高的资源利用率、安全性和更低的拥塞。例如，移动运营商可以根据实际的业务模型自适应地应用分流策略，今天的静态策略已经不适应快速变化的网络状况了。此外，由于控制器能够放眼全局，故障排除也更快。

- **低成本回程设备**：SDN 架构从回程设备中移除了 CP 功能，现在这些设备只需要具备非常基本的功能。因此，SDN 交换机不再需要高处理能力的硬件，DP 可以使用低成本、低处理能力的交换机。

同时，与同等以太网交换机中的转发表相比，SDN 架构中流表的大小缩小了几个数量级。传统以太网交换机具有静态或分布式的基于流表的算法，这些流表都未经优化。因此，即使一个小型布线室交换机也通常包含一百多万个条目。但是，基于流的业务路由和集中控制可以优化交换机中的流规则，并且可以动态地撤销或增加规则。因此，SDN 交换机流表可以更小，只需要跟踪正在进行的流。在大多数情况下，流表可以小到能够存储在交换机芯片中，只占用一小部分的存储空间。因此，SDN 交换机的内存容量可以更低，设备成本大幅度下降。即使是在校园级交换机上，也许有成千上万的流正在进行，但仍然可以使用片上存储来节省成本和降低功耗[18]。

- **网络控制的颗粒度更小**：SDN 架构基于流的控制模型可以将流控制策略应用在会话、用户、设备和应用程序等非常细的颗粒度上，而且可以根据观察到的网络行为动态地调整这些控制策略。例如，运营商可以为高价值企业客户提供更高优先级的服务。

- **异构网络支持和互操作**：SDN 中基于流的业务传输模型特别适合异构网络技术之间的端到端通信，包括 GSM、3G、4G、Wi-Fi、CDMA 等，同样也兼容未来 5G 等网络技术。

- **高效分段**：SDN 架构支持有效的网络分段。目前移动虚拟网络运营商（Mobile Virtual Network Operator，MVNO）已经非常普及，基于软件的分段可以为它们提供服务。例如，FlowVisor 和语言级别的隔离也可以用在此处。

- **高效的接入控制网络**：集中控制有利于高效部署小区间干扰管理算法，资源管理决策更优、更有效，无线频谱的利用率也更高。另外，通过降低成本和增加伸缩性，计算密集型的处理也可以分流到云端设备。

- **路径优化**：网络控制器可以根据网络的全局情况优化端到端路径。在移动环境中，快速高效的路径优化机制非常重要，因为需要支持数百万的移动用户，而这些用户的位置又可能随时变化。相比现有的分布式路径优化机制，集中化的路径优化方法更高效、更快、最优。

- **按需供应和在线扩展**：SDN 支持网络虚拟化的引入，网络设备的虚拟化支持按需提供资源，并且一旦提出请求就可以随时扩展资源。

1.4 结论

流量需求不断增长，新型移动业务带宽需求又很大，现有移动网络的压力可想而知。因此，

　　学术界和产业界都在研究和探索未来移动网络架构的演进路径。后 LTE 时代的网络架构目前正处于研究阶段，研究人员正在寻求新的网络架构，期望不仅能增加网络容量，而且还能弥补目前 LTE 网络架构的缺陷。

　　总之，SDN 为网络创新提供了新的思路，已经为固网和有线网络带来了很大价值，因此 SDN 也被认为是解决当前移动网络问题最有前景的技术。针对移动网络的特性，SDN 在灵活性、伸缩性和性能方面进行了必要的改进，以适应预期的业务增长，因此 SDN 将对后 LTE 时代移动网络的设计产生重大影响。为解决 SDN 使能的移动网络面临的诸多挑战，有必要深入理解 SDMN 的概念。本书为 SDMN 研究人员提供了全面的参考，此外，本书还涵盖了虚拟化传输与网络管理、资源管理与移动性管理、移动网络安全和技术经济学建模等相关的领域。

参 考 文 献

[1] M. Liyanage, M. Ylianttila, and A. Gurtov. A case study on security issues in LTE backhaul and core networks. In B. Issac (ed.), *Case Studies in Secure Computing—Achievements and Trends*. Taylor & Francis, Boca Raton, FL, 2013.

[2] K. Pentikousis, Y. Wang, and W. Hu. Mobileflow: Toward software-defined mobile networks. IEEE Communications Magazine, 51(7):44–53, 2013.

[3] L. E. Li, Z. M. Mao, and J. Rexford. Toward software-defined cellular networks. European Workshop on Software Defined Networking (EWSDN). IEEE, Darmstadt, Germany, 2012.

[4] Z. Kerravala. *Configuration management delivers business resiliency*. The Yankee Group, Boston, MA, 2002.

[5] T. Roscoe, S. Hand, R. Isaacs, R. Mortier, and P. Jardetzky. Predicate routing: Enabling controlled networking. SIGCOMM Computer Communication Review, 33(1):65–70, 2003.

[6] A. Wool. The use and usability of direction-based filtering in firewalls. Computers & Security, 26(6):459–468, 2004.

[7] G. Xie, J. Zhan, D. A. Maltz, H. Zhang, A. Greenberg, and G. Hjalmtysson. Routing design in operational networks: A look from the inside. In Proceedings of the SIGCOMM, Portland, OR, September 2004.

[8] A. Wool. A quantitative study of firewall configuration errors. IEEE Computer, 37(6):62–67, 2004.

[9] A. Gudipati, D. Perry, L. E. Li, and S. Katti. SoftRAN: Software defined radio access network. In Proceedings of the Second ACM SIGCOMM Workshop on Hot Topics in Software Defined Networking. ACM, Chicago, IL, 2013.

[10] X. Jin, L. E. Li, L. Vanbever, and J. Rexford. CellSDN: Software-defined cellular core networks. Opennet Summit, Santa Clara, CA, 2013.

[11] X. Jin, L. E. Li, L. Vanbever, and J. Rexford. SoftCell: Taking control of cellular core networks. arXiv preprint arXiv:1305.3568, 2013.

[12] K. Christos, S. Ahlawat, C. Ashton, M. Cohn, S. Manning, and S. Nathan. OpenFlow™-enabled mobile and wireless networks, White Paper. Open Network Foundation, Palo Alto, CA, 2013.

[13] Y. Liu, A. Y. Ding, and S. Tarkoma. *Software-Defined Networking in Mobile Access Networks*. University of Helsinki, Helsinki, 2013.

[14] N. McKeown, T. Anderson, H. Balakrishnan, G. Parulkar, L. Peterson, J. Rexford, S. Shenker, and J. Turner. OpenFlow: Enabling innovation in campus networks. ACM SIGCOMM Computer Communication Review, 38(2):69–74, 2008.

[15] OpenFlowHub. BEACON. http://www.openflowhub.org/display/Beacon (accessed January 17, 2015).

[16] Z. Cai, A. L. Cox, and T. E. Ng. Maestro: A system for scalable OpenFlow control. In Rice University Technical Report, 2010. Available at: http://www.cs.rice.edu/~eugeneng/papers/TR10-11.pdf (accessed January 17, 2015).

[17] J. C. Mogul, J. Tourrilhes, P. Yalagandula, P. Sharma, A. R. Curtis, and S. Banerjee. DevoFlow: Cost-effective flow management for high performance enterprise networks. In Proceedings of the ninth ACM Workshop on Hot Topics in Networks (HotNets). ACM, New York, 2010.

[18] M. Casado, M. J. Freedman, J. Pettit, J. Luo, N. McKeown, and S. Shenker. Ethane: Taking control of the enterprise. ACM SIGCOMM Computer Communication Review 37(4):1–12, 2007.

第 2 章　移动网络的历史

Brian Brown, Rob Gonzalez, Brian Stanford

Cisco Systems, Herndon, VA, USA

2.1　概述

移动网络的发展在很大程度上改变了我们工作、生活和娱乐的方式，能与之相媲美的事物并不多。直到 1990 年，固定电话仍是服务提供商（SP）的主要收入，那时很少有人想到移动通信这个颠覆性的技术会发展壮大起来。几十年来这一变化持续加速，今天的孩子们从未见过付费电话，他们通常在口袋里携带一个智能手机，并且几乎 24 小时都连在网上。当然随着技术的不断发展，新领域的讨论也正在进入人们的视野。应用程序和数据源越来越多，世界各地的用户都在网络上探索各种可能性，因此虚拟化、编排和伸缩性已经成为关注的焦点。为了向移动用户提供他们所需要的服务和体验，网络连接将非常关键（见图 2.1）。

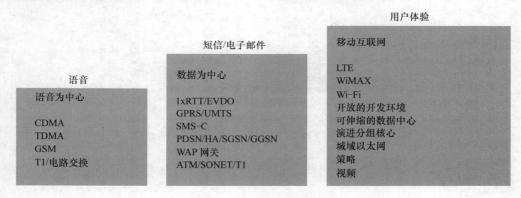

图 2.1　移动产业的演变

移动业务的需求在发生变化，从 20 世纪 90 年代初期 GSM 商用开始，发展到 GPRS 基于分组的架构，到 UMTS 更强大的服务，再到 LTE 及之后更成熟的设计，支撑核心网的架构也发生了变化。在本章，我们将讨论移动网络的历史和演进。经过这么多年的发展，移动网络的初始需求和驱动因素也发生了变化。尽管在最初的架构中语音是主要的业务，但是最终数据和视频超过了语音。是什么样的技术变革将网络推向了始料未及的位置？这个行业为何会始其所始？它为何又会终其所终？网络拥有者多年来有什么变化？驱动进步的是同样的业务么？随着技术的发展，用户期望发生了什么样的变化？

2.2　移动网络的演进

　　到 2013 年年底，全球移动数据流量达到 1.5EB/月[1]，预计到 2018 年将达到 15.9EB/月（见图 2.2）。20 世纪 90 年代初期，我们使用 56K 租用线路和 T1 线，手机个头很大，显得很笨重，到今天移动通信已经走过了很长的一段路。目前，随着移动终端数量变得越来越多，要考虑到为这些终端提供服务所需的数据量，同时也要考虑管理这些移动设备的网络访问。在 2013 年，增加了 5 亿多（5.26 亿）的移动设备和连接。物联网也正在驱动移动流量的增长，更多设备过渡为智能移动设备，可穿戴设备的出现以及机器到机器（M2M）连接的增加，这些都是具体的体现。

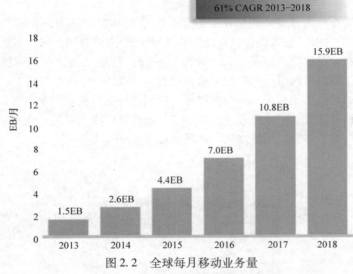

图 2.2　全球每月移动业务量

来源：Cisco Systems（2014）Cisco Visual Networking Index（VNI）

　　今天，新的数据中心架构更加青睐虚拟化、编排和伸缩性。这些都是移动网络的新概念吗？它们是从何开始的？

2.2.1　资源共享

　　追溯到 20 世纪 80 年代，因为语音业务是所有服务提供商的主要驱动力，初期的数据网络，包括移动数据网络，都是建立在当时的语音网络基础上的。语音由时分复用（Time-Division Multiplexed，TDM）专线承载，通过新型数字化编码将语音业务紧密打包进 64KB 的信道。如果一个佐治亚州亚特兰大的用户需要和加州旧金山的用户通信，就要建立一个专用的语音信道来支持 64KB 的语音通话。这个专有的信道在通话过程期间可以随意使用，但是如果没人说话也就浪费了。直到终端用户结束通话前，整个带宽都是被预留的。原有语音网络的高可用性，使得用户已经习惯于这种高质量的语音服务。而今天，用户更能容忍语音的异常，比如忽高忽低或者掉线，这是因为用户已经开始更多地使用数据业务了。

今天共享计算和存储资源的想法也不是全新的概念，而是旧的概念用在了新的技术架构上。为了有效地提供语音服务，早在 20 世纪 90 年代移动服务提供商已经使用当时的技术在用户之间共享资源了。在美国，供应商可以将 28 个 T1 复用到单个 T3 中，并将多个 T3 复用到更大的光线路上。随着新型复用技术的引入，资源共享促进了单个 T1 成本的持续下降。异步传输模式（Asynchronous Transfer Mode，ATM）也被用来在多个客户之间共享带宽连接。这些共享的大容量中继线用于在网络上两个端点之间传递成千上万个用户线路。ATM 为承载着语音、视频和数据的演进网络提供了更高的带宽和服务质量（QoS）。另外，一旦网络基础设施安装完毕，添加新客户也比以前更加便捷。

随着更多网络向基于分组的架构过渡，语音和数据融合到同一张网络，带宽共享得到了进一步发展，资源共享的能力得到提升。线路不再是被每个用户独立使用，而是可以承载多个用户和应用程序，进一步将网络架构推入了共享的境地。以前，在电路交换的时代，呼叫期间必须建立并维护专用电路，新的基于分组的网络可以在分组级别上共享带宽。当我们迁移到基于分组的网络时，相关技术则有助于提高整个架构的效率。例如，语音线路上的静默抑制就是这样一个特性：如果最终用户不说话，它将不会传输数据包，从而增加了网络的可共享带宽。

网络基础设施的设计考虑了高可用性，所以服务提供商必须预留带宽来面对网络节点或链路故障。冗余路径和冗余节点再加上许多协议增加了网络基础设施的复杂性。服务提供商需要运营高度复杂的网络，运营成本较高，同时网络的可用性较低。对于服务提供商来说，共享网络资源降低了提供融合基础设施的成本，从而更加重视网络故障情况下的高可用性和 QoS。随着用户需求的增长，服务提供商必须以经济高效的方式在现有基础设计中增加用户，同时要具备部署新业务的能力。面对技术的变化和用户的需求，服务提供商发现虽然网络不停地扩容，但想要保持同样的服务水平却更加困难。

除了共享传输资源外，移动分组核心网也在转型。之前，必须为移动分组核心网的每个特定功能配置和维护专用资源，现在这些功能可以共享在同一个计算平台上了。

2.2.2 编排

维基百科将计算编排定义为"复杂计算机系统、中间件和服务的自动化安排、协调和管理"，这个术语在谈论云化网络时被广泛使用。通俗地说，编排是硬件和软件组件的更高层次的协调，缝合在一起以支持特定的服务或应用程序，同时支持网络的主动管理和监控。这也不是一个新的概念，但是今天的技术已经使许多公司能以几年前闻所未闻的方式实现流程的自动化。我们追溯过往，究竟是从什么时候开始，编排的概念出现在了固定或移动通信系统操作中的呢？

在电话使用初期，用户拿起接收器并告诉操作员想要联系的号码，以此发起一个通话。然后，操作员将电线物理连接到电路的下一跳。由于大多数呼叫是本地的，运营商将两个呼叫者连接在一起。通话结束后，操作员必须断开电路。你能想象每次你想要去一个新的网站时都要告诉操作员吗？幸运的是，我们已经自动化了许多以前手动完成的过程。这就是编排的发展历程。

在移动服务商业化的早期，移动服务提供商垄断了网络、连接到网络上的设备以及运行在网络上的应用程序。新应用程序的开发需要几个月甚至几年。当准备在网络中引入一个新的应用程序时，编排的实现会受到多种因素的影响。

计算机技术仍在发展中，而服务订单或者说明书仍然大部分是以纸质文件的形式交付。这种沟通始于总部所在地，并传送给所有需要完成任务的现场。每个现场完成其任务后，和总部沟通结果。当所有现场都完成后，便进行服务测试。一旦测试完成，应用程序也就可以投入使用了。这个过程很严谨，但也很缓慢。沟通不畅，网络可见度有限，产业缺乏快速实现服务的动力。在整个过程中，推动改变的动力并不是竞争。

如今，随着廉价内存、大型数据库、快速网络通信、虚拟化计算和标准连接的普及，上述情况可以自动在短时间内完成。理念还是一样的，有一个核心的角色决定网络中每个位置需要做的事情，一旦确认完成，服务或应用程序便可以投入使用。

2.2.3　伸缩性

随着移动服务越来越流行，服务提供商需要解决伸缩性问题，包括方便用户入网、便于核心网扩容，并确定这些新的核心网链路的位置而扩展网点（POP）。随着移动语音业务的增长，早期用于设计语音网络的模型将继续使用。传统的点对点线路将早期服务（2G/3G）连接到简单的星形体系架构，这已是常态。但随着数据业务的增长，设计模型必须改进，以便在网络中提供具有高性价比的带宽，网络演变为 S1 接口星形结构和 X2 接口网状结构的混合架构。网络设计的变化为核心网带来了充足的带宽，因此在这一领域不再需要考虑 QoS。从边界接入到网络是唯一需要考虑 QoS 的地方。随着数据使用量的增长，必须考虑为用户提供良好的体验。由于核心网带宽成本高昂，因此不能通过无限制的扩容来满足峰值的数据负载。网络模型的演进包含了更为成熟的 QoS 策略，从而解决了增加额外带宽所带来的成本增加的问题。由于服务提供商已经在 TDM、ATM、POS 和以太网传输的基础上升级了核心网，新引入的技术可以提供路径选择功能并确保在服务提供商网络上承载的用户业务。服务提供商希望通过最短路径传输信令业务，以便在用户移动时保持语音呼叫和数据会话，这就需要将语音呼叫或数据会话从一个基站切换到另一个基站。伸缩性设计通常是在网元最大容量（链接、节点和协议的数量）和最小可用性之间寻求平衡。为提供最佳的用户体验，服务提供商需要确保网络保持稳定，同时还能够扩展网络，这将是移动网络需要一直面临的主要挑战。

2.3　当前移动网络的局限性和挑战

随着智能手机的引入，消费者能够改变操作系统并选择自己的应用程序，用户首次实现了对其个人设备的真正控制。在此之前，消费者仅仅可以决定购买哪款手机，并且在做出决定后，他们只能使用该手机提供的应用程序。如果用户想要一个导航应用程序，他们必须向电话供应商支付额外的费用以购买应用程序。

令人欣喜的是，这种情况一去不复返了。现在，消费者只需为应用程序支付一小笔一次性费用，或者从成千上万的免费应用程序中选择。设备也是多种多样，不仅仅有手机，还包括平板电脑、计算机、蜂窝调制解调器以及可以共享蜂窝连接的个人热点。智能手机不再仅仅是个人领域的玩具，它还是一个重要的商业工具，根据消费者的需求和个人喜好有很多选择。但随着选择丰富也给服务提供商带来了一系列压力，他们必须支持用户不断变化的习惯和行为。智能手机消耗更多的数据流量，到 2018 年全球移动通信量的 96% 都将是数据业务[1]（见图 2.3）。

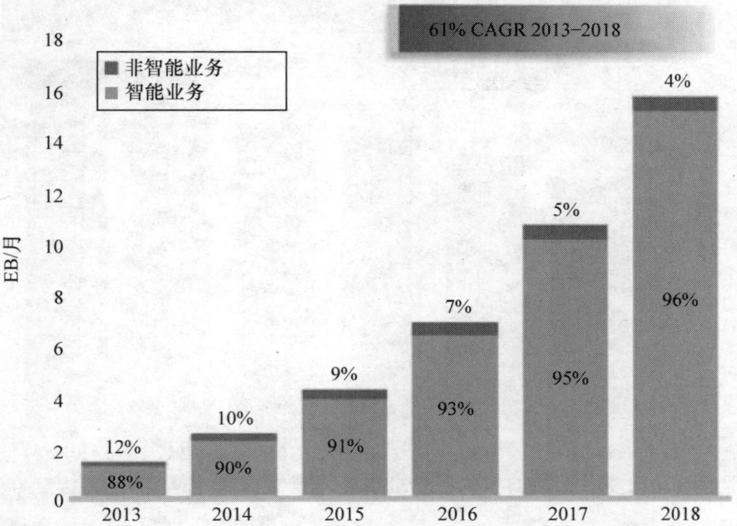

图 2.3 智能移动设备和业务数据增长趋势［智能业务由具有先进计算能力及 3G（或更高）连接的设备产生］
来源：Cisco Systems（2014）Cisco Visual Networking Index（VNI）

现在，用户使用网络的方式更加多样，而不仅仅是电话和短信。我们发送电子邮件、上网、访问私有网络、编辑文件、听音乐、看视频，甚至看电视直播。我们很多人将个人领域和工作领域的数字内容一起放到了电子设备上，如家庭照片和视频、家庭日历、公司电子邮件和各种机密文件。用户也比以往任何时候都更具移动性，我们期望我们的智能手机拥有类似于坐在办公桌前的体验。通过移动设备，商业用户现在可以更多地使用虚拟桌面基础架构（VDI）安全地访问他们的虚拟桌面以及企业网络和应用程序。因此，在技术新征程中，用户同时对性能和灵活性都有期望，这就产生了混合的压力。

Over The Top（OTT）是指通过互联网而不是移动服务提供商提供的视频、音乐和其他服务。OTT 提供商（如亚马逊 Prime、Netflix、Hulu、iTunes）以及其他众多内容应用程序，消耗了大量的数据，并且不受运营商的控制。由于 OTT 流量持续增长，占据了今天大部分移动互联网流量。其中一些服务直接与移动运营商竞争，影响了其潜在收入，并持续带来更大带宽的需求。

过去的世界主要是基于语音和短信的应用，而新的应用是视频密集型的，在本质上更容易出现"突发"情况，因此现存网络设备无法满足新的带宽需求，因为这些设备都是过去构建的。依赖于用户正在进行的操作，这种类型的业务通常是带宽密集型的，并且对时延敏感。如果时延太大或发生抖动，则用户体验也会降低，并且可能导致用户去寻找其他改善方式，比如更换运营商。服务提供商必须找到适应新用户需求的方式，但也不能忽视旧的服务。

随着移动电话系统的快速发展，移动运营商需要维护多个网络来支持所有的 2G、3G 和 LTE 业务。尽管大部分用户正在迁移到新的支持 LTE 的智能手机[1]，但仍然有一大批使用传统技术的用户，因此需要多个网络并存（见图 2.4）。

尽管可以实现一些组件的复用，但是"新网络"需要引入许多新的设备和技术。这样，为

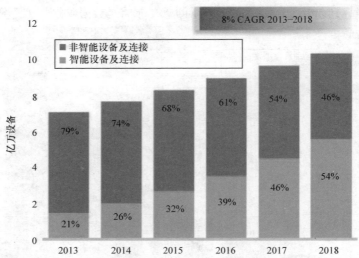

图 2.4   全球智能移动设备及连接的增长（智能设备是具有高级计算能力及至少有 3G 连接的设备）
来源：Cisco Systems（2014）Cisco Visual Networking Index（VNI）

维持这些系统的运转所需的支撑系统（例如，OSS/BSS/NMS）也需要大幅增加。

    运营商需要满足容量需求，同时还要考虑维护多余带宽的成本。数据使用量的增长导致运营商需要通过城域以太网和光纤等各种高速连接增加回传容量。增加容量可能需要几天甚至几个月，这取决于连接类型以及是自己拥有线路还是要租用线路。增加的回传线路也需要分阶段来安装、配置和调试新的线路。虽然移动运营商需要升级它们的网络来应对流量增长，但也应看到语音价格的下降、短信的减少以及 OTT 带来的业务收入损失。同时，用户要求更多的数据带宽和更低的成本，服务提供商面对的挑战也在不断增加。

    物联网的出现，必将导致底层网络和系统需求大幅增长。从汽车和物品上的传感器收集信息及从身体上的传感器收集健康信息，都会导致连接数爆炸式的增长，可能会压垮现有的网络基础设施。物联网设备的连接将从 2013 年的 3.41 亿增加到 2018 年的 20 多亿[1]（见图 2.5）。

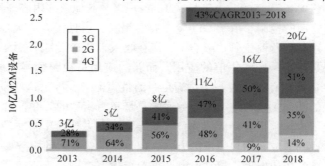

图 2.5   全球物联网连接数的增长及 2G 到 3G/4G 的迁移
来源：Cisco Systems（2014）Cisco Visual Networking Index（VNI）

　　诚然，很多物联网设备都只需要低带宽，但谁又能预见到日后的增长和需求呢？因为越来越多还没被考虑的设备已经添加到日益增长的设备库中了。历史告诉我们，包括我们自己都不知道未来会出现什么样的惊喜。

2.4　未来移动网络的需求

　　了解了今天的挑战，并反观未来的趋势，很显然移动网络的管理方式和构建方式需要改变，为确保未来移动网络的正常运行，需要更好的协调和深入的分析。到 2018 年，每月全球移动数据流量将会超过 15EB[1]，这些数据来自于接近 100 亿的移动设备和连接⊖。

　　移动运营商不得不适应越来越多的设备和流量需求。要做到这一点，它们需要建设和管理移动网络，并从端到端进行优化。使用通用工具和标准化应用程序编程接口（API）与设备进行通信可以降低网络的复杂性，运营商才能快速有效地将新的服务策略应用于网络中的任何节点，从而满足快速变化的网络流量需求。

　　越来越多的移动用户会从一个固定的位置联网，这种需求在人口密集地区日益增加，用户需要在固定和移动连接之间进行无缝切换。随着用户可用的移动数据速率的提高，移动运营商将成为有线宽带运营商的竞争对手。移动用户不懈地要求移动网络提供和固定网络类似的服务，因此 LTE 网络增长速度可能会更快。为了给更多的固定用户提供帮助，以及为人口密集区域的移动用户提供更好的服务，移动运营商也在尝试小站（也称为小基站）。小站的覆盖范围有限，但使用的功率较低，可以部署在拥挤的地区，如体育场、市中心区、礼堂和社区等，在流量激增的时候，运营商可以用它来分流移动数据流量。预计在不久的将来会有数百万的小站出现，因而增加了网络运营的复杂性。预计从移动设备分流的数据将从 2013 年的 1.2EB/月增加到 2018 年的 17.3EB/月[1]（见图 2.6）。

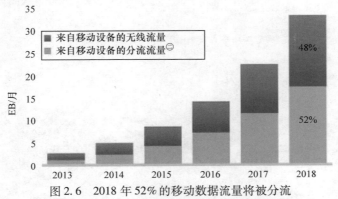

图 2.6　2018 年 52% 的移动数据流量将被分流

来源：CiscoSystems（2014）Cisco Visual Networking Index（VNI）

　　移动运营商有强烈的需求从网络中提取数据，不管用于分析预测使用模式，还是提供基于

⊖　据统计，截至 2018 年年底，全球移动设备总数已经超过 130 亿，每月全球用户数据流量接近 20EB——译者注。

⊖　指分流到 Wi-Fi 的流量——译者注。

位置的服务。利用基于位置的服务，移动运营商可以与商店合作，在用户进入商店时向其提供优惠券，或者为新客户提供包括 Wi-Fi 接入在内的新服务。为了实现这一目标，移动运营商必须能够快速提取并处理网络数据，以确定商家是否有优惠提供，然后向最终用户推送优惠信息。这不仅需要收集数据的能力，还需要计算资源来识别和操作所需信息。

　　网络管理现在已经非常复杂了，但是随着未来数百万小站的增加，会变得更具挑战性，并且不可能手动优化。从网络中提取信息还将帮助移动运营商使用业务智能来优化网络。

　　如果没有一个标准的 API 收集来自网络的信息，没有一个强大的编排系统自动管理这些变化，那么网络将无法响应快速变化的流量需求。这种标准化的做法还将减少由专用功能或专用管理系统造成的供应商锁定的情况。运营商需要一个全局的控制点，以便它们能够快速将变更应用到整个网络并管理密集的部署。

　　如果没有操作上的简化，运营商将继续与非常庞大的复杂网络做斗争。为满足终端用户不断变化的需求，网络需要更强的灵活性，在这种情况下部署会更加耗时。

参 考 文 献

[1] Cisco Systems (2014) Cisco Visual Networking Index (VNI). http://www.cisco.com/c/en/us/solutions/service-provider/visual-networking-index-vni/index.html (accessed February 17, 2015).

第 3 章 软件定义网络概念

Xenofon Foukas[1,2], Mahesh K. Marina[1], Kimon Kontovasilis[2]

1 The University of Edinburgh, Edinburgh, UK

2 NCSR "Demokritos", Athens, Greece

3.1 引言

软件定义网络（SDN）这一提法重新引燃了网络研究人员对可编程网络的兴趣，并将网络社区的关注点转移到一个新的话题上，因为 SDN 承诺通过更具创新性和更简化的流程来设计和管理网络。相比之下，现在所用的方法虽然已经很完善了，但还是不够灵活。

由于复杂度高，计算机网络的设计和管理是一项非常艰巨的任务。网络控制平面（做业务处理决策的地方）和数据平面（实际转发业务数据的地方）之间的紧耦合给网络管理和演进带来了各种挑战。网络运营商需要手动地将高层策略转换为低层配置，这对于复杂的网络是非常具有挑战性并容易出错的过程。引入新的网络功能，如入侵检测系统（Intrusion Detection System，IDS）和负载均衡，通常需要改变网络基础设施，并直接影响其逻辑。而部署新协议也将是一个缓慢的过程，需要多年的标准化过程和测试工作以确保不同供应商产品之间的互操作性。

业界提出可编程网络的想法试图改变这种情形，通过使用开放的网络 API 实现底层网络实体的可编程性，改进网络管理创新和网络服务部署。这将带来一个更灵活的网络，可以根据用户的需求进行操作，打个比方，就像可以通过编程语言编程让计算机执行一些新的任务一样，并不需要修改底层硬件平台。

SDN 是一个新的可编程网络模式，通过引入抽象机制解耦控制平面与数据平面，从而改变了网络设计和管理的方式，如图 3.1 所示。在这个机制中，有一个软件控制程序，简称控制器，它通晓整个网络并负责制定决策，而硬件（路由器、交换机等）则简单地根据控制器的指令将数据包转发到目的地，这些指令通常是一组数据包的处理规则。

逻辑上的集中控制与底层数据平面的分离已经很快地成为网络社区研究的焦点，因为它在很多方面极大地简化了网络管理和演进的方式。新的协议和应用程序可以通过网络进行测试和部署，不会影响无关的网络业务，可以轻松引入额外的基础设施，中间件也能很容易地集成到软件控制中，为长期备受关注的问题提出新的解决方案，如管理蜂窝网络高度复杂的核心网。

本章是 SDN 的总体概述，适合刚刚接触 SDN 的读者以及需要对 SDN 过去、现在和未来有一个总体了解的人阅读。通过本章的讨论和示例，读者能够了解到 SDN 为什么以及如何改变网络设计和管理的模式，并了解它可能给相关方（如网络运营商和研究人员）带来的好处。

本章首先全面介绍可编程网络的历史，以及它们如何演变成我们今天称之为 SDN 的东西。虽然对 SDN 的炒作发生在最近几年，但许多基本思想并不新鲜，而且是在过去几十年中演变而

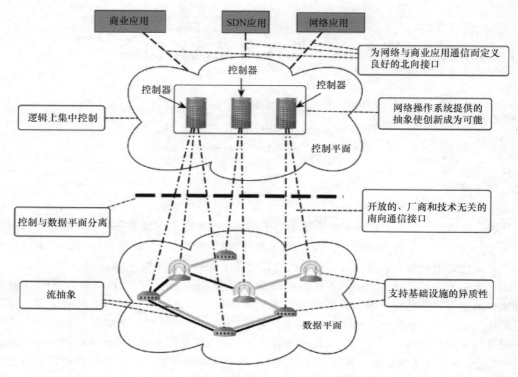

图 3.1　SDN 简介——SDN 的基本思想

来的。因此，回顾可编程网络的历史能让读者更好地理解其动机和曾经出现过的方案，正是它们成就了今天的 SDN。

随后重点介绍 SDN 的组成，讨论控制器的概念，并通过呈现不同的设计和实现方法对最新的发展状况进行了概述。同时本章阐明了如何通过定义 API 进行数据平面和控制平面的通信，简单介绍了几种新兴的 SDN 编程语言。此外，这一部分还着重介绍了 SDN 与网络虚拟化等技术间的差异，它们与 SDN 相关却又截然不同。另外，本章还讨论了一些当前 SDN 应用程序的代表示例，使读者能够充分领略通过 SDN 创建应用程序的强大威力。

本章的最后一部分讨论了 SDN 对行业及学术界的影响，介绍了过去一段时间里形成的各种工作组和研究团体以及它们的动机和目标。接着又阐述了目前的研究热点、SDN 的哪些思想得到了广泛接受以及哪些趋势将驱动这个领域未来的研究。

3.2　SDN 的历史及演进

"可编程"这个术语通指简化的网络管理及重配置这一概念，但实际上它包含了大量过去提出的思想，每个思想都有不同的关注点（例如控制平面或数据平面的可编程性），实现其目标的手段也不同。本节回顾了可编程网络的发展历史，从早期阶段开始（那时网络可编程的需求才刚刚出现）一直到今天 SDN 占据了主导地位。接下来将讨论形成 SDN 的核心思想以及相关方案，这些曾经出现过的方案虽然没有得到广泛应用，却直接影响了 SDN 的发展。

3.2.1　可编程网络的早期历史

如前所述，可编程网络的概念出现在 20 世纪 90 年代中期，那时互联网刚开始取得成功，在此之前计算机网络仅用于少量的电子邮件服务和文件传输。之后，互联网在科研机构以外的领域快速增长，形成了大型网络，研发人员开始在网络服务的部署和实践方面尝试新的想法。然而，问题很快就出现了，因为管理网络基础设施极其复杂。网络设备被当作黑盒子，只支持网络运营相关的特定协议，并不能保证不同厂商设备间的互操作性，也无法修改这些设备的控制逻辑，因而限制了网络的演进。为了改变这种状况，大家的重点放在了寻求创新解决方案上，以构建更加开放、可扩展和可编程的网络。

在早期，有两个最重要的想法，提出将控制软件从底层硬件分离，并提供开放的管理和控制接口，它们分别来自开放信令（OpenSig）[1]工作组和主动网络倡议[2]。

3.2.1.1　OpenSig

OpenSig 工作组成立于 1995 年，提出了可编程 ATM 网络的想法。其主要思想是网络中的控制平面和数据平面分离，通过开放接口在平面之间传输信令，因此可以对 ATM 交换机进行远程控制和编程，本质上是将整个网络变成一个分布式平台，极大地简化了部署新服务的流程。

OpenSig 社区进一步倡导并推动了 OpenSig 接口的研究。沿着这个方向，基于 OpenSig 的理念，Tempest 框架[3]支持多个交换机控制器同时管理交换机的多个分区，因此同一个物理 ATM 网络上可以运行多个控制架构，这为网络运营商带来了更多的自由，因为它们不必再去定义一个统一的控制架构，来满足未来所有网络服务的控制需求。

另一个项目是 ATM 网络分散控制（Devolved Control of ATM Network，DCAN）[4]，旨在设计控制 ATM 网络所需的基础设施。其主要思想是，ATM 网络交换机的控制和管理功能应从设备中剥离出来，分配给一台专用工作站来执行。DCAN 认为多服务网络的控制和管理操作在本质上应该是分布式的，因为需要在整个网络路径上分配资源以保证服务质量（QoS）。管理实体和网络之间的通信可以使用极为简单的协议，就像今天的 SDN 协议 OpenFlow 一样，可以增加任何其他的管理功能，如管理域的流同步等。1998 年年中，DCAN 项目正式关闭。

3.2.1.2　主动网络

主动网络倡议出现在 20 世纪 90 年代中期，主要得到了美国 DARPA[5,6]的支持。和 OpenSig 一样，其主要目标是通过构建可编程网络来促进网络创新。主动网络的主要思想是通过网络 API 开放网络节点的资源，网络运营商可以通过执行代码按需控制网络节点。所以与由 OpenSig 网络提供的静态功能相反，主动网络允许快速部署定制服务，并可以在运行时动态配置网络。

主动网络的通用架构定义了主动节点上的三层结构。在最底层是一个操作系统（NodeOS），所有经过该节点的分组数据均可以复用节点的通信、内存及计算资源。各个项目提出的 NodeOS 不同，其中最典型的例子是 NodeOS 项目[7]和 Bowman[8]。中间层是一个或多个执行环境，提供了编写主动网络应用程序的模型，包括 ANTS[9]和 PLAN[10]。最后，在顶层是主动应用程序，也就是网络运营商开发的代码。

在主动网络社区中活跃着两种编程模型[6,11]：一种是胶囊模型，执行的代码被包含在常规数据包中，另一种是可编程路由器/交换机模型，在网络节点上执行的代码是通过带外机制建立的。在这两者中，胶囊模型最具创新性并且与主动网络关系最紧密[6]，原因是它提供了一个完全不同的网络管理方法，能够在整个网络路径上安装新的数据平面功能。不过，两种模式都产生了重大影响，留下了重要遗产，因为 SDN 中的许多概念（如控制平面和数据平面分离、网络 API 等）都直接来自于主动网络社区的努力。

3.2.2 可编程网络向 SDN 的演进

3.2.2.1 早期方法的缺点及贡献

虽然早期的方法所传递的核心理念也是构建可编程的网络，支持创新和网络环境开放，但这些技术都没有获得成功。失败的主要原因是这些方法试图要解决的问题并不是很突出[5,6]。虽然各类应用（如内容分发和网络管理）也受益于网络可编程的思想，但新的模式并非必不可少，因而也就很难将想法变成现实。

主动网络和 OpenSig 无法成为主流的另外一个原因是它们对目标用户定位错误。在此之前，对网络设备的编程只能通过设备厂商的程序员完成。新倡导的模式其中一个优势就是让最终用户可对网络进行灵活的编程，但实际上很少有终端用户同时又是程序员[6]。这显然对可编程网络产生了负面的影响，对学术界、特别是对行业，这些负面影响超过了它们的优势。同时低估了能带给 ISP 和网络运营商的价值，而它们才是真正的受益方。

此外，许多早期的可编程网络方法的重点是推动数据平面的可编程，而不是控制平面。例如，主动网络曾设想通过一个开放的 API 公开和操作网络设备资源（数据包队列、处理器、存储器等），但没有提供任何抽象的逻辑控制。此外，可编程网络背后的基本思想之一就是将控制平面与数据平面解耦，大多数解决方案没有对两者做出明确的区分[5]。这两点阻碍了对控制平面的创新尝试，但控制平面在发掘典型案例方面比数据平面有更多的机会。

早期可编程网络失败的最终原因是它们重点在提出创新的架构、编程模型及平台，而很少或没有注意去解决实际问题，如性能和安全[6]。虽然这些功能并不是网络可编程性的关键概念，但要对这些想法实现商品化，它们就变得非常重要了。因此，尽管可编程网络在理论上有许多优势，但业界并不急于采纳这些方案，除非性能和安全问题能得到很好的解决。

显然，上述缺点严重阻碍了早期可编程网络的发展，使其未能获得广泛成功。但是，这些尝试是非常重要的，因为它们首次定义了一些关键概念，改变了人们对网络的认知，并确定了这些更有潜力的研究方向。这些缺点也有其重要意义，因为只有解决了这些问题，将来有一天新的模式才会取得成功。总之，这些早期的尝试是垫脚石，铺就了通向 SDN 的道路，目前 SDN 已经成为最有前途并被广泛接受的模式。

3.2.2.2 转换到 SDN 模式

21 世纪的前几年，网络领域发生了很多重大变化。新技术的出现，如 ADSL，为消费者提供了高速的互联网接入技术。那时，ADSL 为普通消费者提供了可负担得起的互联网连接，为用户提供各种服务，从电子邮件和电话会议到大型文件交换及多媒体服务，这在之前是做不到的。高速互联网及其所提供的服务被大众广泛使用，这对网络有着极其重要的影响，影响的范围随流量的增加而增大。像 ISP 和网络运营商这样的行业利益相关者开始强调网络的可靠性、性能和 QoS，需要更好的方法来执行重要的网络配置和网络管理功能，比如路由，因为在当时还是很原始的。此外，存储和信息管理方面的新趋势（如云计算的出现和大型数据中心的创建）对虚拟化环境提出了需求，同时网络虚拟化成为支持其自动化部署、自动化操作及编排的手段。

所有这些问题都可以构成可编程网络的典型案例，可编程网络承诺解决这些问题，并再次将网络社区和行业的关注点转移到这个话题上来。服务器的性能大幅提升，而且比路由器控制处理器好很多[6]，将控制功能从网络设备中移出变得更简单，这进一步巩固了技术发展的趋势，并最终促进了新的网络可编程的尝试，其中最突出的例子就是 SDN。

SDN 大获成功的主要原因是它建立在早期可编程网络的优势之上，同时成功避免了其劣势。诚然，从早期的可编程网络到 SDN 的转变并不是瞬间发生的，正如我们所看到的，它经历了一系列的过渡阶段。

如前所述，早期可编程网络实践的主要缺点就是网络设备控制平面和数据平面之间缺乏明确的界限。互联网工程任务组（IETF）转发和控制网元分离（ForCES）[12]工作组试图通过重新定义网络设备的架构来解决这个问题，将控制平面从数据平面分离出来。在 ForCES 中，两个逻辑实体是可以区分开的：转发单元（Forwarding Element，FE）在数据平面运行，负责数据包的处理；控制单元（Control Element，CE）负责网络设备的逻辑，也就是实现管理协议和处理控制协议等。两个单元之间的标准化互联协议强制要求 FE 根据 CE 的指示进行转发。ForCES 背后的想法是允许转发平面和控制平面独立发展，并提供一个标准的互联方式，可以开发不同类型的 FE（通用或专用的）与第三方控制集成，以提供更大的创新灵活性。

4D 项目[13]提供了另一种实现网络设备 CE 和 FE 完全分离的方法。和 ForCES 一样，4D 强调把决策逻辑从低层网元中分离出来的重要性。但是，与之前的方法相比，4D 项目设想了一个基于 4 个平面的架构：决策平面负责创建网络配置，传播平面负责将网络视图相关的信息传递到决策平面，发现平面允许网络设备发现它们的邻近设备，数据平面负责转发数据。Tesseract[14]是一个基于 4D 架构的试验系统，在单个管理域的约束下实现了对网络的直接控制。4D 项目中表达的想法对许多项目都起到了直接的启发作用，这些项目与 SDN 中的控制组件有关，因为它给出了在逻辑上对网络集中控制的概念。

在 SDN 时代到来之前最后一个值得一提的项目是 SANE/Ethane[15,16]。Ethane 是斯坦福大学和加州大学伯克利分校的研究人员于 2007 年共同为企业构建的一个全新的网络架构。Ethane 采纳了 4D 集中控制架构的主要思想，并扩展包含了安全性。Ethane 的研究人员认为，安全可以整合到网络管理中，因为两者都需要某种策略、观察网络流量的能力以及控制连接的方法。Ethane 通过将基于流量的以太网交换机与集中式控制器结合实现了这一点，以太网交换机非常简单，控制器负责管理流量的接入和路由，通过安全通道与交换机进行通信。Ethane 的一个显著特点是它基于流的交换，可以实现传统以太网交换机的增量式部署，不需要对终端主机进行任何修改，这扩大了这个架构的使用范围。Ethane 实现了软件和硬件，并在斯坦福大学校园部署了几个月。Ethane 项目非常重要，因为其设计、实施及部署都为 SDN 奠定了基础。尤其是 Ethane 被认为是 OpenFlow 的前身，因为其引入了简单的基于流的交换，形成了原始的 OpenFlow API 基础。

3. 2. 2. 3 SDN 的兴起

从 2005 到 2010 年，投资机构和研究人员开始对大规模网络试验的想法[6]表现出浓厚兴趣。

主要驱动力是部署新的协议和服务，目标是为大型企业网络和互联网提供更好的性能和 QoS。尤其是一些试验网络如 PlanetLab[17] 取得成功，同时涌现了各种倡议，如美国国家科学基金会的全球网络创新环境（GENI），使这种兴趣也得到了进一步加强。

在那之前，大规模的试验并不是一件容易的事，研究人员只能使用模拟环境进行评估，尽管试验也很有价值，但总是不能和现场测试一样获得所有重要的网络参数。

这种基于网络基础设施的努力有一个重要的要求就是对网络可编程的需求，它可以简化网络管理和网络服务部署，并允许在同一个基础设施上同时运行多个试验，每个试验使用一组不同的转发规则。受这个想法的启发，一群研究人员在斯坦福大学创立了清洁石板计划（Clean State Program）。这个项目的使命是为了"重塑互联网"，OpenFlow 协议被提议为研究方法，在日常的网络环境中运行试验协议。与之前像 ForCES 这样的方法类似，OpenFlow 遵循控制平面与转发平面解耦的原则，使用简单的通信协议规范了两者之间的信息交流。OpenFlow 提出的解决方案提供了支持网络编程的架构，创建了 SDN 这个术语，包含了所有遵循类似架构原则的网络。SDN 背后的基本思想与传统的网络模式相比，是创造了横向一体化系统，分离控制平面和数据平面的同时提供了一套日益完善的抽象机制。

这一节我们回顾了发展过程中所有的里程碑和重要的可编程网络项目，可以得出以下结论，通往 SDN 的道路确实很长，提出、测试和评估了各种各样的想法，进一步推动了这一领域的研究。SDN 并非是一个全新的想法，因为它浓缩了先行者贡献的知识和经验。与其他想法相比，SDN 的独特之处在于它将最重要的网络可编程性的概念整合到一个架构中，并且这个架构出现的时机恰到好处，并为感兴趣的研究人员提供了有吸引力的案例。SDN 是否会过渡到下一个网络模式还有待观察，但它确实展现出了旺盛的生命力。

3.3　SDN 模式及应用

本节我们将重点介绍 SDN 模式的基本思想，SDN 是可编程网络演化的最新实例。为了更好地了解 SDN 的概念，并理解这种模式宣称带来的好处，我们需要从宏观和微观两个方面进行审视。为此，在对其组成进行深入分析前，本节一开始先对 SDN 的架构进行了概括。

3.3.1　SDN 模块概述

如前所述，SDN 将网络服务的管理从底层功能中抽象出来。网络管理员不再处理网络底层的细节，如数据和流的管理方式等，只需要使用 SDN 架构中的抽象层。这种方式遵循分层架构，并实现了控制平面与数据平面的分离，如图 3.1 所示。

在底层我们可以看到网络基础设施（如交换机、路由器、无线接入点等）所在的数据平面。基于 SDN 的理念，这些设备被剥离了所有的控制逻辑（例如 BGP 等路由算法），仅提供用于处理网络数据包和数据流的转发操作，并抽象出了开放接口与上层进行通信。以 SDN 的术语，这些设备通常被称为网络交换机。

再往上一层，我们可以看到控制平面，控制平面中有一个实体被称为控制器。这个实体封装了网络逻辑并负责为网络提供编程接口，用于实现新功能和执行各种管理任务。不像以前的方法，如 ForCES，SDN 的控制平面完全从网络设备中剥离出来，并且在逻辑上是集中的，而在物理上既可以是集中的，也可以是分布式的，部署在一个或多个服务器中，作为一个整体来控制网络基础设施。

SDN 与之前的可编程网络的主要区别在于，它引入了网络操作系统的抽象[18]。回想一下，主动网络就曾提出过一种节点操作系统（例如 NodeOS），可以控制底层硬件。网络操作系统提供了一个更通用的交换机网络状态抽象，简化并公开了网络控制接口。这种抽象机制假想了一个逻辑上的集中控制模式，应用程序将网络视为单一的系统。换句话说，网络操作系统是一个中间层，负责维护网络状态的统一视图，然后控制逻辑利用它提供拓扑发现、路由、移动性管理和统计等各种网络服务。

应用层位于 SDN 的顶部，包括所有的应用程序，它利用控制器提供的服务来执行与网络有关的任务，如负载均衡、网络虚拟化等。SDN 最重要的特性是它提供给第三方开发者的开放性，它定义的抽象机制为开发和部署新的应用提供了方便，适用于各种网络环境，从数据中心、广域网到无线及蜂窝网络。而且，SDN 架构不再需要网络拓扑中的专用中间件，如防火墙和 IDS，因为现在可以将其功能以软件应用程序的形式来实现，通过网络操作系统监控和修改网络状态。显然，应用层的存在为 SDN 带来了很大的价值，因为它催生了大量的创新机会，SDN 为研究人员和行业提供了强有力的解决方案。

最后，控制器与数据平面和应用层的通信可以通过明确定义的接口（API）来实现。在 SDN 架构中有两种主要的 API：①南向 API，控制器和网络基础设施间的通信接口，②北向 API，定义了控制器和网络应用程序之间的接口。在大多数计算机系统中，硬件、操作系统和用户空间之间的通信也是类似的。

阅读完 SDN 架构总体概述后，现在开始深入讨论每个组成部分。

3.3.2　SDN 交换机

在传统的网络模型中，网络基础设施被认为是网络中最重要的组成部分。每个网络设备都封装了网络运行所必需的所有功能。例如，路由器需要提供合适的、像三元内容寻址存储器（Ternary Content Addressable Memory，TCAM）这样的硬件来快速转发数据包，以及执行分布式路由协议（如 BGP）等复杂软件。同样，无线接入点需要具备无线连接硬件，以及转发数据包、执行访问控制等功能的软件。但是，由于其封闭性，很难做到动态改变网络设备。

3.3.1 节介绍的三层 SDN 架构改变了这一点，它将控制从转发操作中分离出来，简化了网络设备的管理。如前所述，所有转发设备都保留了负责存储转发表的硬件［例如具有 TCAM 的专用集成电路（Application Specific Integrated Circuit，ASIC）］，但控制逻辑被剥离。通过抽象接口安装新的转发规则，控制器指示交换机应该如何转发数据包，每次数据包到达交换机时，都查询其转发表，并进行相应转发。

尽管在前面的 SDN 概述中提出了纯净的三层架构，但目前还不清楚控制平面和数据平面之间的具体界限。例如，主动队列管理（Active Queue Management，AQM）和调度配置这样的操作，在 SDN 交换机里仍被认为是数据平面的一部分。但是，没有根本性问题阻止该功能成为控制平面的一部分，只需引入某种抽象机制，允许控制交换设备底层的行为。这样的做法会带来很多好处，因为它简化了更多、更新和更有效的底层交换方案的部署[19]。

另一方面，将所有控制操作转移到逻辑上的集中控制器，使网络管理更容易，如果物理上控制器的实现也是集中化的，就会引起伸缩性问题。因此，在交换机中保留一些控制逻辑可能是更好的。例如，在 DevoFlow[20] 中，它对 OpenFlow 模型进行了修改，流被分为两类：小型流直接由交换机处理，大型流的处理则需要控制器的干预。同样，在 DIFANE[21] 控制器中，中间交换机用于存储必要的规则，而控制器则是简单地在交换机上执行规则分区任务。

SDN 使用的转发规则比传统网络更复杂，这是 SDN 交换机的另外一个问题，当使用通配符转发数据包时，需考虑数据包的多个字段，如源地址和目标地址、端口、应用程序等。因此，交换硬件并不能轻松应对数据包和流的管理。为加快转发操作，有必要使用 TCAM ASIC。不幸的是，这样的专用硬件很昂贵且能耗高，所以对基于流的转发方案，每台交换机只能支持有限的转发条目，这影响了网络的伸缩性。有一个解决办法，就是向交换机或周边引入辅助 CPU 来执行控制平面和数据平面的功能，例如让 CPU 转发小型流[22]，或者引入新的架构，效果会更好，这能够执行更多与分组处理有关的操作[23]。

不只是固定网络的硬件受限，无线和移动网络也是这样。无线数据平面需要重新设计，引入更多有用的抽象，类似于固定网络数据平面。虽然 OpenFlow 等协议提供的数据平面抽象支持数据平面与控制平面的解耦，但尚无法用于无线和移动领域，除非底层硬件（例如，蜂窝网络中的传输交换机和无线接入点）提供同样成熟且有用的抽象[5]。

不管 SDN 交换机是如何实现的，应该清楚的是，为了使新模式获得普及，后向兼容是非常重要的因素。虽然已经存在完全不需要集成控制的纯 SDN 交换机，但混合的方法（既支持 SDN 又支持传统的操作和协议）在 SDN 的早期阶段可能是最成功的[11]。原因是 SDN 为许多现实情景提供了强有力的解决方案，但大多数企业的网络基础设施仍然遵循传统的方法，所以，一个过渡的混合网络可能会使得向 SDN 演进更容易些。

3.3.3　SDN 控制器

如前所述，SDN 其中一个核心理念就是网络操作系统，它位于网络基础设施和应用层之间，负责协调和管理整个网络的资源，并为其上运行的应用程序提供抽象的、统一的组件视图。典型的计算机系统也遵循了类似的方法，操作系统位于硬件和用户空间之间，负责管理硬件资源并为用户应用提供通用服务。同样，网络管理员和开发人员现在能看到一个同构生态环境，更容易实现编程和配置，就像传统的计算机程序开发人员一样。

与传统的网络模式相比，因为提供了逻辑上的集中控制和通用的网络抽象，SDN 模式适用于更广泛的应用和异构网络技术。例如，对于一个异构网络，它包含大量的网络设备（路由器、交换机、无线接入点、中间件等），由固定网络和无线网络组成。在传统的网络模式中，每个网络设备都要求网络管理员进行单独的底层配置才能正常运行，而且，因为每一个设备使用不同的网络技术，并都有自己特定的管理和配置要求，这意味着管理员需要额外的工作才能使整个网络按预期运行。另一方面，SDN 在逻辑上是集中控制的，管理员不必关心底层的细节。相反，可通过定义合理的高层策略来执行网络管理，网络操作系统负责与网络设备的通信和操作配置。

在讨论了 SDN 控制器的通用概念后，下面这一小节将仔细研究这个核心组件的具体设计决策和实现选择，并证明它对网络伸缩性及整体性能是至关重要的。

3.3.3.1　SDN 的集中控制

如前所述，SDN 架构规定网络基础设施逻辑上由一个中心实体管理，负责网络管理和策略执行。但是应该明确，逻辑上的集中控制并不一定意味着物理上的集中。

物理上集中的控制器有不同的方案，如 NOX[18] 和 Maestro[24]。物理上集中的控制设计简化了控制器的实现，所有交换机都由同一个物理实体控制，这意味着网络不受一致性相关问题的影响，所有应用程序都看到相同的网络状态（来自同一个控制器）。尽管有其优点，但这种方法也有集中式系统共有的弱点，即控制器会成为整个网络的单一故障点。克服这个问题的方法是连接多个控制器到交换机，允许备份控制器在发生故障时接管系统。在这种情况下，所有控制器均需要有统一的网络视图，否则，应用程序可能无法正常运行。此外，物理上集中控制可能会引起伸缩性问题，因为所有的网络设备都由同一个实体来管理。

有一种方法进一步发展了在网络中使用多个控制器的想法，即保持一个逻辑上集中但是在物理上分离的控制平面。在这种情况下，每个控制器只负责管理网络的一部分，所有控制器使用和维护统一的网络视图。因此，应用程序将控制器作为单个实体，而实际上控制操作是由分布式系统执行的。除了没有单点故障之外，这种方法的优点还包括增强了性能和伸缩性，因为每个单独的控制器组件只管理一部分网络，有一些知名的控制器就属于这个类别，如 Onix[25] 和 Hyper-Flow[26]。非集中式控制的缺陷是，不同控制器中的网络状态是不一致的，由于网络的状态是分布式的，因此应用程序会被不同的控制器服务，可能有不同的网络视图，最终导致它们运行不正常。

使用两层控制器是一种混合解决方案，同时兼顾伸缩性和一致性，Kandoo[27] 控制器就是这种方案。底层由一组缺乏整个网络状态知识的控制器组成，这些控制器只运行控制操作，只需知道单个交换机的状态（本地信息）。另一方面，顶层在逻辑上是集中控制器，负责执行全网操作，它需要知道整个网络的状态。该方案的好处是本地操作可以更快地执行，并且对于高层中央控制器不会引起任何额外的负担，提高了网络的伸缩性。

除了物理集中控制器相关的方案之外，还有逻辑上去中心化的解决方案。逻辑上去中心化的想法直接来自于早期的可编程网络和"风暴"（Tempest）项目。回想起来，Tempest 架构允许多个虚拟 ATM 网络在同一组物理交换机上运行。同样，也有人提出 FlowVisor[28] 这样的 SDN 代理控制器，允许多个控制器共享相同的转发平面，这个想法的动机是在相同的基础设施上同时部署试验网络和企业网络，而不会相互影响。

在结束对 SDN 控制器集中讨论之前，要重点说一下人们的一些担心，主要是对 SDN 在大型网络环境中的性能及适用性的担心。

对 SDN 持怀疑的人常常担心在网络负载较高的情况下 SDN 的伸缩能力及响应能力，这主要来自源于如下事实，就是在新的模式下，控制被从网络设备中移除，而在一个单一的实体中运行并负责管理整个网络业务。受到这种担忧的驱使，SDN 控制器的性能研究[29]表明，即使是物理上集中的控制器也可以运行得非常好，响应时间非常短。例如，已经表明，在一个由多达 256 个交换机组成的网络上，甚至像 NOX 这样的原始单线程控制器也可以处理每秒平均最多可达 20 万个新流工作负荷，最大时延为 600ms，比新的多线程控制器表现得更好。例如，一个运行在八核

2GHz CPU 机器上的 256 个交换机网络，NOX-MT[30] 可以处理每秒 160 万个新的流，平均响应时间为 2ms。为进一步提高性能，新的控制器设计目标面向大型工业级服务器。例如，McNettle 控制器[31] 声称能够使用单个 46 核的控制器为多达 5000 个交换机的网络提供服务，每秒吞吐量超过 1400 万次，延迟低于 10ms。

控制器在网络中进行部署时，控制平面在物理上是分散的，控制器的数量、物理位置及用于协调的算法都对网络的性能影响很大。为此，人们又提出了对性能的担心，为了解决这个问题，提出了各种解决方案，如把控制器的放置看作是优化问题[32]，将这个问题与本地算法和分布式计算联系起来，从而开发出高效的控制器协调协议[33]。

对于物理上分散的 SDN 控制器，人们所提出的最后一个问题涉及执行策略更新时，对于每个控制器维护的网络状态一致性的问题，逻辑上的控制器易出错，再加上它的分布式特性，会导致并发问题。该问题的解决方案类似于事务型数据库的解决方案，控制器扩展出一个事务接口，为完全提交或中止一个策略更新[34] 定义了相关的语义。

3.3.3.2 流量管理

SDN 控制器有一个与流量管理方式有关的设计问题，也很重要。流量管理的决策可以直接影响网络性能，特别是在由多个交换机组成的大型网络及高流量负荷情形下。可以把与流量管理有关的问题分成两类：控制颗粒度和策略执行。

1. 控制颗粒度

网络流量控制颗粒度是指，在控制器对穿越网络的数据包进行检查操作时使用多细或多粗的颗粒度[11]。在传统网络中，到达交换机的每个分组数据包都被单独检查，根据数据包携带的信息（如目的地址）来做路由选择，决定数据包应该被转发的位置。虽然这种方法在传统的网络上工作良好，但对于 SDN 来说却不一定。在这种情况下，每包路由的方法在任何规模较大的网络上均基本无法实现，因为所有数据包都必须通过控制器，那就需要为每个数据包建立一个路由。

由于单包路由的方法会引起性能问题，大多数 SDN 控制器都采用基于流的方法，其中每个数据包基于特定的属性（例如，数据包的源和目的地址及其应用程序）被分配到某个流。控制器通过检查到达的第一个数据包来建立一个新的流并做相应的交换配置。为了进一步给控制器分流，有一个额外的粗粒度方法，基于聚合流匹配来执行控制而不是基于单个流。

当查看颗粒度级别时，主要衡量控制器的负荷与提供给网络应用的 QoS。控制颗粒度越细，提供的 QoS 就会越好。在单包路由方法中，控制器对每个数据包总是可以做出最好的路由决策，从而带来了很好的 QoS。相反，对于一批流执行控制就意味着控制器对转发数据包的决策并不能完全适应网络的状态，在这种情况下，数据包可能会被转发到次优路由，导致 QoS 降低。

2. 策略执行

流量管理的第二个问题与控制器在网络设备中部署网络策略的方式有关[11]。有一种如 Ethane 等系统遵循的方法，它使用被动控制模型，交换设备每创建一个新的流时，都要向控制器查询路由决策。在这种情况下，每个流的策略均是只有在实际需求出现时才在交换机上创建相应的流，使得网络管理更加灵活。这种方法的潜在缺点是会导致性能下降，原因是流的第一个数据包到达控制器时检查所需的时间。性能下降可能很明显，特别是控制器在物理上远离交换机的情况下。

　　另一种策略执行的方法是使用主动控制模型。在这种情况下，控制器会提前对可能经过交换机的流量都填充好数据流表，然后将路由规则推送到网络的所有交换机。使用这个方法，交换机不再需要向控制器发送请求指示来建立新的流，而是使用设备 TCAM 中存储的表，在其他上面简单地执行查找就可以了。主动控制的优势在于消除了为每一个流都需查询控制器而带来的时延。

3.3.4　SDN 可编程接口

　　如前所述，控制器与其他层的通信是通过控制器与交换机间的南向 API 及控制器与应用程序间的北向 API 实现的。在这一节中，我们通过查看通信中的每个节点，简要地讨论一下与 SDN 编程相关的主要概念和问题。

3.3.4.1　南向通信

　　控制器操控 SDN 交换机的行为是通过南向通信完成的，这就是 SDN 试图对网络进行"编程"的方式。标准的南向 API 最著名的例子就是 OpenFlow[35]。大多数与 SDN 相关的项目都假定控制器与交换机之间的通信为 OpenFlow。因此，这里有必要首先详细介绍一下 OpenFlow。虽然 OpenFlow 比较流行，但应该明确的是它只是实现控制器与交换机交互的一种方案，其实还存在其他的可选方案（例如 DevoFlow[20]）在试图解决 OpenFlow 面临的性能问题。

1. OpenFlow 概述

　　遵循 SDN 控制平面与数据平面解耦的原理，OpenFlow 提供了管理交换机流量以及控制器和交换机之间交换信息的标准方法，如图 3.2 所示。OpenFlow 交换机由两个逻辑组件构成，第一个组件包含一个或多个流表，负责维护交换机转发分组包所需的信息。第二个组件是一个 Open-Flow 客户端，它本质上是一个简单的 API，允许交换机与控制器进行通信。

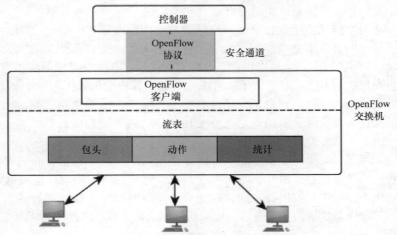

图 3.2　OpenFlow 交换机的设计以及与控制器的通信

　　流表由多个流条目组成，每个流条目定义一组规则，确定交换机如何管理属于该流的分组，即如何处理和转发这些分组。流表中的每个条目都有 3 个字段：①定义流的数据包头，②决定处理数据包的动作，③统计信息，跟踪每个流的数据包信息、字节数信息以及完成最后一个分组数据包转发以来的时间信息。

数据包到达交换机时，首先检查它的包头，将其匹配到与其有最相似包头字段的流上。如果匹配的流找到了，在动作字段中定义的动作将被执行，这些动作包括：为了在网络中路由而转发包到特定的端口；为了让控制器检查而转发这个包；或者是丢弃掉这个包。如果没有发现匹配的流，则按表中定义的流条目缺失的动作做相应的处理。

交换机和控制器之间的信息交换通过传递消息进行，它使用安全通道并且遵循 OpenFlow 协议定义的标准方式。如我们在控制器基本原理中讨论的那样，控制器就可以采用主动的或被动的方式操纵交换机流表中能找到的流，即添加、更新或删除流条目。由于控制器能够使用 OpenFlow 协议与交换机通信，网络运营商不再需要直接与交换机进行交互。

OpenFlow 最引人注目的特性是数据包头字段可以是一个通配符，这意味着与数据包头的匹配不一定是精确的。这个想法背后的原因是，各种网络设备，如路由器、交换机和中间件，具有类似的转发行为，不同之处仅在于使用哪个包头的字段来匹配它们需执行的操作。OpenFlow 允许使用这些包头字段的任何子集对数据流应用规则，意味着它在概念上统一了许多不同类型的网络设备。例如，一个路由器可以通过一个流表项来模拟，这个表项仅使用在 IP 地址上进行匹配的数据包头，也可以通过包头字段模拟防火墙，字段中还包含额外的信息，如源和目的 IP 地址以及使用的传输协议。

3.3.4.2　北向 API

如前所述，SDN 模式所倡导的基本思想之一就是网络操作系统，它位于网络基础设施和高层服务器及应用之间，就像位于硬件和用户空间之间的计算机操作系统一样。假如有这么一个集中式的协调实体，它基于基本的操作系统原则，在 SDN 架构中就应该有一个明确定义的接口，用于控制器与应用程序之间的交互。这个接口应该允许应用程序访问底层硬件、管理系统资源、与其他应用程序交互，而无须任何底层网络信息的知识。

南向通信中交换机和控制器之间的交互已经明确定义了标准化的开放接口（即 OpenFlow），与之不同的是，北向通信目前还没有公认的控制器与应用程序交互标准[11]。因此，每个控制器模型都需要提供自己的方法来完成控制器与应用程序之间的通信。虽然当前的控制器接口提供了低水平的抽象（即流操作），也难以用它实现有不同目标或有冲突目标的应用程序，这些应用程序往往基于更高层次的概念。举个例子，考虑一个电源管理应用程序和一个防火墙应用程序，为了停用闲置的交换机，电源管理应用程序应利用尽可能少的链路来重新路由数据；而防火墙可能需要额外的交换链路来路由数据，尽可能使用最适合防火墙规则的路由。让程序员来处理这些冲突会变成一个非常复杂和烦琐的过程。

为了解决这个问题，又提出了很多想法，倡导使用高层网络编程语言将策略转换为对底层流的约束，这些约束又被控制器用来管理 SDN 交换机。这些网络编程语言也可以看作是 SDN 架构的中间层，它位于应用层和控制器之间，就像 C++ 和 Python 这样的编程语言在汇编语言之上，用于隐藏无须程序员了解的、复杂的、底层的汇编语言细节。这样的高级网络编程语言还包括 Frenetic[36] 和 Pyretic[37]。

3.3.5　SDN 应用领域

为了展示 SDN 在网络领域的广泛适用性，我们简要介绍两个 SDN 典型案例，以证明其有用性：数据中心和蜂窝网络。当然，SDN 应用不仅限于这些领域，也可以延伸到其他企业网络、无线局域网、异构网络以及光网络和物联网[5,11]。

3.3.5.1 数据中心网络

为了支持数十万台服务器和数百万台虚拟机，数据中心网络最重要的需求之一就是想方设法扩大规模。然而，从网络的角度来看，实现这种伸缩性是一项极具挑战性的任务。首先，转发表的大小随着服务器数量的增加而增加，导致转发设备更复杂、更昂贵。而且，由于数据中心总被期望有更高的性能，流量管理和策略执行可能成为非常重要和关键的问题。

在传统的数据中心，上述需求通常通过仔细设计和配置底层网络来满足。这个操作在大多数情况下是手动执行的，为数据定义首选路线并且放置中间件作为物理网络上的策略阻塞点。显然，手动配置容易出错，这项任务极具挑战性，特别是随着网络规模的增长，这种做法与可伸缩需求之间的矛盾愈加突出。另外，也越来越难让数据中心满负荷运行，因为它不能动态适应应用程序的需求。

SDN 为网络管理提供的优势弥补了这些差距。通过控制平面与数据平面解耦，转发设备变得更简单、更便宜。同时，所有的控制逻辑都被委托给一个逻辑上集中的实体，以支持流的动态管理、流量的负载均衡以及资源的分配，优化调整数据中心的运营以适应正在运行的应用程序的需要，从而带来性能的提高[38]。最后，已经不需要在网络中放置中间件了，因为策略执行现在可以通过控制器实体来实现。

3.3.5.2 蜂窝网络

蜂窝移动网络市场是电信业最赚钱的市场，在过去十年中，移动设备（例如，智能手机和平板电脑）的数量迅速增加，已经将现有的蜂窝网络推向了极限。将 SDN 整合到目前的蜂窝架构是最近研究的热点，如 3G UMTS 和 4G LTE 系统[39]。

当前蜂窝网络架构的一个主要缺点是，数据流集中在核心网，所有流量都经过专用的设备，从路由到接入控制和计费等多个网络功能打包在一起，设备的复杂性带来了基础设施成本的增加，产生了严重的伸缩性问题。此外，由于流量需求日益增加并且无线频谱资源有限，接入网络的小区面积也趋于变小。这增加了对相邻基站的干扰，用户的移动性也导致基站间负载大幅波动，资源的静态分配已经不能胜任了。

将 SDN 原理应用于蜂窝网络有望解决一些不足。首先，将控制平面与数据平面解耦，并引入集中控制器，它拥有整个网络的视图，网络设备变得更简单，从而降低了整个网络基础设施的成本。而且，一些操作，如路由、实时监控、移动性管理、接入控制和策略执行可以分配给不同的协作控制器，使网络更加灵活且更易于管理。此外，使用集中控制器作为一个抽象站点简化了负载操作和干扰管理，不再需要基站间的直接通信和协调。相反，控制器对整个网络做决策，并简单地指示数据平面（即基站）如何操作。最后一个优点是使用 SDN 可以更容易地在电信市场引入虚拟运营商，促进竞争。通过虚拟化潜在的交换设备，所有的服务提供商都通过自己的控制器管理他们自己用户的流量，无须花费大笔资金来建设自己的网络基础设施。

3.3.6 SDN 与网络虚拟化和网络功能虚拟化的关系

与 SDN 紧密相关的两个技术是网络虚拟化和网络功能虚拟化（Network Function Virtualization, NFV），它们非常受欢迎。在这一小节中，我们简要地澄清它们与 SDN 之间的关系，因为这些技术往往让人们产生困惑，尤其是最近引入 SDN 的概念之后。

网络虚拟化是将网络拓扑与底层物理基础设施分离。通过虚拟化，可以在相同的物理设备上部署多个"虚拟"网络，每个虚拟的网络与物理网络相比，都有一个更简单的拓扑结构。这种抽象允许网络运营商以恰当的方式构建网络，而不必更改底层的基础架构，这可是一个非常麻烦甚至是不可能的过程。例如，通过网络虚拟化，就有可能拥有跨越多个物理网络的虚拟局域网（Virtual Local Area Network，VLAN）或在一个物理子网上有多个虚拟局域网。

网络虚拟化背后的思想就是将网络与底层物理基础设施解耦，这与 SDN 提倡的将控制平面从数据平面中解耦是相似的，因此自然会导致混淆。事实上这两种技术彼此并不相互依赖。SDN 的存在并不意味着网络虚拟化就没问题了。同样，SDN 不一定是实现网络虚拟化的先决条件。相反，可以通过 SDN 部署网络虚拟化解决方案，同时可以在一个虚拟化的环境上部署 SDN。

自从 SDN 出现以来，它就和网络虚拟化紧密地并存，网络虚拟化是 SDN 的第一个也许是最重要的用例之一。原因是 SDN 提供的架构灵活性充当了网络虚拟化的推动者。换句话说，网络虚拟化可以看作是针对特定问题的解决方案，而 SDN 是一个（也许是目前最好的）用来实现这一方案的架构。然而，正如前面强调的那样，网络虚拟化需要独立于 SDN 来看待。事实上，许多人认为，相比 SDN，网络虚拟化可能会变成更大的技术创新[6]。

另一项与 SDN 紧密相关但不同的技术是 NFV[40]。NFV 是由运营商发起的，目标是改变运营商构建网络的方式，通过虚拟化相关技术来虚拟化网络功能，如入侵检测、缓存、域名服务（Domain Name Service，DNS）和网络地址翻译（Network Address Translation，NAT），以便它们以软件的形式运行。通过引入虚拟化，可以把这些功能运行在通用的符合行业标准的大容量服务器、交换机和存储设备上，而不必使用专用的网络设备。这种方法降低了运营和部署成本，因为运营商不再需要依赖昂贵的专用硬件解决方案。最后，网络管理的灵活性也增强了，因为可以快速修改或引入新的服务以满足不断变化的需求。

网络功能与底层硬件的解耦和 SDN 倡导的控制平面与数据平面解耦是密切相关的，因此，这两种技术的区别可能有点模糊。理解这一点很重要，尽管 SDN 与 NVF 密切相关，但 SDN 和 NFV 指的是不同的领域。NFV 是 SDN 的补充，但并不依赖于它，反之亦然。例如，SDN 的控制功能可以基于 NFV 技术实现虚拟功能。另一方面，NFV 编排系统可以通过 SDN 来控制物理交换机的转发行为。不过，这两种技术都不是彼此运行的必要条件，但都可以从另外一方受益。

3.4　SDN 对科研及产业的影响

了解完 SDN 的基本概念和 SDN 的一些重要应用之后，现在简要讨论一下 SDN 对科研机构及产业的影响。每个人的关注点可能会有所不同，从设计新颖的解决方案来利用 SDN 的优势到开发出能部署在商业环境中的 SDN 产品，他们积极参与到 SDN 的演进过程，有助于勾画出这项技术的未来。理解目前 SDN 相关活动的动机和关注点能为我们提供方向性指导，指明什么最有可能在这个领域推动未来科技的发展。

3.4.1　标准化活动及 SDN 峰会简介

最近多个标准化组织都开始关注 SDN，致力于为 SDN 的不同部分提供标准化的解决方案。这些投入的收效是非常显著的，因为标准化为广泛采用一项技术迈出了第一步。与 SDN 最紧密的标准化组织是开放式网络基金会（Open Networking Foundation，ONF）[41]，是 2011 年成立的非营利性行业联盟，包括电信运营商、网络和服务提供商、设备供应商、网络和虚拟化软件供应商在内的 100 多家公司成员。它的愿景是通过开放的 SDN 标准，让 SDN 成为网络行业向软件行业转型的新典范。为了实现这一点，它正在尝试标准化和商业化 SDN 及其基础技术，其主要成就是 OpenFlow 协议标准化，也是第一个 SDN 标准。ONF 有一些工作组在做 SDN 其他方面的一些工作，包括转发抽象、可扩展性、配置以及将 SDN 的价值传授给社区。

IETF 是发展和推动互联网标准的主要推动力，除了 OpenFlow 之外，还有一些工作组关注 SDN。软件定义网络研究组（Software Defined Networking Research Group，SDNRG）[42]着重于确定与 SDN 模型的伸缩性和适用性有关的解决方案，以及在 SDN 上下文中开发抽象模型和有用的编程语言。最后，它试图明确 SDN 应用案例和未来的研究挑战。接口和路由系统（Interface to the Routing System，I2RS）[43]工作组正在以另一种方法制定 SDN 策略，与 OpenFlow 的方法相反，在这里，传统的分布式路由协议可以在网络硬件上运行并向位于中心的管理者提供信息。其他与 SDN 有关的 IETF 工作组，包括使用 SDN 优化应用层流量（Application-Layer Traffic Optimization，ALTO）小组[44]和 CDNI[45]，CDNI 研究如何将 SDN 用于内容分发网络（Content Delivery Network，CDN）的互联互通。

国际电联电信标准化部门（ITU-T）的一些研究组（SG）[46]也在为公共电信网络研究 SDN。例如，第 13 研究组（SG13）重点关注电信 SDN 的框架及定义 SDN 正式规范的需求和验证方法。第 11 研究组（SG11）正在开发 SDN 信令的需求和架构，第 15 研究组（SG15）开始讨论传输 SDN。

其他标准化组织也对应用 SDN 原理感兴趣，包括光互联论坛（Optical Internetworking Forum，OIF）[47]、宽带论坛（Broad Band Forum，BBF）[48]和城域以太网论坛（Metro Ethernet Forum，MEF）[49]。OIF 负责推动开发和部署可互操作的光网络系统，并支持一个工作组来定义传输网络 SDN 架构的需求。BBF 是一个固定线路宽带接入和核心网络论坛，在研究使用 SDN 实现云端网关。MEF 的目标是开发以及认定运营商以太网服务的技术规范。其中一个方向是确认 MEF 服务是否适合 ONF SDN 框架。

除了标准化 SDN 解决方案的工作外，还有一些技术峰会在分享和探讨 SDN 研究社区中产生的新想法和关键进展。开放网络峰会（Open Networking Summit，ONS）也许是最重要的 SDN 事件，它的使命是"帮助 SDN 革命成功，产生有高度影响力的 SDN 事件"。其他一些 SDN 相关的会议也开始像 SDN&NFV 高峰论坛一样兴起，讨论网络虚拟化解决方案。SDN 和 OpenFlow 世界大会、SIGCOMM 研讨会则关注软件定义网络热点话题（HotSDN），IEEE/IFIP SDN 国际研讨会则关注 SDN 的管理和编排。

3.4.2 产业中的 SDN

与传统网络相比，SDN 的优势使得一些产业也开始聚焦于 SDN，使用 SDN 作为简化网络管理的手段，或者是在其私有网络中改善服务、开发和提供商业 SDN 解决方案。

也许在实际网络中采用 SDN 的最具特色的例子就是谷歌公司了，它与其开发的 B4 网络[50]一起进入了 SDN 的世界，连接其全球数据中心。谷歌公司工程师解释说，转向 SDN 模式的主要原因是谷歌公司后端网络的发展非常迅速。随着规模的增加，计算能力和存储变得越来越便宜，但对于网络却不是这样。通过应用 SDN 原则，公司能够根据其所需的功能选择网络硬件，同时开发创新的软件解决方案。集中式的网络控制使网络更高效，容错能力更强，提供了更加灵活和创新的环境，同时减少了运营费用。最近，谷歌公司透露 Andromeda[51] 是云计算服务底层的一个软件定义网络，其目标是让谷歌公司的服务变得更好、更便宜并能更快地扩展。其他在网络和云服务领域的大公司，如 Facebook 和亚马逊公司也计划建设自己的下一代基于 SDN 原理的网络基础设施。

网络公司也开始对开发相关商用 SDN 解决方案表示出兴趣。这种兴趣不局限于开发 Open-Flow 交换机等特定产品和网络操作系统，相反，目前有针对不同类型的客户创建完整的 SDN 生态系统的趋势。例如，思科、惠普和阿尔卡特等公司已进入 SDN 市场，为企业和云服务提供商提供自己完整的解决方案，而像华为这样的电信公司也在为下一代电信网络设计解决方案，尤其是 LTE、LTE-Advanced 和 5G 网络。2012 年，VMware 收购了名为 Nicira 的 SDN 初创公司，以便将其网络虚拟化平台整合到 NSX，NSX 是 VMware 自己的网络虚拟化和安全平台，服务于软件定义的数据中心。提供 SDN 解决方案的公司名单还在不断增加，其他许多公司，如博通、甲骨文、NTT、Juniper 和 Big Switch Networks 都认识到 SDN 的价值，纷纷提出了自己的解决方案。

3.4.3　SDN 的未来

回到讨论的起点，有这么多过渡技术引领了现代软件定义网络，很难预测未来会发生什么。之前各种重新设计网络架构的尝试表明，即使非常有前途的技术也可能由于缺乏适当的条件而失败。从为新兴技术寻找令人信服的场景，到设法使其被研究界甚至是被行业所采纳，成功取决于许多因素，SDN 解决这些问题的方式使其在网络领域成为下一个重大颠覆性技术。在不同类型网络中应用 SDN 原则带来的好处、异构环境的统一，以及这种模式带来的大量应用，都是推动 SDN 不断发展和商业化的巨大推动力，特别是对于云服务提供商、网络运营商及移动运营商。这些预测是否会变成现实以及 SDN 在多大程度上能实现其承诺，还有待观察和证实。

参 考 文 献

[1] A. T. Campbell, I. Katzela, K. Miki, and J. Vicente. "Open signaling for ATM, internet and mobile networks (OPENSIG'98)." ACM SIGCOMM Computer Communication Review 29.1 (1999): 97–108.

[2] D. L. Tennenhouse, J. Smith, D. Sincoskie, D. J. Wetherall, and G. J. Minden. "A survey of active network research." IEEE Communications Magazine 35.1 (1997): 80–86.

[3] J. E. Van der Merwe, S. Rooney, I. Leslie, and S. Crosby. "The tempest-a practical framework for network programmability." IEEE Network 12.3 (1998): 20–28.

[4] "Devolved control of ATM networks." Available from http://www.cl.cam.ac.uk/research/srg/netos/old-projects/dcan/ (accessed January 19, 2015).

[5] J. Qadir, N. Ahmed, and N. Ahad. "Building programmable wireless networks: An architectural survey." arXiv preprint arXiv:1310.0251 (2013).

[6] N. Feamster, J. Rexford, and E. Zegura. "The road to SDN." ACM Queue 11.12 (2013): 20–40.

[7] N. Shalaby, Y. Gottlieb, M. Wawrzoniak, and L. Peterson. "Snow on silk: A nodeOS in the Linux kernel." *Active Networks.* Springer, Berlin (2002): 1–19.

[8] S. Merugu, S. Bhattacharjee, E. Zegura, and K. Calvert. "Bowman: A node OS for active networks." INFOCOM 2000. Proceedings of the Nineteenth Annual Joint Conference of the IEEE Computer and Communications Societies; Tel Aviv 3 (2000): 1127–1136.

[9] D. J. Wetherall, J. V. Guttag, and D. L. Tennenhouse. "ANTS: A toolkit for building and dynamically deploying network protocols." Open Architectures and Network Programming, 1998 IEEE: pp. 117, 129; April 3–4, 1998. doi: 10.1109/OPNARC.1998.662048.

[10] M. Hicks, P. Kakkar, J. T. Moore, C. A. Gunter, and S. Nettles. "PLAN: A packet language for active networks." ACM SIGPLAN Notices 34.1 (1998): 86–93.

[11] B. Nunes, M. Mendonca, X. Nguyen, K. Obraczka, and T. Turletti. "A survey of software-defined networking: Past, present, and future of programmable networks." Communications Surveys & Tutorials, IEEE, 16 (3)

(2014): 1617–1634, third quarter.

[12] L. Yang, R. Dantu, T. Anderson, and R. Gopal. "Forwarding and control element separation (ForCES) frame-work." RFC 3746, (2004). Available at https://tools.ietf.org/html/rfc3746 (accessed February 17, 2015).

[13] A. Greenberg, G. Hjalmtysson, D. A. Maltz, A. Myers, J. Rexford, G. Xie, H. Yan, J. Zhan, and H. Zhang. "A clean slate 4D approach to network control and management." ACM SIGCOMM Computer Communication Review 35.5 (2005): 41–54.

[14] H. Yan, D. A. Maltz, T. S. Eugene Ng, H. Gogineni, H. Zhang, and Z. Cai. "Tesseract: A 4D network control plane." 4th USENIX Symposium on Networked Systems Design & Implementation 7; Cambridge, MA (2007): 369–382.

[15] M. Casado, T. Garfinkel, A. Akella, M. J. Freedman, D. Boneh, N. McKeown, and S. Shenker. "SANE: A pro-tection architecture for enterprise networks." 15th USENIX Security Symposium; Vancouver, BC, Canada (2006): 137–151.

[16] M. Casado, M. J. Freedman, J. Pettit, J. Luo, N. McKeown, and S. Shenker. "Ethane: Taking control of the enterprise." ACM SIGCOMM Computer Communication Review 37.4 (2007): 1–12.

[17] B. Chun, D. Culler, T. Roscoe, A. Bavier, L. Peterson, M. Wawrzoniak, and M. Bowman. "Planetlab: An overlay testbed for broad-coverage services." ACM SIGCOMM Computer Communication Review 33.3 (2003): 3–12.

[18] N. Gude, T. Koponen, J. Pettit, B. Pfaff, M. Casado, N. McKeown, and S. Shenker. "NOX: Towards an operating system for networks." ACM SIGCOMM Computer Communication Review 38.3 (2008): 105–110.

[19] A. Sivaraman, K. Winstein, S. Subramanian, and H. Balakrishnan. "No silver bullet: Extending SDN to the data plane." Proceedings of the Twelfth ACM Workshop on Hot Topics in Networks 19; Maryland (2013): 1–7.

[20] A. R. Curtis, J. C. Mogul, J. Tourrilhes, P. Yalagandula, P. Sharma, and S. Banerjee. "Devoflow: Scaling flow management for high-performance networks." ACM SIGCOMM Computer Communication Review 41.4 (2011): 254–265.

[21] M. Yu, J. Rexford, M. J. Freedman, and J. Wang. "Scalable flow-based networking with DIFANE." ACM SIGCOMM Computer Communication Review 40.4 (2010): 351–362.

[22] G. Lu, R. Miao, Y. Xiong, and C. Guo. "Using cpu as a traffic co-processing unit in commodity switches." Proceedings of the First Workshop on Hot Topics in Software Defined Networks; Helsinki, Finland (2012): 31–36.

[23] P. Bosshart, G. Gibb, H.-S. Kim, G. Varghese, N. McKeown, M. Izzard, F. Mujica, and M. Horowitz. "Forwarding metamorphosis: Fast programmable match-action processing in hardware for SDN." SIGCOMM Computer Communication Review 43.4 (2013): 99–110.

[24] Z. Cai, A. L. Cox, and T. E. Ng. "Maestro: A system for scalable OpenFlow control." Technical Report TR10-08. Texas: Rice University (2010).

[25] T. Koponen, M. Casado, N. Gude, J. Stribling, L. Poutievski, M. Zhu, R. Ramanathan, Y. Iwata, H. Inoue, T. Hama, and S. Shenker. "Onix: A distributed control platform for large-scale production networks." 9th USENIX Symposium on Operating Systems Design and Implementation, OSDI 10; Vancouver, BC, Canada (2010): 1–6.

[26] A. Tootoonchian and Y. Ganjali. "Hyperflow: A distributed control plane for openflow." Proceedings of the 2010 Internet Network Management Conference on Research on Enterprise Networking. San Jose, CA: USENIX Association (2010): 3–8.

[27] S. H. Yeganeh and Y. Ganjali. "Kandoo: A framework for efficient and scalable offloading of control applica-tions." Proceedings of the First Workshop on Hot Topics in Software Defined Networks. Helsinki, Finland: ACM (2012): 19–24.

[28] R. Sherwood, G. Gibb, K.-K. Yap, G. Appenzeller, M. Casado, N. McKeown, and G. Parulkar. "Flowvisor: A network virtualization layer." Technical Report, OpenFlow Switch Consortium (2009). Available from http://archive.openflow.org/downloads/technicalreports/openflow-tr-2009-1-flowvisor.pdf (accessed February 17, 2015).

[29] A. Shalimov, D. Zuikov, D. Zimarina, V. Pashkov, and R. Smeliansky. "Advanced study of SDN/OpenFlow controllers." Proceedings of the 9th Central & Eastern European Software Engineering Conference in Russia. Moscow: ACM (2013).

[30] A. Tootoonchian, S. Gorbunov, Y. Ganjali, M. Casado, and R. Sherwood. "On controller performance in software-defined networks." USENIX Workshop on Hot Topics in Management of Internet, Cloud, and Enterprise Networks and Services (Hot-ICE) 54; San Jose, CA (2012).

[31] A. Voellmy and J. Wang. "Scalable software defined network controllers." Proceedings of the ACM SIGCOMM 2012 Conference on Applications, Technologies, Architectures, and Protocols for Computer Communication.

Helsinki, Finland: ACM (2012): 289–290.

[32] B. Heller, R. Sherwood, and N. McKeown. "The controller placement problem." Proceedings of the First Workshop on Hot Topics in Software Defined Networks. Helsinki, Finland: ACM (2012): 7–12.

[33] S. Schmid and J. Suomela. "Exploiting locality in distributed sdn control." Proceedings of the Second ACM SIGCOMM Workshop on Hot Topics in Software Defined Networking. Hong Kong, China: ACM (2013): 121–126.

[34] M. Canini, P. Kuznetsov, D. Levin, and S. Schmid. "Software transactional networking: Concurrent and consistent policy composition." Proceedings of the Second ACM SIGCOMM Workshop on Hot Topics in Software Defined Networking. Hong Kong, China: ACM (2013): 1–6.

[35] N. McKeown, T. Anderson, H. Balakrishnan, G. Parulkar, L. Peterson, J. Rexford, S. Shenker, and J. Turner. "OpenFlow: enabling innovation in campus networks." ACM SIGCOMM Computer Communication Review 38.2 (2008): 69–74.

[36] N. Foster, R. Harrison, M. J. Freedman, C. Monsanto, J. Rexford, A. Story, and D. Walker. "Frenetic: A network programming language." ACM SIGPLAN Notices 46.9 (2011): 279–291.

[37] C. Monsanto, J. Reich, N. Foster, J. Rexford, and D. Walker. "Composing software-defined networks." 10th USENIX Symposium on Networked Systems Design & Implementation; Lombard, IL (2013): 1–13.

[38] M. Al-Fares, S. Radhakrishnan, B. Raghavan, N. Huang, and A. Vahdat. "Hedera: Dynamic flow scheduling for data center networks." 7th USENIX Symposium on Networked Systems Design & Implementation 10; San Jose, CA (2010): 19–34.

[39] L. E. Li, Z. M. Mao, and J. Rexford. "Toward software-defined cellular networks." European Workshop on Software Defined Networking (EWSDN). Darmstadt, Germany: IEEE (2012): 7–12.

[40] C. Cui, H. Deng, D. Telekom, U. Michel, and H. Damker. "Network functions virtualisation." Available from http://portal.etsi.org/NFV/NFV_White_Paper.pdf (accessed 19 January 2015).

[41] Open Networking Foundation (ONF). Available from https://www.opennetworking.org (accessed 19 January 2015).

[42] IRTF. "Software-defined networking research group (SDNRG)." Available from https://irtf.org/sdnrg (accessed 19 January 2015).

[43] IETF. "Interface to the routing system (i2rs)." Available from http://datatracker.ietf.org/wg/i2rs/ (accessed 19 January 2015).

[44] IETF. "ALTO and software defined networking (SDN)." Available from http://www.ietf.org/proceedings/84/slides/slides-84-alto-5 (accessed 19 January 2015).

[45] IETF. "CDNI request routing with SDN." Available from http://www.ietf.org/proceedings/84/slides/slides-84-cdni-1.pdf (accessed 19 January 2015).

[46] "ITU Telecommunication Standardization Sector." Available from http://www.itu.int/en/ITU-T (accessed 19 January 2015).

[47] Optical Internetworking Forum (OIF). Available from http://www.oiforum.com (accessed 19 January 2015).

[48] "Broadband Forum and SDN." Available from http://www.broadband-forum.org/technical/technicalwip.php (accessed 19 January 2015).

[49] "MEF—Metro Ethernet Forum." Available from http://metroethernetforum.org (accessed 19 January 2015).

[50] S. Jain, A. Kumar, S. Mandal, J. Ong, L. Poutievski, A. Singh, S. Venkata, J. Wanderer, J. Zhou, M. Zhu, J. Zolla, U. Hölzle, S. Stuart, and A. Vahdat. "B4: Experience with a globally-deployed software defined WAN." Proceedings of the ACM SIGCOMM 2013 Conference on SIGCOMM. Hong Kong, China: ACM (2013): 3–14.

[51] A. Vahdat. "Enter the Andromeda zone—Google Cloud Platform's latest networking stack." Available from http://googlecloudplatform.blogspot.gr/2014/04/enter-andromeda-zone-google-cloud-platforms-latest-networking-stack.html (accessed 19 January 2015).

第4章 软件定义无线网络

Claude Chaudet[1], Yoram Haddad[2]

1 Telecom ParisTech, Institut Telecom, Paris, France

2 Jerusalem College of Technology, Jerusalem, Israel

4.1 引言

近几年来，我们见证了数字化、移动化和互联化社会的出现，数字设备被广泛应用。人们使用计算机、智能手机或平板电脑等无线设备进行沟通、创作、访问和分享知识、购物、与公共服务互动、拍照和存储照片、寻找路线、听音乐、看视频、学习或玩游戏。随着终端设备尺寸变小和成本的下降，预计未来几年移动设备将呈现更多的用途，无线通信的泛在可用及性能在发展过程中扮演着卓尔不群的角色。

与 2000 年年初的数字世界相比，现在人们往往拥有多个终端（智能手机、平板电脑、计算机），并根据情况选择其中一个终端。一个专业人员可以在他办公室的计算机上开始撰写讲稿，在飞机上用平板电脑进行一些修改，然后在奔向会场的地铁上用智能手机进行演练，在会场他将使用笔记本电脑来展示。有人可能会在家里的电视上开始看一个电影，而在上班路上的公交车上看完。这些已经成为现实的情景，对网络有着重要的影响。

首先，受益于云服务，终端之间的数据同步越来越频繁。但是，这种持续的同步过程会消耗无线信道带宽，并需要为点对点的应用程序提醒创建重要的数据流。如果交换的文件较小，与无线链路容量相比，数据交换的次数则是更重要的。此外，自我托管云解决方案的部署也产生了类似用户到用户的流量模式，只有少数点到点的应用由移动设备来托管。因此，切换越来越频繁，这会影响到多媒体数据（对丢包的容忍度大于延迟）及文件传输（只要 TCP 连接仍可以容忍延迟）。最后，对观看流媒体电影并切换终端设备的场景，可能还需要内容上的适配。

为了完全满足用户需求，无线基础设施网络和无线局域网（WLAN）应该找到有效的方法来管理水平和垂直切换内容的适配，并在保留其稀缺带宽的同时，尽可能地降低开发成本。为了达到这个目标，许多研究计划正在推动相关技术的发展，例如：家庭基站和功率控制能提高空间效率，业务分流及多宿主允许在多种技术间共享带宽，网内数据复制及以信息为中心的网络有助于内容分发，省电及绿色网络优化了运营成本等。然而，关键挑战仍然存在，比如：如何实施这些技术并确保它们正确地交互。

因此，运营商需要以一种有效且持续演进的方式，从整体上管理他们的无线网络。此外，一些优化措施也需要运营商、用户和基础设施之间进行协调与合作，这在实践中很难实现。这都要求无线网络管理方式和模式发生转变，网络应该能够根据需要增加或压缩其容量，尽可能向用户提供所期望的服务质量（QoS），并尽量避免干扰相邻网络。这就要求有一个带宽管理实体，它不仅能够检查需求和用户服务等级协议（Service Level Agreement，SLA），而且能够检查不同接入点（AP）的状态或无线信道状态，并做出恰当的决策。该管理实体收集来自各种网络设备的数据，对全局进行优化以实现其网络愿景，并最终为每个用户和每个应用程序建议连接的选择。这种模式被称为网络虚拟化或软件定义网络（SDN）。

正如本书其他章节所述，SDN 的概念是通过鼓励创新的方式出现的，允许试验者在不产生明显影响的情况下使用现网，并且以特别的方式提供更好的 QoS，同时提高网络可靠性。Open-Flow[1] 是基于这些概念于 2011 年推出的，从那时起便一直受到业界的推崇，并催生了开放网络基金会（ONF），该基金会是一个非营利组织，管理已经成形的标准。OpenFlow 的基本思想也是控制平面和转发平面的分离，一方面让互联设备基于跨层的 12 个字段集（12 元组）来匹配数据包，另一方面将所有的智能转移到被称为控制器的中心实体上来。由这些控制器来进行成功或不成功匹配时应用策略的决策。多个控制器可以并存并管理多个独立的网络视图，在 OpenFlow 术语中这些视图被称为切片。因此，OpenFlow 愿景中的 SDN 包含 3 项功能：一是基于流表的数据包匹配以支持基于流的数据包转发，二是每个互联设备的状态报告，三是每个互联网元的切片能力以实现业务隔离。OpenFlow 架构由以下几部分组成：仅执行数据匹配和转发功能的互联设备、制定和发布流处理策略的控制器以及被称为 FlowVisor 的实体，FlowVisor 向控制器呈现物理基础架构的切片视图。

关于这方面的细节，读者可以参考本书的其他章节。本章将重点讨论 SDN 向无线领域的延伸，被称为无线 SDN 或软件定义无线网络（SDWN）。4.2 节将详细介绍无线 SDN 的概念和 OpenFlow 向无线领域的延伸，4.3 节将介绍相关的工作和一些项目，4.4 节将讲述无线 SDN 的成功实现可能带来哪些机会，最后 4.5 节会列出一些需要克服的关键挑战。

4.2　无线 SDN

软件定义网络的概念最初是为数据中心和固定网络提出的，但是无线领域也可以从这个框架中获益。事实上，大多数无线技术必须面对有限的资源限制，蜂窝网络必须能够处理持续增长的移动业务，这是目前无线接入网难以做到的。移动运营商也在尝试新的解决方案，如在城区中将数据分流到 WLAN，理论上可以借助随机接入容纳更有弹性的流量。然而，无线局域网也会变得很拥塞，因为多种技术都在使用非许可频段，并且承载的流量也在持续增加。并且，城域无线接入点的部署越来越密集，站点之间没有协作，难以缓解干扰。

此外，用户的移动性也对可用资源产生影响，用户在通勤和旅游时也应该能保持其通信和连接的连续性，要求运营商能够预测用户的移动性并为在小区间移动的用户预留一部分资源。有些切换过程需要将一部分资源专门用于移动性管理。

与需求相比，无线信道提供的容量总是不足的，所有问题都与此相关，不同的是，有线连接往往更容易扩容。过去解决这个问题的典型策略是通过调制编码来提高频谱效率，但是，这个方法现在正在面临信道的香农容量限制。最乐观的预测是通过技术再提升 20% 以逼近这个极限，但这种努力提高信干比或信噪比的尝试终将变得越来越困难。

然而，最近的报告显示，通过频段扫描发现，在 30MHz 和 3GHz 之间的无线频谱中，在全球某些地区只有 2% 得到了有效利用。但是，国家监管机构分配频率时很谨慎，以保证未来有可用的频谱，并为军事通信保留一定的频谱。虽然软件定义无线电（SDR）（又称为认知无线电）提供了让不同类别的用户在同一个频段上共存的方法，但是硬件还不够成熟，无法平滑过渡到这个技术。而且，频繁改变信道和带宽需要强大的业务适配层。

事实上，在大的无线频谱上已经有了数十种传输技术。它们大多是单向的（FM 收音机、广播电视等），并不适合数据通信。然而，WLAN 技术（例如 IEEE 802.11）、蜂窝宽带网络（例如 UMTS、LTE、WiMAX）、甚至卫星网络都可用于数据服务，尽管其性能千差万别。但是，联合利用这些技术就要求能够在不同技术和不同运营商间进行切换，这两者都会带来严重的技术问题。运营商已经通过将业务数据分流到其他网络来应对网络带宽不足。例如，在接入网中，当用户在允许范围内时，有的移动运营商可以将 3G 网络的业务转移到合作伙伴的 Wi-Fi 网络[2] 上，然而移动用户的连接会中断并带来性能上的问题，因为切换没有得到妥善处理。特别是在安全方面，通常需要重新进行鉴权并创建加密密钥，从而导致时延的产生，无法满足高速移动性的要求。此外，需要精细管理数据分流，因为它可能导致过载。这种情况最具代表性的例子来自于其他领域，电力网络广泛采用了分流技术，但是由于电网公司之间缺乏协调，最终导致 2006 年 11 月 4 日在欧洲发生了大规模停电事故[3]。如果说电信网络即使出现问题也不会达到这个程度，但也会出现不希望的饱和现象。

无线频谱稀缺的第三个解决方案是提高无线通信的空间效率，让用户更靠近他们的服务基站便降低移动终端和基站的发射功率，因此对密集小区产生较小的干扰。蜂窝网络中的家庭基站就是这种工作方式，但他们的目标是提高覆盖范围而不是减少干扰。尽管如此，这种方案的推广也会带来一系列问题。如果为每个用户部署一个微型即插即用型基站，运营商将不可能控制其位置，因此也无法规划全局策略。特别是当不同的运营商工作在同一频段（例如 Wi-Fi、UMTS）时，不仅没有解决无线频谱相关问题，反而可能在某些地区带来新的问题。

这些例子表明，如果有能解决频谱稀缺问题的解决方案，则需要在全局上协调管理无线资源，甚至是跨运营商的资源，使网络行为能满足用户业务需求。这正是软件定义网络可以发挥作用的地方，运营商可以利用 AP 或基站的反馈能力以及切片设施。而且，随着无线频谱变得越来越拥挤，将提供用户连接的服务运营商与运营不同技术的基础设施运营商解耦，肯定可以缓解这个问题。

2013 年 9 月，ONF 发表了一篇简短的论文[4]，题为"OpenFlow 化的移动及无线网络"，该论文介绍了无线 SDN 的几个成果，重点是无线接入网络性能优化。列举了实施无线 SDN 的几个关键挑战，主要集中在两个问题上：一是在无线信道资源管理中降低小区间干扰，二是在移动业务流量管理中实施漫游和分流。这表明无线 SDN 存在潜力，但这篇论文也指出了无线信道有一些特殊性，使得 SDN 概念难以实现。这就是为什么 SDN 与无线网络的跨界研究还没有广泛地开展，但这些问题恰恰正是值得研究的领域。

首先，无线介质从根本上来说是共享的介质。少数免费频段如 ISM 频段由多个客户端和多种技术共享。关于切片，即使能提出一些解决方案来减少技术（例如蓝牙和 IEEE 802.11）之间的干扰，但可用带宽太窄使得独立信道的数量过少，并且考虑到邻近 AP 可能有干扰，也难以有效地执行切片。在诸如蜂窝网络的预留频段中，当移动虚拟网络运营商（MVNO）的数量增加时，也会出现类似的问题。

关于状态报告，问题更多更难。首先，无线信道状态变化非常频繁，特别是在室内情况下。例如，衰落和屏蔽会使链路突然消失，在路由协议中需要考虑链路状态的频繁更新。因此，控制器需要评估的不仅仅是简单的通道或设备负载，还需要获取关于链路稳定性的信息。这种变化一方面来自物理环境（关上门、路人通过等）的变化，另一方面来自邻近 AP，AP 有自己的业务模式而且不一定属于同一个运营商。这些潜在干扰极具有挑战性。

最后，考虑到信道条件的可变性，来自 AP 的状态报告可能产生大量的控制流量，它们也将在带宽有限的无线链路上传送。

4.2.1　实现方案：OpenRoads 和 OpenRadio

OpenRoads 是 OpenFlow 对无线网络的适配，依靠 OpenFlow 通过 FlowVisor 开放 API 实现控制路径和数据路径的分离。对于有线网络 OpenFlow，在 OpenRoads 中网络 OS 构成了基础设施与应用程序之间的接口，以此来观察和控制网络。

OpenRoads 项目建立了一个由 Wi-Fi 和 WiMAX AP 组成的演示平台，用于学术教学。学生们通过开发应用程序和多角色移动性管理器论证了一些方法的潜力，主要包括在接收机中复用同一时间来自多个基站，或来自不同网络（例如 Wi-Fi 和 WiMAX）的相同流量。分组包复制有助于不同技术间的切换并提高了 QoS。其他一些移动性管理系统也很好地优化了切换过程，表现为上报的丢包率降低[5]，且不超过十几行代码[6]。值得一提的是，在学术界有很多无线平台，有些无线 SDN 实验室虽然提供无线平台，但也有有线的骨干网控制[7]。

如果说这些项目只是处于研发初期，那么当基础设施包含可编程的无线硬件平台时，预计在中期将能充分利用 OpenRoads 的所有功能。可通过外部 API 控制这些灵活的无线接口，支持各种物理层参数、调制解调和编解码方案的选择。对整个协议栈的控制是很难实现的，但在数据平面上还是能够实现足够灵活性的。即使有了这样的能力，在无线领域实现"规则–动作"的抽象仍然不那么简单。

在当前 OpenRoads 版本中，切片是通过在同一个 AP 上创建虚拟接口并为每个接口分配不同的服务集标识符（Service Set ID，SSID）实现的。每个 SSID 都可以被视为一个独立的切片，可能由不同的控制器管理，即使控制器可以将不同的策略应用于不同的用户，但受到当前 AP 物理上的限制和硬件能力的限制，所有切片应使用相同的通道和电源设置，这会使得隔离很有限。这说明在常规有线交换机上运行 SDN 和在无线 AP 上运行 SDN 有本质的不同。

最近，Bansal 等人[8]提出了 OpenRadio，一个将决策平面和处理平面分离的机制，类似于 OpenFlow 的控制平面和转发平面的分离。他们通过在通用 DSP 上实现 Wi-Fi 和 LTE 协议栈来验证这一想法。OpenRadio 是斯坦福大学开放网络研究中心（ONRC）的一个 SDN 项目，其目标是开发密集型无线网络和无线控制器，并提供网络切片的功能。

4.2.2　SDR 与 SDN

SDR（也称为认知无线电）提出了若干用来解决可用无线信道短缺问题的技术。SDR 对硬件组件的使用有限（用于数字–模拟转换），大部分任务（过滤、编码、调制等）都运行在软件中。这种基于软件的架构完全符合软件定义网络的理念，因为它支持远程定义信道参数。因此，SDR 技术至少可以被看作是无线 SDN 的基本组成部分。

虽然 SDR 确实有助于实现无线 SDN，则它尚不是一个完整的解决方案。首先，SDR 技术试图利用所谓的空白频谱，即那些没有使用的频段。但是，一旦使用了一个信道，即使是部分信道，这些频段也被 SDR 视为繁忙，并被划分为不可用频段。此外，SDR 的重点是物理层，但 SDN 需要考虑完整的协议栈。

从更高的角度来看，SDN 应该能平衡不同运营商之间的负载，这不仅需要调整基站的物理参数以方便用户切换，还需要在运营商之间交换信息以便服务提供商能知道他们获取的资源块（LTE 中的 RB）。SDR 虽然可以提供动态和远程定义物理层参数的能力，但并不代表它是一个完整的解决方案。

4.3　相关工作

虽然 SDN 的概念是近期提出的，但围绕平台开发和实现已经出版了一些出版物。一些文章研究了在嵌入式设备的无线网络中部署 SDN 的好处和挑战，包括个人域网络或团体域网络等，这些网络需要设备能耗管理和网内聚合。我们更多的是从网络基础设施的角度来看问题，尽管终端间协作也应该是非常有用的。

这里不是要对最新技术给出一个完整的介绍，而是选择一些与 4.4 节和 4.5 节有关 SDN 机遇和挑战的工作进行说明。

关于无线 SDN，Dely 等人[10] 提出了一个有趣的实现方案，使用了基于 SDN 的无线网格网络。在这项工作中，每个无线接口均被分成两个虚拟接口，一个用于数据传输，一个用于控制数据包，这两个虚拟接口使用不同的 SSID。在控制器层面，同时使用了监测和控制服务器，其作用是维护控制器使用的拓扑数据库来计算最佳数据路径。该实现提供的性能结果表明这个方案有很多严重的问题，包括规则激活时间（即由远程控制器为新流设置新规则所需的时间）、规则处理时间（这很重要，如果对于传入的数据流成功匹配规则前需要解析大量规则）以及与控制平面产生的流量相关的伸缩性问题。Yang 等人[11] 则简要介绍了基于 SDN 的无线接入网的架构，将网络分为 4 个层次，分别是运营商层、虚拟化基础设施设备层、无线频谱管理层及无线 SDN 层。

有些研究是在有线情况下解决 OpenFlow 的性能问题。例如本章参考文献 [12]，重点关注路由器和控制器之间的交互，评估系统中分组包的平均逗留时间，考虑了没有规则能匹配数据包所属的流这一可能性。结果显示滞留时间主要取决于所使用的控制器的处理速度，测量结果处于 $220\mu s$ 和 $245\mu s$ 之间。它还评估了由于控制器中缓存空间有限而导致数据包丢失的可能性。Bianco 等人[13] 重点关注了数据平面，比较了在有和没有 OpenFlow 的情况下网络效率与吞吐量和分组时延的关系。例如，当数据包很小（64B）时，与常规层三路由相比，OpenFlow 的数据包性能（时延和吞吐量）下降了 11%。但是，当数据包大小稍微增加（96B 或更多）时，性能几乎相当。至于 OpenFlow 在无线领域的扩展——OpenRoads，Yap 等人[7] 的研究表明，由设备（交换机等）与控制器之间的通信所产生的额外负载并不重要，只占报告中传输的所有流量的 0.05% 以下。

4.4　无线 SDN 的机遇

SDN 和 OpenFlow 的潜力已经在很多网络基础设施有关的例子中得到了证实。本节列出了一些与无线技术相关的机会，有的是去解决无线相关的问题（干扰、快速信道质量变化等），有些是利用无线介质的特性（例如广播信道）来优化常规任务。

4.4.1　多网络规划

WLAN 标准以及大多数未授权技术只有数量不多的独立信道。例如，Wi-Fi 在 2.4GHz 频段只有 3 个不重叠的信道，在 5.2GHz 频段只有 8 个不重叠的信道。物理层的新技术，如超宽带，可以增加这个数量，但是在一个给定的地理区域内能不受干扰的同时运行的终端数总是有限的。如今，建筑物内邻近无线接入点之间已经出现了这种干扰问题，未来个人域网络和团体区域网络也会出现同样的干扰问题。图 4.1 表示了属于不同 Wi-Fi 接入点的信道，位于两个同频点的圆圈交叉点的终端可能会遭遇较差的网络性能，因为两个对应接入点的发射会相互干扰并导致冲突。图 4.2 的分配方式比较有效，其中相邻的小区在不同的频点上工作。

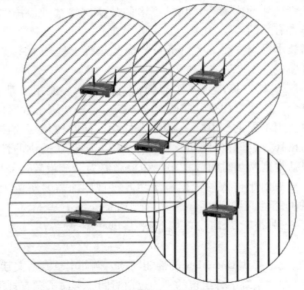

图 4.1　无协调的 Wi-Fi 信道分配

当涉及这样的无线网络规划时，SDN 可以提供帮助。可以创建特定区域的、与运营商无关的控制器，甚至采用分布式处理，这些控制器能够聚合来自 AP 的统计数据，决定接入点的信道分配和传输功率，使相互依赖和干扰最小化，类似于无线接入点的控制和配置（Contwl And Provisioning of Wireless Access Point，CAPWAP）协议[14]。CAPWAP 已经在一些 Wi-Fi AP 型号中实现，可以平滑地整合到全局多技术 SDN 中，将 CAPWAP 用作 Wi-Fi 和兼容 AP 的监测和控制接口。

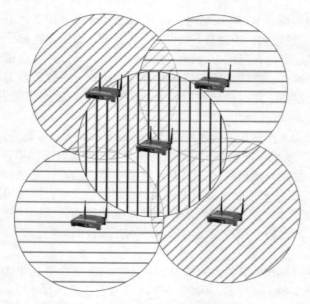

图 4.2　无干扰的 Wi-Fi 信道分配

由于多种原因，实现这样的控制器并不容易。首先，算法问题有可能可以解决，也有很能无法解决。频率分配面临顶点着色问题，根据独立信道的数量也许可行、也许不可行。布鲁克斯定理证明，最多需要 $\Delta + 1$ 个信道才能在最大度数为 Δ 的图中提供独立访问，但单个传输范围内终端的密度很有可能高于可用信道数。功率控制对此有帮助，它降低了传输距离，同时也降低了密度，但它需要解决平面或三维的填充问题，并且随着传输距离的降低，连接中断的概率也会增加。

无论如何，这样的功率和频率分配问题需要 AP 的完全配合，需要 AP 监测信道占用水平。一个独立的非参与的接入点可能会破坏解决方案，应该想出一个博弈论算法来解决这些问题。

4.4.2　切换和分流

当今的设备具有极高的便携性，符合人体工程学，足以让用户在移动的同时保持在线服务的交互，并且还配备了多种无线接口。一部智能手机可以通过蜂窝网络（LTE、UMTS 等）、Wi-Fi甚至是低功耗蓝牙（如果附近有兼容的网关）连接到互联网。因此，设备可以基于链路质量（吞吐量、SINR 等）、稳定性、计费、QoS 能力以及运营商的偏好（例如分流）的组合来选择最好的网络 AP 来访问远程服务。由于每种接入技术的运营商不一定相同，所以终端可能是多宿主的，并且可以实现 3 种类型的切换。

蜂窝网络中经典的"横向"跨 AP 切换是很常见的，运营商通过移动性预测和资源软预留很好地解决了这个问题。由于 Wi-Fi 定位在如今的市区已经相对比较精确了，移动运营商对移动性预测会有比较大的改进。可以设想实现一个专用于本地移动性管理的控制器，它聚合了各种技术的信号强度或连接中断事件的统计，并将预留资源命令发送到适合的相邻小区。

当蜂窝运营商分流数据到 Wi-Fi 网络时，跨技术的垂直切换就发生了。如今的分流受到了 Wi-Fi 接入点短距离覆盖的限制，连接具有偶发性，并且认证时延比较长。即使 EAP-SIM 802.1X 方法允许跨技术共享认证令牌，但这个过程仍然耗费太多时间，并且在城市中乘坐汽车的用户会频繁经历连接和断开事件，终端不能正确地处理这些事件。在这种情况下，SDN 可以提供跨技术的软切换，在两个网络上同时传输相同的数据，直到连接稳定性得到确认。SDN 也可以在无终端参与的情况下实现认证过程。

当移动用户暂时或永久地离开建立连接的运营商覆盖区域时，可能会发生跨运营商的切换。例如，当出门离开了家里的 Wi-Fi 网络，乘电梯时离开了运营商蜂窝网络，甚至跨越边境漫游到新的移动运营商。如今，用户能预测到其 TCP 连接会中断，然而针对这种情况，SDN 可以通过自动执行类似移动 IP 的场景来帮助保持 TCP 连接。在这种情况下，使用 SDN 可以加快初始移动 IP 握手，减少切换时延。本地用户位置和旅行监控可以帮助预测切换，并触发在即将进入的运营商网络中预留资源，而漫游专用控制器可以提前准备好控制数据包，以便改变转交地址并注册到新的外地代理。

再进一步，多宿主终端很容易根据 QoS 动态决定如何在多个连接中选择恰当的连接。特定的应用程序可以绑定特定的无线技术，例如，Wi-Fi 适用于需要高吞吐量但能容忍一定时延的应用，蜂窝 3G 技术提供了更加一致的带宽和良好的覆盖范围。如果 SDN 能够对不同领域的网络和技术有很好的掌控，便可以"智能地"为特定用户的 QoS 需求分配特定的无线资源[15]。在特定的情况下，流量也可以在不同技术之间分配，如图 4.3 所示。让我们以视频会议为例，传输参与者的图像需要高吞吐量，但是语音是最重要的数据流，因为其清晰度对于体验质量具有真正的影响。于是可以想到通过 WLAN 传输视频数据，而语音则通过支持资源预留的链路（例如蜂窝网络）来传送。

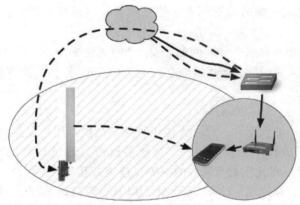

图 4.3　一个终端接收异构网络的两部分数据流：交换机决定将一部分流量通过
稳定的蜂窝网络来转发而不是通过拥塞的 Wi-Fi 信道

尽管如此，获取的基础设施视图并不完整，可能也不够正确，无法为给定的终端做出明智的决定。在这种情况下，SDN 可以向用户提供有关网络可用性、稳定性、覆盖范围等方面的信息，以便进行本地决策。

4.4.3　盲区覆盖

盲区对于蜂窝覆盖是一个令人关注的话题，尤其在一些偏远地区或大森林中，在灾难发生时也会出现盲区。Hasan 等人[16]考察了多个运营商覆盖的农村地区的场景，他们共享相同的网络基础设施，而不仅仅是天线。

在某些情况下，位于盲区的用户不在 AP 覆盖范围内，但仍可能在另外一个用户的范围内，两个用户间可以通过 Ad Hoc 网络进行通信，但是由于 AP 并不知道用户实际上可以通过 Ad Hoc 访问，所以 AP 将无法到达"未被覆盖"的用户。得益于无线 SDN 的概念（我们将在 4.5.2 节讲到的内容），我们可以使用控制器的拓扑发现功能，通过邻近用户的 Ad Hoc 网络帮助盲区的用户建立起传输回路。当然，这意味着最终用户对覆盖它的 AP 进行上报，以帮助建立起覆盖用户的网络拓扑的准确视图。由于控制器在同一地点收集网络拓扑信息，所以运行识别潜在路径的算法并不困难，可以建立起设备的"虚拟链路"，尽管这些设备与 AP 在物理上已经断开连接了。因此，将 Ad Hoc 网络和 Mesh 网络与无线 SDN 融合，有大量的机会可以挖掘，值得进一步研究。

4.4.4　安全

OpenFlow 和 OpenRoads 的监控能力可以为负责检测入侵或异常行为的实体提供清晰的网络状态。每个协议的网络负载和数据包分布可以与统计数据进行比较，通过一个流程可以判断当前的数据流量是否与这个日期和时间的期望值相匹配。如果出现了可疑的情况，则表明可能有入侵或存在参与僵尸网络的内部计算机，控制数据也可以被检查。当网络拓扑和流量都没有发生变化时，高 ARP 活动可能会引发警告。除了基于签名的通用入侵检测，还可以处理更具体的情况，介绍如下。

- 状态报告可用于检测协作网络（例如，网格网络或公共 Wi-Fi 网络）中的作弊用户或路由器，这里用户本来应该为一个类似的服务进行移动客户端的数据路由。AP 的所有者可以在其共享 AP 后面插入流量整形器以维持其上行链路带宽，通过比较相邻 AP 的统计数据和上下行互联设备的统计数据，就可以发现这种行为。
- 同样，在支持 QoS 的无线网络中，如果发射机始终将其帧设定为最高优先级，以便获得超出其应得份额的无线资源，那么它邻近的 AP 和终端也会发现这种行为（假设终端也参与统计数据的收集，见后面的描述）。
- 通过查看 LAN AP 上传的 MAC 地址可以跟踪用户的位置和移动情况[7]。这些统计数据能与从 3G 系统获取的大规模移动进行关联分析（可能会导致隐私问题，后面会涉及），有助于检测物理入侵的企图并协助建立探针网络。

4.4.5　CDN 及缓存

无线 SDN 可以使用以内容为中心的模式，在这种模式下，基站可以收集和存储一些数据，以便及时传送给对时延敏感的应用。控制器可以识别用户的需求，并据此将用户与保存所需数据的最近的基站相关联。这里有一个有趣的例子，有关在纽约华尔街地区从事金融工作的人。很多用户都需要来自某个交易市场的相同的数据，并且时延很短。这样就不用每次都将每个用户的查询转发给交易市场服务器，而是将数据收集并存储在基站中，并且在请求时立即从下行链路发送过去。

4.5　无线 SDN 的挑战

上一节详细介绍了 SDN 在一般无线场景中的一些潜在优势。但是，无线介质的特殊性也带来了很多挑战。

4.5.1　切片隔离

正如 4.2 节所述，在无线网络中不容易定义切片，因为不能保证链路或信道的隔离。在单一基础设施中，为使干扰最小化或完全避免干扰，可以规划频率的使用并控制每个 AP 运行的频率。基于可用信道的数量，如果运营商可以完全控制信道空间，则可以创建独立的网络切片。但是，当涉及开放技术时，例如 Wi-Fi，该运营商无法控制 AP 在客户家中的放置位置，也不能控制附近的 AP 频率，特别是当多个运营商在该地区存在时。因此，除非信道空间完全受控，否则无法保证能够创建隔离的且不影响附近网络的无线链路。

4.5.2　拓扑发现及拓扑相关的问题

SDN 其中一个功能是网络状态的汇报。但是，无线网络的状态并不容易测量，特别是当多重干扰影响传输质量时。理想情况下，AP 可能希望识别邻近 AP 并确定各种参数，例如传输信道、输出功率或者其流量模式。该过程涉及多跳网络中的拓扑发现，并且可以受益于这些网络中使用的传统技术（周期性地发送邻区发现数据包，其中包括第一跳邻区列表，再通过它自动发现第二跳邻区）。但是，必须谨慎地操作：

- 首先，可能存在传统的隐藏/暴露终端情况的扩展版本，其中移动用户在两个 AP 的覆盖范围中，但两个 AP 看不到彼此。由于两个 AP 之间并不知道对方的存在，所以它们的传输是不相关的，处于中间的用户在下行业务上遇到碰撞，QoS 就会很差。这意味着这两个 AP 并不像它们能够检测到的那样独立，并且唯一可能的解决方案就是利用隐式的终端上行链路反馈或显式的控制包。

- 其次，发现拓扑可能不仅仅需要识别 AP 及其运行频点。在相同信道上运行的两个相邻的 AP，要么是有问题的情形（两个 AP 是相互干扰的），要么就是预期的理想情形（其中一个 AP 延伸到第二个 AP 的覆盖范围）。如果能用信道使用情况报告推导出一些策略，则这些情况也应该能被识别出来。

4.5.3　资源评估及上报

与拓扑发现不同的是，用于状态报告的基础设施应该能够评估其可用资源（例如，信道容量），但这不够明显。讨论拓扑发现时，已经提到了识别潜在干扰的问题。对于资源评估则更为严重，因为即使不需要识别不同的干扰源，但需要构想出其在不同时间的使用模式。虽然能够测量和报告当前的网络状况，但在接下来的几秒内预测它的变化也几乎是不可能的。这意味着对这些统计数据的使用是有限制的，也不能完全信任这些信息。

4.5.4　用户及运营商偏好

前面已经看到，切片和状态报告对于实施 SDN 是必要的，但在无线领域却很难实现。当然还有其他与用户体验直接相关的问题需要解决，它们比正确的网络控制器操作关系更大。网络可以定义接入点的物理参数和行为，以使干扰最小或提高全局网络性能。然而，这些性能目标对于个人用户偏好可能是不可见的甚至会适得其反。

如何定义和考虑用户偏好的问题也预计会在无线环境中出现，因为无线技术实现了移动性，而移动性意味着用户将按顺序或同时连接到不同的网络中，这些网络有不同的定价策略以及不同级别的 QoS 和信任度。如今的解决方案有一些简单而合理的策略（与 Wi-Fi 相比以太网更受欢迎，因为它具有更好的性能；与 UMTS 相比则 Wi-Fi 更受欢迎，因为它可以减轻运营商的网络负担）。如何实现个人移动性管理系统，使用户以简单的方式设定自己的偏好，以及如何将这些偏好与全局或运营商级别的目标结合是非常重要的。

4.5.5　非技术方面（政府、立法等）

4.5.5.1　运营商间的交互

一个理想、高效的网络应是能让用户在不同供应商的基础设施之间自由迁移的网络。用户签约的服务提供商可以为基础设施持有者支付费用。为此，我们需要明确区分网络基础设施和交付的服务。但是，这种开放会产生不易察觉的经济和监管问题。

我们以电力市场为例，在欧洲，电力生产公司和电力输送公司是分开的。这种模式有许多优点，第一个是允许更加开放的并行运营而不需要新的提供商部署他们自己的电力输送和配电线路。即使存在交通运输供应商协会（如欧洲的 UCTE、瑞士的 ETRANS），多个这样的协会存在的极其有限的交流阻碍了运营商们对基础设施清晰的认识，尽管它们是相互依赖的。缺乏对网络状态实时信息的共享成了 2003 年意大利 – 瑞士电力中断的主要原因之一[17]。显然，同样的情况在 IP 网络中产生的后果也许没那么严重，但要尽量避免这种情况的发生，需要重新定义互通和传输的合同，因为连接用户的运营商不拥有基础设施，因此也无法了解实时网络状态。

4.5.5.2　服务提供商与基础设施提供商的交互

对于每一项服务，服务与提供这项服务所需的基础设施之间都是独立的，那么我们面临的主要问题是：服务提供商是否也可以是基础设施提供商，反之亦然？从历史上看，当服务刚刚开始时，建立基础设施的同一家公司也提供服务，这是可以理解的，因为基础设施的部署非常昂贵。但随着时间的推移，政府为鼓励竞争，市场开始对新的竞争对手开放，这些竞争对手通常是从原始运营商那里租用基础设施。在某种程度上，我们可以在移动通信领域引用 MVNO 的案例，但是这种案例应该被推广到所有无线和有线技术。这就产生了公平性问题，例如，假设一个服务提供商也是基础设施提供商，那么就会有评价的客观性问题，用户需要根据这些评价比较不同提供商和不同网络的服务质量，但这只是众多问题中的一个，显示了监管决策的复杂性。

4.5.5.3　隐私相关的问题

如前所述，SDN 很大程度上依赖于接入点甚至是用户的状态报告。这些状态报告可以很容易地包含用户身份或 MAC 地址，这些信息可以用来预测移动性，但也可以精确地跟踪用户，导致严重的隐私问题。这种跟踪问题早已经存在于蜂窝网络中了，但蜂窝运营商是会给出明确确认的，并且其跟踪精度远远低于 Wi-Fi。

而且，除了用户的跟踪问题之外，发布的统计数据也可能被用于恶意活动。我们设想一下，例如一个用户发布其家庭网络使用情况统计报告到邻近的管理该区域无线网络的控制器，那么访问该控制器的恶意用户便可以利用这些统计数据确定用户何时回家以及何时离开。

4.6　结论

本章我们研究了将类似 OpenFlow 的软件定义网络模式适配到无线网络的好处及挑战。控制器可以是集中实体和分布式小型控制器的集合，能够在无线资源管理和用户移动性管理方面带来价值。由于控制器从各个测量点收集数据，并有可能是来自各种网络技术的数据，因此能够更加智能地决定所有无线参数，甚至利用机器学习来优化网络。控制器也可以与其他运营商的控制器交换信息，不需要过多地访问机密数据就能形成协作。

然而，实现无线 SDN 也存在一些内在的挑战，即使已经有一些成功的案例，但数量不多并且场景有限。这项任务似乎很难，但并非不可能完成，本章的目的就是指出这些需要解决的难点。

参 考 文 献

[1] McKeown N, Anderson T, Balakrishnan H, Parulkar G, Peterson L, Rexford J, Shenker S, Turner J. OpenFlow: Enabling innovation in campus networks. ACM SIGCOMM Computer Communication Review. 2008;38(2), 69–74.

[2] Lee K, Rhee I, Lee J, Chong S, Yi Y. Mobile data offloading: How much can WiFi deliver? In: Proceedings of ACM CoNEXT 2010. Philadelphia, USA; 2010.

[3] Union for the Co-ordination of Transmission of Electricity (UCTE). Final Report on the European System Disturbance on 4 November 2006. Union for the Co-ordination of Transmission of Electricity; 2006.

[4] Open Networking Foundation. OpenFlow-Enabled Mobile and Wireless Networks; 2013. ONF Solution Brief.

[5] Yap KK, Sherwood R, Kobayashi M, Huang TY, Chan M, Handigol N, McKeown N, Parulkar G. Blueprint for introducing innovation into wireless mobile networks. In: Proceedings of the Second ACM SIGCOMM Workshop on Virtualized Infrastructure Systems and Architectures (VISA'10). New Delhi, India; 2010, 20–32.

[6] Yap KK, Kobayashi M, Sherwood R, Huang TY, Chan M, Handigol N, McKeown N. OpenRoads: Empowering research in mobile networks. ACM SIGCOMM Computer Communication Review. 2010;40(1), 125–126.

[7] Yap KK, Kobayashi M, Underhill D, Seetharaman S, Kazemian P, McKeown N. The Stanford OpenRoads deployment. In: Proceedings of the 4th ACM International Workshop on Experimental Evaluation and Characterization (WINTECH'09). Beijing, China; 2009.

[8] Bansal M, Mehlman J, Katti S, Levis P. OpenRadio: A programmable wireless dataplane. In: Proceedings of the First Workshop on Hot Topics in Software Defined Networks (HotSDN'12). Helsinki, Finland; 2012.

[9] Costanzo S, Galluccio L, Morabito G, Palazzo S. Software defined wireless networks: Unbridling SDNs. In: Proceedings of the 2012 European Workshop on Software Defined Networking. Darmstadt, Germany; 2012.

[10] Dely P, Kassler A, Bayer N. OpenFlow for wireless mesh networks. In: Proceedings of 20th International Conference on Computer Communications and Networks (ICCCN). Maui, HI, USA; 2011.

[11] Yang M, Li Y, Jin D, Su L, Ma S, Zeng L. OpenRAN: A software-defined RAN architecture via virtualization. In: Proceedings of the ACM SIGCOMM 2013 Conference. Hong Kong, China; 2013.

[12] Jarschel M, Oechsner S, Schlosser D, Pries R, Goll S, Tran-Gia P. Modeling and performance evaluation of an OpenFlow architecture. In: Proceedings of the 23rd International Teletraffic Congress (ITC); 2011, 1–7.

[13] Bianco A, Birke R, Giraudo L, Palacin M. OpenFlow switching: Data plane performance. In: Proceedings of the IEEE International Conference on Communications (ICC). Cape Town, South Africa; 2010.

[14] Calhoun P, Montemurro M, Stanley D. Control And Provisioning of Wireless Access Points (CAPWAP) Protocol Specification; 2009. RFC 5415.

[15] Yap KK, Katti S, Parulkar G, McKeown N. Delivering capacity for the mobile internet by stitching together networks. In: Proceedings of the 2010 ACM Workshop on Wireless of the Students, by the Students, for the Students (S3'10). Chicago, IL, USA; 2010.

[16] Hasan S, Ben-David Y, Scott C, Brewer E, Shenker S. Enhancing rural connectivity with software defined networks. In: Proceedings of the 3rd ACM Symposium on Computing for Development (ACM DEV'13). Bangalore, India; 2013.

[17] Johnson CW. Analysing the causes of the Italian and Swiss blackout, 28th September 2003. In: Proceedings of the 12th Australian Workshop on Safety Critical Systems and Software and Safety-Related Programmable Systems. Adelaide, Australia; 2007.

第 5 章　SDN 用于 5G 网络的趋势、前景和挑战

Akram Hakiri，Pascal Berthou

Univ de Toulouse，LAAS-CNRS，Toulouse，France

5.1　引言

　　移动和无线连接在过去十年取得了长足的发展。如今，3G、4G 移动系统已经成为陆地回传网络的重要组成部分，它们通过 IP 演进分组核心网（EPC）提供连接，并致力于为蜂窝移动网络提供无缝连接，包含 3G、LTE、WLAN 和蓝牙等技术。3G 以运营商为中心，4G 以服务为中心，5G 则提出了以用户为中心的概念。移动终端将来能够合并来自不同技术的多个数据流。4G 蜂窝网络所用的终端都是多模的，单个终端可用于不同的无线网络，克服了老式移动终端功耗高及价格贵等问题。开放式无线架构（Open Wireless Architecture，OWA）[1] 目标是在开放式架构平台上，支持多种现有的无线空中接口以及未来的无线通信标准。尽管如此，由于移动业务增长迅速、模式繁多，给蜂窝网络带来的压力仍越来越大。为了应对新业务和应用产生的大量数据，未来的 5G 无线/移动宽带[2] 网络将为数十亿新设备提供基础设施，很难预测这些设备将以什么样的业务模式加入新的网络。

　　基于复杂而强大的异构基础设施，5G 无线网络应该能够发展并充分利用大容量和大连接的特性。因此，网络应该能够处理复杂的业务运营环境，以支持一系列日益多样化并难以预测的新型服务、用户和应用［包括智慧城市、移动工业自动化、车辆连接、机器对机器（M2M）模块、视频监控等］，所有这些需求都很分散，将移动网络的性能和功能推向极限。此外，它还应能灵活地、可伸缩地使用所有可用的非连续频谱，例如进一步增强 LTE 来支持小型小区［非正交多址接入（Non Orthogonal Multiple Access，NOMA）[3] 和未来无线接入（Future Radio Access，FRA）］，以节能和安全的方式满足迥异的网络部署场景。

　　为了应对这些关键挑战，有必要通过引入智能化增强未来的网络，继续部署和成功实现一个强大的无线世界。虚拟网络管理和运营原理、网络功能虚拟化（NFV）和软件定义网络（SDN）[4] 正在重新塑造网络架构，以支持未来新生态系统的需求。SDN 技术被看作是运营商云服务愿景最有希望的推动者，这对于 5G 无线网络的设计可能起着至关重要的作用。因此，未来支持 SDN 的 5G 通信必须很好地解决由多个群体、用户和运营商带来的关键挑战和需求，让它们有更大的自由来平衡运营参数，如网络弹性、服务性能和体验质量（QoE）。

5.2　无线通信向 5G 演进

　　图 5.1 描绘了向 5G 演进的无线世界的全景，从多个角度介绍了 5G 技术面临的技术挑战，

它需要同时满足未来的多种服务，例如采用 SDN 和网络虚拟化等新技术来构建并实现具有成本效益的资源配置和生态系统。

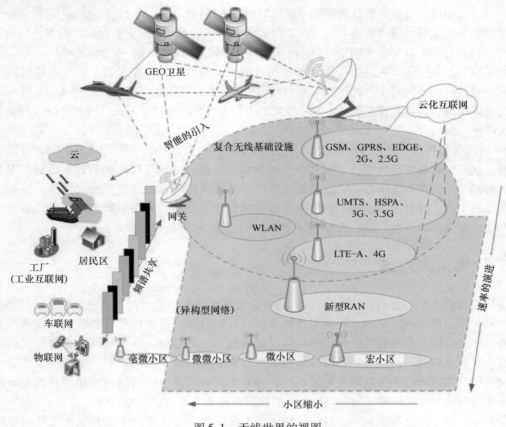

图 5.1　无线世界的视图

5.2.1　无线通信世界的演进

移动通信系统已经由第一代（1G）演进到第二代（2G）和第三代（3G），直至 4G 或 LTE-A 移动/蜂窝通信，再到 5G，每一代都有其典型的服务增强和成本效益。例如，1G，即高级移动电话系统（Advanced Mobile Phone System，AMPS）和 2G，即 GSM 和 GPRS，为电路交换语音业务而生，3G 和 4G 带来了多媒体、宽带数据和移动互联网业务等交换业务。与此同时，还引入了其他本地、大都市和广域无线/蜂窝技术，如微小区（Microcell）、毫微小区（Femtocell）、微微小区（Picocell）、小型小区（Small cell）等。

过去十年出现了另外一种演进趋势，利用异构基础设施提供无线接入，同时使用了授权频谱和非授权频谱。其目的是将蜂窝系统与无线接入网络（即，WLAN、WiMAX 等）互连，以增强端到端的服务交付和应用提供。由此，不同类型的基础设施组成了异构网络（HetNet）[5]。在技术和经济双重因素的推动下，HetNet 的扩张为用户和应用在支持新业务方面提供了新的机会。

另一个重要方向是后 4G 和 5G 无线网络，主要关注由应用驱动的网络。应用驱动的网络由相互连接的终端用户设备、M2M 模块、机器、传感器、传动器及所谓的物联网（Internet of Things, IoT）组成，数十亿物体连接到互联网以提供大数据应用。同时，近年来，云概念的引入和部署已经成为重要的解决方案，能为企业提供具有潜在成本效益的业务模式。例如，移动用户可以通过公共和私有移动个人网格（Mobile Personal Grid, MPG）使用基于云连接的设备。鉴于云平台可以动态提供丰富的网络资源，移动用户可以从资源虚拟化中受益，以适应移动设备在无线云中移动时的不同需求。此外，未来 5G 网络中集成了卫星通信，对于支持灵活、可编程和安全的基础设施，将面临许多挑战。云、卫星、大数据、M2M 和 5G 的交叉将带来令人激动的新未来。

5G 网络将不再基于路由和交换技术。它们将是开放、灵活的，能够支持 HetNet，比传统网络更容易演进。它能够提供跨技术（如分组网络和光网络）的融合网络通信，并能够与卫星系统、蜂窝网络、云和数据中心、家庭网关以及更多开放网络和设备进行开放式协作。另外，5G 系统将是自主的，并且能够根据用户的需求适配其行为，在动态和多功能环境中管理由应用驱动的网络。安全性、弹性、健壮性和数据完整性将是未来网络的关键要求。

5.3　软件定义网络

将智能化引入 5G 可以设计和实施灵活的解决方案来解决 HetNet 的复杂性，以满足网络的异构性。SDN 已经成为网络可编程的新型智能架构。SDN 背后的主要思想是将控制平面移到交换机之外，并通过称为控制器的逻辑软件实体对数据进行外部控制。SDN 对其组成部分及提供的功能进行了简单抽象，通过安全通道用远程控制器来管理转发平面的协议。这种抽象涵盖了大多数交换机及其流表的中转表的通用需求。这种集中式的、及时更新的视图使得控制器适合执行网络管理功能，并允许通过集中式控制平面比较容易地修改网络行为。

图 5.2 介绍了整个 SDN 架构。SDN 采用了许多北向接口（即控制平面和应用之间的接口），为控制平面上的各种网络服务和应用提供了更高层次的抽象。对于南向接口（即控制平面和网络设备之间的接口），OpenFlow 标准[6]已经成为主导技术。拿以太网交换机的操作为例，从功能角度来看，以太网交换机可以分为数据平面和控制平面。数据平面表现为一个转发表，根据这个表对以太网交换机的输入数据包进行转发。转发表由一些条目组成，指示接收的以太网帧应该发送到哪个输出端口。控制平面负责用这些条目来填充转发表，对其接收到的以太网帧执行一组动作以决定它们的目的端口。为了快速执行帧处理，这些动作与转发表都是在硬件中实现的。

SDN 使得通过智能编排和配置系统来管理整个网络成为可能。因此，它支持按需分配资源、自助服务配置和真正的虚拟化网络，同时确保云服务的安全。这样，静态网络就可以演变成一个可扩展的独立于供应商的服务交付平台，能够迅速响应不断变化的业务、终端用户和市场需求，极大地简化了网络设计和运营。因此，设备本身不再需要理解和处理数以千计的协议标准，而仅仅接受来自 SDN 控制器的指令即可。

5G 无线网络中应用 SDN 的价值在于能在安全可靠的网络中提供新的能力，诸如提供网络虚拟化、自动化和在虚拟化资源之上自动创建新服务。此外，SDN 还可以将控制逻辑从供应商特

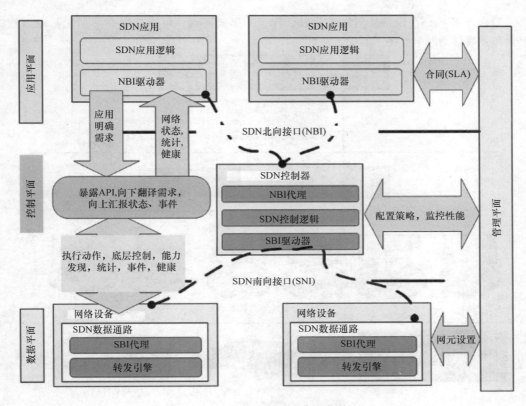

图 5.2　软件定义网络参考架构

定的硬件中分离出来，移到开放的并且是供应商无关的软件控制器中。因此，它支持将无线基础设施的路由和数据处理功能实现到通用计算机中，甚至是云服务中的软件包。

5.4　NFV

NFV 是与 SDN 最相关的补充技术，有可能对未来的 5G 网络产生巨大影响，并影响传统网络架构的重构，该技术就是尽可能多地虚拟化网络功能，即所谓的 NFV。NFV 的目标是通过把一组网络功能部署到软件包中来实现虚拟化（也称为网络软件化），这些软件包可以组装和连接起来以实现传统网络所能提供的相同服务。例如，可以部署一个虚拟会话边界控制器（Session Border Controller，SBC）[7]，能更容易地保护网络基础设施，而不需安装传统上复杂而昂贵的网络设备。NFV 的概念从传统的服务器虚拟化中继承而来，可以通过安装运行不同操作系统、软件和进程的多个虚拟机来实现。

传统上，网络运营商一直倾向于使用专用的黑盒设备来部署其网络。然而，这种旧的方法不可避免地会导致上市时间长，并需要有能力的人员来部署和运行它们。如图 5.3 所示，NFV 技术旨在构建端到端基础架构，并通过将网络功能从专用硬件转移到通用计算/存储平台（如服务器）来整合许多 HetNet 设备。网络功能以软件包的形式实现，可以部署在虚拟化基础设施中，使运营和管理移动网络具备了新的灵活性。

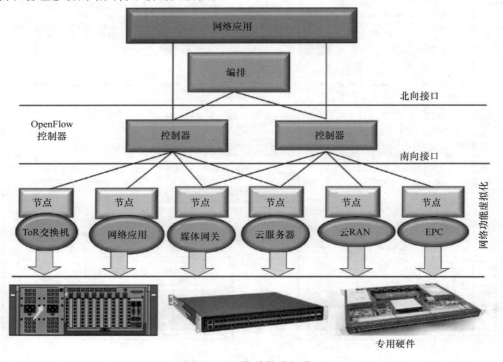

图 5.3　网络功能虚拟化

5G 运营商级的移动网络有另外一个重要的话题，即弹性，可以通过在云基础架构中实施 NFV 而得到提升。在数据中心实现网络功能，便可以在虚拟机或实际机器之间进行透明的移植。而且，在数据中心实现移动网络功能将使得资源管理、分配和扩展具有更大的灵活性。这将影响生态系统的发展和网络的节能，只有通过资源的合理使用才能避免资源滥用。

NFV 是在核心网络虚拟化以及无线接入网（RAN）基带处理集中化的大背景下进行讨论的。Cloud-RAN（C-RAN）是移动网络虚拟化的一个例子，它可以使用运行在不同虚拟机上的虚拟化软件模块。另外，使用 SDN 增强 NFV 可以为网络节点中的中央位置减负，因为其需要无线接入点（RAP）和数据中心之间的高性能连接。利用 SDN 可实现这些连接的去中心化，支持对异构网络节点（即微微小区、宏小区等）和异构链路（例如光纤、无线等）的管理。

在 SDN 和 NFV 演进过程中，网络服务链（Network Service Chain，NSC）[8] 的概念受到广泛关注。基于动态网络功能编排和自动化部署机制，NSC 能够帮助电信级网络提供持续服务交付，以进一步提高运营效率。SDN 将管理功能从硬件中拿出来，并将其置于控制器软件中，可以在通用服务器中运行；而 NFV 将网络功能从硬件中拿出来，也将其放入软件，因此构建服务链不再需要硬件，也不存在需要超额配备硬件的情形，因为可以在需要时添加额外的服务器。

3GPP EPC 是一个日益复杂的网络平台，它需要提供多个功能，如网络地址转换（NAT）、用于 VPN 的服务接入管制、视频平台和 VoIP、基础设施防火墙保护等，这些功能通常安装在独立的盒子中。运营商级网络应为客户业务定义静态配置的服务链，这些业务可能跨多个中间件。在未来的 5G 网络中，运营商级的网络将不再使用庞大的、封闭的类似于主机的盒子来提供单一的服务。SDN 和 NFV 驱动的服务链可以改善跨层（L2 ~ L7）网络功能和业务的灵活分配、编排及管理，为动态网络服务链提供基础。

5.5　以信息为中心的网络

以信息为中心的网络（Information Centric Networking，ICN）是一种新兴的网络架构，在 5G 网络中引起了越来越多的关注。ICN 由新通信模型组成而不依赖于机器间的通信信道，它围绕着内容的产生、消费和用户匹配、网内缓存，以及基于内容的服务差异化。ICN 将设计原则从 Web 推向网络架构，关注点放在了与用户相关的内容上，而与内容在网络中的位置无关。因此，ICN 通过内容管理和名称管理确保其在网络中的唯一性（因为数据是根据其名称进行路由的）。ICN 通信模型内置了一些原生功能，可以优化和简化未来的内容交付架构。服务提供商应该准备充足的基础设施能力，支持高效的组播数据传输，并提供无缝的移动连接，以便用户移动时网络仍可以继续传送数据而不会中断。

通常，ICN 部署方案可以分为 3 类：①基于 IP 的 ICN，将 ICN 协议数据封装在 IP（或 UDP/ TCP）数据包中或者使用 IP 选项来获取 ICN 协议信息；②层 2 上的 ICN，完全替代 IP 层，直接使用数据链路层协议（如 PPP、以太网、IEEE 802.x）在相邻节点间传递数据；③虚拟化网络上的 ICN，利用 SDN 等网络虚拟化技术来实现 ICN。虽然这些方案有利有弊，但大多数 ICN 的工作都集中在如何实现特定的 ICN 架构上。由于不同的 ICN 架构采用不同的传输技术和分组格式，很难做到不同 ICN 的共存和互操作。SDN 和 NFV 为在 5G 中集成 ICN 提供了极其有效的软件方法，而不需要部署新型 ICN 硬件。

在 SDN 中集成 ICN 需要一个统一的框架，以支持不同 ICN 架构的实现和它们的互操作[9]。这种以内容为中心的框架应该为用户提供对远程命名资源而不是对远程主机的网络访问[10]。ICN 在 5G 网络中的集成包括存储和执行能力，可以将网络从傻瓜式管道进化到增值型智能化网络。智能 ICN 架构提高了内容命名的灵活性和可扩展性，并且增强了网络 QoS。智能 ICN 还可以将移动的感知无线 ICN 集成到 5G 网络上。

尽管集成了 ICN 的 SDN 支持将现有网络模型转换为简化的、可编程的、通用的网络模型，但 ICN 仍然面临许多挑战，包括路由计算、路径标记（用于发现网络拓扑以及定位网络中的数据），以及路由分配（路由数据对象的请求）。而且，由于 ICN 信息被插入到每个分组中，分组的分段限制了网络资源的处理成本。在网络路径上缓存对象的机制需要更多的研究，以更快地将其传送给越来越多的用户。通过更精细的内容路由算法来分配存储功能是一个悬而未决的问题，因此研究人员必须应对复杂的新应用内容和服务的激增，其中许多内容和服务目前还是未知的。

5.6　移动和无线网络

5G 系统的设计应该有效地支持多种多样的业务，并引入新的方法使网络应用能感知其服务。未来 5G 网络架构应该具有高度的灵活性，可以支持传统用例，也可以轻松整合未来的用例。此外，5G 网络将能够处理用户的移动性，而终端可以无感知地选择不同的接入网络。移动终端也将拥有智能组件，以便根据约束条件选择最佳的连接技术，并能动态改变当前的接入技术，保证端到端的连接。

5.6.1　移动性管理

预计移动宽带网络将在未来十年保持高速增长，这将给移动性管理带来更多挑战。到 2020 年，连接的移动设备数量将超过现在 1000 倍，而且全部都具有不同的 QoS 要求，这些设备将连接到各种异质的、定制化的互联网服务及应用上。为响应这些即将发生的变化，需要对网络设计进行反思：SDN 在典型无线网络场景中的优势是什么？这个领域存在的主要挑战是什么？如何解决这些挑战？

目前，关于 SDN 移动性支持的讨论并不多。软件定义无线网络（SDWN）将 SDN 技术应用于无线宽带网络[11]，提供无线资源管理（Radio Resource Management，RRM）、移动性管理和路由等功能。SDWN 的基础架构支持将多个模块的结果合并为一组数据包处理规则。例如，从应用和网络连接性的角度，应该提供新型的移动性管理协议，通过动态信道配置来保持会话的连续性。此外，移动性模块应该能够支持快速的客户端重新关联、负载均衡和策略管理（如计费、QoS、鉴权、授权等）。

多宿主问题是无线宽带网络另一个关键挑战。多宿主是指终端主机同时连接到多个网络，用户在无线基础设施之间自由移动时仍能保持服务，利用 SDN 的功能在本地网络和边界网络之间进行中继就能达到这个目的。未来的无线宽带系统将成为一个移动设备可以在基础设施间无缝移动的世界，这种移动是可信的，也是安全的。例如在图 5.4 所示的家庭网络中，虚拟化居民区网关可以改善核心家庭网络和网络使能设备之间的服务交付。通过在家庭网关和接入网之间引入 SDN 和 NFV 就可以实现这种目标架构，由此大部分网关功能就转移到了虚拟化的执行环境中。

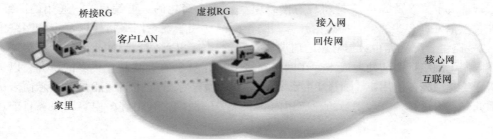

图 5.4　云虚拟化居民区网关

5.6.2　泛在连接

作为未来无线网络的一部分，最终用户彼此之间需要通信，用户与周围的物品和机器（例如嵌入物品中的传感器）之间也需要进行通信。图 5.5 给出了蜂窝物联网的网络拓扑，实现了机器与机器或物与物的通信，在不同节点之间存在不同级别的协作和协调。

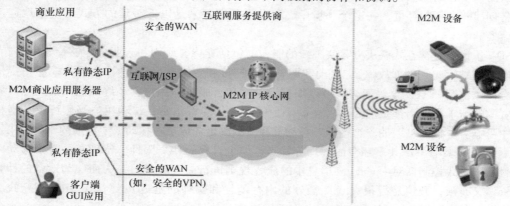

图 5.5　泛在系统与 5G 网络的集成

为了支持这些泛在系统的各种交互，需要持续地扩张网络基础设施，包括新的数据服务和应用，例如具有强大多媒体功能的智能手机和平板电脑，甚至包括周边环境中的物体，如建筑物、道路，或车对车通信等。因此，满足未来 5G 系统要求的基本设计准则包括：用户在泛在系统覆盖区域之间的公平性、低时延、高可靠、低功耗以及源自异质应用和服务的增强 QoS 和 QoE 要求。

SDN 模式可部署于协议栈的高层，也能部署在无线网络中，例如低速率无线个域网（LR-WPAN）。扩展 SDN 以支持 LR-WPAN 被认为是不切实际的，因为这些网络有太多的限制，也就是说，需要很多低成本的节点通过多跳通信来覆盖大的地理区域和服务周期，还要降低功耗以支持物联网模块的长时间续航（即使用最普通的电池）。另外，由于内存和 CPU 处理速度有限，这种方法还需要跨层优化、数据聚合和较低的软件占用空间。

无线 SDN（WSDN）仍然是未来 SDN 使能网络的关键挑战。控制器应该提供一个适当的模块来定义 LR-WPAN 环境的规则。WSDN 控制器应该能提供支持节点移动性、拓扑发现、自配置和自组织的灵活性。还必须能处理链路不可靠性，及通用节点和控制节点发生故障时的鲁棒性。而且，尽管过去低功耗已经成为各种研究工作的目标，但无线物联网面临的这个问题仍然悬而未决。物联网生态系统已变得非常复杂，在稳健性、性能、可扩展性、灵活性和敏捷性方面要求苛刻。物联网需要新的空中接口、协议和模型，针对短暂和偶发的业务模型进行优化。SDN 应该显著降低整个网络及软硬件运行的耗电成本，可能的解决方案包括在闲置时关闭物联网组件，使链路速率尽可能最小化，引入新的能量感知路由协议等[12]。在后一种情况下，SDN 控制器会收集链路的利用率统计信息，以获得网络中数据流的可见性，并根据这些协议转发流量。在设计能量感知协议时需要重点考虑网络在发生故障后需要恢复，同时还需支持自动拓扑发现。

5.6.3　移动云

移动云计算技术正在融合到快速发展的移动和无线网络领域。未来 5G 移动云应用将对我们生活的方方面面产生重大影响。移动云为移动设备上的应用程序提供了可靠的后端支持，使其能够访问云平台的存储、计算能力，而这些能力和资源在移动设备本身是受限的。移动云计算的引入将创建一个新的环境，在这个环境中，移动设备看起来是以低时延的方式通过本地连接到云平台上的[13]。

SDN 承诺通过交互式解决方案实现新的能力，包括支持云应用和云服务能够检索网络拓扑、监测底层网络状况（例如故障）、启动和调整网络连接和隧道等。5G 设计的通信模型将提供一个拥有模块化 SDN 层的全局架构，可以编排云应用和云服务与用户移动终端之间的通信。鉴于网络资源的需求和供给都是动态的，而云平台的资源又非常丰富，移动用户当然可以从虚拟化资源中受益。虚拟化可以抽象这些动态移动资源，以满足各成员在移动云中移动的不同需求。

尽管 SDN 具有资源共享和会话管理等优点，但也存在一些局限性。特别是，由于移动用户反复触发嵌入式控制器对 OpenFlow 消息中的流程规则进行封装和解封装，而移动设备的计算能力和资源又有限，开销显得很大（即额外的内存消耗和额外的延迟）。例如，移动交互式应用（如移动游戏、虚拟参观）需要与云平台有可靠连接，并且延迟要求很低，因而对无线接入到云服务的网络提出了更高的带宽要求。此外，当移动用户的设备通过公共和私有 MPG 连接到云平台时，存在多方面的限制，包括跨 HetNet 的动态移动性管理、节能、资源可用性和运行条件等，并进一步限制了内容在多个设备和云中的移动。而要解决这些限制，可能会增加设备复杂性、降低网络性能，并最终导致连接分散问题。移动云的关键挑战是如何将对网络的物理访问转换为对多个虚拟隔离网络的访问，同时还要维护和管理无缝连接。

5.7　协作式蜂窝网络

作为下一代无线/蜂窝网络最有前途的技术之一，多跳中继通信成为近来备受关注的一个重要模式。目前，蜂窝系统在基站和终端之间只有唯一的直接链路。然而，多跳网络需要维持多个发射机和接收机之间的多重链路以形成多径通信，即所谓的多跳协作网络。与包括重传和多重确认机制的现有技术相比，多跳协作网络可以通过提供高密度接入网络跳出这个限制。然而，由于工作在半双工模式，多跳协作网络对频谱资源的利用不足，导致吞吐量偏低，这是一个显著的缺点。

为了增加 5G 系统的容量，SDN 可以提供解决方案来克服多跳无线网络的不足[15]。首先，SDN 具备先进的缓存技术，可以用来在边缘网络上存储数据，以达到 5G 系统所需的高容量。另外，可以通过小区变小并让基站更靠近终端的方法增加单用户的容量。在蜂窝通信中，基于 SDN 技术的架构会给运营商在平衡运营参数（如网络弹性、服务性能和 QoE）方面带来更大的自由度。OpenFlow 可以跨不同的技术（即 WiMAX、LTE、Wi-Fi）工作，以提供对用户移动性的快速响应并保持服务的连续性。无线网络控制器和转发平面之间的解耦也将增强基站的性能。

但是，因为需要支持大量用户、高频移动性、精细化测量和控制以及实时适配，未来的 5G

系统架构也面临很大挑战，主要体现在灵活性、可扩展性和安全性方面。支持 SDN 的网络设备应该能够提供伸缩性（即用户数量的增加）、用户位置的频繁变化（即将业务重定向到代理服务器）、QoS（即处理具有特定优先级的业务）以及对网络状态（即负载均衡）的实时适应。蜂窝 SDN 应维护用户信息库（Subscrib Information Base，SIB），将用户属性转换为交换机规则，并灵活地设置和重新配置业务。

但是，服务的动态重配置需要一种机制能够处理从中间件发送到控制器的通知，因此可能需要深度包检测（Deep Packet Inspection，DPI）引擎来实现基于应用（如 Web、点对点、视频和 VoIP 业务）的更细颗粒度的分类。DPI 还有助于支持入侵检测和系统防护，通过分析数据包内容识别恶意流量。同样，蜂窝控制器协议可以控制远程虚拟化资源，以简化资源管理和移动性管理[16]。SDN 控制器可以通过切片将网络划分为多个租户，同时支持动态路由和流量工程，进而简化切换管理，并最大限度地减少时延，在有可能的情况下减少数据包丢失。这种蜂窝 SDN 控制器[17]（见图 5.6[16]）以 RRM API 作为北向接口，以简化 QoS 管理（包括接入控制、资源预留及干扰管理）和资源配置。可以通过包头压缩/解压缩之类的技术来增强控制器的能力，以降低小包（如 VoIP 数据包）应用的开销，先对数据包进行压缩再在低带宽链路上传输，开销将大大降低。

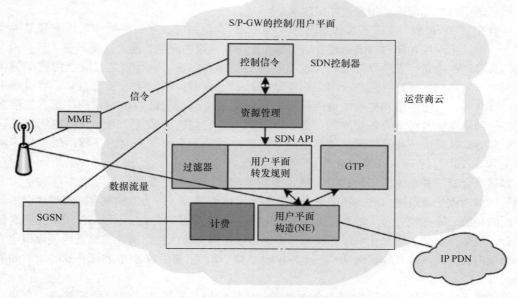

图 5.6　完全虚拟化的 SDN 蜂窝网络

传统上，蜂窝网络控制和数据的层次结构都是集中化的，这就需要高性能、定制化的硬件来处理和转发数据。SDN 使能的蜂窝网络可以在蜂窝架构中提供高性能、高性价比和分布式的移动性管理，分布式控制的 SDN 模型将是这个演进过程的一个关键挑战。5G 技术的全面铺开可能会点燃产业对 SDN 的热情。当大量移动客户端请求网络资源时实现基站分流，并且提供负载均衡策略，这些看起来都是可能的，比如通过多路并行传输[18]。此外，对于云分区和网络切片，可以匹配不同的业务标准将无线业务划分为多个切片，实现不同数据模式（即 VoIP、数据、视频等）的业务隔离。这种方法也可以用来创建虚拟基站，并协调不同移动设备之间的可用资源，从而节省功耗和减少内存使用[19]。

5.8　控制平面的统一

回顾无线通信的发展历史，很容易发现每种无线技术只能提供一种新的服务。未来的 5G 需要改变这种状况，它将把多个系统集成在一起，形成融合的网络基础设施。以流畅的方式将不同的接入技术组合在一起，并以透明的方式创建智能化网关将成为 5G 的使命。需要利用 SDN 技术设计新的控制和协议机制并重新放置网络功能和协议实体，以满足一系列新的需求，如：伸缩性、低延迟、固定和移动（数据平面和控制平面）协议栈的协同、分布式移动性、低功耗以及基础设施简化的统一聚合网络等。

5.8.1　固移网络融合

固定网络和移动网络的融合成为未来网络升级的大趋势。网络基础设施是网络运营商的主要投资，最终目的是在固定网络和移动网络上提供更好的服务和更好的用户体验，同时使固定网络和移动网络基础设施更加合理并实现共享。

尽管在 IP 基础业务和 IP 多媒体子系统（IMS）出现的同时，有一些措施可以实现某种程度的融合，但固定网络和移动网络的融合确实是一个非常复杂的问题。融合这个词很流行，因为固定网络和移动网络是相互独立开发的，基于不同的技术和协议。融合也是提高能源效率的代名词，因为未来的网络预计将是基于固定和移动基础设施紧密协作的生态系统。除了容量越来越大的趋势之外，固定网络和移动网络的融合之所以复杂是因为它需要做一定的权衡，以便充分利用各种网络功能及终端设备带来的好处，一方面使得它们彼此接近，另一方面也能接近网络的不同部分，并且应该与最终用户的行为一致，用户可能不希望关心他们在使用哪种技术的基础设施（如 3GPP、Wi-Fi、DSL、光纤）。

固移融合有两种具体的方法：结构融合和功能融合。结构融合是指尽可能多地共享固定网络和移动网络设备及基础设施。功能融合，即固定网络和移动网络功能的融合，通过区分哪些是集中式的功能、哪些是分布式的功能可以实现对不同功能更好的分配。NFV 和 SDN 支持这种功能融合，网络功能的去中心化可以在移动核心网，也可以在接入网，例如把家庭网关虚拟化为云功能来做内容分发网络（Content Delivery Network，CDN），主要由业务优化需求驱动（例如等待时间、带宽等）。

固移融合也有望形成新型的产业合作关系：传统的网络提供商将继续发挥其核心作用，但也会有其他参与方，如 OTT 供应商，应该允许其与内容提供商甚至最终用户进行垂直整合，它们都将在未来的固定移动生态系统中占有重要地位。在 SDN 和 NFV 的大背景下，应当探讨网络设备如何能托管其他网络的应用以及哪些功能可以迁移到云端。

5.8.2　创建协同的分组与光网络融合

未来网络的接入技术将包括各种宽带传输介质，如光纤、毫米波等。为应对预期增长的流量并满足灵活性的要求，预计 5G 无线通信将促成新一代光传送网络的出现。未来 5G 系统中分组网络和光网络的融合使得可以重新配置光网络以支持更高数据速率的按需应用，如网络即服务（Network as a Service，NaaS），同时保证较低的端到端时延[20]。

因此，未来的光通信需要可编程光学器件以增强光网络控制平面和管理平面的灵活性，并可能出现软件定义的光网络。SDN 的可编程特性有望解决分组网络及光网络融合所带来的挑战，使之能在单一的融合基础设施中实现[21]。统一的物理层控制软件是下一代 5G 无线网络的关键要求。支持 SDN 的光纤交叉连接能展示出分组网络和光网络混合架构在动态管理大流量方面的效率优势，以及在数据中心应用中支持高容量业务的伸缩性和灵活性。

同样，未来支持 SDN 的 5G 系统应能提供一个融合的框架，以更有效地使用网络资源，例如对异构网络实行统一的控制和管理。分组网络与光网络融合可以通过两个抽象实现统一：①控制平面的公共 API 抽象（流抽象）；②通用映射抽象，其基于由网络 API 操控的全网通用的映射数据抽象。如图 5.7 所示，通用流抽象与两个网络都能很好地适配，并通过提供 L2/L3/L4 分组头以及 L0/L1 电路流的抽象来提供通用的控制模式。数据流抽象模糊了两种技术之间的区别，并将它们作为不同颗粒度的流进行处理。通用映射对分组网络和电路网络的设备都是完全可见

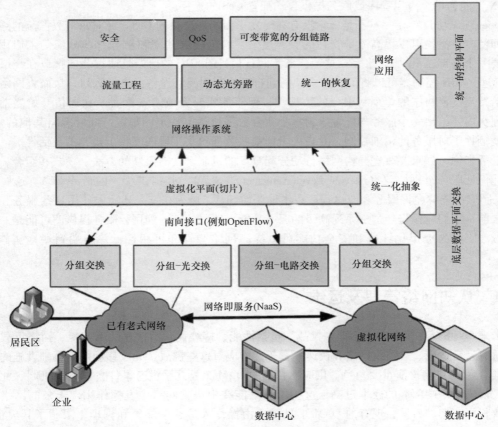

图 5.7　统一的分组 – 光数据平面

的，能够跨越分组网络和电路交换网络实现网络应用的互联。完整的网络可见性使应用程序能够跨层联合起来优化网络功能及服务。网络功能将作为简单的和可扩展的集中化北向接口来实现，以隐藏应用程序状态分布的细节。

5.9　自动 QoS 配置

未来先进的 5G 互联网基础设施将包括多个异构网络，需要在各个层面共享资源，以符合来自不同服务和应用程序的快速变化的流量模式。作为网络提供的一个功能，网络运营商应该能够预测各种流量模式。服务提供商正在评估在单一网络上存储和数据流量的实现，以满足灵活性（例如，适应短时间额外带宽需求的能力）和多服务有效共存的需求[22,23]。他们不得不应付来自有线和无线设备的大量 QoS 需求，每个设备都有特定的要求。支持 SDN 的 5G 网络 QoS 配置更为复杂，这是一个需要解决的实际问题。特别是，应该在可能共享同一网络切片的每个有线和无线技术上都支持 QoS 自动化。为了提供更严格的 QoS、更好的性能，并且为了避免对其他切片造成干扰，需要提供跨应用程序的隔离，SDN 允许在同一网络基础设施中创建不同的网络切片，但 SDN 不能为单个应用程序或服务提供自动配置 QoS 的途径。

OpenFlow 协议存在一点不足，它没有在转发平面实现严格的 QoS。针对每个数据流的路由优化，即使有些举措可以提高流量管理的颗粒度[24,25]，但资源共享和动态 QoS 分配仍未启用，因此需要一个外部工具/协议来完成这项任务。而且，目前 SDN 的愿景是通过北向接口在高层实现 QoS 管理。SDN 控制器可以将流量需求映射到自己控制的网络设备优先级队列，从而将网络资源预留给特定交换机中的单个和聚合的数据流，但不能实时完成 QoS 配置。在通信开始之前，网络管理员需要给出每个服务的配置，为每个聚合数据流指定特定的规则，同时忽略其他的规则，这样就牺牲了对服务的精细控制，并丧失了用某些数据包头字段匹配特定规则的灵活性。

一般来说，如果要改进异构网络自动分配 QoS 的机制，就需要新的方法、模式和组合，以端到端地保证服务级别协议（Service Level Agreement，SLA），并提供统一的最终 SLA。这些新的 QoS 机制应该能够允许服务和应用程序在本地评估 SLA，然后在统一环境中使用这些服务和应用程序之前，它们应该先经过一系列高级的服务功能，即服务链。利用云服务提供商可能是一个很好的做法，因为虚拟化计费和安全功能可以提高网络弹性和可用性，并能端到端地实施 QoS 配置。

5.10　认知网络管理及运维

未来 5G 系统在多个方面均面临挑战，包括性能、持续优化、快速故障恢复、网络负载变化快速适应、自适应、自组织网络和快速配置等，为应对这些挑战，无线移动网络基础设施的运维和管理（OAM）将扮演重要角色。供应商自己的 OAM 工具几乎没有事件自动响应机制，此外由于在大规模网络中部署的成本过高，这些工具只能在中小型网络中发挥作用，未来的网络也很难有效利用它们。另外，现有的 OAM 工具需要由操作人员逐个配置和管理，限制了其灵活性。由于网络拓扑结构越来越复杂，人工配置和部署越来越不受欢迎，也越来越不可行。而且，为满足高速网络（即从 1Gbit/s 到 10Gbit/s，再到 40Gbit/s）演进的需求，未来的 OAM 工具在可扩展方面也存在很大挑战。尤其是在网络性能及瓶颈诊断方面，如果无法了解业务特性，将给网络一致性带来新的复杂度。

因此，未来的 5G 网络应该基于公共的网管平台，能够经济有效地提供网络部署及运维功能，既服务于移动无线网络，也服务于固定网络。为了实现网络 OAM 任务的自动化，网络运营商必须设法解决设备供应商专有配置的问题，它们用来管理和监控网络策略的高层接口太复杂，应该利用高级智能开发未来的 OAM 工具，OAM 的智能化需要开发新的功能和系统架构，同时兼顾无线网络和固定网络的融合。由于 SDN 将成为未来无线宽带网络的基础，OAM 也将成为 SDN 的关键挑战。事实上，SDN 为网管和监控带来了新的发展机会，有助于提高性能、减少网络瓶颈，并能够对控制数据进行调试和故障排查。为了利用这种功能，未来的 OAM 工具应该提供开放的、可定制的接口来支持事件驱动的 SDN 模型。SDN OAM 工具应提供获取、分析和优化知识的方法，这些知识包括网络语义和运维目标及策略、网络属性，以及在运行时不同网络功能对齐的自动推理。为此，我们需要高级的声明式管理语言来确保网络状态的一致性并实时检测故障。

预期 SDN OAM 工具可以扩展到大规模网络以处理分布式 SDN 模型中的多个控制器，它必须提供闭环控制功能，用于自我配置、自我优化和自我修复。控制回路诊断和决策制定过程应该是自适应的，例如，能根据前面的结果预测未来的动作。这种主动能力将充分利用开放式 SDN 的灵活性和可编程性，并进一步提升了 SDN 的效能和效率，这要归功于认知过程，它能够为整个网络或特定切片创建更具弹性的网络管理方案。认知网管和运维方法将催生一种新的管理模式，并研究、开发和验证新的流程、算法和解决方案，使未来的 5G 网络能够自我管理。认知 OAM 包括认知功能编排和协同，并为服务开通、优化和故障排查提供系统验证。

5.11　卫星通信在 5G 网络中的角色

随着越来越多的异构网络和小型蜂窝网络的出现，5G 系统的传输需求也在不断增加。卫星将在 5G 蜂窝网络扩展上发挥重要作用，如海上船舶、偏远地区等未被蜂窝网络覆盖的新领域。另外，高吞吐量的卫星通信（SatCom）系统将对陆地服务形成很好的补充，如 LTE 等技术很难覆盖的地区。事实上，在未来的 5G 网络中整合卫星通信被视为地面基础设施的重要组成部分，为紧急服务及救生服务提供战略解决方案。卫星将能够从物联网传感器簇中收集和分发数据，并将这些数据提供给地面网络。将卫星通信系统与地面蜂窝网络结合起来，并集成新的用例到卫星通信中，将为服务的创新提供强大动力。

由于卫星通信系统可以提供表层覆盖，集成 NFV/SDN 后卫星就具有了网络节点功能，从而可以减少地面上物理站点的数量，在提高网络弹性、安全性和可用性方面开辟了新的机会。SDN 和 NFV 都是 SatCom 的补充解决方案，SDN 带来了网络的灵活性、自动化和可定制性，NFV 带来了服务交付的灵活性，缩短了新服务的开通时间。它们还支持网络的动态重配置，用户会感觉到他们的应用程序有无限的能力。卫星将提供广泛的无线网络覆盖，这样地面小区的密度可以更小一些。可以通过异构的方式提供更大的小区，以便支持关键和应急服务，在发生灾难时保证网络可用。通过软件定义的网络配置，能够缓解地面小区信令和管理功能的负荷。卫星整合到地面系统后，QoS 和最终用户的 QoE 都将得到改善。

未来的卫星通信系统将能够提供传输系统之间的智能业务路由，缓存大容量视频，从而分流来自地面网络的业务以节省宝贵的地面频谱。缺少无线频谱是 5G 网络架构的关键驱动因素之一，因此移动和卫星系统之间的频率共享可以大大增加两者的可用频谱。利用 SDN、NFV 以及认知和软件定义无线电等技术，SatCom 系统可以融合到未来的通信系统中，以实现这种频率共享。

SDN 的引入将为卫星通信产业提供一个全新的视角。有了 SDN/NFV，卫星设备将不再受限于特定供应商，相反它们将是开放的、可编程的和可重构的平台。SDN 和 NFV 预计将提供新的具有成本效益的服务，因为 SatCom 运营商有能力在提供这些未来预期服务的同时，也能通过网络获利。例如，C-RAN 的出现将使卫星资源（即地面设备、空间接入基础设施）的虚拟化成为可能；更重要的是，NFV 和 C-RAN 与 SatCom 的结合为卫星前端、网关/集线器甚至卫星终端的全面虚拟化铺平了道路，从而彻底改变了 SatCom 的基础设施，实现了新型服务，并优化了资源使用。

网络虚拟化被认为是有效整合卫星和地面通信的关键因素。通过虚拟化，卫星和地面基础设施将实现统一管理，并提供高度集成的端到端网络切片，以无缝和联合的方式整合异构网络。此外，在 5G 未来网络中整合卫星通信将扩大卫星通信系统的覆盖范围，能够支持公共交通、车对车服务、无人机监测以及高清视频监控、定位和位置服务等。而且，对非地球同步卫星开展研究可以实现最佳的联网和最小时迟。智能网关可以整合卫星和非对称数字用户线（Asymmetric Digital Subscriber Line，ADSL）网络来改善网络资源的使用。此外，虚拟化可用于为客机提供云平台黑匣子（飞行数据记录器）。

卫星通信在未来 5G 网络中的角色表明支持灵活、可编程和安全的基础设施仍有许多挑战。由于卫星将被整合到 5G 宽带网络中，应该能够扩大蜂窝传输的覆盖范围，同时提供增强的、以用户为中心的 QoE、高性价比的用户终端，提高能源使用效率。卫星通信系统应该继续向最终用户提供有保证的服务，为用户提供高吞吐量、低时延的交互式和沉浸式服务，无论用户在哪里。另外，5G 网络中卫星的整合将给频谱共享带来新的挑战。由于移动终端将同时使用地面连接和卫星连接，所以移动接收机应支持这两种连接。因此，多极化方案是卫星通信和情境感知多用户检测的关键挑战。5G 网络中最具挑战性的技术包括 SDN、NFV 和 SDR，其中 SDR 是指移动终端能从互联网上下载并运行调制解调器和新的纠错方案，他们应该能够提供智能编排以及智能天线波束成形功能，以实现地面和卫星系统之间的频率共享。

5.12 结论

演进、融合和创新被认为是面向 5G 的技术路线，以满足 2020 年及以后信息社会的广泛服务和应用需求。为此，网络的设计必须考虑未来，以便通过虚拟化技术来抽象和动态地利用硬件，这就是为什么整体的 SDN 和 NFV 策略是至关重要的。

5G 网络将是多系统和多技术的组合，能够共享频谱以及物理基础设施。尽管如此，无线和移动网络在未来 5G 无线/移动宽带世界中的整合将会带来挑战。利用 SDN 和 NFV 来支持和改进

LTE 网络仍然是一个悬而未决的问题，需要解决网络功能执行的问题，以及如何把一些组件迁移到安全的、虚拟化的云中。卫星通信系统也带来了具有挑战性的问题，就是如何将卫星集成到地面传输无线网络，以无缝和联合的方式提供异构性支持。在支持 SDN 的 5G 网络中，安全性也是一个开放的问题。面临持续增加的漏洞，SDN 可编程性表现出了一系列复杂的问题，无线基础设施加强安全性的驱动力将发生变化。

参 考 文 献

[1] J. Hu and W. Lu, "Open wireless architecture—the core to 4G mobile communications," in Communication Technology Proceedings, ICCT 2003, 2003. 1337–1342.

[2] European Commission, "Horizon 2020: The new EU framework programme for research and innovation," 2012.

[3] Y. Saito, Y. Kishiyama, A. Benjebbour, T. Nakamura, A. Li, and K. Higuchi, "Non-orthogonal multiple access (NOMA) for cellular future radio access," in Vehicular Technology Conference (VTC Spring), 2013 IEEE 77th, 2013; p. 1–5.

[4] H. Kim and N. Feamster, "Improving network management with software defined networking," IEEE Commun Mag, vol. 51, no. 2, pp. 114–119, 2013.

[5] A. Ghosh, N. Mangalvedhe, R. Ratasuk, B. Mondal, M. Cudak, E. Visotsky, T. Thomas, J. Andrews, P. Xia, H. Jo, H. Dhillon, and T. Novlan, "Heterogeneous cellular networks: From theory to practice," IEEE Commun Mag, vol. 50, no. 6, pp. 54–64, 2012.

[6] Open Networking Foundation: "OpenFlow Specification 1.5.0". Available at https://www.opennetworking.org/ images/stories/downloads/sdn-resources/onf-specifications/openflow/openflow-switch-v1.5.0.noipr.pdf (accessed December 19, 2014).

[7] G. Monteleone and P. Paglierani, "Session border controller virtualization towards 'service-defined' networks based on NFV and SDN," in IEEE SDN4FNS, 2013.

[8] W. John, K. Pentikousis, G. Agapiou, E. Jacob, M. Kind, A. Manzalini, F. Risso, D. Staessens, R. Steinert, and C. Meirosu, "Research directions in network service chaining," in Future Networks and Services (SDN4FNS), 2013 IEEE SDN for, 2013.

[9] W. Liu, J. Ren, and J. Wang, "A Unified Framework for Software-Defined Information-Centric Network". 2013. draft-icn-implementation-sdn-00. Accessed February 17, 2015 http://tools.ietf.org/html/draft-icn-implementation-sdn-00

[10] A. Detti, N. Blefari Melazzi, S. Salsano, and M. Pomposini, "CONET: A content centric inter-networking architecture," in Proceedings of the ACM SIGCOMM Workshop on Information-Centric Networking, 2011.

[11] D. Liu and H. Deng, "Mobility support in software defined networking," 2013.

[12] M. Jarschel and R. Pries, "An OpenFlow-based energy-efficient data center approach," in Proceedings of the ACM SIGCOMM 2012 Conference on Applications, Technologies, Architectures, and Protocols for Computer Communication, pp. 87–88. ACM, 2012.

[13] K.-H. Kim, S.-J. Lee, and P. Congdon, "On cloud-centric network architecture for multi-dimensional mobility," in Proceedings of the 1st MCC Workshop in Mobile Cloud Computing (MCC'12), 2012.

[14] P. Pan and T. Nadeau, "Software-defined network (SDN) problem statement and use cases for data center applications," in IEFT Internet Draft, 2011.

[15] X. Jin, L. E. Li, L. Vanbever, and J. Rexford, "SoftCell: Scalable and flexible cellular core network architecture," in CoNEXT, 2013.

[16] A. Basta, W. Kellerer, M. Hoffmann, K. Hoffmann, and E.-D. Schmidt, "A virtual SDN-enabled LTE EPC architecture: A case study for S-/P-gateways functions," in Future Networks and Services (SDN4FNS), 2013 IEEE SDN for, 2013.

[17] L. Erran Li, Z. M. Mao, and J. Rexford, "CellSDN: Software-defined cellular networks". In Techinical Report, Princeton University. 2012.

[18] A. Gudipati, D. Perry, L. E. Li, and S. Katti, "SoftRAN: Software defined radio access network," in ACM SIGCOMM Workshop on Hot Topics in Software Defined Networking, 2013.

[19] J. Kempf, B. Johansson, S. Pettersson, H. Luning, and T. Nilsson, "Moving the mobile evolved packet core to the cloud," in Wireless and Mobile Computing, Networking and Communications (WiMob), 2012 IEEE 8th International Conference on, 2012.

[20] T. Benson, A. Akella, A. Shaikh, and S. Sahu, "CloudNaaS: A cloud networking platform for enterprise

applications," In Proceedings of the 2nd ACM Symposium on Cloud Computing (SOCC '11). ACM, New York, NY, USA, Article 8, 13 pages.

[21] J. Zhang, H. Yang, Y. Zhao, Y. Ji, H. Li, Y. Lin, G. Li, J. Han, Y. Lee, and T. Ma, "Experimental demonstration of elastic optical networks based on enhanced software defined networking (eSDN) for data center application," Opt Express, vol. 21, no. 22, 2013.

[22] S. Civanlar, M. Parlakisik, A. M. Tekalp, B. Gorkemli, B. Kaytaz, and E. Onem, "A QoS-enabled OpenFlow environment for scalable video streaming," in IEEE Globecom Workshops, 2010.

[23] H. E. Egilmez, B. Gorkemli, A. M. Tekalp, and S. Civanlar, "Scalable video streaming over OpenFlow networks: An optimization framework for QoS routing," in ICIP, 2011.

[24] H. E. Egilmez, S. T. Dane, B. Gorkemli, and A. M. Tekalp, "OpenQoS: OpenFlow controller design and test network for multimedia delivery with quality of service," NEM Summit, 2012.

[25] S. Civanlar, A. M. Tekalp, and H. E. Egilmez, "A distributed QoS routing architecture for scalable video streaming over multi-domain OpenFlow networks," in Proceedings of IEEE International Conference on Image Processing (ICIP 2012), 2012.

第 2 部分　SDMN 架构及网络实现

第 6 章　LTE 架构与 SDN 的集成

Jose Costa-Requena, Raimo Kantola, Jesús Llorente Santos,
Vicent Ferrer Guasch, Maël Kimmerlin, Antti Mikola and Jukka Manner
Department of Communications and Networking, Aalto University, Espoo, Finland

6.1　概述

本章提出了软件定义网络技术与广域移动网络集成的解决方案。将 SDN 集成到移动网络 [即为软件定义的移动网络（SDMN）] 有几种可选架构。为了把可选方案的讨论限制在合理的范围内，我们假设 SDN 使用的是 OpenFlow 协议，本章将只讨论与之相关的问题和解决方案。

我们首先需要定义 SDMN 控制器的位置，它可以集成到移动性管理实体（MME）中，使控制器知晓移动性事件，也可以位于服务分组网关（S/P-GW）中以控制传输网络。SDN 控制与 LTE 网元的融合应该遵循一个渐进的过程，将 SDN 平滑地部署到正在运行的移动网络中。如果 SDN 与 LTE 融合能够为 5G 网络铺平道路，将是非常理想的情况。目前，我们的目标是继续使用当前基于 IP 的网络，为 LTE 网络架构增加基于 SDMN 的灵活性。

伸缩性、安全性和弹性是 SDMN 成为下一代 5G 移动网络基础设施的关键因素，最终 SDMN 应该为移动运营商和最终用户带来价值。6.2.1 节将介绍当前 LTE 的架构；6.2.2 节将讨论 SDN 控制器放置的可能位置；6.2.3 节将介绍将 SDN 整合到移动网络中的愿景，其中移动性相关功能以 SDN 应用程序的形式进行实现；6.3 节研究了确保伸缩性所面临的问题；6.4 节介绍安全机制；6.5 节和 6.6 节从运营商和最终用户的角度说明了内置智能网络服务（如动态缓存）所带来的好处；最后，6.7 节介绍科研相关的问题和结论。

6.2　将移动网络重构为 SDN

本节将从 LTE 网络说起，然后讨论几种设计方案，最后提出将 SDN 概念应用到 LTE 网络及后续网络的方法。

6.2.1　从 LTE 网络说起

移动网络由物理实体和逻辑实体组成。物理上由网络路由（L3）、网络交换（L2）和物理链路（L1）三部分组成，包含不同的技术和拓扑结构，如图 6.1 所示。逻辑上由多个网元（例如 eNodeB、MME、S/P-GW、HSS 等）组成，用来执行用户设备的附着、移动性管理，以及在移动网络中传输来自移动设备的数据，其中移动性对互联网是不可见的。物理层（L2 和 L3）为逻辑层提供连接和传输功能，逻辑层则实现了移动相关的控制功能。接入网主要由 eNodeB（eNB）组成，它为用户设备（UE）提供无线接入功能。传输链路由网络交换机组成，用于汇聚来自接入网的业务并提供到核心网的连接。最后，所有连接服务、移动服务和计费功能由核心网网元（即 MME、S/P-GW、PCRF、HSS）实现。

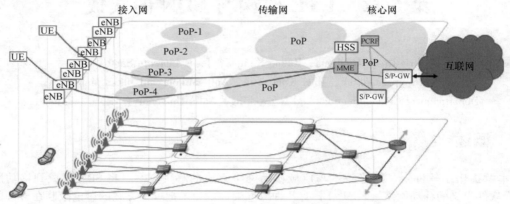

图 6.1　移动网络物理上及逻辑上的分层（图中★表示连接到公共互联网的路由器）

　　LTE 网络的移动性管理功能非常关键，任何处理移动性事件的新技术都必须支持可靠、低时延的切换。LTE 网络的移动性有不同的实现方法，这取决于它是系统内切换还是系统间切换。我们首先关注系统内切换所涉及的两类过程。第一类过程是基于 X2 接口的切换，源 eNB 和目标 eNB 之间存在接口，切换操作通过这个接口进行协商，然后向关联的 MME 报告。第二类过程是基于 S1 接口的切换，源 eNB 和目标 eNB 之间没有直接接口，它们通过各自的 MME 来协商切换操作。在我们的分析中，重点考虑源和目标 eNB 同属于一个跟踪区（TAI），并且关联到同一个移动性管理实体（MME）的情况。另一种情况则是源和目标 eNB 属于不同的 TAI，但属于同一个 MME。在前一种情况下，移动性管理依赖于 eNB 与 MME 之间的 S1 接口。

　　从移动性的角度来看，IP 中的基本问题是标识节点的 IP 地址将其位置固定到某个锚点。发生这种情况是因为 IP 地址也具有路由定位符的作用。移动网络中的通用解决方案是使用隧道，UE 的 IP 分组数据包通过 GPRS 隧道协议（GTP）进行传输。eNB 和 S/P-GW 之间建立 GTP 隧道，GTP 隧道唯一标识出 UE 和 P-GW 之间经过公共 QoS 处理的业务流。业务流模板（TFT）用于将业务映射到底层承载。GTP 隧道端点标识符（TEID）明确地标识出了用户数据分组的隧道端点，可以实现用户及承载（标识）的分离，如图 6.2a 所示。

　　当 UE 移动到新的 eNB 时，需要在新的 eNB 和 S/P-GW 之间重新建立 GTP 隧道，而内部数据流仍然使用 UE 原来的 IP 地址。

　　切换过程通过 S1 接口发起和管理，如图 6.2b 所示。MME 能感知到移动性过程，并与 S/P-GW 进行通信，以重建新 eNB 和 S/P-GW 之间的 GTP 隧道。

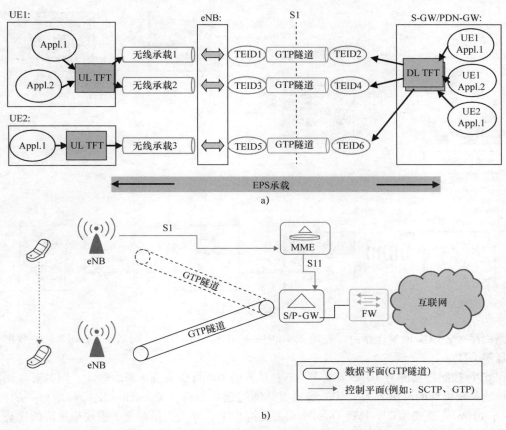

图 6.2　a）移动网络用户数据隧道；b）通过 S1 接口由 MME 控制并
与 S/P-GW 沟通重建 GTP 隧道的切换过程

6.2.2　SDMN 控制器位置的选择

将 SDN 集成到移动网络形成 SDMN，有以下两种实现方式：

1）控制器与 MME 集成，可以便能感知到移动性事件。

2）控制器与 S/P-GW 集成，可以控制传输网络。

图 6.3 给出了当前的 LTE 架构，可以有多个选项来集成 SDN 控制器，图 6.4a 是其中一个选项，它将 S/P-GW 分拆为控制平面和数据平面。S/P-GW 的控制部分（即 S/P-GWc）为 UE 提供 IP 地址分配，并负责将 TFT 应用于用户数据流。S/P-GW 的数据平面（即 S/P-GWu）在切换过程中提供 GTP 隧道端点并锚定 GTP 隧道。S/P-GW 的控制部分与 SDN 控制器集成在一起，并将 TFT 发送给 S/P-GWu，TFT 将执行数据过滤器的功能。其他的网元不变，MME 与 S/P-GWc 进行交互。

LTE 架构集成 SDN 的第二个选项是将 SDN 控制器嵌入到 MME 中，如图 6.4b 所示。

该选项中，SDN 控制器直接从 MME 获知移动性事件，在交换节点中应用新的规则，并重新

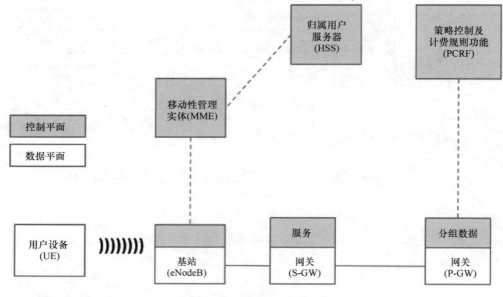

图 6.3　LTE 移动网络架构

建立路由路径，以实现最佳路由。在图 6.4b 中，eNB 和 S/P-GW 之间基于 OpenFlow 的数据平面需要理解 GTP。

　　将 SDN 控制器功能与 MME 集成在一起，从长期来看可以实现平滑的过渡，同时对移动网络来说，也是颠覆性的解决方案。SDN 集成面临的问题是如何使 OpenFlow 支持移动相关的协议，由于 OpenFlow 不支持 GTP，修改 OpenFlow 去支持 GTP 会导致交换单元失去规模经济的优势，同时也使得将缓存和网络监控功能集成到网络中也更昂贵、更烦琐。因此有必要研究用以太网和 MPLS 等标准数据通信协议替代 GTP-u，由此产生的移动解决方案将基于 SDN 控制的交换路径，而不是 IP 上的隧道。

　　在 SDMN 中，控制平面从基本网元转移到了中心服务器，这些服务器类似于移动协议中的传统锚点。

　　因此，将控制器和当前的 S/P-GW 功能或 MME 功能集成在一起是有意义的，将这种应用程序称为移动性管理应用程序（MM APP）。在这种方法中，当前独立的 S/P-GW 单元将消失，而是使用 SDN 控制的分组交换网络。这种方法在不同程度上提升了灵活性（例如更容易提供缓存和监控功能）和网络的价值（减少数据包开销），给逐渐引入更高的网络吞吐量、最佳流管理和流量工程带来了可能性。图 6.5 给出了移动性管理与 SDN 控制器的集成方案。SDN 控制面临的其中一个挑战是如何满足必要的时延要求，以实现无缝的终端移动性，而不会有太多的信令开销，另一个挑战是在 OpenFlow 协议的约束下如何满足所有的功能需求。

　　移动性是移动网络的关键，它要求网元具备特定的功能。移动性（例如无缝切换）的处理有严格的时延要求，MME 和 SDN 控制器之间的集成能在最大限度上满足这个需求。

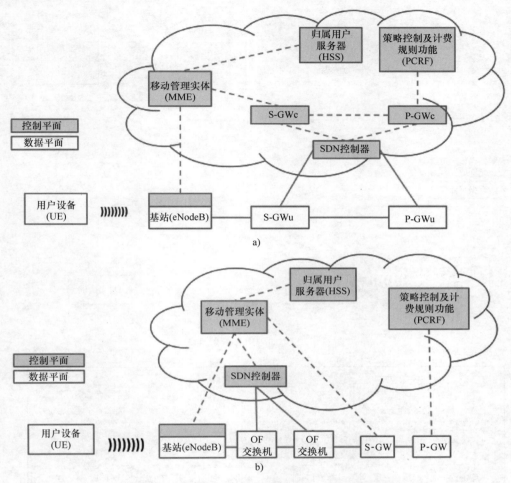

图 6.4　a）SDN 与 S/P-GW 集成；b）SDN 与 MME 集成

6.2.3　LTE 网络中 SDN 的愿景

从 20 世纪 90 年代后期开始，3GPP 一直在努力将数据平面和控制平面以及相应的网元从架构中分离出来，我们建议通过 SDN 将其提升到更高层次。图 6.6 表示以一组 SDN 应用实现 5G 网络的控制，包括基站 APP、回程 APP、移动性管理 APP、监控 APP、接入 APP 和安全服务分发 APP。这些网络应用程序通过控制器向 API 进行编排，使得多个 SDN 应用程序无冲突地运行。

基站 APP 的控制软件目前与 eNB 垂直集成，它控制下的物理基站包括天线、带通滤波器和用于回传的以太网卡。

6.2.3.1　移动性管理 APP

移动性管理 APP（MM APP）以服务的形式实现了移动性管理（MaaS），这是一个响应式功能。MaaS 出现在为接入应用提供服务的 OF 交换机（mOFS）的上行接口上。当移动设备从一个

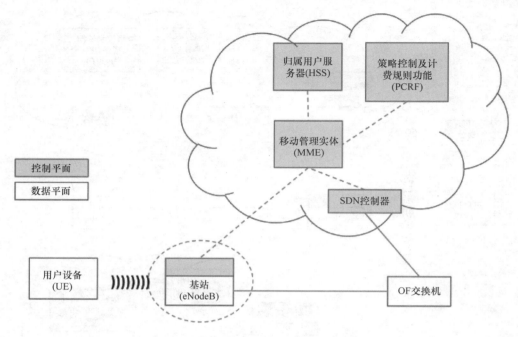

图 6.5　SDN 与 MME 颠覆性集成

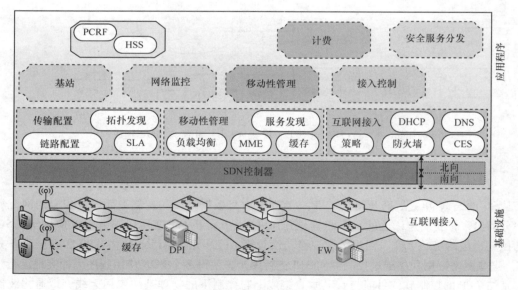

图 6.6　以一组 SDN 应用实现 5G 网络的控制

eNB 的范围移动到另一个 eNB 的范围时，可能需要修改设备在 mOFS 中的规则，并且可能需要在新的 eOFS 中创建新的规则，这里 eOFS 是连接 eNB 的第一个聚合点。如果新 eNB 与前一个 eNB 处于同一个 eOFS，那么修改 eOFS 中的现有规则就足够了。我们还需要考虑平衡 eNB 和特定

mOFS 之间多条路径的负载，MM APP 为设备选择一条路径，负载均衡的决策基于网络监控 APP 的输入。任何情况下，手机到互联网的连接点都希望是固定的，并处于当前移动网络的覆盖范围内。为了尽可能地实现这个目标，移动网络中的每个 eNB 到每个 mOFS 都有多条预设路径。

MM APP 包含了 MME，此外还需要管理每个用户的服务质量，以平衡聚合网络中多条路径之间的负载，并尽可能地将用户路由到缓存服务器上。OpenFlow 在当前流行的 SDN 解决方案中是最杰出的，但它不支持 GTP 隧道。因此，有必要研究 eNB 和互联网之间用户平面业务的其他承载方式。一种替代方案是用电信级以太网（CGE）封装替换 GTP 数据平面的隧道，其结果将是基于以太网交换路径的移动性实现。另一种可选方案是研究在 eNB 和互联网之间使用 MPLS 封装。

对于移动性管理而言，在许多过程中，eNB 需要通过 X2 接口直接与几十个相邻 eNB 直接相连。为此，在基于以太网的解决方案中，将 eNB 连接起来比较恰当的方式是 802.1ad。在 802.1ad 帧中，其中一个 VLAN 标记标识 eNB 下的用户，而另一个标识目的地，如"互联网"或"X2 相邻 eNB"。互联网 VLAN 通过 eOFS 交换到 802.1ah。X2 VLAN 或者是在 eOFS 中从本地交换到目的 eNB 中，或者使用 802.1ah 交换到所需的相邻 eNB 中，这可以发生在网络高层。由于 X2 接口用于移动性管理，所以我们建议 MM APP 为回传 APP 提供交换路径。最后，尽管数据转发是基于交换进行的，但是每个 eNB 同时具有 X2 接口的 IP 路由或以太网路由功能是很方便的，因此 MM APP 还需要为 eNB 分配 IP 地址。

6.2.3.2　接入 APP

在一个物理移动网络中，可能会有许多接入 APP。在这种情况下，接入 APP 由特定的移动虚拟网络运营商（MVNO）拥有并运营。除了移动性功能之外，它还负责向移动用户提供数据服务。接入 APP 的主要属性包括提供互联网接入、阻止有害数据，以及提供对优质内容的访问。

在 5G 中，我们建议从对每个客户采用相同规则的、简单的网络防火墙转变为协作式防火墙，它支持基于用户的准入规则，这些规则由扩展的 3GPP 策略管理架构管理。之所以这么做，是因为需要管理每个应用程序和每个用户设备的可达性，还可避免烦琐的 NAT 穿越。另一个原因是要阻止所有非法数据包进入移动网络，包括伪造源地址的数据包以及 DDoS 数据包，因为它们消耗空中接口资源并干扰移动设备的省电睡眠模式。在所提出的解决方案中，所有移动设备都只需一个私人地址就足够了。因此，扩展到 5G 中任意数量的用户和设备并不依赖 IPv6 的成功。

接入应用程序的任务是为移动设备分配 IP 地址，可以是一个私有地址。因此，通过控制将 mOFS 连接到互联网的 OF 交换机（iOFS），接入 APP 为每个移动设备提供了到互联网和到服务分发网络的连接点。当移动设备移动甚至漫游到外部网络时，连接点应尽可能地稳定。对于传入的流，接入应用程序将执行防火墙功能并请求 MM APP 执行下行负载均衡。我们认为所有业务准入都应该通过策略进行管理。策略也是用户签约信息的一部分，可以通过扩展的 3GPP 策略和计费管理架构来管理这些策略。策略可以是动态的，即根据信任管理系统产生的信誉，差别对待不同的远程主机。而且，协作防火墙在做出最终的准入决策之前可以查询发送者的防火墙或证书。封闭网络与开放网络之间的边界将消失，由策略管理所有的流准入。通过主机认可的域名（FQDN）、正确的标识以及接入 APP 控制的 iOFS 路由定位符，就可以找到协作式防火墙下的移动设备。

通过服务分发网络的业务流也是基于隧道的，由防火墙管理的绑定状态将服务传送隧道和移动回传隧道在 iOFS 绑定在一起。域网关（RG）是接入 APP 的一个组件，可以直接从传统的互联网接入业务，而无须烦琐的 NAT 穿越。

6.2.3.3 安全服务分发 APP

最后一个与通信相关的 SDN 应用程序是安全服务分发应用程序。服务分发网络是指连接两个移动网络的网络，或者是连接移动与固定用户网络的网络，再或者是连接移动网络到有需要的应用或内容数据中心的网络。我们建议，通过将 SDN 应用于服务分发，我们可以获得很多好处，如确保服务分发过程的安全，并且由于控制处理可以使用通用硬件，因此能够最大限度地受益于廉价交换机的引入。服务分发网络的基本目标是防止源地址欺骗和 DDoS 攻击，并只接入合法的业务（例如，只有我自己可以打开连接到物联网上我的桑拿房）。

6.3 移动回传网络的伸缩

该设计方案的驱动因素如下：

1）基站 APP 对于时延是很敏感的，有来自无线和应用两方面的原因。因此，我们认为，物理基站的控制软件需要与基站应用软件靠得很近，虽然可以把它分离到不同的节点。

2）移动性管理的目标是提供无缝切换。大多数数据应用可以容忍数百毫秒的切换时延，交互式语音可以容忍几十毫秒的连接中断，像游戏这样的应用时延最好控制在 10ms 以内。因此，移动性管理的控制功能可位于基站几百千米的范围内，但不能在世界不同的洲（光纤 200km 的传播延迟为 1ms），在不同的国家更少见。

3）接入 APP 的时延要求主要取决于能感知到的网络服务响应。基于此，我们所指的因素包括语音会话建立时间，或网络因素在系统响应时间中所占的比重等。对于接入 APP 来说，除了延迟之外，另一个重要的需求是伸缩性。诺基亚公司发布的白皮书[1]预测，到 2020 年，移动用户每天将消耗 1GB 的数据。由此我们可以计算出到 2020 年将接入网扩展到数以亿计的移动用户在技术上是存在挑战的。例如，在没有缓存的情况下，1 亿用户将使用大约 1000 个 100GE 网络接口。

为了应对这种挑战，在移动接入中必须最大限度地使用缓存。此外，我们建议内容提供商和内容分发网络（CDN）中最受欢迎的内容应当与接入 APP 在同一个站点（即数据中心）。因此，接入 APP 所控制的接入网实际上也可以看作一组电信数据中心以及将它们连接起来的网络。在实践中，移动用户所消耗的数十兆比特流量中大部分是由这些数据中心提供的。此外，通过将大型缓存服务器连接到服务数十万甚至数百万用户的 CGE 节点，同时将小一点的缓存与 eNB 放在一起，可以节省 mOFS 和 iOFS 交换机的数量，也不再需要这些交换机所提供的性能，使得图 6.8b 中提出的设计更加可行。

假设我们为 1 亿用户建设一个 5G 移动回传网络，每个用户每天消耗 1GB 的流量，每个 eNB 服务 100~1000 个用户，并且传输数据平面节点的背板低于 4TiB/s。图 6.7 呈现了没有缓存超配的网络设计，这是用来研究需求的一个例子。该图显示在 6h 内传输 24h 业务时的链路和背板速度以及平均链路负载。

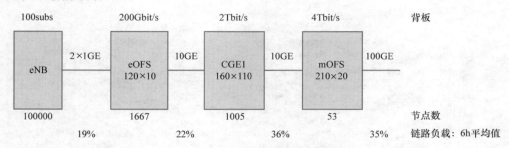

图 6.7　网络伸缩实例

为了通过 SDN 应用程序管理网络，我们放置一个 OpenFlow 交换机（eOFS），让其作为 eNB 连接的第一个聚合单元。空中接口的协议栈终止于 eNB，使用 802.1ad 封装所有来自用户的流量并发送到以太网 VLAN。eOFS 把用户的数据包标记到互联网上，恰当的封装方式是 802.1ah。有必要在互联网入口之前放置第二个 OpenFlow 交换机（mOFS），mOFS 将标记来自互联网的数据包并将其路由到正确的 eNB 和正确的移动设备上。对于从多个 eOFS 到几个 mOFS 的流量汇聚，我们将使用 CGE 交换机，因为它们比 OF 交换机更简单。

我们可以通过 802.1ah 将每个移动设备隔离到自己的子网中，从 eNB 到提供 MaaS 给接入 APP 的节点之间往返的业务量可以通过已描述的网络来交换。为了负载均衡，从每个 eNB 到互联网的每条链路必须可以通过多条路径（例如 8 个）到达，这是因为当手机停在移动网络驻留时，有必要保持它在移动互联网的附着点。

基于这个假设，很容易计算出标记两个 OFS 之间路径所需的标签长度为 20 ~ 24 位。如果 eNB 平均很小，从 eNB 到 mOFS 的单个 802.1ah 路径将用更长的标签（大约 29 位）。通常情况下，通过部署 eNB 所连接的 eOFS，路径标记可以是 802.1ah 中的 24 位 I-SID，802.1ah 的替代方案是 MPLS-TP。移动回传 APP 的任务之一是在 eOFS 和 mOFS 之间建立和管理 CGE 交换机中的业务路由，并负责此网络的故障恢复。在 802.1ah 封装中，I-SID 值标记 eOFS 和 mOFS 之间的路径。B-VLAN 标签可以用来区分不同虚拟运营商的业务（如果需要的话），运营商内部使用 C-VLAN 标签作为网络标识符，用它来选择合适的 mOFS 和 GW，因为地址配置单元为每个 UE 已经分配了不同的网络（子网/29）。在 MPLS 封装的情况下，将需要多个 MPLS 标签。

在将 SDN 集成到移动网络时，伸缩性是一个需要重点考虑的问题。图 6.8 展示了数据路径的汇聚，这些数据路径将不同跟踪区域与该移动运营商相应的网关互连。图 6.8a 给出了一个可能的移动网络拓扑结构，其中 OF 交换机用于聚合移动回传网络中不同部分的业务。

在 LTE 网络中，当 UE 通过 eNodeB 附着到移动网络时，MME 将向 S/P-GW 请求给 UE 默认上下文分配 IP 地址，并在 eNodeB 和 OFS-GWx 之间建立隧道。图 6.9 展示了移动网络中 802.1ad 和 802.1ah 的用法，它承载了 eNodeB 和 GW 之间的数据，但仍使用网络中现有的以太网交换机。在附着期间，eNodeB 与 GW 之间的上行链路和下行链路都已建立。

对于给定的 UE，上行链路的目的是在源 eNB 与 MME 选择的互联网附着点之间建立通信。我们的目标是向 MVO 透明地提供 MaaS，以便任何标准路由设备都可以用于连接到公共网络。

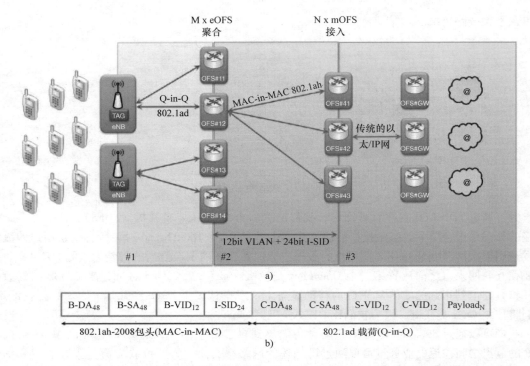

a)

B-DA$_{48}$	B-SA$_{48}$	B-VID$_{12}$	I-SID$_{24}$	C-DA$_{48}$	C-SA$_{48}$	S-VID$_{12}$	C-VID$_{12}$	Payload$_N$

802.1ah-2008包头(MAC-in-MAC)　　　　　　802.1ad 载荷(Q-in-Q)

b)

图 6.8　a）移动接入网的跟踪区聚合；b）802.1ah 和 802.1ad 的以太包封装

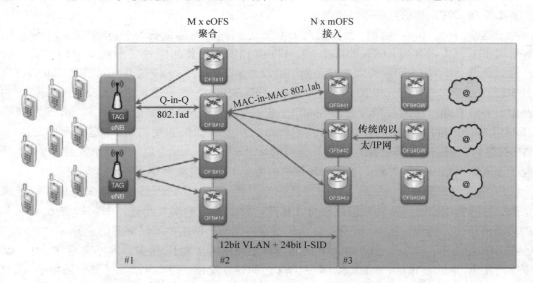

图 6.9　使用 802.1ah 建立 eNB 到 OFS-GW 的直接 L2 路径（MAC-in-MAC）

现在，我们介绍图 6.8 封装中不同字段的可能用法，以及通信路径中所涉及的 OpenFlow 交换机中的操作。我们使用 802.1ad（Q-in-Q）通过 eOFS 将 eNB 的数据包发送到互联网。

第一个 SDN 交换机——eOFS 收到一个数据包，其中包含：

1）C-DA：MAC_{GW}。

2）C-SA：MAC_{UE}。

3）S-VID：MVO_{ID}（12bit），标识了提供互联网接入服务的 MVO。

4）C-VID：标识了 MVO 的 NetID（MVO 使用的该用户的私有地址空间）。

eOFS 和 mOFS 之间的网络使用 802. ah（MAC-in-MAC）来转发数据包。外部 MAC 将用于在移动回传网络内交换以太网帧。这个外部 MAC 使用上行流：

1）B-DA：MAC_{mOFS}。

2）B-SA：MAC_{eOFS}。

3）B-VID：VLAN 标识符（12bit）。

4）I-SID：服务标识符（24bit）：用来标识 eOFS 和 mOFS 之间的路径。

MAC 帧的净荷由内部 MAC 组成，包含 C-DA、MAC_{GW}、C-SA、MAC_{UE}、S-VID、MVO_{ID}（12bit）、C-VID、MVO_{NetID}（12bit）和 IP_{UE}。

一旦帧交换到 mOFS，mOFS 将终止 802. ah（MAC-in-MAC）和 802. ad（Q-in-Q）路径，并通过常规以太网之上的 IP 将数据转发到 GW，再通过标准的 IP 路由器连接到公共网络。SDN-Ctrl 和 mOFS 负责维护 UE 位置的状态更新。

在下行方向，互联网 GW 可以将数据发送到 UE 所在的特定的 eNB，在下游有反向的过程，即通过接收到来自 GW（其使用以太网承载 IP）的分组包来创建 802. ah（MAC-in-MAC）和 802. ad（Q-in-Q）帧。我们使用 802. ah（MAC-in-MAC）将数据从 mOFS 转发到 eOFS，B-DA + VLAN 标签（B-VID）+服务标识符（I-SID）的组合决定了 L2 路径。MAC 的结构如下：

1）B-DA：MAC_{eOFS}。

2）B-SA：MAC_{mOFS}。

3）B-VID：VLAN 标识符（12bit）。

4）I-SID：服务标识符（24bit）。

外部 MAC 的净荷将包含内部 MAC，其组成如下：

1）C-DA：MAC_{UE}。

2）C-SA：MAC_{GW}。

3）S-VID：MVO_{ID}（12bit）。

4）C-VID：MVO_{NetID}（12bit）及 UE 的 IP 包。

802. ad（Q-in-Q）路径和 802. ah（MAC-in-MAC）路径在 eOFS 中进行转换，以便进一步分析。SDN-Ctrl 和 eOFS 负责为下行流量维护 UE 位置的状态更新。eOFS 中的匹配状态基于C-DA、S-VID 和 C-VID，确定 UE 所在的当前 eNB，并且数据包将转发到正确的 eNB。

对于不同标识符用法的可扩展性，考虑每个移动设备消耗 8 个 IP 地址，私有地址范围为10. x. y. z，我们可以标识 $256 \times 256 \times 256/8 \approx 200$ 万个设备。我们可以为一个 MVO 分配多个 S-VID 的值，因为在一个物理网络中不太可能存在数千个 MVO。C-VID 标识给定 MVO 内的网络，如果每个网络有 200 万个主机，那么整个 MVO 的伸缩性为 S-VID × C-VID（网络）×2M（UE）。图 6.9 总结给出了该转发系统的例子。

6.4　安全性和分布式防火墙

当前互联网模型中，主机可以将数据包发送到任何目的地址，无论这些包是否有用。接收方无法事先确定一组需求，远程发送者在发送任何数据包之前必须符合这些需求。结果，不想要的流量只能在到达时被接收方丢弃。此外，源地址欺骗使 DDoS 攻击者有机可乘，因为很难将恶意行为归咎于始发主机或网络。垃圾邮件制造者、黑客、欺诈者和其他恶意用户依靠僵尸网络进行恶意活动，损害了大多数用户的利益。

从"囚徒困境"比赛中，可以知道合作策略能在社会中占据主导地位，其中参与者可以有效表达他们对其他参与者的信赖程度，并且这种交互会持续进行下去。前提条件是当有顽固的、违反规则的人拒绝合作时，就马上会得到惩罚。基于这个结果，我们认为单个主机的独立解决方案不能解决当今存在的各式各样的威胁。传统上，防火墙通过执行预定义的一组规则，用来保护主机和网络，主要是基于对不同协议层数据流的深度检查而收集到的本地信息和数据，其结果最终只能是接受或拒绝指定的连接。

在当今和未来的互联网中，大多数个人设备使用无线连接，并以电池供电。与传统互联网相比，这些设备能够感知或操纵现实世界中的物品，从而可能产生更多新的威胁。非常需要阻止所有伪造的源地址的数据包、所有 DDoS 包及其他有害的数据包到达空口，更希望阻止无用数据包到达移动设备，因为防火墙将不得不唤醒设备来处理这些无用的数据包，结果是耗尽了电池，无法再执行其他的正常的工作。移动设备只接收来自授权方的流也是可取的。同时，对于合法的应用程序开发人员来说，希望网络能够自动管理可达性而无须应用程序级别的 NAT 穿越机制。

为了实现上述目标，我们建议将传统的独立式全状态防火墙的功能扩展到基于策略的协作式防火墙。然后在网络边界的防火墙节点中定义策略，现在那里有网络地址转换器或通用网关（S/P-GW）。通过在这些节点中嵌入防火墙功能，可以获得更广泛、更一致的网络视图，使用独立的基于主机的解决方案无法做到这一点。例如，接收方的策略可能会要求在流得到许可之前满足以下条件：

1）发送者边界节点的地址没有欺骗行为。

2）预发送一个发送者边界节点的证书。

3）预发送一个稳定且可验证的发送主机的标识。

4）发送者的网络不在黑名单里。

5）发送者本身不在黑名单里。

除此之外，防火墙还可以建议远程边界节点警告并阻止源地址（您的主机 x 正在 DDoS 我，被阻止了）或将攻击报告传递给未被感染的主机，告知攻击者正利用它来隐藏自己的身份。

在这种情况下，如果接收者遭受到任何形式的攻击，就有可能将责任归咎于发送者的网络或发起连接的特定主机。如果已知主机分发了恶意代码或受到攻击者的控制，则可以阻止该主机的所有流量。然而，对所有的通信进行全面的身份检查太过昂贵不可行。因此，我们认为所有的通信都应该由策略来管理。通过有效地收集和汇总证据并将结果分发给协作式防火墙，其阻止策略可以变得更加动态，并以准确和细致的方式对新的恶意行为做出反应。

　　在这种新的模式下，防火墙采用通信信任代理的功能保护其主机。只有策略协商成功后才批准对这些主机的访问。这些策略的使命是定义一些先决条件，在通信双方之间接受一个新的流之前需要满足这些条件。因此，可以更有效地阻止不必要的流量，并且如果多次策略协商都不成功，原因很可能就在用户，从而可以打击有恶意目的的黑客。

6.4.1　用户边界交换

　　为了证明第 6.4 节想法的可行性，我们开发了用户边界交换技术（CES）。它提供了一个带有动态策略管理功能的协作式防火墙，作为一个虚拟化的安全软件实体。网络感知促进了动态策略的产生，因为它们能够实现不同级别的安全性和对攻击的细颗粒度响应。所需的知识可以根据本地信息获取，这些信息是策略协商或深度数据包检查的结果，或者来自其他互联设备的协作或全球安全信任报告系统。

　　可以利用虚拟化在云中产生专用的防火墙实例，实例的数量取决于业务和移动过程的数量，通过动态调整可用资源，虚拟化可提供灵活的网络配置。SDN 解决方案的引入有助于在虚拟化框架中部署新的服务，像 CES 这样的新安全模块可以与 S/P-GW 单元共存（请注意，P-GW 的核心功能之一是地址分配）。如果防火墙必须向远程提供主机地址，最好由防火墙自己分配地址。因此，协作式防火墙与 P-GW 集成是合乎逻辑的。

　　由于 SDN 带来了动态修改流的可能性，因此安全级别也能以细颗粒度的方式进行调整。例如，在发起时就被信任的流可以使用最小的入侵安全策略，但是在发生安全威胁时，可以将这个流重新提交给不同的防火墙实例，进行更广泛的 DPI 分析，并且将其封入蜜罐。这种进一步的分析允许收集更多的证据，最终触发 BGP 更新以在网络中创建一个陷阱，并将发起攻击的网络断开一段时间。

　　虚拟化给运营商带来了直接好处，在繁忙时段可以动态分配更多的资源，并在闲置时段减少资源，提高了资源使用效率，在闲置期间关闭链路也可以减少能源消耗。

6.4.2　RG

　　当两个通信主机的网络都采用 CES 时，与现有技术相比，可以确保更好的安全性。当发送者不在 CES 节点后面，但是具有全球唯一的 IP 地址或者在 NAT/NAPT 后面时，我们必须为 CES 节点后面的服务器提供互通（对于具有全球唯一 IP 地址的服务器，CES 并不只是作为一个普通的 NAT）。对于这种互通的情况，我们开发了 RG，它能够动态地允许流进入服务器，这些服务器可以部署在任何传统的互联网主机上[2]。在进行 DNS 查询时，关键算法（循环地址池）在短时间内（我们在例子中使用 2s）动态地保留 RG 出口地址。在下一个新流到达时，将取消该预留，并为下一个 DNS 查询释放该地址。有关预期新流的其他信息（如端口）可以在驻留于 RG 中的 DNS 叶节点上进行配置，使预留状态仅用于预期的新流，从而很难劫持这个状态。RG 也可以在 IPv4 和 IPv6 之间进行转换，为了保护 RG，我们开发了一些启发式方法，例如，保护 RG 免受 DDoS 攻击，对于服务于多个主机查询的强大 DNS 服务器，这种攻击使用欺骗性的 DNS 来查询，最终被用作反射器通过 DDoS 攻击位于 RG 或其他主机后面的主机，如图 6.10 所示。

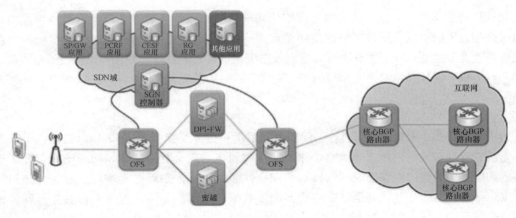

图 6.10　在 SDN 中集成 CES

6.5　SDN 和 LTE 集成的好处

LTE 网络与 SDN 的集成为 CAPEX 和 OPEX 带来了好处，因为控制功能是由云服务实现的，因此低价的普通商用计算机就能承担这个职责。另一个好处是通过取消数据平面的 GTP 隧道简化了回传网络。在未来，可以使用现成的 OpenFlow 交换机，能够从云端提供数据转发控制功能。

SDN 与 LTE 融合的不同选项中，将 MME 与 SDN 控制器整合为一个 SDN 应用程序有诸多好处，控制器需要关于 UE 位置的必要信息和关联移动运营商信息，以及必要的附着和切换事件。因此，控制器应与 MME 和 S/P-GW 集成，以接收这些事件并建立所需的 MAC-in-MAC 和 Q-in-Q 映射。而且，这种集成催生了下一个颠覆性设计，数据平面由单个 MME/控制器单元管理。这种架构的演进可以逐步完成，其中 MME 将保留当前用于接收信令的 S1-MME 接口。MME 维持当前的标准过程，并在传统的 eNodeB 和 S/P-GW 之间建立 GTP 隧道。同时，MME 可以包含新的 SDN 功能，直接在层 2 建立新型 eNodeB 和 IP 路由器之间的通信，而无须 GTP 隧道。在这种情况下，同一个 MME 在通过 S1-MME 接口接收到来自基于 SDN 的 eNB 的信令时，将使用 TUN 接口与 L2 上的终端 SDN 交换机建立连接。图 6.11a 给出了当前用于用户平面的协议栈。无线接口终止于 eNodeB，通过 GTP 向上连接到 S-GW 和 P-GW，GW 提供了到公共互联网的桥接。

802.1ad 在回传网中的使用以及 MME 与 SDN 控制器的集成为移除 GTP 协议创造了条件，从而简化了 eNodeB 中的无线接口协议栈，并包含了指向回传网络其他部分的以太网交换机，如图 6.11b 所示。此外，S/P-GW 在移除 GTP-u 后也变得简化了，由简单的以太网交换机和指向互联网的 IP 路由器组成。在这个架构中，SDN 控制器负责移动性管理。

这种架构创造了优化的传输网络和可扩展的控制平面，并最终融合成单一的网络应用程序，即内嵌 SDN 控制器功能的 MME。这个 MME 可以运行在专用硬件上或作为云服务来运行，以便按需启动多个实例，克服了物理网元在伸缩性方面的限制。另一方面，MME 将继续维持当前的协议栈，如图 6.12 所示。这种方法可以实现平滑过渡，MME 可以管理现有网元，即 eNodeB 和 S/P-GW，但与 SDN 集成后，它也可以管理已经取消了 GTP 的新型 eNodeB 和 S/P-GW。

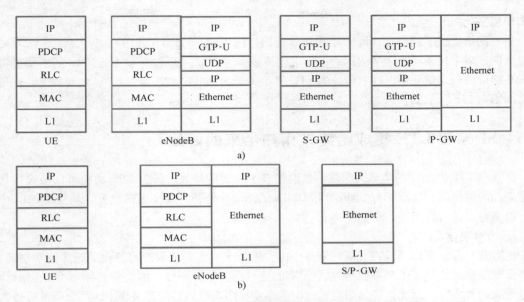

图 6.11 a) LTE 用户平面协议栈；b) SDN 控制的 LTE 用户数据平面协议栈

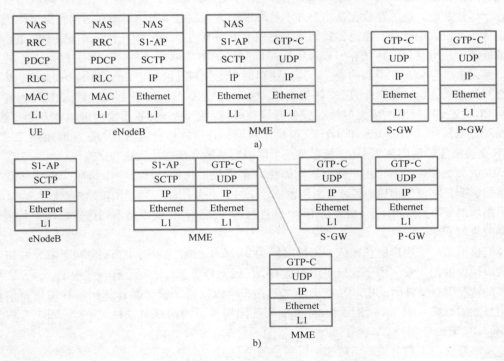

图 6.12 信令协议栈

除了 MME 与 SDN 的集成以及从核心网网元取消 GTP 的功能来简化回传网络之外，网络还必须实现扁平化。

只有网络实现了扁平化，网元才能更靠近回传网中的 eNodeB，并用自己的网元来部署独立的接入网。多个接入网之间的协调通过集中化的数据库完成，每个接入网与 MME 间的切换将通过 S10 接口进行。信令协议栈与传统的 LTE 网元（如 S/P-GW 和其他 MME）之间的交互保持不变，如图 6.12b 所示。

6.6　SDN 和 LTE 集成给终端用户带来的好处

SDN 在 LTE 网络中的集成为移动运营商带来了一定的好处，因为 EPC 功能可以被虚拟化并转移到商用服务器，这意味着 CAPEX 和 OPEX 的降低。但是，最终用户也可以从使用 SDN 中受益，以下对此进行介绍。

1. 内容缓存

内容分发网络（CDN）在互联网业务中的作用越来越大，表明内容消费的趋势越来越明显。内容受欢迎程度的分布呈现幂律属性，CDN 正是利用了这种特性，因为许多用户会在短时间内请求受欢迎的内容。因此，将热门内容的副本存储在用户附近的高速缓存中，可以降低服务器负载，减少网络拥塞并减小时延。在 5G 移动网络的背景下，将缓存直接放置在边缘对网络有很大的好处。尽管如此，将缓存放在基站上并不是终极解决方案，因为使用缓存的用户数量太少，不能真正从按需模式中受益。但是，我们提倡使用多级高速缓存，在每一个基站保留一些很小的通用的最近最少使用（LRU）缓存，以吸收大量临时性的本地请求（例如，实况视频流）的重传事件，而大量缓存分布在不同的地点。高速缓存的广泛分布可以聚集大部分用户的流量，从而减少核心网的流量，也减少 MO 的 ISP 连接费用。通过分析 100M 5G 网络合理的背板速度，我们推断出在 CGE 交换机后面连接大型缓存服务器是很经济的，每个服务器能为近 100 万用户服务。缓存能降低所需的高价 mOFS 和 iOFS 交换机的数量，并缩减移动运营商的互联网连接费用。由于 CGE 交换机能够解码 802.1ah，缓存节点可以很容易地直接连接到这些交换机。

SDN 的集成催生了基于用户数量的动态缓存重定位，我们设计了一个试验来证明移动缓存对网络的影响，它使用 HTTP 实时流来传输视频文件，并使用图 6.13 所示的架构进行测试。

不断增加 eNB 中的用户（最多达 16 个）进行各种测试，也要根据不同位置的用户数量来检查缓存效果的变化。

我们模拟了一个用户的视频流，通过限制为 2Mbit/s 的带宽进行 HTTP 分段下载，并将带宽限制乘以模拟的用户数。由于我们使用的是 HLS，因此分段下载之间会有一些中断。而且在用户数较多的情况下，文件间的中断频率会越来越高，所以网络测量工具计算出的峰值带宽消耗会受到用户数的影响。图 6.14 给出了 2Mbit/s 流不同场景下的网络负载情况，eNodeB1 有 5 个用户，eNodeB2 有两个用户。

每条链路上与下载有关的负载相加得到总的负载：

$$L = \sum_{j=1}^{N} \sum_{i=1}^{n} a_i b_{ij}$$

式中，N 是用户数；n 是链路数；a_i 是视频流的吞吐量，如果用户 i 的数据经过链路 j，$b_{ij} = 1$，否

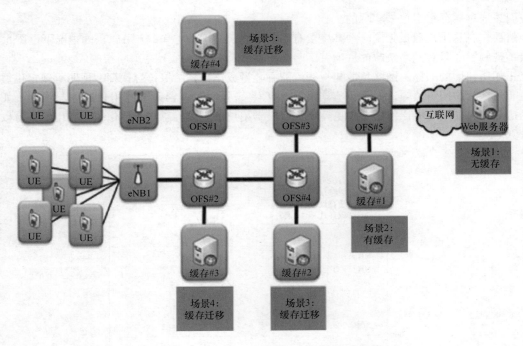

图 6.13　SDN 与 LTE 集成和缓存测试床架构

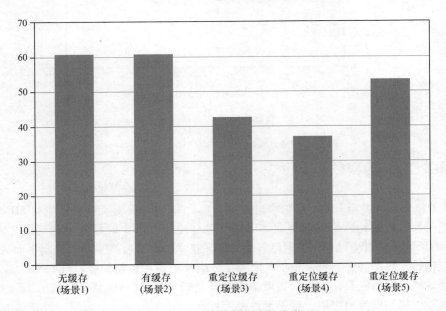

图 6.14　不同类型缓存的负载

则为 0。

从图 6.14 可以看出，当内容离基站较近时，用户获取内容所引起的总负载就会减少，这正是我们想通过缓存重定位来实现的。

然后，在总用户数量相同（eNB#1 上有 5 个用户，eNB#2 上有 2 个用户）的情况下，图 6.15 给出了视频吞吐量对网络负载的影响。

正如所预期的那样，网络负载与视频流的吞吐量成正比。结果符合预期，证明重新定位缓存能更有效地减少网络负载，但是只有当缓存接近大部分发起内容请求的用户时才起作用。如果不是这种情况，则可能比原始缓存更差，这取决于用户的跳数。总之，优化缓存的位置是可以节省带宽的。

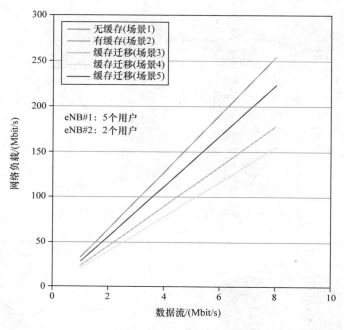

图 6.15　视频吞吐量和网络负载的关系

6.7　相关工作及科研问题

SDMN 的概念已经在现有的出版物中讨论过[3-10]。OpenRoads 是无线移动网络 SDN 方案的开拓者，作为一种开放架构，可以部署在类似园区的环境中，以实现异构无线网络之间的切换。SoftCell[3] 和 CellSDN[4] 针对蜂窝核心网络，通过增强技术提高了数据平面和控制平面的伸缩性和灵活性，包括转发规则的多维聚合和在本地缓存分组分类器和策略标签。FluidNet[7] 提出了一个基于云的无线接入网络框架，这个框架可伸缩并且是轻量级的，通过一组算法动态地重配前端传输，提高了性能和资源利用率。对于无线接入方面，OpenRadio[8] 引入了一种新颖的无线数据平面设计，该模块具有模块化和声明式编程接口，可以灵活地在现有无线芯片上实现协议优化。SoftRAN[9] 着眼于无线接入网络，提出了一种软件定义的集中式控制平面，将接入资源抽象为虚拟基站。3GPP 还提出了自组织网络（SON）[10]，以实现网络的自我配置和自我优化。我们在 5G

SDN 方面所做的工作很有前瞻性，强调在未来 5G 网络中集成 SDN 是非常必要的。

SDMN 愿景的某些部分已经在非移动网络背景下涉及了，受网络安全因素的推动，Shirali-Shahreza 等人提出了概念上非常相似的基于 OF 的抽样方法，甚至要求对 OF 协议进行修改[11]。

6.7.1　仍需研究的问题

虽然 SDN 体系架构的底层受到了广泛的关注，但 SDN 应用程序这个领域仍在研究中[12]。SDMN 需要具有良好北向 API 的、可伸缩的控制器架构作为数据平面与网络应用程序之间的透明层。现有的北向 API 有一个弱点，缺乏有关控制器端网络设备状态的信息。因此，与北向 API 一样，获得分组包级别信息的机制无疑是未来网络的组成部分。最后，在 SDN 中实现安全服务分发和东西向接口是有价值的，后者将支持端口到端口的通信，而不是所有的通信都需要经过交换机。

6.7.2　影响

如果剩下的问题能够得到解决，控制平面和数据平面的分离就有利于容量共享并节约成本，通过云中网元的虚拟化产生规模经济效益[12]。SDN 的引入将降低购买和维护标准交换机的成本，控制平面与数据平面分离后可以使用通用交换机，而不必使用移动通信专用的解决方案。

SDN 带来了新的业务模式、新的机遇和新的业务角色，SDN 在移动网络中的主要影响之一是当前的网络设备供应商有可能将其角色从"设备供应商"转变为"软件供应商"，供应商市场将按水平分层来组织。SDNM 也将带来新的可能性，即移动网络运营商（MNO）在网络演进过程中将推动 SDMN 的采用，作为其优化当前基础设施的一种手段。SDN 的引入将促使 MNO 部署或租用自己的云，以独立于网络设备供应商运行其控制平面功能。当基于 OpenFlow 和以太网交换机的用户平面网元，以及控制平面的云平台使用通用和标准化硬件时，MNO 将受益于潜在的成本降低。

移动运营商需要与云服务提供商（例如亚马逊公司、Google 公司等）等新进入者密切合作以提供更好的用户体验。

为支持网络运营，需要三种主要的业务角色，这些角色具有截然不同的能力：①移动性管理，包括频谱许可和使用、铁塔、基站站点并理解移动模式；②提供站点之间的连接；③与最终客户打交道，为他们提供需要的服务和用户体验。在图 6.6 中这些角色很好地映射到分解后的网络功能及 SDN 应用程序。一旦部署了 SDN，就可以重新调整现有传统运营商、移动运营商、移动虚拟运营商和内容提供商的角色，从而确保有效的市场竞争。

6.8　总论

我们建议在 5G 移动网络中使用 SDN 作为解决方案来支持扩展需求，以可接受的成本和必要的控制水平满足不断增长的流量需求以及用户和应用程序。在本章中，我们得出的结论是要将 5G 建模为软件定义的网络，有必要引入一组 SDN 应用，如基站、回传、移动管理、监控、缓存、接入及服务分发 APP。此外，还介绍了一些案例，如缓存和防火墙，这些都证明了在 5G 网络中引入 SDN 应用是可行性的。为了证明 SDN 能够部署到移动网络，我们还对伸缩性进行了详细分析。

参 考 文 献

[1] NSN White Paper, "Technology Vision 2020, Technology Vision for the Gigabit Experience," 2013. Available at: http://networks.nokia.com/file/26156/technology-vision-2020-white-paper (accessed May 21, 2015).

[2] R. Kantola, "Customer Edge Switching." Available at: www.re2ee.org (accessed on February 18, 2015).

[3] X. Jin, L. E. Li, L. Vanbever, J. Rexford, "SoftCell: Taking Control of Cellular Core Networks," 2013. Available at: http://arxiv.org/abs/1305.3568 (accessed on February 18, 2015).

[4] L. E. Li, Z. M. Mao, J. Rexford, "Toward Software-Defined Cellular Networks," in Proceedings of the EWSDN, 2012. Software Defined Networking (EWSDN), 2012 European Workshop on Darmstadt, October 25–26, 2012, IEEE ISBN 978-1-4673-4554-5.

[5] A. Basta, W. Kellerer, M. Hoffmann, K. Hoffmann, E.-D. Schmidt, "A Virtual SDN-Enabled LTE EPC Architecture: A Case Study for S-/P-Gateways Functions," in Proceedings of the SDN4FNS, Trento, Italy, 2013.

[6] K-K Yap, R. Sherwood, M. Kobayashi, T-Y. Huang, M. Chan, N. Handigol, N. McKeown, G. Parulkar, "Blueprint for Introducing Innovation into Wireless Mobile Networks," in Proceedings of the ACM VISA, 2010.

[7] K. Sundaresan, M. Y. Arslan, S. Singh, S. Rangarajan, S. V. Krishnamurthy, "FluidNet: A Flexible Cloud-Based Radio Access Network for Small Cells," in Proceedings of ACM MobiCom, 2013.

[8] M. Bansal, J. Mehlman, S. Katti, P. Levis, "OpenRadio: A Programmable Wireless Dataplane," in Proceedings of the ACM HotSDN, 2012.

[9] A. Gudipati, D. Perry, L. E. Li, S. Katti, "SoftRAN: Software Defined Radio Access Network," in Proceedings of ACM HotSDN, 2013.

[10] 3GPP, Self-Organizing Networks (SON) Policy Network Resource Model (NRM) Integration Reference Point (IRP), 2013.

[11] Y. G. Sajad Shirali-Shahreza, Efficient Implementation of Security Applications in OpenFlow Controller with FleXam," in Proceedings of the IEEE 21st Annual Symposium on High-Performance Interconnects, 2013.

[12] Gartner Report, "Hype Cycle for Networking and Communications," 2013. Available at: https://www.gartner.com/doc/2560815/hype-cycle-networking-communications- (accessed May 21, 2015).

第 7 章　云 EPC

James Kempf，Kumar Balachandran

Ericsson Research，San Jose，CA，USA

7.1　引言

云计算和软件定义网络（SDN）正在从根本上对互联网的体系架构进行重构[1-3]。云计算和SDN在概念上将计算插入到网络的中心，并以去中心化的方式分离控制和执行⊖，然后可以从云数据中心灵活地执行控制。SDN 和云通过网络功能虚拟化（NFV）在下一代运营商网络中找到了发挥空间[4-6]。各类文献和专门从事接口标准化的论坛也正在热烈地讨论运营商网络 SDN和 NFV[7,8]。

SDN 和 NFV 也和移动网络运营商有关，特别是关于演进分组核心网（EPC）[9]。另外，SDN和 NFV 可以实现各类不同的核心网、传输骨干网和业务的真正融合，企业可以灵活地选择不同的运营商网络（如宽带以太网、移动网络和广播媒体网络）部署通用服务。理想情况下，这种融合能够让服务超越安全、身份和移动性机制等工作的复杂性，而这些功能的底层实现本身也会随着时间的推移而演变为一个通用框架。SDN 和 NFV 有潜力彻底改变运营商部署和管理移动网络及固定网络的方式，以及运营商为用户开发和提供服务的方式。

7.1.1　SDN 的起源及演进

SDN 始于 2009 年引入的 OpenFlow 1.0[10]。OpenFlow 最初只是一个简单的流交换模型，流通过匹配数据包头标识数据包的时间序列，只支持简单的 802.1Q VLAN[11]、IPv4 和 TCP/UDP 标记的以太网报头的单播数据包。2013 年发布的最新版本的 OpenFlow 1.4 可以支持多种类型的广播/组播数据包，包括电信级以太网、多协议标签交换（MPLS）、IPv6 以及各种传输协议[12]。扩展机制可以支持试验性或供应商特定的数据包类型。

OpenFlow 的架构在其发展过程中并没有发生太多变化。它的控制平面集中在一个控制器中，用户平面上的流量转发可通过编程实现，这些都与标准的 IP 路由网络不同。利用 OpenFlow 协议，控制器通过安全信道在交换机上设置下一跳转发。用户平面可以通过软交换而不是硬件实现。在数据中心应用中，软交换是部署 OpenFlow 的主要方式，例如开放式虚拟交换机（OVS）软交换[13]。软交换在数据中心之外的网络应用中并不常见。

在 OpenFlow 交换机中，数据包到达硬件交换机端口后，进入由一系列转发表组成的管道。每张转发表由六列组成，其中：

⊖　这是一种准则而非约束。

1）规则列，包含与数据包头字段、输入端口和前一表格元数据进行匹配的模式。包头字段模式支持完全匹配和通配符匹配。

2）优先级列，指定该模式相对于其他匹配包头模式的优先顺序。

3）计数器列，表示 OpenFlow 计数器，如果数据包与模式匹配，则应更新计数器。OpenFlow 协议支持查询这些计数器的信息，以获取流经交换机的流量的统计信息。

4）动作列，指定了包头匹配时必须执行的动作，例如以某种方式重写数据报头、将数据转发到输出端口，或将分组发送到流水线中的下一个表以进一步处理。如果没有找到匹配的模式，则默认丢弃数据包，或者转发给控制器[⊖]。

传入数据包的包头与匹配列进行匹配，如果匹配，则执行与最高优先级规则关联的操作。如果这些动作包括将数据包发送到输出端口，则执行动作；否则，数据包被发送到下一个表，并在数据包退出数据包处理管道时执行动作。一个动作可以采集元数据头的一部分，并通过管道将其传递到下一阶段的匹配中。交换机设计还包括组表，支持对流的组播和广播进行编程，还包括测量表，支持流的服务质量（QoS）。

虽然 SDN 始于 OpenFlow，但是这个概念已经超越了单一的协议和交换机设计，扩展到支持各种不同的系统和协议。例如，Contrail 数据中心网络虚拟化系统[14]使用 XMPP^{⊖[15]}对用户平面网元编程，XMPP 是为即时通信开发的协议。另外，控制平面的集中化导致控制平面和管理平面在架构级别上合并成统一的控制器[16]，其中控制平面拥有比管理平面更短的用于决策的典型时间常数。

所有的 SDN 系统都遵循以下两个关键原则：

1）用户平面与控制平面分离：控制平面由集中控制器处理，然后通过将控制器连接到分组交换和路由单元的协议，集中控制器将路由编程到用户平面。控制器执行网络的转发和路由计算。控制器和用户平面单元之间的接口被称为南向接口，仅仅是因为画图时它通常出现在 SDN 控制器的下面。较新的控制器（如 OpenDaylight[16]），支持安装和部署多个南向控制和管理协议。

2）将用户平面控件抽象为面向程序员的应用程序接口（API）和对象的集合，用来构建控制转发和路由的应用程序：API 可以是 Java、Python 或表示层状态转移（REST）格式[17]，能够用于远程过程调用（RPC）。这些 API 允许程序员控制和管理用户平面，同时通过在抽象中封装正确的行为来限制错误配置和发生错误的可能性。类似于 OpenFlow 的 SDN 协议，还通过 API 提供了更深层次的支持，用于细颗粒度的测量，超越了传统网络所用的管理协议（如 SNMP）。程序员和 SDN 控制器之间的接口称为北向接口。

这些原理将 SDN 网络与传统的分布式 IP 路由控制平面区分开来。在传统的 IP 路由网络中，转发和路由计算是由各个转发单元完成的，网络管理是通过供应商提供的命令行接口控制的，网络管理员不得不面对网络的复杂性。相比之下，SDN 控制器提供给程序员的抽象机制通常不

⊖　默认情况下，如果没有匹配的模式，OpenFlow 1.0 将数据包发送到控制器。关于 OpenFlow 是否可以处理大量流量仍然存在不同的理解，但"首次发送到控制器的数据包"模块从未真正成为设计的基本组成部分，因此已被弃用。将数据包转发给控制器的功能一直作为一种选项，因为它对于将控制平面数据包路由到来自于 OpenFlow 域之外网络的控制器是非常有用的。

⊖　可扩展的消息及在线协议。

那么复杂，并且一致性强，构建正确和易于理解的网络管理和控制程序也更便捷。网络管理因此成为针对标准 API 的软件开发工作。

第 7.3 节的主题就是 OpenFlow/SDN 应用于移动网络，特别是 EPC。

7.1.2 NFV 及其应用

NFV 的出现引发了对如下问题的思考：在运营商网络中如何部署通信系统应用？特别是，如何将过去十年企业和 Web 服务部署的最新技术应用于通信系统应用？多个核心网子系统，例如互联网多媒体子系统（IMS）[18] 和 EPC，都是用软件实现的。这些子系统中的应用程序直接部署在服务器上，在通信系统应用和服务器硬件之间只有操作系统（见图 7.1 的左侧）。可以配置用于特定功能的服务器池来处理额外的负载，但是在企业和 Web 应用中这种超额配置非常昂贵且耗能。在企业中服务器池的规模也很小，如果需要更多的应用程序空间，则需要安装额外的硬件⊖。另外，由于处理器的频率在 21 世纪初达到了约 3GHz 的上限，芯片制造商一直在努力增加芯片上可用的处理器内核数量，以此来提高处理能力。大多数操作系统都是为了管理硬件线程而编写的，但通常处理多个隔离的处理器内核不是很有效率。

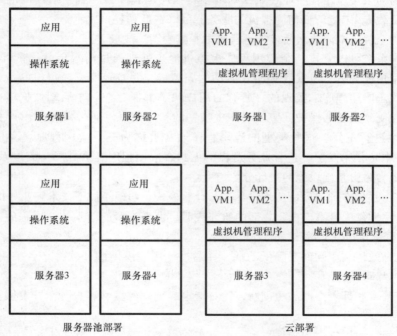

图 7.1 服务器池与云部署模式的比较

企业和 Web 应用程序已经开始在大型数据中心的虚拟化平台上进行部署。操作系统和应用程序被打包成了虚拟机（VM）上的软件功能⊖。虚拟机不再直接部署在专用硬件上，而是部署

⊖ 在电信网络里，很难说这种差别有多大，但网络运营商可以创建服务来自然地平衡负载。

⊖ 它们也可以部署于 VM 中特定的操作系统进程，称为容器，能提供额外的保护以确保应用间的隔离。

在管理程序上，软件虚拟化层负责管理与硬件的交互。可以编写虚拟机管理程序来处理具有多个硬件内核的处理器，这样就实现了物理硬件和虚拟机之间的完全分离。这种部署模式通常被称为云计算，如图7.1右侧所示。除了计算之外，虚拟化也已经应用于网络和存储资源。在这里，软件虚拟化层介于应用程序和实际物理资源之间，可以在多个用户之间共享物理资源。

在企业云部署中，提高硬件利用率是通过超额认购来实现的，将更多的虚拟机调度到服务器上运行，虚拟机的数量多于执行它们的内核数。这可确保服务器在超过80%~90%的时间都是繁忙的，而不是像典型的非虚拟化服务器部署那样利用率少于30%。在公有云部署中，如亚马逊网络服务（AWS）[19]，超额认购不太常见，因为这会使公共云运营商面临违反服务等级协议的风险。公共数据中心还支持多租户，多个人和组织共享计算资源，在不同租户之间实施隔离。通过隔离，每个租户都能看到他们自己的切片，包括计算、存储和网络资源，并且他们的切片也不会受到其他租户的干扰。像OpenStack这样的云操作系统[20]就用来在高层管理多租户虚拟化资源（包括计算、存储、网络基础设施）的部署，强化租户之间的隔离。

应用程序的部署由编排系统管理，该系统监测正在运行应用程序的虚拟机的负载。如果编排系统检测到因为某个应用程序而过载，则可以将该应用程序转移到新启动的应用程序虚拟机来处理额外的负载⊖，未运行任何虚拟机的服务器可以在低功耗模式下运行，空闲虚拟机也同样可以被禁用，甚至关闭电源，从而节省运营成本并减少碳排放量。

此外，编排系统可以安排一个应用程序虚拟机池来处理通过前端负载均衡器转发的流量。负载均衡器将用户业务数据包发送到所有活动的虚拟机，并减轻所有虚拟机的负载。负载均衡是通过构建无状态应用程序来实现的，所有的用户状态都保存在一个后端数据库中，后端数据库的数据一致性受到交易的保护。应用程序中唯一的状态是可以通过短暂的用户交互（如购物车内容）轻松地进行重建。这些类型的应用程序通常被称为三层应用程序。客户端交互软件（通常在浏览器中）是第一层，包含业务逻辑的无状态应用程序是第二层，数据库形成第三层，负载均衡器被视为路由基础设施的一部分。

NFV宣言[4,5]提倡在通信系统应用中部署云计算模式，明确了以下技术和业务优势：

1）减少专用硬件的资本支出。之后的研究表明，由于许多通信系统应用程序已经在标准化的IT组件上运行，所以它实际带来的好处很少。

2）通过更高效地利用硬件来降低功耗，并通过使用底层硬件和软件平台来实现多种应用，可降低运营支出和碳排放量。

3）在服务开发和部署方面加快创新，针对特定的地理区域和客户分布开发服务，避免长达数年的开发周期。

4）支持多租户使用软件和硬件平台，可以在同一个基础设施上部署各种应用程序。

5）由于使用软件而不是硬件，降低了进入门槛，运营商基础设施的采购更加开放，商业机构或非营利机构（如科研院所）都可以参与。

⊖　相反，传统上基于服务器的向上扩展的应用要求企业或网络运营商在需要更多容量时购买和安装更强的服务器，这个方案昂贵且耗时。使用传统服务器池体系结构部署的电信应用程序使用这种向上扩展模式来处理负载和冗余。

在 7.2 节和 7.3 节中，我们将讨论如何通过部署 NFV 促进 EPC 的演进。

7.1.3　SDN 及跨域服务开发

大多数网络运营商从企业和个人客户的服务中获得收入，例如企业 VPN 或无线规划。提供这些服务都需要连接，路由和转发就是其中的手段。为了达到 NFV 所宣传的创新水平，需要简化服务开发和部署，并将其整合到运营商的网络中，实现更紧密的集成。对于不直接涉及 SDN 路由和转发的功能，如身份管理、策略管理、计费和账单等，应尽可能通过服务的形式提供。对于不同域（如云计算、固定广域网和移动核心网）功能的接入需要进一步简化。虽然路由和转发在 SDN 社区几乎得到了所有人的关注，但是如何实现简化业务开发和部署的平台却一直被没有讨论。

运营商网络管理属于 OSS/BSS 系统的范畴⊖。今天，这样的系统通常需要大量的人工干预。客服代表接到服务电话并启动订单流程，可能需要技术人员驱车到客户现场安装设备或更改设置。一旦技术人员完成任务，客服代表必须通知客户他们的服务已经准备就绪。解决问题可能还需要长时间的故障排除。提供诸如企业 VPN⊜的服务通常可能需要几周或几个月的时间。访问计费和计费系统所涉及的业务逻辑通常是复杂的，并且依赖于不同的网络域（WAN⊜、移动核心网和云），这进一步使服务开发复杂化。

爱立信公司的服务提供者 SDN（SP-SDN）[21] 是一种快速灵活的跨域服务创建方法，补充了 SDN 和 NFV。SP-SDN 的功能是提供 Web 服务 API，其中包含与服务创建、部署和管理有关的对象和操作的抽象，就像 SDN 控制器提供的路由和转发一样。这些 API 在服务层而不是在传输层上公开网络功能，并且在许多情况下可以基于由 SDN 或 NFV 提供的功能（如果可用的话）。但是由于存在大量的基础设备和控制它的传统软件，SP-SDN 也有潜力基于现有传统的设备和软件简化网络服务的创建过程。

图 7.2 给出了 SP-SDN 架构的概念。运营商网络中的不同运营领域位于底部：数据中心、广域网（IP 和传输）以及移动和固定接入等。它们中的每一个都具有一组涉及网络的传输控制功能，这些功能由各自的传输控制器负责，包含用于配置和管理传输的 API 集合。在理想情况下，传输控制和管理功能将被虚拟化，API 将以一组抽象的方式呈现，但服务控制层也可以与传统网络一起工作。另外，数据中心还包括用于控制 VM 执行和放置的 API，例如使用 OpenStack 的云操作系统。

跨域服务控制层横跨几个传输领域，每个传输领域可能都有自己的传输控制器，控制该领域特定的技术和管理方面的需求。例如，移动领域的传输控制器将反映移动性的需求。同样，数据中心控制器将协调网络和计算资源的分配和部署。如果控制需求足够相似，某些领域可能共享一个控制器。另外，服务控制层还包含其他不涉及传输的网络服务的控制：接入控制，例如无线调度、与位置和路线相关的分析等；策略控制，例如基于一天的时间、地点、服务类型等设置

⊖　OSS 表示运营支撑系统；BSS 表示业务支撑系统。

⊜　虚拟专用网络。

⊜　广域网。

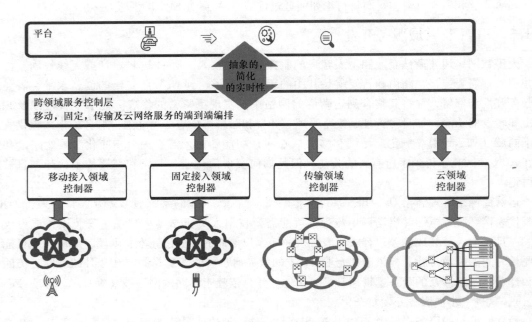

图 7.2　SP-SDN 架构的概念

QoS；云计算和存储，动态计费等业务支持功能；以及其他方面。因此，跨领域服务控制层包含了 EPC 的高层智能，并能够快速配置和部署业务。

服务控制层公开的接口具有以下特征：

1）抽象：API 是对一系列精心挑选对象的抽象，这些对象对于运营商定义的服务非常重要。用户识别号就是其中一个例子。在网络传输层，用户识别号并不重要，因为传输只涉及流、路由和电路。一旦用户通过鉴权并且用户的授权被验证（服务控制层的功能），网络控制层可以授权用户操作网络。

2）简化：现在网络功能都有很多参数，服务设计人员必须在对服务进行实例化之前指定这些参数。在大多数情况下，这些参数可能是重复的或者可以从服务级导出的。例如在数据中心域和光传送域之间通过 IP 建立 VPN 时，单个客户的 VLAN 标识通常是相同的。

3）实时：云平台吸引人的功能之一是资源实时弹性分配；也就是说，资源数量在预定义的限度内可以伸缩以满足需求。服务控制层允许服务在几分钟内通过客户入口进行定义、配置和部署，而不是花费数小时、数天甚至数月的时间。

服务控制层公开给客户端的 API 不是上一代网络体系架构中的传统协议 API，也不是网络设备公开的命令行接口 API，而是 Web API（例如 REST API）。另外，如果需要安全性，安全套接字层（SSL）安全性和基于 Web 的身份验证可以很容易添加到接口中。现在有很多工具可以方便地使用常用编程语言（如 Java 和 Python）对 Web API 进行编程。

服务控制层 API 的实际内容（即所暴露的抽象、对象和操作）从具体的用例演化而来。随着用例之间的共同点变得更好理解，抽象机制将浮现出来，这类似于软件工程。例如函数调用是出于将常见操作抽象为参数化代码块的需求而开发的。抽象已经大大简化了软件开发和部署的过程。

SP-SDN 是面向服务架构概念的应用（SOA）[22]，从企业和 Web 领域延伸到了通信服务的应用。在根据 SOA 设计的系统中，每一个软件组件都以服务的形式向其他组件提供功能。这些组件的特点是具有完备的接口定义，可以在任何平台上部署这些服务。这些接口不允许程序员直接访问其内部实现，但为了优化目的可以改变其实现。接口通常利用 REST 或 SOAP^{⊖[23]} HTTP 格式以 RPC 的形式实现。根据 SOA 原则构建的系统可以让系统组件以任意方式进行组合，这正是 NFV 所倡导的那种灵活性，同时快速创新也所需要这种灵活性。

第 7.4 节介绍了将 SOA 原则用于 EPC 的方法。

7.2 云 EPC 1.0 版本

虚拟化 EPC 的初始版本遵循与企业云软件部署相同的模式：现有应用程序将被优化打包在虚拟机中，并部署在虚拟化平台上，通过 HTTP API 进行功能开放。移动控制平面应用，如移动性管理实体（MME）、归属签约用户服务器（HSS）、策略和计费规则功能（PCRF）以及服务/分组网关（S/P-GW），同时具有控制平面和用户平面路由功能，将在虚拟机中以应用程序部署。图 7.3a 包含了这种部署模式的高层示意图。

在这种类型的部署模式中，控制平面和用户平面的流都通过数据中心运行。

鉴于以 OpenStack 为代表的云操作系统和编排软件的现状，在云平台上部署 EPC 需要考虑多个技术问题[24]，其中以两个特别突出：

1）P-GW 在分组数据协议（PDP）上下文中管理会话状态[25]。与企业三层应用不同，PDP 上下文不能通过简单的数据库进行管理，因为在管理分组数据流时必须经常查询 PDP 上下文。如果 P-GW 发生故障，不能从用户会话中快速重建。因此，用于管理三层应用的自动伸缩和可靠性模式将不会继续管理 MME、S-GW 和其他 EPC 实体，如 PCRF 和 HSS[⊜]，它们必须能快速提供大量的系统状态。

2）云操作系统的虚拟网络功能尚不完善，无法满足具有挑战性的 EPC 应用需求。EPC 增强的承载能力要求网络能正确处理 QoS，云操作系统网络虚拟化通常只处理尽力而为的流量。到云数据中心的连接选项也相对有限，主要局限于尽力而为的互联网服务或部分局限于企业 VPN 的服务，并且安装具有很长的交付周期。在最坏的情况下，如果运营商支持移动虚拟网络运营商（MVNO），则 EPC 可能需要管理云中的多个 BGP 自治系统（AS）。

随着 NFV 部署的展开，这些问题已经在 OpenStack 联盟中受到关注。现有的用于处理 EPC 冗余和伸缩性的电信机制（如 OpenSAF[26]）可以在短期内解决第一个问题，但要支持云部署中更加灵活的冗余和伸缩性能力，则需要更复杂的状态管理分布式系统技术。第二个问题已经在 OpenStack 针对虚拟网络 QoS 相关的工作中有所涉及。然而，多 AS 虚拟云的管理更为复杂，挑战

⊖ 简单对象访问协议。

⊜ 归属签约用户服务器。

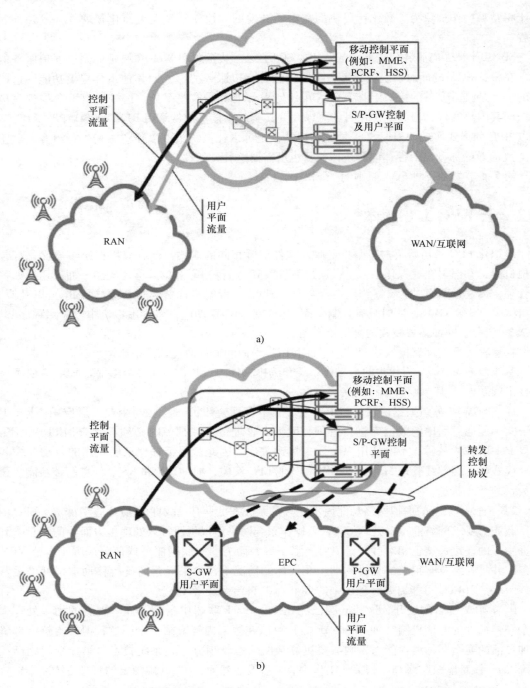

图 7.3 不同 EPC 云部署模式：a）控制平面与用户平面在云中；b）只有控制平面在云中

更大，也尚未得到解决。

与虚拟化 EPC 相比，标准服务器硬件上的软件转发性能问题更加突出⊖。虽然逻辑上控制平面实体不要求高性能转发，但是用户平面实体（例如 S/P-GW）需要。在大多数开源云方案中，比较规范的软件转发实体是 OVS[27]。OVS 提供 OpenFlow 支持，并支持配置 IP 隧道的能力，这是云操作系统虚拟化物理网络的几种方式之一，它使用专门为配置 OVS 而设计的数据库管理协议 OVSDB 协议[28]。OVS 的性能即使在优化后也随着数据包大小的变化而变化。OVS 几乎可以实现 1024 字节数据包的 10G 线速性能；然而，64 字节数据包的性能却达不到 1G[29]。可以对转发性能进行优化以超过 OVS[30]。最近的工作表明，英特尔公司数据平面开发工具包（DPDK）[31] 的优化版本是专用库集合，专门为加速用户平面应用和近期工作而设计，可以轻松实现 10G 网络接口卡（NIC）的线速[32]。但是，仅仅实现高速线路是不够的，交换问题仍然必须由 OVS 来解决[33]。

7.3　云 EPC2.0 版本

下一步的工作将不仅要把 EPC 搬移到 SDN 的底层，而是要实现 EPC 网络功能的云化以及控制平面和用户平面完全分离，如图 7.3b 所示。在这种情况下，控制平面的数据流就会进入到云中的控制平面实体，而用户平面的数据流则通过由控制平面实体协议控制的专用交换硬件。如果控制平面是基于 SDN 的，则某些用例支持起来就更容易了。正如前面讨论的那样，在标准化的英特尔公司的硬件上进行转发的性能最终可能会成为一个问题，因此推荐专门用于转发的硬件。位于远程的用户平面设备可能比数据中心更易于部署。一个可能的实现策略是扩展 OpenFlow 来处理 GTP⊖隧道流的路由[34]，我们将以此为例进行讨论。云 EPC2.0 版本能否得到成功部署取决于两方面：一方面是基于软交换的性能是否无法满足需求；另一方面是集中方案难以实现的用例有多重要。在这里，我们讨论 UE 多宿主这一个案例，其他的案例可以在本章参考文献［34］中找到。

7.3.1　UE 多宿主

支持多宿主的 UE 会增加复杂性，特别是在移动网络中[35]，问题在于 IP 地址同时充当路由定位符和端点标识符。

除非 UE 具有两个地址，否则在标准分布式控制平面 IP 路由网络中难以使 UE 成为多宿主。除了 IPv4 地址稀缺的问题之外，EPC 还使用 IP 地址作为 GTP 端点标识符。但是使用 OpenFlow 多宿主就会简单得多，OpenFlow 将 IP 地址视为纯粹的端点标识符，在内部放弃路由拓扑，根据已编程的 OpenFlow 规则进行转发，而不是基于 IP 网络最长的前缀匹配。因此，EPC 可以在外部广播不同组的子网前缀，并将不同类型的业务指向不同的网关。上行多宿主的替代模式有时不能支持运营商计费和收费，移动网络的 PCRF 需要参与到流放置决策。OpenFlow 甚至提供了可用于计费和收费目的的一系列统计数据。

如图 7.4 所示，上面的流连接上游提供商 1，下面的流连接上游提供商 2。OpenFlow 控制器和 PCRF 在外部为移动 UE 建立了带有不同 IP 地址的 P-GW 用户平面 GTP 隧道，并在 P-GW 处重

⊖　事实上，19 世纪 80 年代和 90 年代早期部署的第一批路由器在小型机（如 VAX）以及后来的 Sun 工作站上都采用了软件实现。只是随着流量的增加超出了软件处理的能力，路由器便开始由专用硬件来构建。

⊖　GPRS 隧道协议。

写以指向移动 UE 上相同的 IP 地址。映射是通过应用程序处理的，同样的技术可以用来处理多个无线接口。如果不使用 SDN 来支持网络中的多个无线接口，技术上会比较复杂[36,37]。由于当前移动网络中末端节点的多样性，所有在末端节点上需要做修改的技术都很难实施。

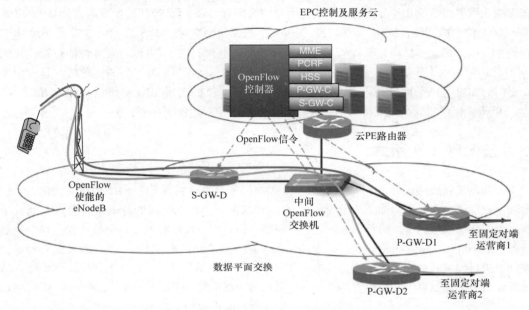

图 7.4　OpenFlow 上游多宿主 Kempf 等（2012）[34]（IEEE 许可复制。©IEEE）

7.3.2　SDN 上的 EPC：以 OpenFlow 为例

以 OpenFlow 为例解释控制平面和用户平面分离的协议，可以看到如何在 SDN 平台上重新设计 EPC。下面几个小节介绍了为支持 GTP TEID 路由对 OpenFlow 交换机体系架构所做的必要修改，以及 OpenFlow 底层所支持的 EPC 体系架构变更。

7.3.2.1　交换机架构的修改

OpenFlow 1.4 支持在流表中匹配包头字段的 n 元组，其中一个额外的字段与元数据匹配，用于多表间匹配收集数据。与较早版本的 OpenFlow 不同，包头字段元组的大小并不固定，因为可以将多个 MPLS 标签压入头部。支持的用户平面协议是以太网，包括运营商以太网（802.1aq）[38]、MPLS、IPv4 和 IPv6 以及 IP L4 协议（TCP、UDP、SCTP、DCCP、ARP 和 ICMP）。GTP TEID 路由扩展元组有两个额外的字段，即 2 字节的 GTP 头标记字段和 4 字节的 GTP TEID 字段。头标志字段用于区分受快速路径 OpenFlow GTP TEID 路由影响的 GTP-U 数据包和其他类型的 GTP 数据包，包括交换机上慢速路径需要处理的一些 GTP-U 数据包。

除了流表扩展之外，GTP TEID 路由还需要添加虚拟端口来支持封装和解封装[39]。虚拟端口是一种抽象，负责处理针对特定协议的复杂的包头操作。虚拟端口对于隧道协议特别有用，因为它们隐藏了隧道头部操作与转发管道实现的复杂性。在输入端，虚拟端口接收来自物理端口或另一个虚拟端口的数据包；处理这些数据包以添加、移除或修改隧道包头；然后将数据包传递到下一个虚拟端口或将其插入到流表分类器管道中。在输出端,虚拟端口与物理端口一样成为转发规则的目的地,可同样的添加、删除或修改隧道头,然后将数据包传递到另一个虚拟端口或物理端口进行输出。

服务网关、PDN 网关以及 eNodeB 的有线网络接口上都需要配置虚拟端口,用于处理 GTP-U 隧道数据包[⊖]。GTP 虚拟端口是由 OpenFlow 控制器使用配置协议配置的,配置协议的细节与交换机有关。有关标准化配置协议的示例,请参阅本章参考文献 [40]。配置协议必须支持以下功能:

1) 支持控制器查询并返回交换机是否支持 GTP 快速路径虚拟端口,以及用于快速路径和慢速路径 GTP-U 处理的虚拟端口号。

2) 支持控制器在交换机数据路径中实例化一个 GTP-U 快速路径虚拟端口,用于 OpenFlow 表中的 Set-Output-Port 操作,并将 GTP-U 虚拟端口绑定到物理端口。

控制器为 eNodeB 有线接口上和 S/P-GW 的接口上的每个物理端口实例化封装虚拟端口,S/P-GW 将从 EPC 外部(即从 UE 或互联网)接收的分组数据转发到内部,控制器还负责解封装端口的实例化,该端口将 EPC 内部的数据包转发到外部。

图 7.5 给出了 GTP OpenFlow 网关隧道入口侧的交换机结构图。OpenFlow 1.4 GTP 封装网关维护一个散列表,将 GTP TEID 映射到其承载的隧道头字段,称为 TEID 参数表(TPT)。散列表存储隧道的 TEID、隧道的 VLAN 标记(如果有)和 MPLS 标记(如果有)、隧道源和目标 IP 地址以及用于 QoS 的任何 DSCP 标记。TEID 散列关键字是使用低冲突频率的散列算法计算的。

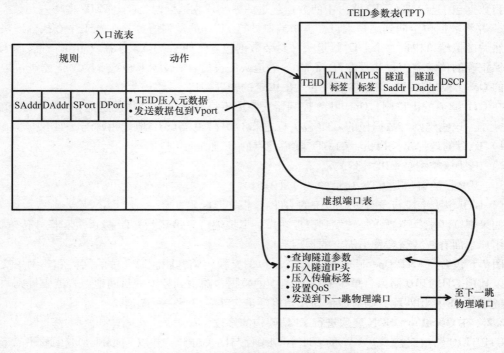

图 7.5　GTP OpenFlow 网关隧道入口架构

⊖　无线接口的调度约束也可以用某种方式集成到该方案中。

该表对于源自网关的每个 GTP TEID 或承载保持这样一行，TEID 字段包含隧道的 GTP TEID。如果由 EPC 传输网络使用，则 VLAN 标签和 MPLS 标签在相应的标签字段内被排序，并且定义了分组可以被路由到的传输网络隧道。标签还包括 VLAN 优先级位和 MPLS 业务类别位。隧道起始源 IP 地址包含封装网关上的地址，涉及隧道的任何控制业务都应该指向这个网关（例如，错误指示）。隧道结束目标 IP 地址字段包含隧道分组应该被路由到的网关的 IP 地址，其中分组将被解封装并从 GTP 隧道中移除。QoS DSCP 字段包含用于承载的 DiffServ 代码点（如果有的话）。如果承载是尽力而为的 QoS 的默认承载，则该字段可以是空的，但是如果承载 QoS 比尽力而为的要好，则该字段将包含非零值。OpenFlow GTP 网关还支持三个用于 GTP 流量的慢速路径软件端口，这些流量没有被 GTP 快速路径路由处理。慢速路径转发由交换机控制平面软件处理。

隧道由 OpenFlow 控制器按以下方式管理。为了响应 GTP-C 控制分组请求，则需创建一个 GTP 隧道。OpenFlow 控制器对隧道入口侧的网关交换机进行编程，以在流表中安装规则和动作，以及 TPT 条目，这些条目用来将分组路由到 GTP 隧道，通过一个快速路径 GTP 封装虚拟端口。这些规则用来匹配 GTP 隧道承载输入侧的分组过滤器。通常，这将是 IP 源地址、IP 目标地址、UDP/TCP/SCTP 源端口和 UDP/TCP/SCTP 目标端口的四元组。IP 源地址和目的地址通常是用户平面业务的地址，即正在与一个 UE 进行交互的 UE 或互联网业务，端口号也类似。在流表中安装一个动作，将数据包转发并绑定到下一跳物理端口的虚拟端口，并将隧道的 GTP TEID 直接写入元数据。

当数据包头与 GTP TEID 路由中的数据包过滤器字段相匹配时，GTP TEID 将写入元数据的低 32 位，并将数据包定向到虚拟端口。虚拟端口计算 TEID 的散列值，并在 TPT 中查找隧道头部信息。然后虚拟端口构造一个 GTP 隧道头并封装数据包。将任一 VLAN 标签或 MPLS 标签压入包中以确保正确的传输路由，并且在 IP 或 MAC 隧道头中设置任一 DSCP 位或 VLAN 优先级位以确保正确的 QoS。被封装的数据包然后被转发出绑定的物理端口。

在 GTP 隧道的出口侧，OpenFlow 控制器安装用于将 GTP 封装的数据包路由出 GTP 隧道的规则和操作。这些规则与数据包的 GTP 包头标志和 GTP 隧道端点 IP 地址相匹配，如下：

1）IP 目的地址是交换机上的 GTP 隧道终点的 IP 地址。

2）IP 协议类型是 UDP（17）。

3）UDP 目的端口是 GTP-U 目的端口（2152）。

4）GTP 包头字段与没有扩展包头的 GTP-U 报文匹配。

如果规则匹配，则操作是转发到虚拟端口。虚拟端口只是删除 GTP 隧道头和任一传输标签，并将用户平面有效载荷转发出绑定的物理端口。

图 7.6 包含了 GTP OpenFlow 网关隧道出口的交换机结构图。EPC 中的网关和非网关交换机也可以利用 GTP TEID 路由将单个 GTP 隧道中的数据包路由到特定的目的地。若流表规则与所讨论的隧道的 TEID 相匹配，则对应的动作是将隧道包转发出下一跳端口。

7.3.2.2 在 OpenFlow SDN 底层进行 EPC 架构的修改

GTP TEID 路由支持 S/P-GW 的 GTP 控制平面与网关分开，并以 OpenFlow 应用程序的形式放置于 OpenFlow 控制器中。请注意，在几乎所有情况下，用户平面数据包都不需要重定向到控制器。流路由是由 PCRF 应用的策略来计算的，PCRF 本身可能是在 SDN 平台之上构建的[41]。我们

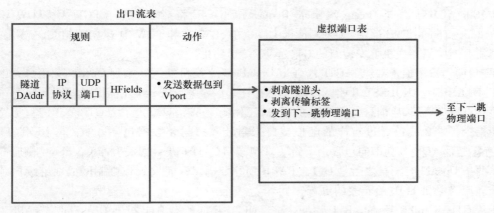

图 7.6 GTP OpenFlow 网关隧道出口架构

举例说明如何通过这种能力修改 EPC 控制操作。在这个例子中，我们假设网关 GTP 控制平面实体和运行在云中的 OpenFlow 控制器之间通过 RPC 进行通信。

在这个例子中，通过 GTP-C Create_Session_Request 消息创建了新的承载及相关的 GTP 隧道。多个消息序列都用到了这个过程，例如在本章参考文献 ［9］中 5.3.2.1 节中描述的 "E-UTRAN Initial_Attach" 过程。图 7.7 给出了 Create_Session_Request 消息的 OpenFlow 消息流。在图中和以下讨论中，OF-C 代表 OpenFlow 控制器，SGW-C 代表服务网关控制平面实体，PGW-C 代表 PDN 网关控制平面实体，SGW-D 代表服务网关 GTP 增强型 OpenFlow 交换机，PGW-D 代表 PDN 网关 GTP 增强型 OpenFlow 交换机，GxOFS 代表非网关 GTP 增强型 OpenFlow 交换机。

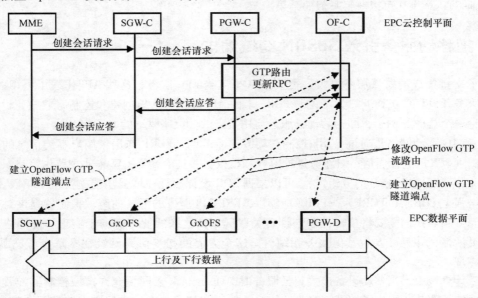

图 7.7 OpenFlow 上的 GTP Create_Session_Request（Kempf 等（2012）[34]，IEEE 许可复制。©IEEE）

　　MME 向 SGW-C 发送 Create_Session_Request，SGW-C 将请求发送给 PGW-C。PGW-C 通过 GTP_Routing_Update RPC 调用 OF-C，请求 OF-C 在 SGW-D 和 PGW-D 建立新的 GTP 隧道端点，如有需要，在中间交换机上安装新的 GTP 承载/隧道路由。

　　OF-C 向用户平面上对应的 GTP 增强型 OpenFlow 交换机发送一系列 OpenFlow 消息，该序列以 OFP_BARRIER_REQUEST 开始，以确保没有挂起的消息，不会影响后续消息的处理。然后，发出 OFPT_FLOW_MOD 消息，用 GTP 扩展来匹配字段。该消息指定了为 GTP 隧道建立流路由的操作和指令，GTP 隧道通过对应的虚拟端口来封装和解封装数据包。另外，在 OFPT_FLOW_MOD 消息之后，OF-C 立即向包含用于封装虚拟端口的 TPT 条目网关发布 OpenFlow 供应商扩展消息。两条 OpenFlow 消息之后是 OFPT_BARRIER_REQUEST 消息，以强制网关在继续后续任务之前处理流路由和 TEID 哈希表的更新。

　　在从 GTP_Routing_Update RPC 返回之前，OF-C 还向所有 GTP 扩展 OpenFlow 交换机（GxOFS）发布 GTP 流路由更新，只要这些交换机需要参与定制 GTP 流路由，其中涉及的消息包括 OFP_BARRIER_REQUEST 和 OFPT_FLOW_MOD。这些消息包含新 GTP 流的 GTP 匹配扩展。最后的 OFP_BARRIER_REQUEST 要求交换机在响应之前处理变更。如图 7.7 所示，在 SGW-D 上安装 GTP 隧道端点路由后，PGW-D 上安装 GTP 隧道端点路由之前，将在所有 GxOFS 上安装流路由。在所有的流路由更新完成之前，OF-C 不响应 PGW-C RPC。

　　一旦 RPC 返回，PGW-C 和 SGW-C 就返回 Create_Session_Response 消息。当 MME 收到这样的响应时，它可以用 Initial_Context_Setup_Request 或 Attach_Accept 消息向 eNodeB 发出信号，指示终端可以开始自由地使用承载或隧道。

　　其他 GTP-C 操作可以获得类似的结果。

7.4　把移动服务引入 SPSDN 跨域编排

　　为了支持集成的跨域服务开发，需要用 API 封装 EPC 服务，这些 API 代表了可用的抽象，并允许服务开发程序员访问。为了说明 PCRF 上的 API 如何灵活地创建和控制跨域服务，我们在这里讨论一个具体的例子，即为移动云服务启用按需的、策略驱动的 QoS[21]。

　　3G 和 4G 移动网络是通过 PCRF 控制移动服务 QoS 的。PCRF 与记录用户签约信息的签约用户策略库（SPR）进行通信，对业务进行鉴权和授权，并且由 S/P-GW 来实现路由策略，例如用 DiffServ 码点标记增强 QoS 的分组[42]。可以根据 SOC 设计原理在增强功能中实现 PCRF，我们将其称为增强型 PCRF（ePCRF）。ePCRF 能够以 REST API 服务的形式向跨域控制器提供对 QoS 策略的访问控制。我们需要将策略控制与计费关联起来，这样的能力有助于实现移动网络策略和计费的灵活性，并且可以与其他服务相结合。这个方向的初步研究已经在本章参考文献［43］中有所体现。

　　在云计算域中，当移动设备连接到云服务时，OpenStack 云网关允许跨域控制器配置移动服务访问通知。图 7.8 给出了按需策略驱动的 QoS 体系架构，其中编排层实现跨域服务控制功能，为云网络和移动网络中的企业用户和网络运营商及企业客户提供用户访问界面（UI）。云数据中心为企业服务提供了网络、计算和存储资源，包括视频流媒体等移动云服务，这些都要求移动网络提供增强型的 QoS。云数据中心通过云网关连接到广域网，云网关在本质上是通过虚拟机实现的软件路由器，可以提供增强的移动服务访问通知功能。

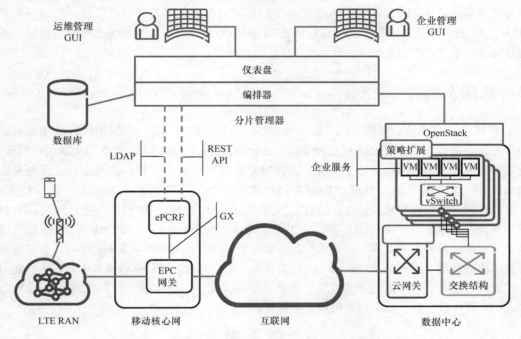

图 7.8　端到端网络切片按需策略驱动的 QoS 架构

接下来，我们对 PCRF 的优化提出一些建议，但是业界对这些方向并没有达成一致。ePCRF REST API 为移动网络中的以下对象提供抽象：

1）用户的能力：根据签约计划，用户和服务可能具有不同的 QoS 权限。

2）移动会话标识符：用于确定正在控制的会话，会话与用户相关联，通过用户配置文件确定它们使用增强型 QoS 的权限。

3）会话中可能被授权进行增强 QoS 处理的数据流：数据流由以下属性来标记，包括最大请求带宽、优先级、资源预留以及 GTP 承载标识五元组（源 IP 地址、源端口、目的 IP 地址、目的端口和协议）。

REST API 可以进一步支持以下操作，如获得与签约用户相关的功能，创建和删除会话以及获取会话状态。它还支持对流的全部操作，如添加流、删除流、更新流并获取流的状态。我们考虑这样一个移动服务编排的例子，在这个例子中，企业有移动运营商和 OpenStack 云服务提供商的账户（云服务和移动网络可能属于同一个组织，也可能在不同组织的控制下，例如公共云）。移动运营商提供 GUI 为企业建立账户，编排器利用 OpenStack Keystone 服务从 OpenStack 获取令牌，用于配置云资源，这些都存储在编排数据库中。企业管理员通过自己的 GUI 添加有权使用增强 QoS 的移动服务。编排器从 OpenStack Nova 服务获取这些服务的全局 IP 地址。服务 IP 地址以及名称和其他信息存储在编排数据库中。企业管理员还可以为用户的特定服务配置增强型 QoS

的使用权限。用户的国际移动用户识别码（IMSI）和策略配置文件从 ePCRF 获取并记录下来。当用户启动设备时，ePCRF 将由 IMSI 标识的设备 IP 地址报告给编排器。当拥有增强型 QoS 服务的设备访问移动云服务时，OpenStack 云网关中的移动云服务访问通知器会触发并向编排器报告源 IP 地址和目标 IP 地址。编排器向 ePCRF 发出 updateFlow 消息，以更新流上的 QoS 权限，并将流转移到增强型 3GPP 承载上。

7.5　总结及结论

未来 10 年，移动核心网的变化可能会大大超过过去 10 年。LTE 核心网于 2000 年推出，它在很多方面是在 GSM 原有 GPRS 核心网基础上进行的演进[44]。面对未来业务量大幅增长的压力，对转发性能的要求越来越高。为了在快速创新方面达到互联网企业相同的水平，运营商需要简化跨域服务，这将驱动 EPC 软件面向服务进行重构，当然 EPC 的某些方面也可能保持不变。SDN 可能不再需要物理移动性锚点，虽然它的 IP 地址具有定位符和标识符功能，但是 GTP 仍然可以为移动网络提供虚拟化解决方案，比如固定网络中的 VXLAN$^{\ominus}$[45] 和 GRE$^{\ominus}$[46]，因此它很可能换个形式继续保留下来。移动运营商仍然希望为不同的业务类型提供不同的 QoS，并灵活地向用户收取服务费用，因此 PCRF 和 HSS 依然会保留下来。当然，EPC 支持多种无线接入的能力是无与伦比的，它在这些方面也非常成功，因此是值得保留的。在本章，我们已经讨论了 EPC 未来演进的几种可能，但其真实面貌仍然看不清楚。

参 考 文 献

[1] J. Kempf, P. Nikander, and H. Green, "Innovation and the Next Generation Internet," Infocom IEEE Workshops on Computer Communications Workshops, March 2010.

[2] N. McKeown, "Software Defined Networking," Keynote talk, INFOCOM, April 2009. Available at: http://www.cs.rutgers.edu/~badri/552dir/papers/intro/nick09.pdf (accessed on February 18, 2015).

[3] P. Hui and T. Koponen, "Report on the 2012 Dagstuhl Seminar on Software Defined Networking," September 2012. Available at: http://vesta.informatik.rwth-aachen.de/opus/volltexte/2013/3789/pdf/dagrep_v002_i009_p095_s12363.pdf (accessed on February 18, 2015).

[4] M. Chiosi, D. Clarke, P. Willis, A. Reid, J. Feger, M. Bugenhagen, W. Khan, M. Fargano, C. Cui, H. Deng, J. Benitez, U. Michel, H. Damker, K. Ogaki, T. Matsuzaki, M. Fukui, K. Shimano, D. Delisle, Q. Loudier, C. Kolias, I. Guardini, E. Demaria, R. Minerva, A. Manzalini, D. López, F. Salguero, F. Ruhl, P. Sen, "Network Functions Virtualization," Position paper presented at SDN and OpenFlow World Congress, 2012, 16 pp. Available at: http://portal.etsi.org/NFV/NFV_White_Paper.pdf (accessed on February 18, 2015).

[5] M. Chiosi, S. Wright, D. Clarke, P. Willis, C. Donley, L. Johnson, M. Bugenhagen, J. Feger, W. Khan, C. Cui, H. Deng, C. Chen, L. Baohua, S. Zhenqiang, X. Zhou, C. Jia, J. Benitez, U. Michel, K. Martiny, T. Nakamura, A. Khan, J. Marques, K. Ogaki, T. Matsuzaki, K. Ok, E. Paik, K. Shimano, K. Obana, B. Chatras, C. Kolias, J. Carapinha, DK Lee, K. Kim, S. Matsushima, F. Feisullin, M. Brunner, E. Demaria, A. Pinnola, D. López, F. Salguero, P. Waldemar, P. Grønsund, G. Millstein, F. Ruhl, P. Sen, A. Malis, S. Sabater, A. Neal, "Network Functions Virtualization 2," Position paper presented at SDN and OpenFlow World Congress, 2013, 16pp. Available at: http://portal.etsi.org/nfv/nfv_white_paper2.pdf (accessed on February 18, 2015).

[6] ETSI, "NFV," 2013. Available at: http://portal.etsi.org/portal/server.pt/community/NFV/367 (accessed on February 18, 2015).

　　$\ominus$　　可扩展的虚拟 LAN。

　　$\ominus$　　通用路由封装（Generic Routing Encapsulation）。

[7] Open Network Foundation, "Software Defined Networking Definition," September 2013. Available at: https://www.opennetworking.org/sdn-resources/sdn-definition (accessed on February 18, 2015).

[8] ETSI, "Network Functions Virtualization," September 2013. Available at: http://www.etsi.org/technologies-clusters/technologies/689-network-functions-virtualisation (accessed on February 18, 2015).

[9] "LTE: General Packet Radio Service (GPRS) Enhancements for Evolved Universal Terrestrial Radio Access Network (E-UTRAN) Access," Release 10, 3GPP, Version 10.5.0, TS 123.401, 2011.

[10] "OpenFlow Switch Specification: Version 1.0 (Wire Protocol 0x01)," Open Network Foundation, December 2009. Available at: https://www.opennetworking.org/images/stories/downloads/sdn-resources/onf-specifications/openflow/openflow-spec-v1.0.0.pdf (accessed on February 18, 2015).

[11] IEEE Std. 802.1Q-2011, "Media Access Control (MAC) Bridges and Virtual Bridged Local Area Networks," Institute of Electrical and Electronics Engineers, 2011.

[12] "OpenFlow Switch Specification: Version 1.4 (Wire Protocol 0x05)," Open Network Foundation, October 2013. Available at: https://www.opennetworking.org/images/stories/downloads/sdn-resources/onf-specifications/open flow/openflow-spec-v1.4.0.pdf (accessed on February 18, 2015).

[13] Open Virtual Switch. Available at: http://www.openvswitch.org (accessed on January 20, 2015).

[14] A. Singla and B. Rijsman, "Contrail Architecture," Juniper Networks, 2013. Available at: http://www.juniper.net/us/en/local/pdf/whitepapers/2000535-en.pdf (accessed on February 18, 2015).

[15] P. Saint-Andre, "Extensible Messaging and Presence Protocol (XMPP): Core," RFC 6120, Internet Engineering Task Force, March 2011.

[16] OpenDaylight Consortium, "OpenDaylight," 2013. Available at: http://www.opendaylight.org/ (accessed on February 18, 2015).

[17] Wikipedia, "Representational State Transfer," 2013. Available at: http://en.wikipedia.org/wiki/Representational_state_transfer (accessed on February 18, 2015).

[18] "IP Multimedia Subsystem (IMS); Stage 2," 3GPP, TS 23.228, Release 9, 2010.

[19] Amazon Web Services (AWS), "Cloud Computing Services," 2014. Available at: http://aws.amazon.com/ (accessed on February 18, 2015).

[20] OpenStack Foundation, "OpenStack Open Source Cloud Computing," 2013. Available at: http://www.open stack.org/ (accessed on February 18, 2015).

[21] J. Kempf, M. Körling, S. Baucke, S. Touati, V. McClelland, I. Más, and O. Bäckman, "Fostering Rapid, Cross-domain Service Innovation in Operator Networks through Service Provider SDN," Proceedings of the ICC, June 2014.

[22] Wikipedia, "Service Oriented Architecture," 2014. Available at: http://en.wikipedia.org/wiki/Service-oriented_architecture (accessed on February 18, 2015).

[23] Wikipedia, "SOAP," 2013. Available at: http://en.wikipedia.org/wiki/SOAP (accessed on February 18, 2015).

[24] G. Karagiannis, A. Jamakovicy, A. Edmondsz, C. Paradax, T. Metsch, D. Pichonk, M. Corici, S. Ruffinoyy, A. Gomesy, P. S. Crostazz, T. M. Bohnertz, "Mobile Cloud Networking: Virtualisation of Cellular Networks". Available at: http://www.iam.unibe.ch/~jamakovic/MCN_ICT2014_IEEE.pdf (accessed on January 20, 2015).

[25] "Digital cellular telecommunications system (Phase 2+); Universal Mobile Telecommunications System (UMTS); General Packet Radio Service (GPRS); GPRS Tunnelling Protocol (GTP) across the Gn and Gp interface", 3GPP, TS 129 060 version 10.1.0, 2011.

[26] OpenSAF: The Open Service Availability Framework. Available at: http://www.opensaf.org/ (accessed January 20, 2015).

[27] Open vSwitch. Available at: http://www.openvswitch.org/ (accessed January 20, 2015).

[28] B. Pfaff and B. Davie, "The Open vSwitch Database Management Protocol," RFC 7047, Internet Engineering Task Force, December 2013.

[29] M. Honda, F. Huici, G. Lettieri, L. Rizzo, and S. Niccolini, "Accelerating Software Switches with Netmap," Proceedings of the European Workshop on SDN, 2013. Available at: http://www.ewsdn.eu/previous/presenta tions/Presentations_2013/mswitch-ewsdn.pdf (accessed on February 18, 2015).

[30] L. Rizzo, "Netmap: A Novel Framework for Fast Packet I/O," Proceedings of the USENIX ATC Conference, 2012.

[31] Intel Corporation, "Intel® Data Plane Development Kit (Intel® DPDK) Overview Packet Processing on Intel® Architecture," December 2012. Available at: http://www.intel.com/content/dam/www/public/us/en/documents/presentation/dpdk-packet-processing-ia-overview-presentation.pdf(accessed on February 18, 2015).

[32] 6WIND, "6WIND Continues 195 Gbps Accelerated Virtual Switch Demo at SDN and NFV Summit in Paris."

Available at: http://www.6wind.com/blog/6wind-continues-195-gbps-accelerated-virtual-switch-demo-at-nfv-and-sdn-summit-in-paris-march-18-21/(accessed on February 18, 2015).

[33] G. Pongrácz, L. Molnár, Z. L. Kis, and Z. Turányi, "Cheap Silicon: A Myth or Reality? Picking the Right Data Plane Hardware for Software Defined Networking," Proceedings of HotSDN, 2013.

[34] J. Kempf, B. Johansson, S. Pettersson, H. Lüning, and T. Nilsson, "Moving the Mobile Evolved Packet Core to the Cloud," Proceedings of the IEEE Wireless and Mobility Conference, November 2012.

[35] A. Mihailovic, G. Leijonhufvud, and T. Suihko, "Providing Multi-Homing Support in IP Access Networks," The 13th International Symposium on Personal, Indoor, and Mobile Radio Communications, 2002.

[36] S. Ahson and M. Ilyas, *Fixed Mobile Convergence Handbook*. Boca Raton: CRC Press, 2011.

[37] S. Radosavac, J. Kempf, and U. Kozat, "Security Challenges for the Current Internet Architecture: Can Network Virtualization Help?," NetEcon '08: Workshop on the Economics of Network Systems and Computation, 2008.

[38] Metro Ethernet Forum, "Metro Ethernet Network Architecture Framework—Part 1: Generic Framework," March 2004. Available at: http://www.metroethernetforum.org/Assets/Technical_Specifications/PDF/MEF4.pdf (accessed on February 18, 2015).

[39] J. Kempf, S. Whyte, J. Ellithorpe, P. Kazemian, M. Haitjema, N. Beheshti, S. Stuart, and H. Green, "OpenFlow MPLS and the Open Source Label Switched Router," Proceedings of the International Teletraffic Conference, IEEE, San Francisco, September 2011.

[40] "OF-CONFIG 1.2: OpenFlow Management and Configuration Protocol," Open Network Foundation, ONF TS-016, 2014.

[41] M. Amani, T. Mahmoodi, M. Tatipamula, and H. Aghvami, "Programmable Policies for Data Offloading in LTE Network," Proceedings of ICC, June 2014.

[42] "Universal Mobile Telecommunications System (UMTS): Policy and Charging Control over Rx Reference Point," 3GPP, TS 129 214 version 7.4.0, 2008.

[43] F. Castro, I. M. Forster, A. Mar, A. S. Merino, J. J. Pastor, and G. S. Robinson, "SAPC: Ericsson's Convergent Policy Controller," Ericsson Review, (January), 2010.

[44] 3GPP, "GPRS and EDGE." Available at: http://www.3gpp.org/technologies/keywords-acronyms/102-gprs-edge (accessed on January 20, 2015).

[45] M. Mahalingam, D. Dutt, K. Duda, P. Agarwal, L. Kreeger, T. Sridhar, M. Bursell, and C. Wright, "VXLAN: A Framework for Overlaying Virtualized Layer 2 Networks Over Layer 3 Networks," Internet Draft, work in progress. Available at: https://datatracker.ietf.org/doc/draft-mahalingam-dutt-dcops-vxlan/?include_text=1 (accessed January 20, 2015).

[46] S. Hanks, T. Li, D. Farinacci, and P. Traina, "Generic Routing Encapsulation (GRE)," RFC 1701, Internet Engineering Task Force, October 1994. Available at: http://www.rfc-editor.org/rfc/rfc1701.txt (accessed January 20, 2015).

第 8 章　SDMN 控制器放置问题

Hakan Selvi[1]，Selcan Güner[1]，Gürkan Gür[2]，Fatih Alagöz[1]

1 SATLAB，Department of Computer Engineering，Bogazici University，Istanbul，Turkey

2 Provus—A MasterCard Company，Istanbul，Turkey

8.1　引言

　　传统网络由网络节点、协议和接口组成，网络节点包括交换机、路由器、集线器等多种网络设备，协议和接口是通过复杂的标准化过程详细定义的。但是，这些系统一旦部署后就只能用有限的方法来开发和引入新的网络特性和功能。因此，在满足当今网络运营商和最终用户需求方面，这个半静态架构面临极大的挑战。为了促进网络演进，业界提出了可编程网络和软件定义网络（SDN）的思想[1]。这种方法可以简化网络管理并通过网络可编程实现创新。在 SDN 架构中，控制平面和数据平面是分离的，网络智能逻辑集中在基于软件的控制器中。SDN 控制器为网络提供编程接口，在这里可以编写应用程序来执行管理任务并提供新的功能。控制是集中化的，应用程序把网络看作是一个统一的系统。虽然这简化了策略的执行和管理任务，但必须在控制器和网络转发单元之间保持紧密的联系[1]。例如，OpenFlow 控制器在网络中设置 OpenFlow 设备，维护拓扑信息并监测网络状态。控制器执行所有的控制和管理功能，主机位置和外部路径的信息也由控制器管理，它将配置消息发送给所有交换机以设置整个路径。OpenFlow 控制器[2]定义了要转发的流的端口或丢弃数据包等操作。

　　SDN 模式不仅可以通过集中控制来简化网络演进，也能通过部署第三方应用程序来简化算法和可编程性，而且还可以避免使用中间件以及快速折旧的网络设备[3]。由于底层网络基础设施与通过开放接口在网络设备上执行的应用程序相隔离，网络设备便转化为数据包转发设备[1]。因此，软件定义网络的控制器对于解决 SDN 系统面临的错综复杂的问题至关重要。

　　类似于有线网络，当前的移动网络也面临一系列问题：复杂的控制平面协议、新技术难以部署、供应商专有的配置接口以及不灵活且昂贵的设备[4]。虽然智能无线设备的需求已经出现了巨大的飞跃，移动数据的爆炸式增长已经给移动网络带来了挑战，但是移动网络基础设施并没有充分和灵活地适应这些变化[5]。在这方面，SDMN 的概念将有助于改变当前 LTE（3GPP）网络的架构，并相应地改变新兴的移动系统[6]。尽管 SDMN 模式将为业务、资源和移动性管理带来新的自由度，但也会带来安全性、系统复杂性和可扩展性等深层次的问题。控制器放置相关的挑战也成为 SDMN 可行性的关键因素。

　　在本章中，我们将讨论 SDMN 中控制器放置问题（CPP）。首先简要介绍了 SDN 控制器的概念，并阐明了其中的问题；其次，讨论了 SMDN 相对于有线网络的突出特点以及 SDMN 中 CPP 的优化参数/度量；然后，提供了一些可用的解决方案及方法，并根据性能指标分析了相关的算法；最后，总结了在 SDMN 背景下 CPP 的一些研究方向和未解决的问题。

8.2　SDN 与移动网络

目前，3GPP LTE 标准定义了蜂窝 4G 网络，并面向 5G 网络演进持续更新。在当前 LTE 架构中，移动网络分为两层：数据平面负责分组交换，管理平面负责管理移动性、策略和计费规则。数据平面由基站（eNodeB）、服务网关（S-GW）和分组数据网络网关（P-GW）组成。移动性管理实体（MME）、策略计费和规则功能（PCRF）和归属签约用户服务器（HSS）构成了管理平面[7]。在 LTE 技术中，网络的组织方式如图 8.1 所示。S-GW 作为本地移动性锚点，当用户从一个基站移动到另一个基站时，能实现无缝通信。S-GW 将业务通过隧道发送到 P-GW，实施服务质量（QoS）策略并监测流量以执行计费功能。P-GW 连接到互联网或其他蜂窝数据网络，充当防火墙，阻止无用的流量。P-GW 的策略可以根据用户的漫游状态、用户设备的属性、服务合同中的使用上限、家长控制等各种参数进行细化处理[4]。

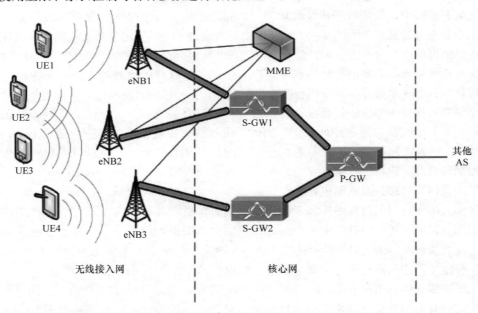

图 8.1　当前 LTE 的架构（节选自本章参考文献［4］）

虽然这种移动通信架构让管理变得更容易，但它仍然存在一些不足。在 P-GW 节点中集中了数据平面的功能，例如监测和 QoS 功能，由于成本原因便引入了伸缩性的问题。在这方面，通过 SDN 可以实现数据平面扁平化，将其网元简化为纯转发网元，并将控制平面智能化转移到远程控制器节点。这种变化使得设备可以更便宜，从而降低了 P-GW 伸缩性方面的压力[4]。此外，SDN 原则有望为移动网络提供灵活性、开放性和可编程能力，通过这种方式，移动网络运营商可以更轻松地在其领域内进行创新，而降低了对 UE 供应商和服务提供商的依赖[6]。

从 SDN 和移动网络的角度看，SDN 融合到当前移动网络有以下两条可能的路径：

1）演进的路径：由于移动网络有一个庞大的现网基础，因此这个路径更可行，并且在满足 5G 网络需求时，这些设施应该逐步进化而不需要完全被取代。预计网络虚拟化和以内容为中心的运营对于未来的网络来说是更加内在的价值，这一趋势也使得 SDN 原则受到推崇，SDN 的集成将与这些变化交织在一起。

2）从零开始的方法：从零开始设计和全新部署能带来更大的自由度，因为它们不受现有系统的限制。但是，成本更高，难以实施。尽管基于 SDN 模式的移动网络设计和规范也带来了安全性、可扩展性和性能等诸多问题，但在实践方面的挑战要远远大于这些理论问题。

实现 SDMN 的主要推动因素是嵌入在移动网络中的分布式传感器和驱动器层，可以实现集中控制并将智能化迁移到控制器。Li 等人在本章参考文献 [4] 中给出了蜂窝 SDN 架构，并设想了在蜂窝网络中实现 SDN 原则的四个主要扩展，即策略支撑、基于代理的操作、灵活的数据平面功能，以及对虚拟化无线资源的控制。

一个 SDN 转发设备包含一个或多个流表，每个流表由多个流表项组成，每个流表项负责确定数据包如何处理[1]。南向接口[8]是可编程接口，控制器通过这个接口更新流表并指示交换机执行相应的操作。由于控制是集中式的，应用程序在编写时把网络看作是一个单一的系统，简化了策略实施和任务管理[9]。本章参考文献 [10] 中完成的实验结果表明，一个单一的控制器有能力以意想不到的方式管理大量的新流请求。但是，在大规模的移动网络部署中，集中化的方式存在以下的局限性：控制和转发单元的交互、响应时间、伸缩性、基础设施支撑、可用性等。通常情况下，大量的网络流量源自所有基础设施节点，无法由单个控制器处理，主要是因为其资源容量有限。Voellmy 和 Wang 所做的工作是在这个基础上进行了提升，表明多个控制器能确保高容错网络的低时延[11]。因此，必须澄清 SDMN 场景下的四个基本问题[12]：

1）需要多少个控制器？

2）拓扑上它们应该处于什么位置？

3）它们应该如何互动？

4）如何体现移动网络向 SDN 的演进？它的影响可能涉及多个方面，如标准化、问题定义或解决方法。

这些基本问题的答案取决于网络拓扑和一些用户的需求。从时延的角度来看，单个控制器就足够了。另一方面，为了容错和伸缩性，研究人员需要考虑在网络中使用多个控制器[12]。此外，由于网络拓扑信息千变万化，移动网络的体系架构和配置是一项很有挑战性的复杂任务[13]。动态变化的拓扑结构是移动网络的固有特性，因此多控制器的部署需要与相关的“临时”网元协调一致。不过，控制器执行应该保持同步，以保持网络视图的一致性[14]。如果将冗余控制器集成到系统中，则会产生额外的开销。因此，控制器的位置应该是最优的。最后，移动网络流量会随着时间而波动，控制器的放置方案应该考虑控制器的数量和位置的动态重新排列[9]。

8.3　SDMN 控制器放置的性能目标

在本节中，我们将研究影响网络状态和算法效率的各种控制器需求。与集中式控制平面相比，完全分布式的控制平面更不容易发生故障。但是，对于控制器的放置，需要在放置算法的多个性能目标之间进行折中。一些算法可以将控制器放置达到最大容错度，或者可以将传播时延或距离最小化到第 n 个最接近的控制器[12]。表 8.1 列出了控制点放置的总体性能目标及在网络中的效果。为了最小化基于网络的服务时延，需要考虑伸缩性和响应时延。如果考虑伸缩性，服务时延有可能会损失一些，而响应时间最小化直接有利于服务时延。为了能充分利用网络，需要考虑伸缩性、可靠性和响应时间的影响，容错性直接受可靠性和弹性目标的影响。

表 8.1 性能目标及其对网络的影响

	可伸缩性	可靠性	时延	弹性
容错		√		√
服务延迟	√		√	
利用率	√	√	√	

8.3.1　伸缩性

对于具有多个控制器的网络，如果映射到此控制器的交换机有大量的流量，则此控制器可能会过载，但其余的控制器可能未被充分利用。根据业务状况随时间和空间的变化，跨控制器的动态负荷转移很有必要。静态控制器分配可能导致性能不理想，因为无法将交换映射到负载较少的控制器。控制器的重新调整有助于提高超配控制器的性能。相对于使用静态映射，弹性控制器体系架构在映射控制时有助于达到平衡负载的目的，这才是性能的真正体现。

8.3.2　可靠性

根据 IEEE 的定义，可靠性是指"在特定的工作条件下，特定的时间段内，系统未故障的情况下，在设计参数范围内执行预定功能的可能性"[15]。如果由于网络故障导致控制器和转发平面之间的连接中断，则一些交换机将失去所有控制器的联系，从而在基于 SDN 的网络中被禁用。为确保 SDN 的可靠性，应该保证网络的可用性。因此，提高可靠性对防止控制器与交换机之间或控制器之间的连接中断很重要。为了体现 SDN 控制器的可靠性，并为 SDN 找到最可靠的控制器放置，我们可以定义一个参数，即网络故障发生时预期仍然有效的控制路径百分比[12]。控制路径是指交换机与其控制器之间以及多个控制器之间的路由。当网络中有多个控制器时，还应该保证网络的一致性。

每条控制路径都使用交换机之间现有的连接。如果将控制路径表示为逻辑链路，则 SDN 控制网络负责实现交换机与其控制器之间的正常通信，这时控制路径是有效的。如果控制路径发生故障，也就意味着交换机与其控制器之间或控制器之间的连接中断，会导致控制网络失去功能。如果发生故障的控制路径数量过多，业务转发可能会失败，并造成严重的问题。所以要定义一个控制器放置算法，可靠性是最重要的考虑因素。为了更好地定义可靠性，可以使用各种统计方法和基于经验的方法[12]。

面向可靠网络的优化目标是预期控制路径丢失的百分比最低。为了最大限度地提高 SDN 的可靠性，开发了几种放置算法通过感知可靠性的方式自动执行控制器放置决策[10]。这些算法在 4.1 节中已经描述过了。

8.3.3　时延

时延简单来说就是数据从起点发送到终点的时间延迟[16]，它是通信网络的关键 QoS 参数。对于多媒体通信来说更为重要，由于这种业务对时延更敏感。例如，5G 网络设想的需求之一是具有小于 1ms 的延迟，这意味着与 4G 网络相比提高了一个数量级。对于大型网络，由于各种因素，单个控制器的性能通常达不到要求。但是，当网络有多个控制器时，会出现新的竞争问题。由于多个控制器维护网络的控制逻辑，这些控制器需要相互通信以保持网络的一致性。控制器之间的时延必须被考虑，特别是当控制器通信很频繁时[17]。这里所说的时延包括处理、传输和传播延迟。

尽管在放置时考虑了控制器之间的响应时延，但是远端控制器的响应以及将响应传递给交换机所经过的时间仍然限制了整个网络的性能，这被称为传播时延，它应该在速度和稳定性方面处于一个合理的水平。即使很小的时延，对于实时任务来说都有可能是不可接受的。在交换机中引入一些智能可以减少时延，但是这也增加了系统的复杂性，与 SDN 使用简单廉价的交换机模型的想法相悖。

研究控制器放置算法是为了尽量减少等待时间，或者最大化一些基于时延的参数，这些参数定义如下：

1）平均时延：如果网络简化为网络图，则组件之间的连接代表了边界。边界的权重代表了传播时延。控制器放置的平均传播时延 L_{avg} 是每个边界上的最小传播时延的平均值。$d(v,s)$ 是从节点 $v \in V$ 到节点 $s \in V$ 的最短路径：

$$L_{\text{avg}}(S') = \frac{1}{n} \sum_{v \in V} \min_{s \in S'} d(v,s)$$

2）最差时延：该值被定义为从节点到控制器最大的传播时延，即

$$L_{\text{wc}}(S') = \max_{(v \in V)} \min_{(s \in S')} d(v,s)$$

3）时延范围内的节点：与最小化平均值或最坏情况不同，以在某个时延范围内最大数量节点的方式放置控制器结果可能会更好，这种方法被称为最大覆盖。对于大多数拓扑结构来说，添加控制器的收益略低于按比例减少[12]。

8.3.4　弹性

一个好的控制器放置应该尽量减少节点和控制器之间或控制器之间的时延。然而，只有最小化时延并不够，根据本章参考文献［17］，控制器的放置也应该满足一些弹性约束。本小节将定义这些约束。

8.3.4.1　控制器故障

使用多个控制器不仅可以降低时延，还可以在控制器停止工作时提高网络对故障的容忍度。有一个相关的研究[18]，其假设一个节点失去了与控制器的连接，不能再继续路由而近乎停机。但是，Hock 等人假设控制器出现故障时，通过备份的分配方案或基于信令的最短路径路由，所有分配给故障控制器的交换机都可以重新分配给第二个最近的控制器，直到最后一个存活的控制器，所有节点都以这种方式正常工作。尽管考虑了弹性，但这种解决方案可能会增加重新分配

的节点及其新控制器的时延。新控制器可能会比以前更远，这种情况会导致更高的时延。最差的情况是，假如最后一个存活的控制器位于网络中心最远处，使得一些节点需要经过整个网络才能到达控制器。但是，为了增加弹性而设计的放置算法应该考虑在无故障路由时的最坏情况。

8.3.4.2　网络中断

在网络中，不仅会发生控制器故障。网络组件、链路和节点也可能会损坏，考虑这些因素是很重要的，因为这种情况下拓扑本身发生了变化。由于链路故障，一些节点之间的路径被切断，这种情况会导致节点被分配给其他控制器，时延有可能会增加。另外，由于这些链路故障，网络的某些部分可能处于危险之中，许多节点并不能分配给任一控制器。这些节点仍可能正常工作并且能够执行转发操作，但是它们不能从任何控制器获得控制消息。链路故障会阻止节点的重新路由，因为路径已经失效，即使它们在物理上是连接的。

8.3.4.3　负载不均衡

如果以时延或节点和控制器间的最短路径距离为主要考量因素，就会被分配离控制器最近的节点，那么某些控制器就会出现流量过多而过载的情况，网络中每个控制器连接的节点数可能会出现不平衡。通常情况下，连接到控制器的节点数量越多，该控制器上的负载就越大。如果节点到控制器请求的数量很大，就需要在控制器处排队，这将带来额外的时延。控制器的弹性放置要求控制器之间的负载有较好的平衡。

8.3.4.4　控制器之间的时延

由于单个控制器不足以保证网络的弹性，但如果两个控制器距离很远，则需要穿越整个网络传递消息，控制器间的时延将大幅增加。

8.4　控制器放置问题（CPP）

控制器放置策略影响 SDN 的各个方面，从节点至控制器的时延再到网络的可用性，甚至从运营成本到性能。另外，与有线网络相比，SDMN 本身的特性（如移动性）使这个问题更加复杂了。在这个问题中优化每个变量是 NP 难度的，所以找到一个有效的控制器放置算法是非常重要的[19]。Heller 等人得出的结论是寻找最佳解决方案在计算上是可行的，但仅限于无故障的情况[12]。他们只考虑了时延需求，如平均时延和最坏时延。他们认为在大多数拓扑中，单个控制器足以满足现有的时延要求，这也是合理的。如果我们将 CPP 的观点扩展到包括可靠性、网络弹性、容错或负载均衡在内的各种目标，就需要更多的控制器进行相互通信以满足这些弹性要求[17]。

在图 8.2 中，我们给出了 CPP 设置中的各种因素或参数，影响解决方案的基本因素是控制器的位置、数量及通信需求。而且，SDN 控制器可能具有不同的特性，包括处理能力、支持的通信原语和智能化。这意味着不同的控制器将会带来异构性，而网络特征也会严重影响这个问题的定义。对于本章的焦点来说，这一点是最重要的，因为移动网络由于其移动性、无线传输和动态网络结构而表现出独特的固有特性。对于 CPP 的任何算法或方案，都存在诸如复杂性这样的实际限制。虽然这些因素对于相对异步执行的控制器来说是可控的，但是当网络功能虚拟化变得非常普遍时，CPP 算法的执行可能需要更加主动和频繁。

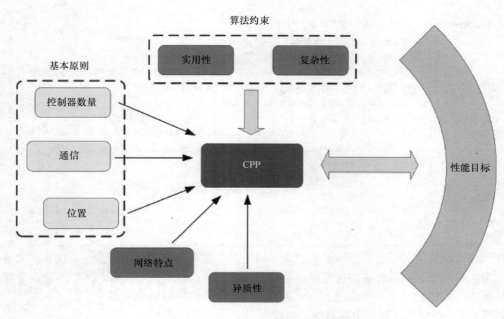

图 8.2　CPP 参数及性能目标

由于单个控制器容量的限制，其无法处理能达到预期性能指标的网内大的流量，因此需要采用多个控制器来实现更好的网络管理。但是，必须指定要使用的控制器数量及其在网络架构中的位置[19]。要得到这些重要问题的最终答案，主要目标不仅要尽量减少节点和控制器之间的时延，而且要在满足一定的限制条件下最大限度地提高网络弹性。

8.4.1　控制器放置

转发平面和控制平面的分离使得转发平面变得更加简单，控制平面包含网络智能并负责它的管理。然而，这种分离可能会影响系统性能，比如降低了通信的可靠性。因此，在网络设计中，应该考虑控制器的放置，同时满足可靠性和性能要求。

8.4.1.1　单控制器放置

单控制器放置（SCP）是根据一些预定的目标来放置单个控制器。其中一个非常常见的目标是确保很强的弹性，也就是保护控制器免于与节点断开连接。这一点很重要，因为控制器成功运行的第一个需求就是保持它与其他节点的正常通信。

在算法 8.1（最佳放置）中，在所有可能的位置中找到一个节点，实现网络弹性的最大化。假设网络中有交换机 A，当且仅当交换机 B 不在 A 的下游，并且在 A 和 B 之间存在链路（不属于控制器路由的一部分）时，交换机 A 才能受到保护。为了评估交换机 u 的保护状态，选择满足条件的现有链路。算法的最后一步是找到一个控制器的位置，当网络出现故障时，节点与控制器断开的可能性最低[20]。

算法 8.1　控制器放置：最佳算法

```
procedure Optimal Placement (T)
        for each node v∈V do
        T=controller routing tree rooted at v
        Γ(T)=The weight of a routing tree to be the sum
   of the weights of all its unprotected nodes
                for each node u≠v do
                        W=0
                if u is not protected then
                   W=number of downstream nodes of u in T
                end if
                Γ(T)=Γ(T)+W
              end for
              controller location=node v with minimum Γ(T)
        end for
```

当网络规模较大时，搜索所有的位置是不现实的，就需要启发式的方法。算法 8.2 就是一个启发式方法的例子，其选择直接连接节点数量最多的节点，$D'(v)$ 表示受保护的节点邻居的数量。该算法一直持续下去，直到找到一个具有最多受保护邻居数量的节点[20]。

算法 8.2　控制器放置：贪婪算法

```
procedure Greedy Placement ()
    Sort nodes in V such that D(v(1)) ≥ D(v(2)) ≥
D(v(n))
    controller location = v(1)
    for i = 1 to n do
        A=set of neighbors of node v(i)
        D'(v(i))=number of members of A that are
connected to other
            members, either directly or through one hop
other
            than the controller.
        if D'(v(i)) > D'(controller location) then
            controller location = v(i)
        end if
        if (D'(v(i)) == D(v(i)) then
            break;
        end if
    end for
```

在前两种算法中，没有考虑控制器路由。可以选择任意路由树，以最大限度地保护网络免受组件故障的影响，或最大化地优化性能。由于对任何一个控制器位置，想找到一个最大程度保护网络的路由是一个 NP 难题，所以这些算法可以用来找到一个次优的解决方案。算法 8.3 是一个优化弹性的路由方案，该算法以最短路径树开始并修改树以增加网络的弹性，继续迭代，直到没有进一步增加弹性的改进空间[20]。这三种算法中，根据本章参考文献［20］，贪婪路由树算法比其他两个算法表现得更好。

算法 8.3　贪婪路由树（GRT）算法

```
procedure Routing Greedy (G, controller loc)
                        T = shortest-path tree
                        i = 1
                        repeat
                        for nodes v with d(v,
controller) == i do
                               if v is the only node
with d(v,controller)==i then
                                      next;
                               end if
                               for every node u ∈ V \
{downstream nodes of v} and
                                   (v, u)∈ E and (v, u)∉ T
do
                                       if d(u,
controller) ≤ d(v, controller) then
T'(u) = tree built by replacing (v,
                                   upstream node of v in
T) by (v,u)
                                           if (T') < Γ(T) then
                                               replace T by T'
                                                   end if
                                       end if
                               end for
                        end for
                        i = i + 1
                        until all nodes checked
```

8.4.1.2　多控制器放置

随着网络规模的增加，使用单个控制器会降低可靠性并损害网络的性能。因此，使用多个控制器可获得更好的网络可用性及更优的管理，这种环境下的 CPP 称为多控制器放置（MCP）。与 SCP 一样，在部署多个控制器的情况下，控制器之间的通信中必须能保证网络状态的一致性。控制器放置的位置取决于参数选择和网络拓扑本身。为了高效地放置多个控制器，即使最佳解决方案做不到，CPP 也应该有近似于最佳的解决方案。

1. 图论 MCP 问题公式

CPP 本身就很适合图论建模，因为它能解决网络图中节点选择的问题。如果我们将网络定义为图（V, E），V 是一组节点，$E \subseteq V \times V$ 是一组链路，n 取节点的数量 $n = |V|$，假定网络节点和链路的故障没有相关性。

1）p 是每个物理组件 $l \in V \cup E$ 失败的概率。

2）$Path_{st}$ 是从 s 到 t 的最短路径，s 和 t 是任意两个节点。

3）$V_c \subseteq V$ 是可以放置控制器的候选位置集合。

4）$M_c \subseteq V$ 表示可以放置在网络中的控制器集合。

5）M 和 P（M）分别表示这些控制器的数量及一个可能的拓扑放置。

为了降低传播时延，每个交换机都使用最短路径算法连接到最近的控制器。如果存在几条最短路径，则选择最可靠的路径。较好的放置应该最大限度地利用交换机之间的现有连接，所有的控制器都可以连接到所有的交换机，这样就形成了网格，但这又会增加复杂度和部署成本。另外，随着网络规模不断扩大，交换机遍布各个地理位置，网络的伸缩性也会降低。为了最大化网络弹性和连接性、增强伸缩性、降低失败概率，控制器需要合理的放置，这是一个优化的问题[18]。

下面我们讨论一些参考文献中研究的 MCP 算法。

2. 随机放置

虽然通常情况下这不是一个实用的算法，但它经常被用作性能评估的基准。在随机放置算法中，每个候选位置都有一个作为控制器托管主机的唯一概率，在这种情况下，随机放置算法在所有潜在位置中随机选择 k 个位置，其中 $k = 1$ 是单个控制器的情况。另一个选择是利用偏向性概率分布算法，反映了潜在的控制器位置中的偏好，该方案有助于将控制器部署集中到特定的网段。

3. 贪婪算法

贪婪算法在算法运行的每个阶段采用局部最优解。虽然贪婪算法不一定会产生最优解，但它产生的局部最优解在合理的时间内会逼近全局最优解。

算法 8.4　l-w-贪婪控制器放置算法[19]

```
procedure l-w-greedy Controller Placement
    Sort potential location V_c in descending order of node
 failure properties, the
    first w|Vc|elements of which is denoted as array L_c
    if k ≤ 1 then
        Choose among all sets M' from L_c with |M'|=k the set
M" with maximum ∂
        return set M"
    end if
    Set M' to be the most reliable placement of size l
    while |M'| ≤ k do
        Among all set X of 1 element in M' and among all
set Y of l+1 elements
        in L_c - M' + X, choose sets X, Y with maximum ∂
        M' = M' + Y - X
    end while
return set M'
```

由于控制器可以在方案中逐一放置，所以 MCP 问题自然地可以借助于贪婪算法。Hu 等人[19]给出了 l-w-greedy 算法（见算法 8.4），其中控制器以贪婪的方式被迭代放置。k 个控制器需要在 $|V|$ 个潜在位置中被替换。生成一个潜在位置列表，然后根据交换机的故障概率对其进行升序排序，从 $w|V|$ （$0 < w \leqslant 1$）中一次选一个位置。对于第一次迭代 $l = 0$，假设来自所有交换机的连接会合于该位置，该算法计算与每个候选位置相关的成本，选择值最高的位置。在第二次迭代中，该算法为第二个控制器搜索具有最高成本的候选地点。依此类推，通过迭代执行，直到所有 k 个控制器被选择和放置。

对于 $l > 0$，在第 l 个控制器已经放置之后，该算法允许在随后的每次迭代中进行 l 个步骤的回溯。检查所有可能的组合，移除已经放置的 l 个控制器，并用 $l + 1$ 个新控制器替换它们[21]。

4. 元启发式方法

元启发式是一种更高级的启发式设计，用于查找、生成或确定较底层的启发式，为优化问题提供一个次优的、看起来足够好的解决方案。当优化问题对计算资源来说太复杂或者可用信息不完整、有瑕疵时，通常使用这样的方法。该方法的例子包括禁忌搜索、进化计算、遗传算法和粒子群优化。

Hu 等人[21]研究包括模拟退火（SA）元启发式在内的各种 CPP 算法。SA 是一个成本函数的全局最小值概率方法，这个函数可能具有几个局部最小值[22]。虽然 SA 是一种全局优化问题的已知技术，但有效使用它的关键在于算法配置的优化。压缩搜索空间并快速收敛到最佳位置是非常重要的。

对于 MCP 问题，SA 可以设计如下：

1）初始状态：将 k 个控制器放在 k 个最可靠的位置。

2）初始温度：为了使任何一个邻近方案都是可接受的，初始温度 T_0 应该是一个较大值。P_0 是在前 k 个迭代中接受的可能性。Δ_0 是在 Y 次执行随机放置中最好和最差方案的开销差异。T_0 可以通过 $-|\Delta_0|/\ln P_0$ 来计算。

3）邻域结构：$P(M)$ 表示 k 个控制器的一个可能的放置，X_c 是 $P(M)$ 中控制器位置，x_k 是 $(V - P(M))$ 的位置。在 $(V - P(M))$ 中最佳交换 x_k 被定义成 $\Delta_{ck} = \min_j \in (V - P(M)) \Delta_{cj}$，其中 Δ_{ij} 是目标函数的减少量，当 $x_i \in (V - P(M))$ 时获得。当 $P(M)$ 中所有的 x_c 都被检查过以后，算法的循环周期便结束了。

4）温度函数：温度呈指数级下降，即 $T_{new} = \alpha T_{old}$[21]。

蛮力法

用蛮力的方法，计算每个潜在位置的 k 个控制器的所有可能的组合，然后挑选最佳成本的组合。这种方法是最详尽无遗的，但即使对于小型网络来说，也需要极长的运算时间才能获得最佳的结果。通过蛮力算法也可以找到可行的解决方案，但是完成整个蛮力算法是不切实际的，因为对于大型拓扑可能需要几周的时间才能完成[9]。

试验结果

根据本章参考文献［21］，图 8.3 给出了在 Internet2 OS3E 拓扑上算法相对性能的累积分布（CDF）。算法比较的结果是 2-1-greedy、1-1-greedy 和 SA 表现最好。SA 的表现要好于 2-1-greedy，而 2-1-greedy 又比 1-1-greedy 好。正如预期的那样，随机放置表现得最差。

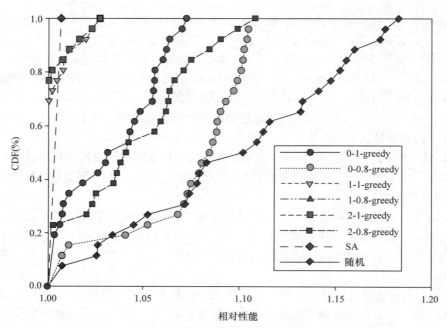

图 8.3   OS3E 拓扑上放置算法的相对性能的 CDF[21]

8.4.2   所需控制器的数量

如果已经证明所用的控制器放置是很有效率的，但是却不能确定其数量，那么就应该为这个具有挑战性的问题找到答案，即我们究竟应该使用多少个控制器才能达到目标？显然答案是不确定的，因为需要在相关的目标和指标之间进行权衡。Heller 等人[12]从时延的角度研究并得到一个结果，图 8.4 给出了控制器数量产生的效果对于一般时延和最差时延是不同的，但控制器数量的增加意味着两者都成比例地减少。Hu 等人从另一个角度来看待这个问题，并将可靠性作为主要关注点[21]。他们的实验结果表明，对不同拓扑的优化得出了非常相似的结果。使用很少的（甚至单个）控制器预期会降低可靠性。不过，结果也显示当网络中的控制器达到一定比例之后，额外的控制器和期望的路径损耗是反向相关的，因为如果引入了大量冗余的控制器，控制器间的路径太多会导致可靠性降低。

根据 Hock 等人的研究，如果考虑满足更多的弹性约束条件（见 8.3.4 节），那么在确定控制器位置时，必须容忍控制器失败和网络中断。因此，在网络中必须没有无控制器的节点，如果一个节点仍然在工作并且是工作子拓扑的一部分（由至少一个以上的节点组成），但它不能到达任何控制器，则该节点被认为是无控制器的。节点仍然工作，但被切断而没有任何工作的相邻节点不能被认为是无控制器的[17]。因此，应该增加控制器的数量，直到没有无控制器节点。从定义可以推断，如果一个节点至多有两个邻居，当两个邻居都发生故障时其不是无控制节点，那么这两个邻居其中之一应该是一个控制器节点（使得这个工作中同时出现两个故障时的缺陷降低了，因为如果两个以上的任意故障同时发生，则拓扑结构可能会完全中断，任何控制器放置都不会有用了）。实验结果表明，在 Internet2 OS3E 拓扑中，随着控制器数量的增加（k），无控制器

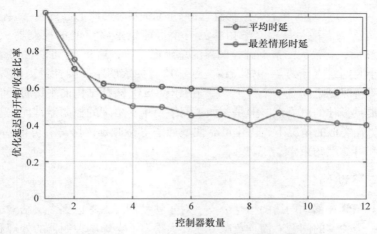

图 8.4　开销/收益比率（值 1.0 意味着成比例减少，其中 k 个
控制器减少延迟到原来单个控制器延迟的 $1/k$ [12]）

节点数量减少，并且有可能通过 7 个控制器来消除一个和两个节点故障情况下的无控制器节点。

　　因此，为了计算所需的控制器数量，网络必须被分成至少两个节点组成的虚拟子网络，其中至少两个节点可以与整个网络的其余部分完全隔断，最多两个链路/节点发生故障，并且其中一个内部节点必须是控制器节点[17]。然后，我们可以分以下两步确定所需的控制器数量：

　　1）找到至少两个节点的所有可能的子拓扑，其本身不包括任何更小的子拓扑。由于所有发现的子拓扑都需要一个单独的控制器，图 8.5 中所需控制器的最大数量是 8。

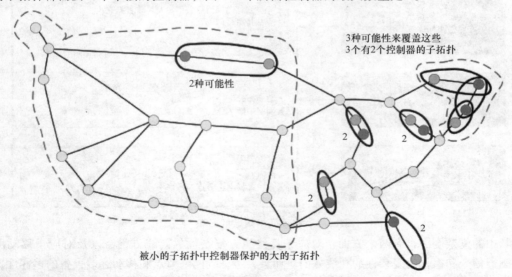

图 8.5　需要一个控制器来消除无控制器节点的子拓扑[17]（共有 $2^5 \times 3 = 96$ 种潜在放置）

　　2）由于目的是用最少的控制器覆盖所有的子拓扑，所以应尽量减少前一步中找到控制器的数量。网络中有三个相交的子拓扑，如图 8.5 右上角所示。两个控制器足以管理这三个子网络。因此，所需的最小控制器数量是 7。

图 8.5 中有 34 个节点，因此 7 个控制器有 $34^7 \approx 540$ 万个可能的放置位置，但是每个子拓扑有两个可能的控制器节点，并且相交子拓扑的三个可能情形将可能的控制器放置位置减少到 $2^5 \times 3 = 96$ 个。然而，就最大的节点到控制器的总延迟而言，这 96 种可能性的最佳位置是用红色标出的，其大小为网络直径的 44.9%，在文献 [12] 中表明不受弹性约束时为 22.5%，这表明在弹性约束和等待时延之间有一个折中[21]。在优化 OS3E 拓扑结构的平均时延时，单个控制器的最佳位置也可提供最佳的可靠性。但是，如果网络使用了更多的控制器，优化其时延会降低约 13.7% 的可靠性。在类似的情况下，优化可靠性增加了等待时延，但是有可能找到一个平衡点，能满足等待时延和可靠性约束[12]。

8.4.3　CPP 与移动网络

图 8.6 给出了 CPP 在移动网络的衍生分支。对于移动网络，考虑到多层结构，特别是异构无线网络，弹性是一个关键的问题。而且负载变化要大得多，会影响控制器的处理和响应时间。需要将移动网络的负载变化和特性整合到这些问题的定义中。除了考虑移动网络规定的信息和协议数据的交换，还需要考虑算法的实用性。

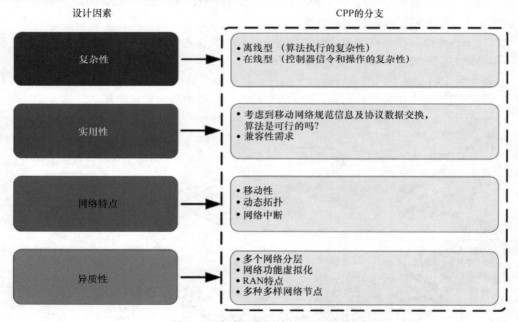

图 8.6　移动网络领域的 CPP 分支

其中的复杂度因素有两个方面：对应于算法执行复杂性的离线方面，以及对应于移动网络中控制器信令和操作的复杂性的在线方面。而且，考虑到网络节点和移动终端设备的多样性，复杂度就更高了，这也体现在系统中多层网络和网络功能虚拟化带来的异构性相关的挑战。

移动网络内在的移动性必然导致拓扑结构是动态的，并且可能出现潜在的网络中断及负载变化。要解决这个挑战就需要对网络中的控制器进行动态自适应配置，放置算法中所用的系统参数会随时间和空间变化，使这个问题变得更为复杂。

8.5　结论

当前，移动网络受制于复杂的控制平面协议，部署新技术非常困难，配置接口是供应商特有的，设备价格也很昂贵。但是，随着流量和比特速率的不断提高，无线应用和服务已经成为不可或缺的一部分。因此，移动网络基础设施应不断演进，以灵活的方式充分满足这一迫切的需求。在这方面，希望 SDMN 能发挥作用，并成为未来移动网络的有机组成部分。尽管 SDN 模式会给移动网络带来新的自由度，但也会产生与移动网络特性有关的深层次问题。在这方面，集中控制器以及如何放置是 SDMN 设计和运行必须解决的关键问题。因此，控制器放置的挑战成为影响 SDMN 可行性的关键因素，对于实际的 SDMN，必须设计出控制器放置算法，并且考虑伸缩性、复杂性、移动网络特性以及与通用 SDN 系统的兼容性。

参 考 文 献

[1] Mendonca, M., Nunes, B. A. A., Nguyen, X., Obraczka, K., and Turletti, T. (2014) A Survey of Software-Defined Networking: Past, Present, and Future of Programmable Networks. IEEE Communications Surveys and Tutorials, vol. 99, pp. 1–18.

[2] Fernandez, M.P. (2013) Comparing OpenFlow Controller Paradigms Scalability: Reactive and Proactive. IEEE 27th International Conference on Advanced Information Networking and Applications (AINA), pp. 1009–1016.

[3] Limoncelli, T. A. (2012) Openflow: A Radical New Idea in Networking. Communications of the ACM, vol. 55 no. 8: 42–4.

[4] Li, E., Mao, Z. M., and Rexford, J. (2012) Towards Software Defined Cellular Networks. Software Defined Networking (EWSDN), European Workshop 2012, Darmstadt, Germany.

[5] Cisco Visual Networking Index (VNI): Global Mobile Data Traffic Forecast, 2013–2018 Report. http://www.cisco.com/c/en/us/solutions/collateral/service-provider/visual-networking-index-vni/white_paper_c11-520862.html. Accessed January 21, 2015.

[6] Pentikousis, K., Wang, Y., and Hu, W. (2013) MobileFlow: Toward Software-Defined Mobile Networks. IEEE Communications Magazine, vol. 51, no. 7, 44–53.

[7] Mahmoodi, T. and Seetharaman, S. (2014) On Using a SDN-Based Control Plane in 5G Mobile Networks. Wireless World Research Forum, meeting 32, Marrakech, Morocco.

[8] Ashton, M. and Associates (2013). Ten Things to Look for in an SDN Controller. https://www.necam.com/Docs/?id=23865bd4-f10a-49f7-b6be-a17c61ad6fff. Accessed January 21, 2015.

[9] Bari, M. F., Roy, A. R., Chowdhury, S. R., Zhang, Q., Zhani, M. F., Ahmed, R., and Boutaba, R. (2013) Dynamic Controller Provisioning in Software Defined Networks, Network and Service Management (CNSM), 2013 9th International Conference on, 18–25, Zürich,Switzerland.

[10] Tootoonchian, A., Gorbunov, S., Ganjali, Y., Casado, M., and Sherwood, R. (2012) On Controller Performance in Software-Defined Networks. In USENIX Workshop on Hot Topics in Management of Internet, Cloud, and Enterprise Networks and Services (Hot–ICE), vol. 54.

[11] Voellmy, A. and Wang, J. (2012) Scalable Software Defined Network Controllers. Proceedings of the ACM SIGCOMM 2012 conference on Applications, technologies, architectures, and protocols for computer communication, SIGCOMM'12, pp. 289–290, New York, NY, USA.

[12] Heller, B., Sherwood, R., and McKeown, N. (2012) The Controller Placement Problem. ACM HotSDN 2012, pp. 7–12.

[13] Mülec, G., Vasiu, R., and Frigura-Iliasa, F. (2013) Distributed Flow Controller for Mobile Ad-Hoc Networks. 8th IEEE International Symposium on Applied Computational Intelligence and Informatics, pp. 143–146. Timisoara, Romania.

[14] Levin, D., Wundsam, A., Heller, B., Handigol, N., and Feldmann, A. (2012) Logically Centralized?: State Distribution Trade-Offs in Software Defined Networks. ACM HotSDN 2012, pp. 1–6.

[15] IEEE. (1999) IEEE standard for communication-based train control (CBTC) performance and functional requirements. IEEE Std 1474.1-1999, New York, USA.

[16] IEEE. (2005) IEEE standard communication delivery time performance requirements for electric power substation automation. IEEE Std 1646-2004, New York, USA.

[17] Hock, D., Hartmann, M., Gebert, S., Jarschel, M., Zinner, T., and Tran-Gia, Phuoc (2013) Pareto-Optimal Resilient Controller Placement in SDN-based Core Networks. Proceeding of the 25th Int. Teletraffic Congress (ITC), Shangai, China.

[18] Zhang, Y., Beheshti, N., and Tatipamula, M. (2011) On Resilience of Split-Architecture Networks. IEEE GLOBECOM 2011, pp. 1–6.

[19] Hu, Y., Wendong, W., Gong, X., Que, X., and Siduan, C. (2012) On the Placement of Controllers in Software-Defined Networks, The Journal of China Universities of Posts and Telecommunications, vol. 19, no. 2, pp. 92–97.

[20] Behesti, N. and Zhang, Y. (2012) Fast Failover for Control Traffic in Software-Defined Networks. Next Generation Networking and Internet Symposium. IEEE GLOBECOM 2012, Anaheim, CA, USA, pp. 2665–2670.

[21] Hu, Y., Wendong, W., Gong, X., Que, X., and Shiduan, C. (2013) Reliability-aware Controller Placement for Software-Defined Networks. IFIP/IEEE International Symposium on Integrated Network Management (IM2013), Ghent, Belgium.

[22] Bertimas, D. and Tsitsiklis, J. (1993) Simulated Annealing. Statistical Science, vol. 8, no 1, pp. 10–15.

第 9 章 移动网络技术演进：开放 IaaS 云平台

Antti Tolonen, Sakari Luukkainen

Department of Computer Science and Engineering, Aalto University, Espoo, Finland

9.1 引言

LTE 是移动网络升级中一项重大的技术变革，为向网络引入创新补充技术创造了机会。为保持移动数据传输速率的竞争力，移动网络运营商必须投资新的网络解决方案。但是，面对专用网络硬件成本的增加和收入的下降，他们也非常苦恼。因此，一方面要提高网络性能和价值，另一方面要降低总成本，能够满足这些条件的新技术显得异常宝贵。

网络功能虚拟化（NFV）是其中一种可选的技术方案。在这个方案中，网络功能通过软件实现，并可以运行在廉价的通用计算机和网络硬件之上。为了支持虚拟化功能的弹性供给，可以选择私有的"电信云"。由于云计算的按需灵活性，它已经成为 IT 行业的主流业务模式。但是对于习惯了专用硬件的移动网络运营可能会纠结于时延和容错方面的需求。

尽管存在挑战，但 NFV 和云计算带来的移动网络功能确实在成本效益上更有优势。在初期，虚拟化功能可以与传统基础设施并行部署，例如支持日益增长的机器到机器间通信业务。同时，部分业务也可以继续由专用网络硬件支持。

即使没有明确的市场需求，新技术也会不断涌现，这是高科技行业的典型特征。商业化过程有失败，也有意外的成功，各种各样的故事在不经意间发生。技术演进的脉络非常复杂，一个技术要想成功必须同时满足多个条件。

电信云可以基于开源软件平台，本章分析了影响这类电信云未来发展的因素。这里我们只对单一的案例进行了研究，与多个案例的综合研究相比，它使我们能够深入了解具体情况下的市场行为[1,2]，这项研究本身基于现有文献和公司网站公开的信息。为了处理大量的信息，我们基于技术发展的一般规律来组织分析。

本章组织如下：首先介绍了理论背景和使用的框架；其次，我们向读者介绍云计算技术的基础知识；然后以 OpenStack 为例介绍了开源云平台；接下来，使用该框架分析软件定义移动网络（SDMN）中开放云平台的情况；最后，我们讨论了这个潜在演进方案的关键因素，并进行了总结。

9.2 技术演进的一般规律

技术演进总是通过渐进式变化完成的，整个过程中会涌现出大量的创新。传统企业也在不断提升自己的能力，以对现有能力进行补充，因为他们不愿放弃现有的产品和服务。相比之下，新的进入者往往会带来颠覆性的变化[3]。

另外，传统企业也在不断改进技术性能，甚至能超过客户最苛刻的要求。在同一时间，新的廉价技术可能已经开始蚕食它的市场份额，抢走了一部分要求不高的客户。这些原本被老牌企业忽视的技术可能最终将占据主流市场份额，这些技术和相关的创新被称为颠覆性创新[4]。

技术上的创新可能会导致现有产业结构的变化，尤其是对现有运营商的竞争力带来挑战。市场增长和高利润吸引新公司进入市场，挑战现有的运营商。许多新进入者的成功导致了一种被称为"攻击者优势"的现象。这个术语是指新兴企业在新兴技术开发和商业化方面比现有参与方更强，因为其规模较小，依赖少，历史负担轻[5,6]。

然而，行业都有进入壁垒，传统企业为了保持其利润水平，会想办法限制新进入者进入市场。进入门槛对每个行业来说都是不一样的，这些障碍包括成本优势、规模经济、品牌识别、转换成本、资本要求、学习曲线、法规、投入或分销渠道以及产品专利[7]。

在技术演变的开始，有一个充满变化的阶段，新技术及其替代品正在寻求市场的接受。这个阶段的变化速度是缓慢的，因为技术的基础和新的市场特征还没有得到充分的理解。在这个阶段，公司试验不同形式的技术和产品特性，以获得市场反馈[8]。影响技术进步的一个重要因素是，与原有技术的比较优势和附加价值，于是就涉及在寻求新的附加价值时，技术能在多大程度上可以用较低的门槛进行试验，如果更容易试验的话就有利于整个技术的扩散[9]。

标准化和开放增加了总体市场规模，降低了变化带来的不确定性。新兴市场中几种不兼容技术之间的竞争被称为"标准战争"。新标准将市场竞争转变为更加传统的市场份额战，从系统到组件层面。同时也增加了价格上的竞争，减少了产品特性差异。一些公司也可以通过推广自己的事实标准来差异化他们的产品，提供独特的性能。事实标准的产生对技术的正式标准化不利。然而，必须在开放和封闭之间做出权衡：私有技术往往会降低总体市场规模，最佳解决方案通常是在两个极端之间寻求折中[10]。

高度模块化的标准在适应不确定的市场需求时能增加灵活性，通过从更大的范围进行选择和试验，市场会选择最佳结果。应该以渐进的方式引入标准，从简单的标准开始，随着市场不确定性的降低而逐渐增加其复杂性，从而在构建和扩张标准方面进行阶段性投资。但是，技术创新阶段可以使用集中式的体系架构[11]，因为此时与最终用户需求相关的市场不确定性较低。

传统运营商拥有庞大的基础设施和客户群，可以通过控制迁移策略获得竞争优势，这些公司可以阻止新进入者与已有系统后向兼容，或者引入具有后向兼容优势的早期新一代设备[11]，以此来影响标准的接口定义。

兼容性的演进和引人注目的性能变革是截然不同的，但两者也有可能结合，在这两个极端之间有一个权衡，因为性能改进会降低客户的切换成本，所以在演进过程中，现有客户可以更好地被锁定到某些供应商。所以理想的解决方案是系统或产品既能提升性能，也能与这些公司现有的基础设施兼容[10]。

在共享一个共同平台的虚拟技术网络中，互补性会影响系统各个部分的价值。相互依赖的技术之间的互补性对技术演进的成功既有负面影响，也有正面影响。在一个共享共同技术平台的互补性商业虚拟网络中，网络外部效应也会出现，因为互补组件更强的可用性增加了彼此的价值[10]。

首先，创造了大量用户的技术同时也会受益于供需方的规模经济，网络外部效应也加速了这种扩散，而随着网络用户数量的增加，订阅其服务的价值也越来越高，这种相关联的过程也就是所谓的"随行效应"。这些促使收益递增的驱动因素导致了获胜的技术在良性循环中呈指数级增长，而失败的技术则在恶性循环中越来越被弱化[10]。

当市场选择了一个占主导地位的设计时，变化阶段就关闭了。一般来说，新技术和相关标准在初期不会成为主导设计，主导设计也并不是基于前沿的技术。虽然主导的设计并不体现最先进的功能，但其组合往往最能满足早期大部分的市场需求[8]。主导设计的出现导致产品平台和相关架构的创新得到进一步发展。这也会带来一些好处，比如子系统产品供应的增加以及将不同技术连接为更大的系统[12]。

一个主导设计会在多个可选的技术进化路径中脱颖而出，这些可选的技术路径由一些公司、联盟组织和政府监管机构来推动，并且每个企业都有自己的目标[13]。特别是法规对新技术的成功具有重大影响，法规定义了企业的总体边界，而标准化通过提高可预测性降低不确定性对技术筛选产生影响[14]。

我们认为一个统一的市场能够实现规模经济，降低电信产品和服务的价格水平。电信行业一直是在无线频谱、技术、服务和竞争等方面受到强力和广泛的监管，监管的主要目标是平衡市场参与方之间的社会利益分享，例如供应商、运营商和消费者[15]。

占主导地位的设计趋于控制大部分市场，直到下一个突破性技术的出现。一旦公司对技术有了更深入的了解，其性能改进开始以递增的方式加速[8]。主导设计的选择将创新平衡点由产品转向过程，以降低产品的生产成本，因为价格竞争在加剧，产品变化在减少，产品在渐进演变的基础上发展。因此，并购逐渐增加，行业开始整合[7,16]。在某种程度上，随着技术发展达到顶峰，收益开始递减，并最终会被更新的技术取代。

9.3 研究框架

基于技术进化的理论，我们可以创建一个具有以下 10 个维度的框架。接下来，我们将更详细地描述这些维度。

1) 开放性：行业中所有参与者对新技术的可用程度。
2) 附加价值：与旧技术相比的优势。
3) 试验：最终用户尝试新技术的门槛。
4) 补充技术：补充技术之间的相互依赖。
5) 已有参与者的角色：已有的参与者的产品策略。
6) 利用现有市场：将现有的客户重新导向新技术的程度。
7) 能力变化：所需新能力的程度。
8) 竞争技术：技术竞争者的角色。
9) 系统架构演变：架构中引入新技术的范围。
10) 监管：政府监管的影响。

显然，有几个维度是相互关联的。至少有三个例子：首先，增加开放性就降低了试验的门槛；其次，与第一个例子相反，由于需要对系统架构演进，提高了试验的门槛；最后，现有的参与者利用自己已有的市场，可能会阻止客户转向新技术。

为了推测未来的发展，必须确定积极的和消极的影响因素，这在很大程度上取决于框架的应用情况。因此，在分析中必然涉及这些假设。

9.4　云计算概论

云计算是指云提供商将计算资源以远程服务的方式提供给客户。计算工作从专用服务器转移到提供商的数据中心，大量的服务器为多个客户执行计算。例如，云计算客户可以是视频点播服务提供方，它从云计算提供商购买内容存储和处理能力等服务。

云服务提供商提供三个抽象级别的服务：软件即服务（SaaS），平台即服务（PaaS）和基础架构即服务（IaaS）。

1）在最高抽象级别 SaaS 上，提供商提供给客户的应用程序通常是通过 Web 界面访问的，Gmail 就是这种应用程序的一个例子，它是 Google 基于 Web 的电子邮件应用程序。

2）在中等抽象级别的 PaaS 上，客户获得了可以运行自己软件的平台。该平台通常仅限于一种或几种编程语言，并提供自己的服务，例如平台特定的存储和数据库，Heroku 就是这种平台的一个实例。

3）最低抽象级别即 IaaS 上，为客户提供虚拟机（VM）的访问，这些虚拟机是逻辑抽象的物理计算机以及其他 IT 基础设施，如存储和计算机网络。与物理机器一样，客户可以从操作系统开始，在机器上安装自己的软件。亚马逊公司的弹性计算云（EC2）及其相关服务就是 IaaS 的例子。

这三个抽象层次还需要云计算客户具有相应的能力。例如，PaaS 云计算客户必须能自己部署软件，但是由云平台来管理服务的伸缩。IaaS 客户需要自己来处理伸缩功能（增加虚拟机实例数量）和分布式系统的通信机制。

云计算的一个重要特征是，提供商通常以"按需和按使用付费"为基础提供服务。因此，客户可以立即获取所需的计算资源，并在不需要的时候释放掉资源。

云计算使客户和提供商都能受益，对于云计算用户来说，不再需要像以前那样购买自己的计算机硬件了，从而降低了前期的投入，同时也不需要维护和管理自己的 IT 基础设施了。云提供商又具有规模经济属性，同时也能为许多客户提供服务：数量大，硬件就会便宜，可以更有效地将计算任务分配给物理机器。

云计算有三种不同的部署模式。第一种模式是公有云，用户可以从某一家公司（例如亚马逊）购买服务。第二种模式是私有云，云提供商实际上就是公司自己。最后一个模型是一个混合云，它是前两种模式的组合。在混合云中，用户自己提供所需计算能力的基础部分，而剩余的所需的能力是从公共云中弹性获取的。

为了提升成本效益，云计算应基于计算机虚拟化和普遍使用的自动化。

1）在计算机虚拟化中，物理计算机的底层硬件资源由多个虚拟机共享。运行在物理机器上的软件管理程序（hypervisor）负责在虚拟机之间共享物理资源的访问，并将虚拟机彼此隔离以保证安全性。在云计算环境中，计算可以从一台物理机器转移到另一台物理机器上，这是虚拟机的一个重要特性。

2）资源分配的自动化提升了配置变更决策和执行速度，并提供了数据中心的容错功能。例如，为新 VM 实例选择物理机器和将 VM 迁移到其他物理机器，如果没有自动化就很难提升效率。自动化通常通过云服务中的控制软件"云操作系统"来实现。例如，启动一个新的 VM 实例并不需要用户为 VM 选择物理机，由控制软件进行选择就可以了。

现在有多个私有的和开放的云平台解决方案，但私有解决方案可能出现供应商锁定的弊端。为了避免锁定，开放的解决方案或许的首选。开放的解决方案包括 Apache CloudStack 和 Open-Stack。

9.5　平台举例：OpenStack

OpenStack 是一个通过开源软件创建 IaaS 云的项目，最初由 Rackspace 和 NASA 创建。

该项目由多个子项目组成，分别为云计算平台的不同领域提供功能，例如计算和网络。此外，与其他大型开源项目类似，它也由大型社区开发和主导，成员包括个人开发者和企业开发人员、云提供方或其他项目人员。

作为开放云平台的一个例子，本节重点介绍 OpenStack。首先详细介绍平台的总体设计和体系架构，然后介绍主导该项目的社区。

9.5.1　OpenStack 的设计及架构

OpenStack 是多个子项目的集合，分别实现云平台的不同功能。该项目的主要思想是定义完备的应用程序编程接口（API），为用户提供访问服务，可以控制硬件基础设施所需的实际功能，主要的 API 是基于表现层状态转移（REST）定义的。另外，该项目还捆绑了命令行工具，可以与其服务进行交互。

OpenStack 通过基于插件的体系架构支持多种基础架构服务。例如，如果想支持一个新型的管理程序，只需要实现一个驱动程序插件就可以发布给其他人使用。这种灵活的特性使得 Open-Stack 能够与许多不同的私有或开放的基础设施技术进行交互。

图 9.1 给出了 OpenStack 的主要组件，具体包括：

1）计算组件（代号 Nova）通过与管理程序交互控制虚拟化资源，如虚拟 CPU、内存和存储接口，云计算用户或仪表板服务通过访问它来部署新的 VM。它支持的管理程序非常丰富，Nova 还支持其他技术，例如 Linux 容器（LXC）等。以前，Nova 还为虚拟机提供虚拟网络接口，但现在这个任务大部分都转移给了 Neutron 网络组件。

2）仪表板组件（Horizon）提供 Web GUI 访问其他 OpenStack 服务。

3）网络组件（Neutron）管理虚拟机的虚拟网络接口之间的虚拟网络连接，用户可以创建复杂的虚拟网络体系架构，其中包括虚拟路由器、负载均衡器和防火墙。它支持的网络后端技术包括 Linux 网桥、私有网络控制方法、软件定义网络（SDN）控制器。

4）存储组件支持块存储，即通过 Cinder 管理的磁盘卷和通过 Swift 分发的对象存储。

5）共享组件包括身份服务（Keystone）、映像服务（Glance）、编排服务（Heat）以及测量服务（Ceilometer）。顾名思义，它们服务于其他服务，也为真实用户提供服务。Keystone 负责用户认证和授权，以及管理用户凭证。Glance 管理磁盘和服务器映像，Heat 使用模板在预定义的设置中部署云资源。最后，Ceilometer 集中收集并提供云测量数据。

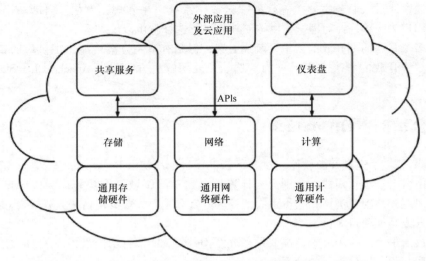

图 9.1　OpenStack 架构（摘自 http：//www. openstack. org/software/）

在每个版本中，都有额外的子项目不断添加到 OpenStack 项目中。2014 年 4 月的最新版本 Icehouse 推出了四项新功能，即数据库服务（Trove）、裸机服务（Ironic）、排队服务（Marconi）和 Hadoop 数据处理（Sahara）服务。

今天，OpenStack 可用于多个私有云平台和公有云平台。私有云平台包括 Red Hat 的 RDO，Ubuntu OpenStack 和 Rackspace Private Cloud。许多云服务提供商，例如 Rackspace 和 HP，也提供基于 OpenStack 的大规模公有云。此外，它也已经用于电信系统，例如，爱立信公司使用 Open-Stack 增强其云系统产品[17]。

9.5.2　OpenStack 社区

社区是开源项目的重要组成部分，由开发人员和新功能测试人员、修复错误人员以及项目方向规划人员组成。

OpenStack 社区由支持它的公司的员工和其他爱好者组成。除了开发之外，社区还建立了 OpenStack 基金来支持其开发，并推动平台的应用，基金会成员还负责任命项目指导委员会成员。

此外，根据最近的社区分析，OpenStack 拥有所有开源 IaaS 平台中最大的社区[18]，既包括项目交流的数量，也包括代码的提交。

9.6　案例分析

本节将利用我们的研究框架分析未来移动网络开放云平台的演进方向，大部分评估基于作者自己的推理，因此这种分析并不能准确地预测未来，只是介绍了几种可能的演进路径。此外，整个分析并不局限于开放的云平台，NFV 的优缺点也直接关系到云计算的成败。

9.6.1　开放性

我们将开放性定义为该行业所有参与者对新技术的可用程度。开放的云平台本身就是开放的，即源代码是公开的，也是免费的，可以部署到通用的硬件设施上，同时开发和用户社区也都是开放的。

平台的开源代码一般通过公共代码库进行发布，由版本控制系统进行管理。另外，它是在免费的软件许可下发布的，例如 GNU 通用公共许可（GPL）或 Apache 许可。许可证之间最大的区别在于，对其更改是否需要公开，以及许可协议在未来分支中是否必须保持不变。

这些平台本质上是免费提供的，主要的 Linux 平台也通过其安装包管理器提供。此外，这些平台还支持通用硬件。为了支持平台的部署，许多公司提供付费咨询和培训。

而且，开放云平台不受供应商封闭的威胁。

最后，开放平台当然也允许网络功能和其他服务成为开放或封闭的解决方案。因此，采用开放的 IaaS 云软件并不限制网络运营商选择其他解决方案提供商。

9.6.2　附加值

一个新技术必须提供可观的附加值才能被市场接受。与目前的解决方案相比，开放的云计算平台和虚拟化技术有一定的优点和缺点。

一般而言，虚拟化支持灵活的计算能力分配，由通用的商用硬件来提供。而且，云平台的自动化分配机制也提高了硬件的利用率。反过来，利用率的提高也可以提升能源效率，所以这种方法也会降低整体开销。

开放式云平台的好处有两个，即可修改性和以更低的价格持续访问平台上的新功能并保持更新。首先，任何人都可以修改平台代码来满足自己的需求。其次，承诺社区所取得的任何进展都可供所有成员使用。最后，开放平台是免费的，从而降低了网络的总成本。

云计算在移动运营商核心网中的引入也催生了新的业务模式。首先，运营商可以将计算能力从电信云租借给第三方提供商。此外，在运营商云中提供的第三方服务也能对底层基础设施的备用容量有相同的控制（即为给定的服务质量预留网络隧道）。因此，这种方法将把运营商从一个单纯的数据管道转变成一个计算和网络基础设施供应商。

与专用硬件设备相比，基于软件的方法优势更明显。与硬件开发相比，软件开发更快、周期更短，这也意味着可以更频繁地部署新的服务和技术。

但是也有一些缺点，包括性能下降。虚拟化的网络功能比专用的网络要慢，因此，必须将相同的工作分配给多个虚拟化实例，可能需要修改体系架构和功能。例如，分布式网络功能可能需要额外的汇聚层解决方案。

开放云平台技术引入到移动网络将为虚拟化网络功能解决方案开辟一个新的市场。这使得新的参与者可以进入到网络业务，导致竞争更充分，从而加快开发时间并降低价格。

9.6.3　试验

开放云平台的试验门槛极低。通常，云平台可以完全安装到单台商用计算机上。由于平台可以安装在免费的操作系统之上，通过软件包管理器来安装很简单，也更容易进行试验。

而且，现有架构不需要改变，因为 LTE 核心网已经完全基于 IP。因此，网络提供商可以通过虚拟化单个网络功能并在云上运行虚拟实例来替换相应的专用设备。另一种方法是分离一些流量，例如机器对机器的通信由虚拟网络功能提供服务[19]。

开放云平台还能为众多的公共云服务提供支持，比如 Rackspace 的公有云。对特定云平台开展研究可以从尝试其公共可用的实例开始。

为了跟上目前的计算趋势，学术界也在研究和尝试不同的、最有可能开放的云平台。这对整个社区都有好处，因为大学也做了很多创新，并将结果发布给社区。

9.6.4　补充技术

开放云平台的补充技术包括通用 COTS 计算硬件和 SDN 及其相关技术。

云平台通常在标准硬件上运行，如 X86 服务器，而不是私有的专用硬件。而且，它们可能支持其他计算体系架构。例如，OpenStack 也可以运行在基于 ARM 的硬件上。

目前，开放的思想也开始影响到硬件了。例如，开放计算项目旨在提供云计算基础架构的原理图和设计。未来，开放的云平台优化后也可用于开放的硬件，反之亦然。

SDN 是移动网络云计算的另一个补充技术，数据中心网络推动了 SDN 的发展。因此，将 SDMN 的控制集成到云平台以实现高级网络控制（如流量工程）也是合理的。开放的云平台为私有和开放的后端技术提供驱动。网络控制器的替代方案包括 OpenDaylight 或者 OpenContrail。

9.6.5　现有参与方的角色

移动网络市场的主要参与方包括硬件厂商、网络提供商和网络运营商。网络提供商利用硬件厂商的设备和产品构造网络，最终将其出售给移动网络运营商，这是产业的核心。

过去，网络运营商首选多厂商解决方案，自己拥有系统集成的能力。然而，现代网络通常由一个提供商提供，因为运营商缩减了在网络建设和维护方面的开支。

移动数据流量和运营商业务的大幅增长需要高度发达的解决方案。以前，网络提供商将他们的解决方案建立在硬件提供商的专用产品上。结果专用硬件设备很昂贵，并且只能支持该供应商的产品。然而，最近有了更灵活的解决方案，迫使网络提供商重新考虑他们未来的战略。

开放的云平台将解耦移动网络的硬件和软件业务，新的参与方有机会参与到网络产业中来。IT 硬件提供商能够提供通用计算和网络基础设施，规模经济使得其成为合理的选择。在软件方面，网络功能的开发不再需要大量的资源。因此，网络功能市场对既有的网络提供商和新进入的软件公司都是开放的。

为了跟上竞争，现有的移动网络提供商有两个选择：一方面，他们可以继续走专用设备之路，并改进现有的解决方案，以支持增长的流量和增加的灵活性；另一方面，他们可以开发软件从虚拟化领域寻求新的解决方案。当然，这些方法的相互结合也是可行的，因为虚拟化和硬件解决方案是支持互操作的。至少有两个这样的混合方法的例子：首先，爱立信公司已经用虚拟化环境和专用硬件解决方案两种方式提供了 LTE 核心网[20]。其次，诺基亚公司和网络公司（NSN）提供了一个电信云解决方案，可以同时支持硬件和虚拟化网络功能以及多个云平台[21]。

一般来说，我们相信现有的网络供应商将提供与专用设备并行的虚拟化解决方案。而且，越来越强调，网络解决方案将成为基于软件的解决方案。

硬件和网络提供商新的市场机会在为移动运营商设计和提供计算基础设施，因为现有运营商熟悉移动网络的需求，这方面他们有天然的优势。

9.6.6　现有市场的利用

现有市场以专用产品为主，移动运营商已经大量投资于现有的网络和设备，这些投资必须有收益，从而限制了基于云的网络解决方案的推广。

云化网络的未来依赖于未来的网络投资。颠覆性的 LTE 技术要求运营商投资新的网络。幸运的是，由于云方法支持硬件和虚拟化网络功能的互操作，运营商也可以选择这种方法。

在虚拟化解决方案上不断积极经验，才可以破除现有硬件解决方案的阻力。这些经验可以通过在现网进行测试和试验获得。对于虚拟化解决方案的正面评价也可能影响未来 5G 及正在进行的未来网络的设计。

市场对专用解决方案的偏好也有影响。但是，IT 产业开放性所取得的成功也会激励在移动网络中使用这种技术。

9.6.7　能力的转变

转向云解决方案需要在开发和运营能力方面产生重大改变。

开发虚拟化解决方案首先是软件开发工作。其主要思想是利用通用硬件，并与软件产品区分开来。因此，网络提供商将不得不整合和实施软件组件，而不是在硬件组件中设计新型的产品。

云化的另一个重大变化是网络运营商必须转变为云服务提供商和管理员。虽然云计算依赖于自动化，但运营商必须经过云管理员配置、更新和排除基础架构和平台软件的故障。而且，云计算基于不同的容错理念（大量的商用硬件使得它在某一时刻必然出现故障），因此要求平台容忍故障，而不是用定制的高可用硬件来解决这个问题。

而且，运营商必须选择和整合不同的虚拟化解决方案，否则他们必须依靠提供商提供完整的网络解决方案。

硬件制造商通常为用户提供专有技术的培训。同样，开放云平台也有相关的培训，许多网络和云计算公司提供安装和使用开放云技术的咨询、培训和支持。

9.6.8　竞争技术

开放的云平台面临三个方向的竞争：传统专用硬件、私有云平台和公共云。

当虚拟化产品推向市场时，专用硬件解决方案也在不断发展。虽然这些专用产品的性能和优势可能不会有显著的增加，但网络运营商熟悉该方法的技术细节和其他方面。因此，继续投资专用技术可能会吸引保守的运营商。

开放式云平台的另一竞争对手是商用私有平台，如 Vmware vSphere 和 Microsoft System Center。这些平台可能会将用户锁定在某些技术和提供商中。同时，由于供应商控制整个平台，他们可能会提供更好的支持。

9.6.9　系统架构的演进

移动核心网的云化需要增加通用计算能力。有两种方法：第一种方法是添加数据中心，即将数百或数千台服务器容纳在核心网基础设施中；另一种可能性是通过网络分配计算设备。

数据中心方法是 IT 系统当前事实上的部署方式。因此，可以从管理 IT 云服务的经验中受益。但是，它只提供少量网站来执行网络功能。

另外，可以通过核心网分配计算资源，网络功能和其他服务的空间分配更灵活。NSN 已经实现了这个想法，其产品组合包括包含了有计算能力的 NSN 基站[22]。

在分布式方法中，到最近的网络功能实例的时延可能较低，但是维护硬件更困难。例如，驻留在基站中的服务器比数据中心机架中的服务器更难更换。从远程位置到支撑系统（如数据库服务器和其他虚拟化实例）的网络速度和时延是另外一个问题。

与架构的选择无关，现有的传统网络及其设备不会消失。因此，新型解决方案的后向兼容性也很重要。

但是，传统网元的虚拟化也不是不可能的，例如在设备故障的情况下，操作员可以用虚拟化解决方案来替换设备。

最后，虚拟化解决方案和云计算是否会影响未来 5G 及以后的网络，并成为主要的解决方案还有待观察。毫无疑问，4G 网络的部分虚拟化和云化经验将影响 5G 网络的设计。

9.6.10　法规

理性地看，监管不应该妨碍在移动网络中使用开放云技术。法规甚至应鼓励网络功能市场的开放，因此要求运营商寻求多供应商解决方案，多个供应商都可以提供虚拟化网元。

另外，监管可能会影响电信云及其补充技术的商用。例如，当专用网络切片以虚拟专用网络（VPN）的形式提供 OTT 服务时，网络中立性可能成为一个问题。

9.7　讨论

正如第 9.2 节所指出的，新技术从产生到占据主导地位，发展过程中会出现许多出乎意料的事件。但是，仍然可以对可能的演化路径进行推测。

下面将结合前面的案例分析，讨论移动核心网开放云平台的未来。我们根据案例分析将框架的维度分为促进因素、中性因素和抑制因素。此外，我们将指出在这个具体情况下的各维度之间的关系。

作为未来网络开放云平台的推动因素，我们确定了以下几个维度：开放、附加值、试验和补充技术等。

首先，高开放性是开放云平台技术最明显的推动力。现有的和未来的行业参与者都可以得到技术并参加社区。因此，移动网络行业能立即从 IT 行业发展及其基于云计算模式的成功中获益。而且，虚拟化网元市场可能会吸引 IT 业和开源社区的新成员开发与现有运营商新老解决方案相竞争的产品。因此，发展速度会加快，解决方案的价格可能会下降。

总的来说，开放性显然与试验门槛和附加值有关。开放的平台对每个人都是可用的，便于他们尝试和学习，同时他们还为使用该平台的应用程序创建新的市场。

其次，开放的云平台也提供了附加值。开放平台的价值主张包括价格、可修改性，以及使用整个社区开发的成果，对网络运营商和提供商都具有吸引力。而且，虚拟化和云计算方法将解决现代网络中存在的许多挑战。

网络提供商已经意识到开放云平台的好处，并将其应用于产品中。因此，这种平台的附加值已经影响到已有的参与方，及他们在移动网络演进中的作用。此外，价值增长也促进了云计算与网络的整合。

第三个推动因素是技术试验的低门槛，开放也推动了技术的发展。不同的行业参与者都可以研究如何使用这些平台为他们带来价值。而且，开放也吸引了学术界来研究这个平台。总而言之，通过创造性地使用技术，联合试验的努力会带来新的价值主张。

最后，开放云平台的补充技术也支持向云化移动网络和开放平台的演进。例如，网络提供商将 SDN 看作是扩展现代移动网络能力的重要技术。反过来，开放云平台通过社区的开发工作迅速支持新技术。因此，一些新型的网络功能将得到网络平台的及时支持。

补充技术也会影响到开放云平台的附加值、移动网络的架构演进以及所需能力的转变。补充技术将通用硬件引入核心网，因此降低了成本。但是，网络管理员和设计人员所需的能力是明显不同的。

接下来，我们明确了中立因素，这些因素对开放云平台纳入移动网络的发展似乎影响不大。三个中立因素包括现有参与者的角色、系统架构的演变和监管。

首先，现有的参与者对于移动网络开放云平台的使用成败很重要，但发挥的作用不确定。到目前为止，网络提供商已经将它们纳入其产品组合，另一方面，他们也没有放弃专用的解决方案业务，显然网络提供商不确定未来的主导设计。因此，开放云的成功取决于网络运营商在现网部署中的策略。总之，现有参与者对演进的影响是不确定的。

其次，系统架构演进实际上是技术演进的最终结果，因此我们认为它是一个中立的因素。同时，如果系统架构发生了深刻变化，所需能力也会发生显著变化。

再次，监管也被视为中立的因素。例如，它可能有利于在核心网中应用开放的云平台。同时，它或许会限制更多可能的新业务模式，如专用网络切片和服务质量差异化。监管也可能会导致多个网络功能和服务提供商进入市场，从而影响未来的系统架构。

最后的三个维度，即现有的市场工具、竞争技术和能力的转变似乎限制了开放云平台的采用。

首先，包括专用解决方案和私有云平台在内的竞争技术可能阻碍开放云技术的使用。一些行业玩家肯定会抵制变革，并继续在他们的网络中提供和使用专用的解决方案。但是，专用和虚拟化解决方案可能会共存。反过来，开放云平台和封闭云平台之间的竞争可能也会继续存在，类似于 IT 行业相关的竞争。总之，相互竞争的解决方案的市场份额也将影响未来的系统架构。

其次，现有市场会阻碍未来的云化。网络运营商拥有庞大的专用硬件解决方案基础，专用产品被证明是可行的。此外，现有的网络供应商不太可能会欢迎进入网络业务的新参与方。

最后，我们认为开放云技术最明显的阻力来自所需能力的变化。云计算是提供移动连接的革命性方法。因此，运营商必须对网络管理员和技术人员进行重新培训，或者聘用具有所需技能的新员工，在这种情况下，继续使用现有方法可能更有吸引力。此外，这也影响了现有供应商的角色：现有供应商如果不能提供虚拟化解决方案和云平台，就会为新的参与者提供进入市场的机会。

根据本节的讨论，图 9.2 总结了所用框架的各个维度的作用和关系。很明显，在这种情况下，未来系统架构的演进取决于能否在一些领域取得成功。开放云方案解决了移动网络业务目前面临的许多挑战，如供应商的垄断、灵活性和成本。同时，它也支持 NFV 和 SDN 等其他关键技术的发展。另一方面，云化是一个重大的颠覆性技术，需要在能力和解决方案上有重大的转变。

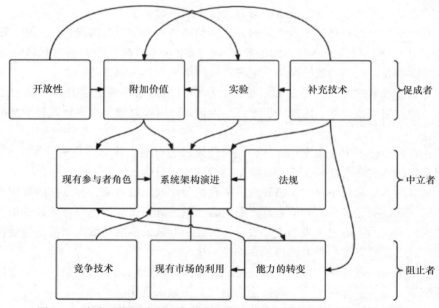

图 9.2　移动网络开放云平台技术演进中，框架维度的关系及角色识别

我们相信，云计算方法将首先在一些特定的使用场景下被试用，例如机器到机器间的通信。如果性能看起来不错，新的网络会越来越多地在虚拟化组件上构建，并运行在基于通用硬件的运营商云平台中。在这种情况下，虚拟网络功能市场就会被打开，新的参与者进入这个行业。但

是，主导的云方案设计可能包含开放平台或私有平台。价格和硬件支持的差异促进了开放解决方案的采用。反过来，供应商在使用私有技术方面也有着悠久的历史，两种类型的解决方案都有市场空间，但哪一个会占据主导地位是不可预知的。

9.8　总结

本章针对开放云平台的具体情况，讨论了移动网络的技术演进。我们基于一般的技术进化理论框架进行了分析。

技术进化理论认为，在众多参与者和解决方案的市场中，占主导地位的设计已经成为传统产品演进和创新解决方案的产物。一项技术比其他技术成功的真正原因难以准确地被识别。然而，成功技术的共同特征使我们能够分析可能的演进路径。在这种情况下，我们选择了 10 个维度来进行框架的分析。

本章还简要介绍了云计算的概念，包括对不同服务抽象级别（SaaS、PaaS 和 IaaS）以及部署模型（公有、私有和混合）的划分，并以 OpenStack 为例介绍了开放云平台项目。

在分析的基础上，开放云软件解决了现代网络中使用专用硬件的一些问题，并支持现代网络的发展，如 NFV 和 SDN。但是，由于专用硬件的大量安装和对能力转变的要求，完全的云化是不可能的。因此，我们预测开放或私有云技术将逐渐被引入网络。例如，它可能最初被用来应对越来越多的机器对机器的通信。从早期试验和开发中获得的正向反馈将带来云技术和虚拟网络功能更广泛的应用。开发者之间的竞争将推动移动网络的虚拟化向前发展。然而，云平台开放和封闭的最终选择取决于网络提供商或运营商的偏好。

致谢

这项工作是在 CELTIC-Plus 项目 C2012/2-5 SIGMONA 的框架下进行的，作者对同事的贡献表示感谢。这里提供的信息反映了联盟的观点，但联盟不对任何信息的使用负责。

参 考 文 献

[1] Stake RE. *The art of case study research*. Sage, Thousand Oaks; 1995.

[2] Yin RK. *Case study research: Design and methods*. Sage, Thousand Oaks; 2003.

[3] Tushman ML, Anderson P. Technological discontinuities and organizational environments. Adm Sci Q; 1986:439–65.

[4] Christensen CM. *The innovator's dilemma: When new technologies cause great firms to fail*. Harvard Business School Press/HBS Press Book, Boston; 1997.

[5] Foster RN. *Innovation: The attacker's advantage*. Summit Books, New York; 1986.

[6] Christensen CM, Rosenbloom RS. Explaining the attacker's advantage: Technological paradigms, organizational dynamics, and the value network. Res Pol; 1995;24(2):233–57.

[7] Porter ME. *Competitive advantage: Creating and sustaining competitive performance*. Free Press, New York; 1985.

[8] Anderson P, Tushman ML. Technological discontinuities and dominant designs: A cyclical model of technological change. Adm Sci Q; 1990;35(4):604–33.

[9] Gaynor M. *Network services investment guide: Maximizing ROI in uncertain times*. John Wiley & Sons, Hoboken; 2003.

[10] Shapiro C, Varian H. *Information rules*. Harvard Business Press, Boston; 1998.

[11] Gaynor M, Bradner S. The real options approach to standardization. Proceedings of the Hawaii International Conference on System Sciences, Outrigger Wailea Resort, Island of Maui, Hawaii; 2001.

[12] Henderson RM, Clark KB. Architectural innovation: The reconfiguration of existing product technologies and the failure of established firms. Adm Sci Q [Internet]. Sage Publications, Inc. on behalf of the Johnson Graduate School of Management, Cornell University; 1990;35(1):9–30. Available from: http://www.jstor.org/stable/2393549. Accessed February 18, 2015.

[13] Tushman ML, Anderson PC, O'Reilly C. Technology cycles, innovation streams, and ambidextrous organizations: Organization renewal through innovation streams and strategic change. Manag Strateg Innov Chang. Oxford University Press, New York; 1997:3–23.

[14] Longstaff PH. *The communications toolkit: How to build and regulate any communications business*. MIT Press, Cambridge; 2002.

[15] Courcoubetis C, Weber R. *Pricing communication networks, economics, technology and modelling*. John Wiley & Sons, Chichester; 2003.

[16] Abernathy WJ, Utterback JM. Patterns of industrial innovation. Technol Rev 2. 1978:40–7.

[17] Ericsson. Cloud system. 2014 [cited May 28, 2014]; Available from: http://www.ericsson.com/spotlight/cloud-evolution. Accessed February 18, 2015.

[18] Jian Q. CY14-Q1 community analysis—OpenStack vs OpenNebula vs Eucalyptus vs CloudStack [Internet]; 2014 [cited May 15, 2014]. Available from: http://www.qyjohn.net/?p=3522. Accessed February 18, 2015.

[19] ETSI. Network functions virtualization (NFV); Use Cases—White Paper [Internet]; 2013. Available from: http://www.etsi.org/deliver/etsi_gs/NFV/001_099/001/01.01.01_60/gs_NFV001v010101p.pdf. Accessed February 18, 2015.

[20] Ericsson. Launch: Evolved packet core provided in a virtualized mode industrializes NFV/Ericsson [Internet]; 2014 [cited May 27, 2014]. Available from: http://www.ericsson.com/news/1761217. Accessed February 18, 2015.

[21] Nokia Solutions and Networks. Nokia telco cloud is on the brink of live deployment [Internet]; 2013 [cited May 27, 2014]. Available from: http://nsn.com/file/28161/nsn-telco-cloud-is-on-the-brink-of-live-deployment-2013. Accessed February 18, 2015.

[22] Nokia Solutions and Networks. NSN intelligent base stations—white paper [Internet]; 2013 [cited May 27, 2014]. Available from: http://nsn.com/sites/default/files/document/nsn_intelligent_base_stations_white_paper.pdf. Accessed February 18, 2015.

第 3 部分　流量传输和网络管理

第 10 章　移动网络功能和服务交付虚拟化与编排

Peter Bosch[1], Alessandro Duminuco[1], Jeff Napper[1], Louis (Sam) Samuel[2], Paul Polakos[3]

1 Cisco Systems, Aalsmeer, The Netherlands

2 Cisco Systems, Middlesex, UK

3 Cisco Systems, San Jose, CA, USA

10.1　引言

　　在电信领域，虚拟化的概念并不新鲜，自从有了电信功能测试的需求，就出现了在模拟环境中测试某个功能的方法，在部署之前看看某个功能的修改或优化是否可行。处理器和存储设备的每一次升级都能带来计算和存储能力的增强，同时为虚拟化打下了基础。电信网络功能，曾经只能在各种受限制的定制硬件上运行，现在也可以在普通的处理器上运行了。电信业务的编排思想也不是一个新的概念，编排从本质上是重复性流程的智能化和自动化，无论是从业务角度还是工程角度。

　　现代电信网络已经发展了几十年，演进必须考虑新型网络与现有网络的共存。由此产生的异构性导致了网络复杂度增加，这也意味着网络及其网元已经无法离开供应商特定的系统了。所以部署新的业务，甚至是仅仅管理现有的网络，都已经变成了一个相对昂贵的任务。

　　改善现有流程、实现虚拟化以及引入更多工程流程，这三方面的融合可能会形成一个有利的局面，不仅大部分网络功能可以虚拟化到便宜的商用硬件上，而且通过协作可以编排成新的解决方案。电信业已经认识到这一点，许多人正在尝试这种融合的方法，ETSI 提出的网络功能虚拟化（NFV）就是其中一个举措。这一举措试图规范虚拟化功能之间的接口和这些功能的整体管理。NFV 完全依赖底层可编程网络［通常称为软件定义网络（SDN）］，这是基础。通过 NFV 可以在多租户数据中心环境中动态部署网络功能，隔离和控制多种网络服务（NS）。在本章，我们将详细介绍移动网络环境下的 ETSI NFV 架构和由 SDN 提供的底层支持。

10.2　NFV

　　ETSI NFV 架构与其他云管理方式不同，它的目的是管理和操作私有数据中心（如分组核心网、IMS 等）中的虚拟化关键网络功能。在此体系架构中，需要保证高可用性和高可靠性（大于或等于当前的"5~9s"[⊖]），同时相比传统方式，提供同样的服务可以实现较低的资本及运营支出。在撰写本文时，这项工作还没有完成，关于数据中心如何运营仍然存在争议。但是，已经有了足够的信息来宣传其架构和可能的操作模式。NFV 的基本前提是网络功能的软件实现与它们所使用的计算、存储和网络资源是分离的。这意味着电信服务提供商（SP）将以新的方式运营、管理、维护和配置网络功能。

10.2.1　架构的功能

图 10.1 给出了当前 NFV 的管理架构，它的功能模块会在下面详细描述（详细信息请参阅参考文献［1］）。

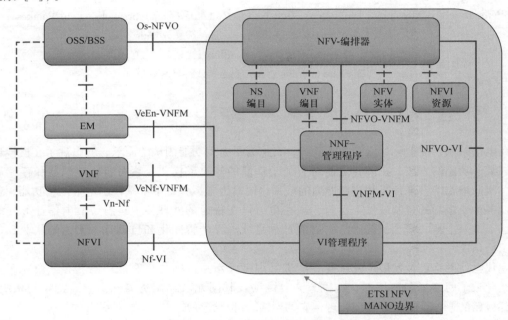

图 10.1　ETSI NFV 管理及编排架构

10.2.1.1　网络功能虚拟化编排器

NFV 系统的顶层编排器是网络功能虚拟化编排器（NFVO）。它负责虚拟网络功能（VNF）的实例化并管理由它提供的服务，这些虚拟网络功能来自 3GPP 虚拟演进分组核心网（vEPC）VNF 或 3GPP IMS。NFVO 努力实现三个目标：1）实例化 VNF；2）管理 VNF 的服务级别协议（SLA）；3）协调网络服务。为了实现这些目标，NFVO 使用一组描述符文件［NS、网络功能、虚拟链路、虚拟网络功能转发图描述符（VNFFGD）］来驱动编排系统对 VNF 进行实例化。描述符文件用来描述 VNF 或 NS 所需资源方面的模板或模型、配置和相关 SLA 描述。描述符文件将在后面的章节中详细介绍。

　⊖　简言之，它们每年有小于 315s 的服务中断。

为了管理由其控制的 NS 和 VNF 的 SLA，NFVO 对分配给 NS 和 VNF 的资源有一个端到端的视图。为此，NFVO 处理正在使用和可用的 NFV 数据中心资源分布的当前快照，数据中心资源是通过 NFVO-Vi 接口从虚拟化基础设施管理器（VIM）中检索到的。通过这些信息以及 NFV 描述符中包含的应用信息（例如指定的 VNF 的伸缩规则）和整体预计的资源消耗，NFVO 决定 NFV 应该实例化到 NFV 数据中心的位置。为了支持这项活动，NFVO 从理论上使用了多个数据库，基本上有两类：

- NS 及其组件信息（模型定义和描述）的数据库——NS 目录和 VNF 目录（见图 10.1）。
- 当前 NS 部署以及基础设施资源状态和可用性的数据库——NFV 实例和网络功能虚拟基础架构（NFVI）资源数据库（见图 10.1）。

1. NS 目录

NS 目录是已加载 NS 定义的存储库。NS 由网络服务描述符（NSD）来描述。NSD 描述 NS 部署的模板或模型，还包括服务拓扑（服务中使用的 VNF 以及它们之间的关系，包括 VNF 转发图）以及 NS 特性（如 SLA）等相关信息，如 NS 实例加载和生命周期管理所需的信息。目前，ETSI NFV 建议使用 TOSCA[2] 模板或 YANG[3] 模型。

2. VNF 目录

这是 NFV 编排系统可以启动的所有 VNF 的数据库。已加载的 VNF 由其配置文件（称为虚拟网络功能描述符（VNFD））所描述。VNFD 包含描述 VNF 运行和生命周期行为的信息和参数。VNFD 也可能是 TOSCA 模板或 YANG 模型。

3. NFV 实例

这个数据库包含所有（正在运行的）当前活动 VNF 应用程序及其到虚拟 NS 的映射，以及额外的运行时实例信息和约束。

4. NFVI 资源

这实际上也是一个数据库，它包含整个 SP 域中所有可用、保留和分配资源的清单。该数据库与 NFV 系统的状态保持一致，以便可以查询预留的、已分配的或监测系统中的资源状态。这是系统中 SLA 维护过程的切入点。

尽管 NFVO 原则上拥有 VNF 的大量信息，但实际上其并不需要理解 VNF 本身的功能角色或操作。它所有的信息就是为了管理服务并实施其 SLA。

10.2.1.2 VNF 管理器

编排系统的中间层是 VNF 管理器（VNFM），它负责管理 VNF 实例的生命周期。生命周期管理在这里是指：

- 处理 VNF 实例化，即为 VNF 分配和配置虚拟机（VM）[⊖]。
- 监控 VNF——这意味着两件事：根据 CPU 负载、内存消耗等直接监测 VM，或从 VNF VM 显示应用程序数据。在这两种情况下，VNFM 都会收集 VNF 应用程序数据和 NFVI 性能测量及事件。该数据被传递给 NFVO 的分析功能或 VNF 网元管理系统（EMS）。
- VNF 虚拟机的弹性控制，也就是说，如果 VNF 应用程序允许，在给定的一组触发事件情

⊖ 在 ETSI 术语中，VNF VM 被称作虚拟部署单元（VDU）。

况下启动新的虚拟机或删除现有的虚拟机。

- 辅助或自动修复 VNF，即重新启动、暂停或停止虚拟机（假定 VNF 能够进行此类管理）。
- 终止 VNF 虚拟机，即当 OSS 通过 NFVO 发出请求时，从服务中撤销 VNF。

VNFM 可以管理相同或不同类型的单个或多个 VNF 实例。而且，随着 NFV 的成熟，实现通用 VNFM 的可能性变得很大。但是，出于实用性（ETSI NFV 可能会慢慢成熟）的考虑，NFV 管理和编排（MANO）架构还需支持一些情形，如 VNF 实例需要特定的功能进行其生命周期管理，这可能作为 VNF 软件包的一部分。在这种情形下，VNF 包被认为是 VNFD 及其软件镜像的集合，以及用于证明包的有效性的任何附加信息，这意味着 VNFM 可以与应用程序捆绑在一起。这种方法的优点和缺点将在后面的章节中介绍。

10.2.1.3　VIM 与 NFVI

编排系统的底层是 VIM，它负责控制和管理运营商子域（即物理数据中心）内的计算、存储和网络资源。在 ETSI NFV 中，物理资源（计算、存储和网络）和软件资源（如管理程序）统称为 NFVI。VIM 有能力处理多种类型的 NFVI 资源（如通过 OpenStack 云管理系统），或者只能处理特定类型的 NFVI 资源（例如 VMware 的 vSphere）。

在这两种情况下，VIM 都负责：

- NFVI 资源的分配/升级/撤销和回收管理。
- 虚拟化资源与计算、存储和网络资源的关联。
- 硬件（计算、存储和网络）和软件（管理程序）资源的管理。
- 从硬件和软件收集并转发性能测量及事件给 VNFM 或 NFVO。

在撰写本书时，对于网络资源是否由 VIM 明确管理还存在争议，例如 OpenDaylight[4] 提供的开源 SDN 控制器，其中 OpenStack Neutron 可以作为 OpenDaylight[5] 的接口。

10.2.1.4　传统网元：网元管理器及运营和业务子系统

图 10.1 中有一些传统的网元，它们是网元管理（EM）及运营和业务子系统（OSS/BSS），是管理和保障网络功能的传统方式。这些网元有一些特定的含义，首先意味着 VNF 可以通过传统的方式进行管理，其次为业务迁移提供了一个起点。我们注意到，在撰写本书时，ETSI NFV 还没有解决 EM 之类的功能将如何演进的问题，由于 NFVO 和描述符文件的组合也具有类似的功能。

图 10.1 给出了当前 NFV 管理体系架构，下面将详细描述每个功能模块（详见参考文献[1]）。NFV MANO 架构是一个三层编排系统，顶层（NFVO）编排 NS，中间层（VNFM）编排虚拟功能的生命周期，最底层编排数据中心资源和基础设施，这些层之间是内在关联的。一个 NFVO 控制一个或多个 NFV 数据中心，因此一个 NFVO 控制一个或多个 VIM。VIM 与数据中心或数据中心分区之间存在一对一的关系。NFVO 可以与多个 VNFM 关联，并且 VNFM 可以与一个或多个 VNF 关联。

10.2.2　ETSI NFV 系统的运营

ETSI NFV 系统可以在两种工作模式中选择其一：

1）传统模式，即由现有管理 VNF 的 NMS/EMS 通过 OSS 直接驱动。在这种模式下，基本上所有的改变就是网络功能被虚拟化了。

2）编排模式，即通过 ETSI NFV MANO 系统来驱动。在这种模式下，整个系统通过 NFVO 目录中的一系列描述符文件来驱动。

10.2.2.1　ETSI NFV 描述符层次结构

ETSI NFV 描述符文件层次结构如图 10.2 所示。顶层是 NSD：NSD 和 VNFFGD。NSD 和 VN-FFGD 根据组成服务的 VNF、所需的网络拓扑和 KPI 来描述服务。中间层包括虚拟链路描述符（VLD）和 VNFD。VLD 介绍了 VNF 间的链路需求（带宽、QoS、Hypervisor、vSwitch、NIC 等），VNFD 介绍了 VNF。VNF 进一步细分形成最底层，由三个子组件组成；它们是 VNFD_element、VNF_element 和 VDU_element。VNFD_element 实质上是命名 VNFD 的，VNF_element 根据独立的虚拟机数量及其整体管理来描述 VNF 的组成，而 VDU_element 则描述组成 VNF 的各个虚拟机。NSD 和 VNFD 在下面的小节中有更详细的描述。

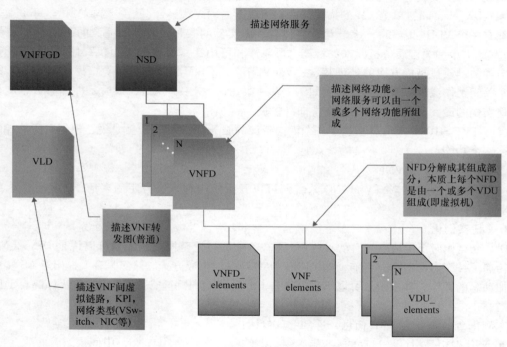

图 10.2　描述符层次结构

1. NSD

NSD 用以下方式来描述服务：首先是构成服务的 VNF 列表，其次是 VNF 转发图表列表，它主要介绍了各种 NVF 如何连接在一起以实现服务的，最后是每个 NVF 的相关依赖列表。依赖可以像描述 NFV 启动顺序一样简单，也可以是更复杂的关系，如由其他 NS 来预测。NSD 还包含描述该服务的 SLA 信息，通过公开以下两个列表实现：与服务配置相关联的监控参数列表，和以服务的元数据来描述的自动伸缩策略列表。

参照 TMF SID（参见参考文献［4］及其中所包含的参考文献），NSD 有点接近于面向客户的服务（CFS），即可由系统的客户来订阅。在这方面，取决于最终用户是谁（例如签约用户或企业），NSD 的示例包括语音服务、互联网接入、视频优化或内容传送网络。

2. VNFD

VNFD 将 VNF 组件描述到 VM 级别，VNFD 由三个要素组成：

- VNFD_element：VNF 的名称和 VNF 的供应商。
- VNF_element：组成 VNF 的元素列表，例如组成 VNF 的 VM 的数量；描述启动、终止、正常关机和其他生命周期事件的工作流程；NFV 组件所需的网络连接类型列表；虚拟机公开的外部接口列表，使其能够连接到其他虚拟和物理的网络功能；VNF 虚拟机之间的内部连接/接口列表；VNF 组件的依赖关系列表；监控参数（例如，CPU 利用率、接口带宽消耗和 NFV 特定参数）的列表；部署配置（风格）列表和每个部署风格的保证参数与需求的相关列表；自动伸缩策略列表；以及安装包中包含的所有文件的列表清单文件，建模语言版本和编码格式。
- VDU_element：单个 VM 的描述，由它组成不同的 VM 集合，最终构成 VNF。每个虚拟机自然都有一个 VDU_element。这个元素都包含 VM 实例的数量；对 VM 镜像的引用（即镜像位置）；存储大小和关键质量指标（如性能、可靠性和可用性）方面的虚拟机存储特性；VM 在处理能力和关键质量指标方面的处理特性；VM 内存要求；VM I/O 虚拟带宽；虚拟机启动、终止和正常关闭工作流程；备份模型（例如，主动 - 主动，主动 - 被动）；最后是伸缩参数，例如可以创建实例的最大和最小数量，以支持向外扩展。

参考 TMF SID[4]，VNFD 相当于一个面向资源的服务（RFS），也就是说，根据它所消耗的资源描述一个功能。

10.2.2.2 启动 NS 及 VNF

一旦描述符被加载，NFV MANO 系统便可以开始使用它来做有用的事情了，例如，生成一个 VNF 或启动一个 NS。

1. NS 实例化

OSS 究竟如何获得请求来启动 NFV NS 不在本文的讨论范围之内，其可以说是 OSS 和 NFVO 之间传递了一个启动命令。目前，这是 NFV 服务唯一的生成方式。然而，有人提出了 NS 实例化的更加动态的操作，其中请求可以不只是来自 OSS，例如 SP 可能开放给其业务伙伴的自助服务门户网站。

实例化命令携带了 NSID 信息，这些信息包括：

- NSD 引用是指已经启动的 NS 的 NS 标识符。
- 可以构建服务的已经运行的 VNF 的列表（可选）。
- 网络工作服务的伸缩方法（手动或自动）。
- 服务的风格（特定的配置）。
- 服务的阈值描述符列表。
- 服务的自动伸缩策略描述符的列表（如果允许自动伸缩）。

NSID 最后三项的逻辑含义是：

- 必须对特定服务的 VNF 进行标记，以便 VNFM 可以将与该服务相关的监测数据传递给一个保障系统，能够对数据进行分组以监测服务的执行性能。

● 阈值和自动伸缩描述符覆盖掉 NSD 中包含的已有的阈值和自动伸缩描述符，如果它们是有效的（一致的且在可接受的允许值的范围内）。

服务实例化可以沿着几个备选路径之一进行。NFVO 通过比较服务 VNF 的依赖性（如 NSD 中所述）和 NFV 实例数据库中维护的活动 VNF 列表来确定正确的路径，路径分类如下：

● 没有任何服务组件正在运行。如果构成 NS 的 VNF 已经存在于 VNF 目录中，并且没有一个 VNF 被实例化过，则 NFVO 使用已经存储在 VNF 目录中的信息来实例化必要的 VNF，通过包含在 NSF 的 VNFFG 引用中的信息，服务被拼凑在一起。

● 所有服务的 VNF 都已经在运行。如果是这种情况，并且所需的 VNF 对它们被用于多个服务没有限制，则需要做的就是使用 NSD 的 VNFFG 引用来插入服务。

● 一些服务的 VNF 正在运行。在这种情况下，NFVO 只启动那些丢失的 VNF，再次使用 NSD 的 VNFFG 引用中包含的信息将 VNF（新的和现有的）拼凑在一起。

图 10.3 所示的网络服务发起流程对此进行了描述。

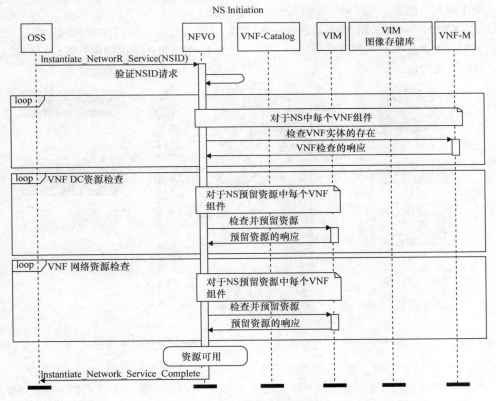

图 10.3　网络服务发起流程

2. VNF 实例化

VNF 实例化是指识别并预留 VNF 所需的虚拟化资源、实例化 VNF、启动与每个 VNF 关联的虚拟机的过程，简而言之就是 VNF 生命周期管理的初始阶段。

与 NS 实例化请求不同，VNF 实例化请求可以有多个来源。它可以是 NS 实例化的一部分（参见前一节）；可以委托新的 VNF 作为 OSS 直接请求；也可以是 VNFM 的伸缩请求的结果；或者是 VNF 的 EMS 的请求。无论如何，NFVO 会收到一个虚拟网络功能启动描述符（VNFID），里面包括：1）实例化 VNF 的 VNFD 的引用；2）VNF 的网络附着点的列表；3）伸缩方法和阈值描述符（即，如果已经选择自动伸缩，则是触发伸缩的参数）；4）使用的风格（配置）。

我们这里提供的大部分信息仍在 ETSI NFV 讨论之中，在撰写本书时，操作流程和过程还没有被规范地定义出来，因此可能会改变。

10.2.3　潜在的演进及部署路径

基于上一节介绍的体系架构模块，我们可以看到，VNF、EMS 和 VNFM 可以打包成多种配置，形成多种运营模式演进路径。配置的范围包括，从自我编排的独立 VNF 到基于 ETSI NFV MANO 的 SP 网络的全自动操作。接下来的四个小节介绍 VNF 的演进配置，从最简单、最接近当前网络操作模式的配置，到接近于未来最终状态的配置。

10.2.3.1　VNFM 与 EMS 和 VNF 打包在一起

最简单的配置是 VNFM 与应用程序（VNF）及其 EMS/NMS（如图 10.4 所示）一起打包的配置。这种配置的优点是：

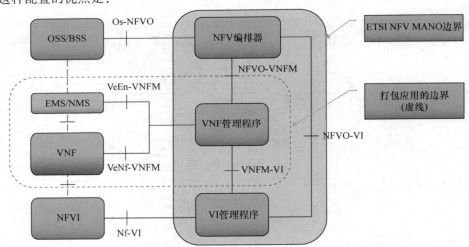

图 10.4　NFV 管理架构，VNFM 由应用及其 EMS/NMS 提供

- 隐藏了从 NFVO 运行应用程序的复杂性：
  - VNF 是独立的。实际上，NFVO 系统启动了应用程序的第一个虚拟机——VNFM，VNFM 随后启动了其余的应用。
  - 传统手段提供了应用的保证。VNFM 可以提供一个汇聚点，用于收集监控和性能信息，然后将其传递给应用程序 EMS。
  - 伸缩事件（例如，满足 SLA 需求）既可以通过 OSS 手动干预进入 EMS 来处理，也可以作为 VNFM 中由伸缩规则触发的事件来处理，随后会导致 OSS 进行自动操作或手动干预。

请注意，在使用资源之前，所有额外资源（虚拟机和网络带宽）的请求仍需通过 NFVO 进行鉴权和授权。

- 允许应用程序通过更传统的方式运行（OSS/NMS/EMS/VNF）。换句话说，在没有 NFVO 的情况下，也可以操作 VNF。

这种配置可能存在长期的缺点，未来的 SP 运营可能需要复合的端到端解决方案，要求对 NFV 数据中心的操作方式进行更严格的控制，因为 NFV 是更大型解决方案的一部分。因此，在 NFVO 和通用 VNFM 层面采取措施，而不是像图 10.4 那样可以更好地满足资源的保证、控制和分配。

为了支持这种情况，VNFM 特定功能需要与 VNFM 一般通用功能集成，或者更广泛地集成到 NFVO 中。如何实现这样的集成并不是 NFV MANO 的范围，但对于任何数据中心的 NFV 编排系统来说至关重要。

实际上，在 NFV 的早期阶段，许多虚拟化应用程序（VNF）可能独立于 ETSI NFV 系统运行。

10.2.3.2　VNFM 与 VNF 打包在一起（单独的或现有的 EMS/NMS）

这种配置（如图 10.5 所示）与前一个配置大致相同，不同之处在于 VNF 和 VNFM 作为一个单独的软件包，可以与现有的 EMS 和 NMS 集成，优缺点与前面所述非常相似。

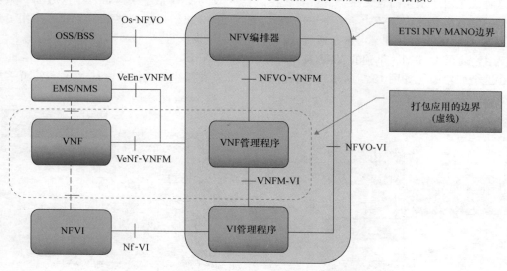

图 10.5　NFV 管理架构，VNFM 由应用提供

此配置是运营演进路径的下一步。在这种配置下，VNF 的保证不一定会交给现有的 EMS/NMS 系统，未来的保证信息可以由 VNFM 通过 NFVO 来报告。将来可能会出现这种情况，即复合的端到端解决方案可能由 NFV 目录构成。

10.2.3.3　通用 VNFMEMS/NMS 与 VNF 打包在一起

在这个配置中（如图 10.6 所示），VNF 与 EMS/NMS 一起打包，但使用 NFV MANO 系统的通用 VNFM 的服务。

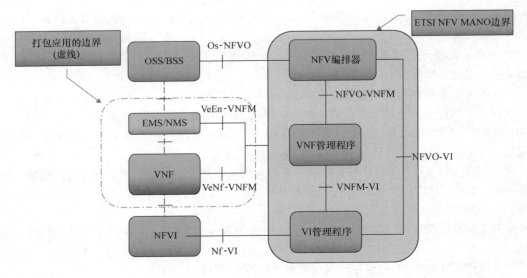

图 10.6　NFV 管理架构，VNF 与 EMS/NMS 在一起。VNFM 对于 ETSINVFMANO 架构是通用的

　　这种配置对于未来的意义在于，VNF 现在需要 NFV MANO 系统来运行。在这方面，NFD 包含足够的信息来参数化 VNFM，并且 VNF 能够以正确的格式呈现监控数据供 VNFM 使用。保证仍然由 VNF EMS 执行，并且可选择通过 NFV MANO 系统来执行。

10.2.3.4　通用 VNFM，单独的 VNF 包和现存的 EMS/NMS

　　在这个配置中（如图 10.7 所示），只提供了 VNF 及其描述符文件，这是 NFV 系统近乎最后的演变。

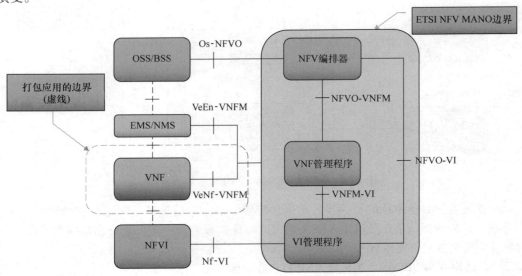

图 10.7　NFV 管理架构，VNF 以一个可执行程序提供

通过这种配置，VNF 主要由 NFV MANO 系统驱动。在这方面，VNF 使用 ETSI MANO 系统的服务来提供一个通用的 VNFM，该 VNFM 通过 NFV 描述符中包含的信息而参数化，该 NFV 描述符被加载到了系统（更多信息参见后面的章节）。VNF 内部有一个监控代理（如 Ganglia[5]），并向通用 VNFM 提供所有必要的监控数据。

NFV MANO 系统也可以提供 VNF 的保证。从理论上讲，传统的 OSS 系统可以驱动 NFV，但是如果这种情况持续下去，NFV MANO 系统就没有多大意义。实际上，在这个最终配置中，还有一个隐含的 OSS 转换，OSS 通过对指定的网络功能直接仿真 NMS 和 EMS 来管理网络，网络管理是通过 NFV MANO 系统驱动配置脚本自动完成的。

10.2.4　NFV 总结

本节介绍了 ETSI NFV 编排系统，包括它的主要组成部分、操作方法以及为了部署而可能进行的功能分组。如前所述，ETSI NFV 仍在开发中，并不是一个规范标准。尽管如此，前面描述的编排系统提供了一个框架，可以实现虚拟 SP 网络功能和服务的自动操作。如果我们再为底层网络提供一个自动化框架，负责将这些功能和服务集成到完全连接的端到端系统时，这个故事就圆满了。SDN 就提供了这样一个框架，它通过逻辑上分离的控制平面和转发平面，为动态网络控制引入了灵活的编程环境。下一节将从多个角度对 SDN 进行审视，同时介绍了多种使用 SDN 的方法。

10.3　SDN

SDN[6-8]是一个将数据网络的控制与实际的数据包转发功能分离的框架。SDN 最初的想法是通过控制平面和数据平面的分离实现这两个领域独立的优化、演进和创新。通过 SDN，网络转发引擎的控制可以汇集到公共控制节点，而且数据平面功能通过控制节点和数据平面功能之间定义的接口来编程。因此，SDN 可以轻松地将网络应用于特定的需求，如应用程序或使用场景。

虽然最初的 SDN 解决方案主要侧重于物理转发引擎的部署，但将这些想法应用到虚拟化基础架构（包括数据中心和/或云基础架构）是自然而然的延展。通过利用虚拟化网络平台实现数据平面功能，数据联网和虚拟计算实例可以更紧密地耦合在一起，并且如果需要的话，允许应用程序对数据网络本身进行某种程度的控制。

我们将在下一节介绍如何实现传统的移动通信网络功能的虚拟化（"虚拟电信"）来进一步说明这个概念。通常，这些应用可以包括 3GPP 移动分组核心网（EPC）[9-11]、基于 3GPP 的 Gi-LAN 服务区域[12]、IMS 和 VoLTE[13]或其他典型的 3GPP 特定解决方案。当在数据中心或通过云基础架构托管主机时，这些移动通信网络功能必须继续提供高性能、低时延和高可靠的网络，以满足这种"电信"应用的可用性需求。一般来说，单个虚拟通信应用需要在 99.999% 或更高的可用性需求下工作，在故障转移和故障恢复方面有严格的要求，并且对数据包丢失和数据包送达时间也有严格的要求。FCAPS 列出了一系列专门针对此类应用的需求，这些关键的网络应用需要高水平的质量保证。

当在数据中心中部署"虚拟通信"服务时，一些应用程序需要"服务链"的功能，即一个或多个分组流过一个或多个虚拟功能或服务功能，当数据包在入口和出口间穿过时使用服务功能来适配分组流。其中一个例子是 Gi-LAN 服务区域，由分组分类功能、HTTP 应用功能、DPI 应用功能和 NA（P）T 应用功能组成。

为了支持数据中心和云基础设施中的这些功能，每个应用功能的输出（虚拟的）以太网需要连接到下一个服务功能的输入（虚拟的）以太网，以形成服务间的服务链，这个过程通常被称为服务链[14]。然后可以使用引导和分类原则有选择地将分组流分配给不同类型的服务链。

鉴于移动解决方案通常会产生相对适中的带宽（通常最高可达几百 Gbit/s），管理移动服务交付的所有数据流非常适合使用数据中心或云基础架构。在数据中心或云基础架构中托管这些功能的主要好处包括提供服务的速度和提供容量的速度。在下文中，我们将探讨如何提供这种虚拟服务交付，特别是针对组合的 vEPC 和 Gi-LAN 服务区域的解决方案。

10.4　移动性案例

作为移动网络 SDN 应用的一个例子，我们探讨了如图 10.8 所示的 vEPC 和 Gi-LAN 组合服务网关的案例。在这个例子中，vEPC 提供移动用户的接入和计费功能，而 Gi-LAN 服务网关提供基础设施来托管移动业务的增值服务。在这里，我们只描述 vEPC 的高级功能，可以参考外部资料更深入地了解 EPC 的功能[10,11]。

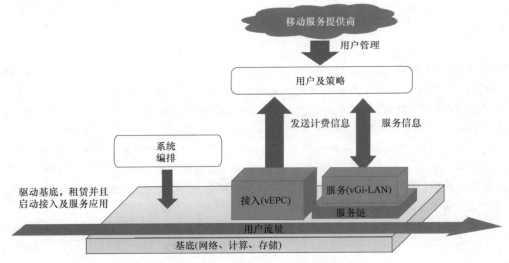

图 10.8　移动性案例的高层视图

EPC 功能由控制平面和数据平面组成。控制平面［移动性管理实体（MME）］提供移动性、鉴权和寻呼操作，而数据平面是一系列 GPRS 隧道协议（GTP）路由器：服务网关（S-GW）（路由器）提供了本地移动性操作，而分组数据网络（PDN）网关（P-GW）提供 GTP 线路接入、漫游和计费功能。通常，如果用户是本地的，则 S-GW 和 P-GW 被合并为一个实体，称为"SAE-GW"。

S-GW 南向连接到基站（eNB），而 P-GW 北向连接到互联网或 Gi-LAN 区域。来自 MME/S-GW 的南向连接是由 3GPP 定义的（S1-U/S1-MME 参考点），并且在基站和 S-GW 和/或 MME 之间的 IP-in-GTP 隧道或 SCTP[15] 会话中携带分组数据包。北向流量通过标准路由协议进行路由，可能涉及 MPLS、虚拟局域网（VLAN）或其他网络连接。BGP 通常用于信令连接，ECMP 可用于负载分配。

典型的 EPC 内部由两个主要组件组成：基于 GTP 的负载均衡器和 GTP 会话引擎。负载均衡器接入外部会话，例如，基站发起的 GTP 会话和面向互联网的 PDN 会话，而会话引擎则提供实际的 3GPP 定义的功能。EPC 负载均衡器和会话引擎之间的通信通常是私有功能，并使用 3GPP 会话状态来适当分配各种服务器的负载。这种 3GPP 定义的解决方案是历史遗留问题：当 3GPP 系统最初被设计时，"SDN" 的概念还没有出现，所述系统的虚拟操作没有被考虑或被认为是不适当的，并且在固定网元中，为 3GPP 呼叫负载分布设计了特定于应用的类似于 "SDN" 的功能。

虽然 "SDN" 技术可能适用于在云中运行 EPC，但立刻将现今的 EPC 转变为 "数据中心/云化" 还需要时间和投资。在有效使用现有的 EPC 资产的同时，转向新的 "云化" 环境，需要找到一个良好的平衡点。这种转变的一种方法是将 3GPP 负载均衡和会话功能作为 VM 驻留在数据中心中，同时利用现有的 3GPP 资产来实现服务的业务部分。随着时间的推移，这些传统的解决方案可以被虚拟化的实现取代。从这个意义上讲，GTP 负载均衡和 GTP 会话功能之间的网络数据通路本身可以被看作是一个服务链，在未来发布的（虚拟的）分组核心网中，SDN 提供的服务链可能是更有用的。

在对 EPC 进行虚拟化时，EPC 负载均衡器可以通过 BGP 广播 VM 的传输地址来公布其服务的可用性。如果有多个并行负载均衡器，则可以使用 ECMP 技术将数据包路由到这些负载均衡器，并且 ECMP 因此成为数据中心中的有效的负载均衡器。ECMP 可以在标准路由解决方案上实现，也可以在数据中心以（分布式的）虚拟的形式实现。

Gi-LAN 服务区域承载一项或多项服务。该区域可以承载多个应用 "3GPP" 策略的服务功能。这个 "3GPP" 策略基础架构基于策略和计费规则功能（PCRF）[16]，并且增加了向 Gi-LAN 区域传送附加信息以帮助其做出 "服务链" 引导决定。这些引导决定是将第一个体征数据包与 PCRF 用户记录结合起来的，基于这两者的组合，"3GPP 分类器" 决定哪个服务链来承载该流的分组数据处理。

Gi-LAN 服务区域需要满足当今架顶式接入到主机以太网链路的带宽需求。为了解决这个网络瓶颈，网关可以使用多个并行操作的分类器来跨多个分类器传输分组数据。通过 BGP 的信令可以为上游节点提供关于如何通过分类器分配负载的必要信息，例如通过 ECMP[17]。当使用 BGP 来广播业务可用性时，发送的传输地址就是实现分类功能的虚拟机的 IP 地址。

Gi-LAN 服务网关的业务端可以由在 P-GW 功能和互联网之间携带分组流的静态服务链来定义。在这种配置中，多个逻辑业务链可以共享服务，服务可以将流量转移到快速路径，服务可以参与对服务的进一步分类，并且分组流可以是完全不可感知的。所有这些被用作 Gi-LAN 服务区域的一部分，在参考文献［14］可以找到这种服务链的完整描述。

10.5 数据中心的虚拟网络

在当今的数据中心中，所有主机都连接到支持 VLAN 标记的基于以太网的局域网（LAN）。在 VLAN 中，每个以太网帧携带一个标识租户的 VLAN 标签。数据中心中的 VLAN 是标准的基于以太网的层 2 网络，具有所有相关的辅助功能，如地址解析协议（ARP）[18]、增强的动态主机配置协议（DHCP）[19]与所有其他基于 IP 和以太网的工具运行这种虚拟化的或隔离的层 2 网络。

在 IaaS 中，存在"租户"的概念，租户被定义为一个项目、公司、企业或任何其他业务联合体。主机组可以分配给租户，IaaS 使用租户信息为主机分配虚拟机、VLAN 等网络架构，这些可以专门分配给某个租户。

为租户分配 VLAN 是在"系统编排"的大背景内定义的一项功能。系统编排工具需要维护一个 VLAN 分配表，能够管理各种基于硬件的路由器和交换机，以将 VLAN 连接到适当的主机。编排模式各种各样，从手动配置到全自动编排，对这种 VLAN 范围的管理使得数据中心运营商能够分隔各个 VLAN 域之间即各个租户间的流量。

许多数据中心都是通过 IaaS/OpenStack[20]编排系统进行管理的。OpenStack 负责在 OpenStack 管理的"托管主机"上启动、管理和停止虚拟机，并建立主机网络基础设施，将租户虚拟机连接到相应的 VLAN。此外，基于 OpenVSwitch（OVS）的 OpenStack 主机网络基础设施（Quantum/Neutron）功能特性丰富：通过一系列软件桥和 IP 规则表，数据包通过主机上的以太网控制卡进行控制，借助 VLAN 标记到达正确的租户虚拟机。

尽管大多数虚拟通信应用可以被认为是单租户的，但是对通信应用的控制和应用的"数据平面"在多个独立的域中是分开的，这很常见，即"虚拟通信"应用整体变成多租户的。本质上，这些应用程序的控制和数据部分需要进行通信，因此需要有不同租户之间的桥接能力。桥接可能涉及 IP 地址转换和防火墙，并可能包括入侵检测功能。鉴于数据中心中的所有资产都要被虚拟化，所有这些租户的桥接功能都需要在数据中心的资源上运行。

10.6 总结

NFV 承诺将来为 SP 在运营方面带来更大的灵活性，从而提高 OPEX 和 CAPEX。本章探讨了 NFV 用来帮助实现这些目标的两个工具，即编排和 SDN。正如本章所指出的，虽然 SDN 和编排技术的使用还处于逐步成熟的阶段，但是 NFV 的标准化程度更低。这意味着随着技术和应用模型的进一步完善，NFV 还可能会持续演进。

参 考 文 献

[1] ETSI, "GS NFV MAN 001 V0.3.3 (2014–02) Network Function Virtualization (NFV) Management and Orchestration," ETSI, Sophia-Antipolis Cedex, March 2014.
[2] OASIS, "Topology and Orchestration Specification for Cloud Applications Version 1.0," OASIS Standard, 25 November 2013 [Online]. Available: http://docs.oasis-open.org/tosca/TOSCA/v1.0/os/TOSCA-v1.0-os.html (accessed January 19, 2015).
[3] M. Bjorklund, "RFC 6020—YANG-A Data Modeling Language for the Network Configuration Protocol," October 2010 [Online]. Available: http:/tools.ietf.org/html/rfc6020 (accessed January 19, 2015).

[4] tmforum.org, "tmforum Information Framework (SID)," 2014 [Online]. Available: http://www.tmforum.org/DownloadRelease14/16168/home.html (accessed January 19, 2015).

[5] sourceforge, "Ganglia Monitoring System," 2014 [Online]. Available: http://ganglia.sourceforge.net (accessed January 19, 2015).

[6] T. Lakshman, N. Nandagopal, R. Ramjee, K. Sabnani, and T. Woo, "The SoftRouter Architecture," in *HotNets-III*, San Diego, CA, 2004.

[7] Open Networking Foundation, "Software-Defined Networking: The New Norm for Networks," April 13, 2013 [Online]. Available: https://www.opennetworking.org/images/stories/downloads/sdn-resources/white-papers/wp-sdn-newnorm.pdf (accessed February 18, 2015).

[8] N. McKeown, T. Anderson, H. Balakrishnan, G. Parulkar, L. Peterson, J. Rexford, S. Shenker, and J. Turner, "OpenFlow: Enabling Innovation in Campus Networks," ACM SIGCOMM Computer Communication Review, vol. 38, no. 2, p. 6, 2008.

[9] 3rd Generation Partnership Project, "The Evolved Packet Core," 2014 [Online]. Available: http://www.3gpp.org/technologies/keywords-acronyms/100-the-evolved-packet-core (accessed January 19, 2015).

[10] 3rd Generation Partnership Project, "General Packet Radio Service (GPRS) Enhancements for Evolved Universal Terrestrial Radio Access Network (E-UTRAN) Access, 3GPP TS23.401, v12.4.0," March 2014 [Online]. Available: http://www.3gpp.org/DynaReport/23401.htm (accessed January 19, 2015).

[11] 3rd Generation Partnership Project, "Architecture Enhancements for Non-3GPP Accesses, 3GPP TS23.402, v12.4.0," March 2014 [Online]. Available: http://www.3gpp.org/DynaReport/23402.htm (accessed January 19, 2015).

[12] H. La Roche and P. Suthar, "GiLAN and Service Chaining," Cisco Live, May 14, 2014. [Online]. Available: https://www.ciscolive2014.com/connect/sessionDetail.ww?SESSION_ID=3138 (accessed January 19, 2015).

[13] 3rd Generation Partnership Project, "IP Multimedia Subsystem (IMS); Stage 2, 3GPP TS 23.228," 24 June 2014 [Online]. Available: http://www.3gpp.org/DynaReport/23228.htm (accessed January 19, 2015).

[14] W. Haeffner, J. Napper, N. Stiemerling, D. Lopez and J. Uttaro, "IETF draft—Service Function Chaining Use Cases in Mobile Networks," July 4, 2014 [Online]. Available: https://datatracker.ietf.org/doc/draft-ietf-sfc-use-case-mobility/ (accessed January 19, 2015).

[15] R. Stewart, "RFC 4960—Stream Control Transmission Protocol," September 2007 [Online]. Available: http://tools.ietf.org/html/rfc4960 (accessed January 19, 2015).

[16] 3rd Generation Partnership Project, "Policy and Charging Control Architecture, 3GPP TS23.203, v12.4.0," March 2014 [Online]. Available: http://www.3gpp.org/DynaReport/23203.htm (accessed January 19, 2015).

[17] C. Hopps, "RFC 2992—Analysis of an Equal-Cost Multi-Path Algorithm," November 2000 [Online]. Available: http://tools.ietf.org/html/rfc2992 (accessed January 19, 2015).

[18] D. Plummer, "RFC 826—Ethernet Address Resolution Protocol," November 1982 [Online]. Available: http://tools.ietf.org/html/rfc826 (accessed January 19, 2015).

[19] R. Droms, "RFC 2131—Dynamic Host Configuration Protocol," March 1997 [Online]. Available: http://tools.ietf.org/html/rfc2131 (accessed January 19, 2015).

[20] Openstack Foundation, "Openstack Cloud Software," [Online]. Available: http://www.openstack.org (accessed January 19, 2015).

第 11 章　软件定义网络中的流量管理研究

Zoltán Faigl[1], László Bokor[2]

1 Mobile Innovation Centre, Budapest University of Technology and Economics, Budapest, Hungary

2 Department of Networked Systems and Services, Budapest University of Technology and Economics, Budapest, Hungar

11.1　引言

近年来，得益于移动通信技术的发展，高速数据业务在移动网络中的上行和下行都占据了主导地位。根据数据流量的特点、使用方式以及用户和网络的移动模式，网络资源的利用率随时间和地点而发生变化。随着流量需求的增加，其变化幅度也随之变大。现有的网络、资源、流量和移动性管理机制不太灵活，无法适应这些变化的需求。软件定义移动网络（SDMN）旨在通过应用主机和网络虚拟化概念，将网络功能分解为能在虚拟化的数据中心中运行的部分和不能被虚拟化的部分（例如基站），从而提高移动网络体系架构的可伸缩性和适应性，以适应不同的流量需求。

本章首先将在11.2节定义移动网络中流量管理的范围，包括微观的、宏观的、优化的内容资源选择及应用程序支撑的流量管理。11.3节会简单介绍3G/4G网络中的QoS执行和策略控制，这些也应该保留在SDMN中。11.4节调研软件定义网络（SDN）中用于流量和资源管理的新研究领域。然后在11.5节讨论一个流量工程机制的例子，即在SDN中使用应用层流量优化（ALTO）。ALTO-SDN为用户透明地提供优化的资源选择和ALTO。这个例子证明了基于SDN的SDMN流量管理技术的可行性。

11.2　移动网络的流量管理

在超宽带网络运营中，流量管理既是必要的也是必须保证的，因为所销售出去的总的网络容量需求远远超过了可用的网络容量。流量管理可以减轻拥塞带来的负面影响，并有助于在用户之间更公平地分配稀缺的网络资源。而且，流量管理允许服务提供商定义服务特性。

例如，在许多欧洲国家和美国，法规要求网络的透明性，没有内容屏蔽，不存在不合理的内容歧视。但是，某些用户或应用程序（尤其是内容分发）需要服务质量（QoS）的保证和数据区分。因此，这些国家规定网络提供商在提供服务时需详细定义QoS法令中的QoS准则，如错误率、可用性、故障排除等，并根据服务的性质规定各种KPI。也有一些其他的QoS目标值，一般是特定服务所需要的，但不包括在QoS法令中。

现代流量管理具有非常丰富的干预手段，可以影响到达运营商网络的流量需求、网络中的负荷分配、流量类别的优先级等。流量管理包括以下六个不同的组成模块，由 Celtic- Plus MEVI- CO 项目[1]定义。

微观层面的流量管理，它所关联的机制主要目标是根据应用类型、用户配置文件和其他与策略相关的信息来提高单个流的性能。例如，多路径传输控制协议、拥塞控制和服务数据流的 QoS 差异化都属于这个领域。

宏观层面的流量管理，它所包含的机制主要目标是提高网络资源的有效利用率。这种情况下，优化参数描述的流量模式无须详细了解各个流的属性，宏观流量管理的示范机制是（重新）选择核心网元以及 IP 流移动性管理、节能效率和 QoS 感知路由、负载均衡以及其他技术，它们可以优化多种接口的使用并对部分数据服务实施分流，将这些数据服务从来自移动网络运营商的网络转到其他网络。

第三类流量管理技术被称为**改善资源选择**。与改善资源选择相关的机制解决了在分布式服务的情况下选择最佳服务端点的问题，例如点对点网络分发基于 Web 的内容、内容分发网络或网内缓存。ALTO 就是这类技术中的一个很好的例子，因为考虑到网络运营商和内容提供商（或分销商）两个方面，它为应用程序提供了优于随机的端点选择方案。

前面所讲的技术与一些机制相关，这些机制可能需要来自较低层（应用之下）的支持，并且可能需要各层相互支持。例如，优化的资源选择可能需要宏观流量管理的支持，以便找到通向最佳端点的最优路径，并且需要微观流量管理来执行 QoS 策略。

接下来的三个组成模块可能只需要很少或根本不需要前面的几种类别的支持。**应用程序支持的流量管理**，旨在从最终用户的角度优化性能，而不需要网元的支持。CDN、多媒体流优化技术、P2P 服务甚至 P2P 应用提供商门户（P4P）的许多流量管理应用都属于这一类。

主体是网络运营商，但可能还有其他利益相关者，通过定义网络/服务使用的某些限制以及对遵守使用限制的行为进行奖励来影响用户行为。这样的程序被称为业务分流用途模型，这其中没有太多的技术，但影响网络的流量需求。

网络资源的扩展或**超配**是第六类流量管理，当网络经常处于高负荷状态时，需要增加网络容量，使用智能规划流程来扩展可用资源是一个挑战。

11.3　QoS 执行及 3G/4G 网络的策略控制

2G/3G/4G 都是 3GPP 定义的网络，这些网络的分组核心网中的 PDN 连接提供到分组数据网络（PDN）的连接。PDN 连接包括 IP 接入、带内 QoS 配置、移动性和计费等几个方面。

当用户连接到演进的 UMTS 陆地无线接入网络（E- UTRAN）时，PDN 连接便由 2G/3G 核心网中的分组数据协议（PDP）上下文及演进分组系统（EPS）承载所提供，PDP 上下文位于用户设备（UE）和网关 GPRS 支持节点（GGSN）之间，而 EPS 承载在演进的分组核心（EPC，即 4G 核心网）中则位于 UE 和 P- GW 之间。

在 2G/3G 接入网和 PDN GW 之间或 E- UTRAN 和 GGSN 之间有几种选择来提供 PDN 连接。例如，UE 可以通过 PDP 上下文从 2G/3G 无线接入网（RAN）接入到服务 GPRS 支持节点（SG-SN），SGSN 中有 PDP 上下文与 EPS 承载之间的一对一映射，并能通过 EPS 承载到达 S- GW 和

P-GW。

2G/3G 核心网支持两种与 IP 连接有关的 PDP 上下文类型：IPv4 和 IPv6。EPC 中的 PDN 连接支持三种选择：在相同的 PDN 连接中向 UE 分配一个 IPv4、一个 IPv6 或同时分配 IPv4 和 IPv6 地址。3GPP R9 在 2G/3G GPRS 核心网络中引入了对双栈 PDP 上下文的支持。

IP 地址在附着（PDP 上下文激活）过程中被分配给 UE，另一个选择是在附着过程或 PDP 上下文激活之后使用 DHCPv4 分配 IP 地址。无状态 IPv6 地址自动配置通过 PDN 连接发送路由通知来支持，它广播一个分配给特定 PDN 连接的 64 位前缀。

在 E-UTRAN 接入的情况下，多个 EPS 承载可以属于相同的 PDN 连接：默认承载和可选的其他专用承载一起来提供 PDN 连接。在附着过程中，建立默认承载为 UE 提供始终在线的连接。在 2G/3G GPRS 核心网中，PDP 上下文仅在应用程序请求 IP 连接时激活。

每个 EPS 承载与一组 QoS 参数和业务流模板（TFT）相关联。TFT 指定与映射到特定 EPS 承载的 IP 流相关的流量过滤器。TFT 包含用于下行链路和上行链路流量的流量过滤器（分别由 DL TFT 和 UL TFT 表示）。所有匹配 EPS 承载流量过滤器的业务流都将得到相同的 QoS 处理。

过滤器信息通常是一个五元组，包含源和目标 IP 地址、传输协议以及源和目标端口。可以使用通配符来定义地址和端口范围。数据过滤器的其他参数包括：IPsec 安全参数索引，服务类型（IPv4）/业务类别（IPv6），或流标签（IPv6）。

EPS 采用了以网络为中枢的 QoS 控制方式，原则上只有 P-GW 才能激活、去激活和修改 EPS 承载，并决定流到 EPS 承载的映射，这与 EPS 之前的系统是不同的。最初，在 2G/3G GPRS 中，只有 UE 才能发起新的 PDP 上下文激活，并决定流与 PDP 上下文的映射。接着，3GPP R7 引入了网络请求的辅助 PDP 上下文激活，其中 GGSN 发起创建新的"承载"（PDP 上下文）并将 IP 流分配给承载。这一变化是由于在 2G/3G GPRS 核心网和 EPC 内引入了策略控制。

GPRS 隧道协议（GTP）负责控制 2G/3G GGSN 核心网（GTP-C）中的 PDP 上下文以及建立用户的 IP 分组隧道传输（GTP-U）。在 EPC 中，GTP-C 的新版本用来管理 S1 和 S5/S8 接口上的 EPS 承载，但用户 IP 数据的隧道保持不变，称为 GTPv2。

根据隧道选项，EPS 承载以不同的方式实施。图 11.1 所示为用于 E-UTRAN 接入承载的层级和术语。对于端到端（E-E）QoS 的供给，需要 EPS 承载和一个外部承载，外部承载不在移动网络运营商的控制之下。EPS 承载由演进无线接入承载（E-RAB）和 S5/S8 承载组成。E-RAB 包括无线承载和 S1 承载。图 11.2 所示为在 E-UTRAN 接入网和基于 GTP 的 S5/S8 接口时用户平面 EPS 承载的实现。

11.3.1　EPS 承载的 QoS

EPS 中有两种类型的 EPS 承载。有些服务会使用保证比特率（GBR）的承载，这种情况下，最好拒绝创建新的服务而不是降低现有服务的质量，例如 VoIP、视频流在恒定的带宽下体验更好，因此需要通过 GBR 来提供令人满意的用户体验。GBR 承载的一个重要特征是它占有了一定数量的带宽，不管这些带宽是否会充分利用。即使没有数据发送，GBR 也会通过无线链路占用资源。因此，在正常情况下，GBR 承载不应该出现任何丢包现象。

非 GBR 承载用于那些通常不需要固定带宽的服务，例如网页浏览、电子邮件和聊天，不需

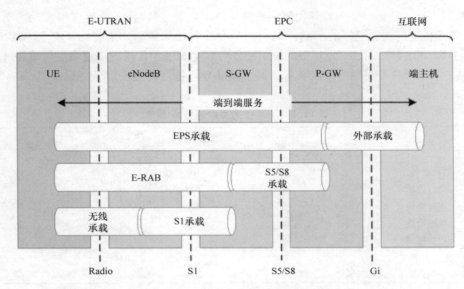

图 11.1　LTE-EPC 承载的层级和术语

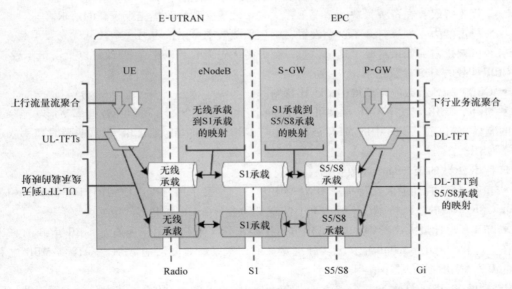

图 11.2　在 E-UTRAN 接入网和基于 GTP 的 S5/S8 接口时用户平面 EPS 承载的实现

要给非 GBR 承载保留传输资源。

但是，EPS 承载的 QoS 配置文件可以支持更多的分类，包括 QoS 等级标识符（QCI）参数、分配和保留优先级（ARP）、GBR 和最大比特率（MBR），分别介绍如下。

以下 QoS 参数同时适用于非 GBR 和 GBR 服务：

- QCI：QCI 是指向某个节点参数的指针，它定义了某个承载应接收什么样的分组转发处理

（即调度权重、准入阈值、队列管理阈值、链路层协议配置等）。在无线接口和 S1 接口上，每个协议数据单元通过包头中携带的承载标识与一个 QCI 间接关联。如果使用了基于 GTP 的选项，它也适用于 S5/S8 接口。在 GTP-U 中，标识符是在 GTP 报头中传送的隧道端点标识符（TEID），表 11.1 总结了不同业务类型的 QoS 要求。关于标准 QCI 特性的更多细节可以在 TS 23.203 [2] 中找到。

表 11.1　不同业务类型的 QoS 需求

业务类型	优先级	最大延迟 /ms	最大丢包率	保证比特率
控制，信令	1	100	10^{-6}	否
语言通话	2	100	10^{-2}	是
实时游戏	3	50	10^{-3}	是
视频通话	4	150	10^{-3}	是
收费视频	5	300	10^{-6}	是
交互式游戏	7	100	10^{-3}	否
视频、WWW、电子邮件、文件传输	6，8，9	300	10^{-6}	否

- ARP：ARP 用来指示承载分配和保留的优先级。这包括：
  - 优先等级：在资源稀缺的情况下，优先考虑建立和修改优先级较高的请求。
  - 抢占能力：如果打开了这个设置，则该承载请求可以抢占另一个较低优先级承载。
  - 可被抢占：如果打开了这个设置，则更高优先级的承载建立/修改可以抢占该承载。

GBR 承载的 QoS 参数包括：

- GBR：EPS 承载应该获得的最小比特率。
- MBR：MBR 定义了 GBR 承载可获得的最高比特率（例如，可以通过速率整形功能来丢弃过大的流量）。目前，EPC 中的 MBR 被设置为与 GBR 相同的值，即 GBR 承载的瞬时速率永远不会大于 GBR。

非 GBR 承载的聚合 QoS 参数包括：

- 单个 APN 总计最大比特率（APN-AMBR）：它定义了用户可以使用的与某个 APN 相关的所有非 GBR 承载的总比特率，下行由 P-GW 定义和上行由 UE 和 P-GW 定义。
- 单 UE 总计最大比特率（UE-AMBR）：UE-AMBR 限制了用户所有非 GBR 承载的总比特率，在上行和下行由 eNodeB 定义。实际上定义的速率是所有激活的 APN 的 APN-AMBR 之和和订阅的 UE-AMBR 值的最小值。

HSS 为每个 PDN 订阅上下文定义了"EPS 订阅的 QoS 配置文件"，其中包含了用于默认承载（QCI 和 ARP）的承载级 QoS 参数值和订阅的 APN-AMBR 值。

订阅 ARP 将用于设置默认承载的 EPS 承载参数 ARP 的优先级。另外，除非需要特定的 ARP 优先级设置（取决于 P-GW 的配置或者它与策略计费规则功能（PCRF）的交互），对于同一个 PDN 连接的所有专用 EPS 承载的 ARP 优先级，由 P-GW 使用订阅 ARP 来设置。默认承载的抢占能力和被抢占信息则是由移动管理实体（MME）中的运营商策略来设置。

服务到 GBR 和非 GBR 承载的映射是由运营商来选择的，可以通过策略及计费执行功能

（PCEF）中的静态规则或 PCC 框架中的动态策略和计费控制（PCC）以及 QoS 规则来控制。

11.3.2　非 3GPP 接入的 QoS

在 2G/3G RAN 中，采用了更复杂的 QoS 概念，因此许多参数在实际中并没有使用。这个 QoS 的概念定义在 3GPP 版本 99 中，主要特点如下：有 4 个业务类别，同时只有一个类别能映射到 PDP 上下文，有 13 个属性，如比特率、优先级、错误率、最大值、延迟等。2G/3G 无线网通过 SGSN 接入到 EPS，当执行 PDP 上下文到 EPS 承载的一对一映射时，QoS 属性必须从版本 99 QoS 转换为 EPS QoS 参数，这个映射在 TS 23.401 [3]附录 E 中有详细描述。

11.3.3　EPS 中 QoS 的执行

E-UTRAN 和 EPC 的用户平面部署了以下 QoS 处理功能，这些功能所达到的 QoS 控制最大颗粒度是 EPS 承载粒度。

PCEF 基于策略对上下行流量执行接入控制。利用 TFT 实现数据包到实际 EPS 承载的映射，在上行由 UE 负责，下行由 P-GW（或 S-GW，如果 GTP 没有在 S-GW 和 P-GW 之间部署的话）负责。

在资源不足的情况下，接入控制（承载建立、修改）和抢占处理（拥塞控制、承载丢弃）由 eNodeB 和 P-GW（或 S-GW）负责，利用 ARP 对承载进行差异化处理。

速率策略通过以下方式执行。基于上下行 UE-AMBR 的值，eNodeB 限定 UE 上下行总的非 GBR 承载的最大速率。P-GW 利用上下行 APN-AMBR 的值限定 UE 上下行非 GBR 承载总的最大速率。eNodeB 在上行为 GBR 承载限定 GBR/MBR，P-GW（或 S-GW）在下行为 GBR 承载限定 GBR/MBR。

eNodeB 在上下行执行队列管理、调度和配置，以及 L1/L2 协议的 QCI 特性（例如 E-UTRAN 中的分组包延迟预算和分组包丢失）。

EPC 网元间 IP 传输网络中的 QCI 值到 DSCP 值的映射部署在 eNodeB 和 S-GW 中，用于 eNodeB 与 S-GW 和/或 S-GW 和 P-GW 之间的 IP 传输，也可单独用于 S-GW 与 P-GW 的 IP 传输。

最后，为了在传输网络层的 EPS 承载路径上实施 QoS，路由器和交换机可以部署队列管理和上下行调度功能。

11.3.4　3GPP 中的策略及计费控制

策略和计费控制（PCC）为运营商提供 QoS 和计费控制功能。它提供了一个通用的、集中的框架来控制异构接入网的 QoS 管理，它支持对 IP 多媒体子系统（IMS）和非 IMS 服务的用户平面的控制，它解决了在基于非 GTP 隧道情况下缺乏路径 QoS 控制的问题。PCC 可以使用 Diameter 协议向任何提供 QoS 承载的接入网提供偏离路径控制。

PCC 中的"承载"是指能达到预期 QoS 特性的 IP 数据路径，因此它比 EPS 承载和 PDP 上下文概念更通用，并且是对接入网络透明的。多个业务会话可以通过相同的承载来传送，PCC 支持基于服务感知的 QoS 控制，比承载级的 QoS 控制颗粒度更高。PCC 允许通过无线非 3GPP 接入网络［例如高速分组数据业务（HRPD）和全球微波互联接入（WiMAX）］进行 QoS 控制。到目前为止，固定接入与策略控制的互操作还没有达到无线接入的水平。PCC 也支持漫游场景中的策略控制。

11. 3. 5　策略控制架构

图 11.3 所示为 PCC 架构的策略控制部分（非漫游情形），有关策略控制的构成如下。

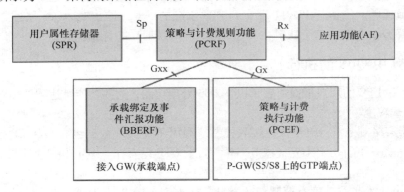

图 11. 3　PCC 架构的策略控制部分（非漫游情形）

应用程序功能（AF）与服务进行交互，服务依赖于动态 PCC。例如，在 IMS 的情况下，AF 是呼叫会话控制功能的代理，它提取会话信息（例如从服务描述协议字段），并通过 Rx 接口将该信息发送给 PCRF。这样的信息包括但不限于用于识别策略控制的服务数据流的 IP 过滤信息，和用于 QoS 控制的差异化收费及媒体/应用的带宽需求。

AF 也可以在 PCRF 上订阅网络中的事件通知，如 IP 会话终止或接入技术类型变更。

签约配置文件存储库通过 Sp 接口提供用户策略和数据。

PCRF 接收 Rx 接口上的会话信息，Sp 接口上的用户策略，以及 Gx 接口上的接入网信息。如果使用承载绑定和事件报告功能（BBERF），则通过 Gxa/Gxc 接口接收。运营商可以在 PCRF 中配置必须应用于特定业务的策略，根据这些信息提供服务会话级别的策略决策，并将其提供给 PCEF 和 BBERF。PCRF 还将来自 PCEF 和 BBERF（可选的）的事件报告发送给 AF，比如用于视频/音频编解码器适配。

策略和计费执行功能（PCEF）根据 PCRF 通过 Gx 接口提供的 PCC 规则执行策略决策。它可以执行用户平面数据的测量（例如数据量、会话持续时间），它上报用于离线计费的资源的使用情况并与在线计费交互。在 EPC 中 PCEF 是 P-GW 的一部分。

如果路径内 QoS 协商功能（由 GTPv2-C 提供）不可用，并且在 P-GW 和 UE 的接入 GW 之间使用了 DSMIPv6/IPsec 或 PMIP/IP GRE 隧道，则无法实现用于 UE 服务的 QoS 承载，这种情况下就需要 BBERF。基于 PCRF 通过 Gxa/Gxc 接口提供的 QoS 规则，BBERF 负责进行承载绑定和 QoS 执行。此外，它负责向 PCRF 报告接入网类型、承载状态和其他信息。

策略控制包括接入控制和 QoS 控制，PCEF 在每个服务数据流上应用接入控制。

11.3.5.1　PCC 规则及 QoS 规则

策略和计费控制规则（PCC 规则）包括策略控制的用户平面检测所需要的信息，以及对业务数据流正确计费所需的信息。由 PCC 规则的业务数据流模板检测到的分组包定义为一个业务数据流。

存在两种不同类型的 PCC 规则：动态 PCC 规则和预定义的 PCC 规则。动态 PCC 规则由 PCRF 通过 Gx 接口提供，预定义的 PCC 规则是在 PCEF 中配置的，PCRF 只是参考这些规则。尽管动态 PCC 规则中的数据过滤器仅限于源 IP 和目标 IP、源端口和目标端口、传输协议及其他协议的五元组，但是预定义的 PCC 规则可以使用 DPI 过滤器来进行更细颗粒度的流检测和计费控制。这些过滤器不是由 3GPP 标准化的。TS 23.203 [2] 包含有关 PCC 规则的更多细节。

在离线 QoS 控制的情况下，PCRF 需要通过 Gxa/Gxc 接口向 BBERF 提供 QoS 信息。QoS 规则只包含 PCC 规则的一个子集，但是具有相同的业务级的颗粒度，因此通常包括过滤器信息（如 SDF 模板、优先级）和 QoS 参数（如 QCI、比特率），但不包括与计费有关的信息。

11.3.5.2　网络发起的和 UE 发起的 QoS 控制

对于接入提供商提供的业务，如 IMS 语音、手机电视等，网络发起的 QoS 控制流程是比较好的。对于运营商未知的业务，UE 发起的 QoS 控制是可行的。

网络发起的 QoS 控制过程步骤如下：

1）UE 和 AF 之间的应用级信令交互（例如 SIP、SDP）。

2）会话信息从 AF 发送给 PCRF（通过 Rx 接口）。在 IMS 服务的情况下，SDP 信息被映射到 QoS 信息，比如比特率和业务类型。

3）PCRF 可以向 SPR 请求用户相关的信息。

4）PCRF 基于会话信息、运营商定义的业务策略和签约信息进行策略决策，生成 PCC/QoS 规则。

5）PCC 规则由 PCRF 推送到 PCEF，PCEF 执行策略和计费规则，在某些情况下，如果需要 BBERF，则将 QoS 规则推送到 BBERF 并安装。

UE 发起的 QoS 控制过程有以下步骤：

1）UE 和 AF 之间的应用级信令交互（例如 SIP、SDP）。

2）会话信息从 AF 发送给 PCRF（通过 Rx 接口）。在 IMS 业务的情况下，SDP 信息被映射到 QoS 信息。

3）PCRF 可以向 SPR 请求用户相关信息。

4）UE 侧的应用通过厂商特定的 API 向接入接口请求所需的 QoS 资源。

5）UE 发送资源请求，包括业务的 QoS 类别和数据过滤器。在 E-UTRAN 中，这称为 UE 请求的承载资源修改。在 2G/3G RAN 中，通过二次 PDP 上下文激活/修改来实现。

6）如果存在 BBERF，则通过 Gxa/Gxc 接口发起 PCRF 交互。如果没有 BBERF，则 PCEF 通过 Gx 接口发起 PCRF 交互。

7）与网络发起过程中的步骤 4 相同。

8）与网络发起过程中的步骤 5 相同。

11.4　SDMN 中的流量管理

由于业务和相关策略规则的多样性，移动网络运营商越来越需要动态的、基于业务数据流的策略控制。因此，一般而言，在移动核心网和传输网络虚拟化的情况下，也应该保留 3GPP 指定的 QoS 机制，如 EPS 承载的或 PDP 上下文的以及 PCRF 的策略控制。

在基于 SDN 的传输网中是否保留 GTP 隧道，目前还不确定。PCRF 支持路径内（基于 GTP）和路径外 QoS 配置。离线 QoS 配置适用于支持某种 QoS 承载的任一传输网络技术。因此，为了在 SDN 中应用动态 QoS，需要解决两个主要的挑战：

- SDN 传输应该能够提供 QoS 执行。
- Gx 和 Gxa/Gxc 接口必须适配，能将 PCC/QoS 规则传送到 SDN 控制器，并且 SDN 控制器应能够通过 Rx 接口向 PCRF 发送应用特定的信息。

服务链的概念同时需要通过虚拟的和传统的传输网来实现网络功能转发图，运营商需要控制逻辑和物理的互联链路，配置业务类别属性和转发行为（容量、优先级、丢包、延迟、整形、丢弃等），并将业务流映射到适当的转发行为上。

11.4.1　开放网络基金会

开放网络基金会（ONF）是一个非盈利的行业联盟，主要负责软件定义网络的研究和 Open-Flow（OF）的标准化活动。OF 是一个完全开放的协议，最初由斯坦福大学的研究人员发布[4]，旨在使网络开发人员能够在大学校园网络中运行试验协议。据开放网络基金会的介绍，SDN 是一种新兴的网络架构，能将网络控制和转发功能分离开。

基于 ONF 的 SDN 架构继承了很多优势，来应对移动和无线环境中与流量管理相关的挑战，包括无线接入、移动传输和核心网。下面介绍一下这些好处和潜力。

SDN 体系架构中基于流的通信模式非常适合在多种接入技术的环境中提供高效的端到端通信，这些不同的无线电技术，如 3G、4G、WiMAX、Wi-Fi 等可同时为用户提供服务。SDN 能够提供细颗粒度的用户流量管理，以改善流量隔离、QoS/QoE 配置和服务链。

在当前的网络中，网络功能和协议的组织及决策逻辑是分布式的、多层次的，各层可以独立地演进。当网络提供商想要通过不同的接入网为不同的业务实现端到端连接和 QoS 需求时，对网络的理解和管理就会变得非常复杂。SDN 试图规避这种复杂性并引入网络的集中控制，集中控制支持无线接入点的有效资源协调，可以实现高效的小区间干扰管理技术。

SDN 网络中的细颗粒度路径管理基于单个服务需求，并独立于底层路由基础结构的配置，为优化带来了各种可能性。在移动和无线环境中，随着用户频繁地改变他们的网络接入点，所使用的应用和服务根据带宽需求的不同而变化（带宽需求的变化取决于要传输的内容的属性），并且无线覆盖本身就是一个变化的环境。

网络功能的虚拟化有效地把服务从物理基础设施中抽象出来。多租户系统允许每个网络切片拥有自己的策略，而不管该切片是由移动虚拟网络运营商、超级服务提供商、虚拟私人企业网络、政府公共网络、传统移动运营商还是任何其他商业实体来管理。

11.4.2　OF 协议

在 SDN 网络中，网络操作系统（NOS）负责集中控制支持 SDN 的网元（SDN 交换机）。NOS 具有南向和北向 API，允许 SDN 交换机和网络应用通过 NOS 提供的公共控制平面进行通信。为了支持 SDN 交换机和控制器的多厂商环境，南向的 API 必须标准化。OF 协议是南向 API 最为熟知的标准之一。

OF 交换机包含多个流表，用于实现流入数据包的流水线处理。每个表可能包含多个流表项，流表项则包含一组用于匹配数据包的匹配字段、匹配优先级的次序、一组统计数据包的计数器以及一组要应用的指令。此外，它还包括超时功能、用于确定交换机判定流到期前的最长时间或空闲时间、由控制器设置和使用 cookie 作为流表项的组标识符，为流统计、流修改或流删除执行过滤查询。

指令要么通过将数据包发送到另一个（更高的数字）流表来修改流水线处理，要么包含一组动作列表。操作集包括在流表处理数据包时累积的所有操作，当数据包退出处理管道时执行这些操作。可能的操作包括：在给定端口上输出数据包；将数据包排入给定队列；丢弃包；重写数据包字段，如生存周期、虚拟局域网 ID 和 MPLS 标签。

队列操作是与 QoS 配置最相关的操作。OF1.0 版本中的"入队"操作在 1.3 版本中被重命名为"set_ queue"[5]。其主要目的是将一个流映射到一个队列，它也能设置简单的队列。

具有 OF 功能的交换机的 QoS 配置还不够完善。目前，1.4 版本和 OpenFlow 管理和配置协议（OF-config 1.1.1）[6,7] 都只能使用两个输入参数来建立队列：

- 最小速率：指定为映射到一个队列的所有流的聚合所提供的保证速率。当输出端口的输入数据速率高于端口的最大速率时，最小速率才是有意义的。
- 最大或峰值速率：在输出端口有可用带宽时才有意义。

OF-config 和 OF 协议不支持分层排队规则，这是 DiffServ 体系架构实现标准行为或其他每跳行为（PHB）所必需的。

OF 协议支持两个排队规则，即分层令牌桶（HTB）和分层公平服务曲线（HFSC）。这些排队规则比最小速率和最大速率具有更多的可能配置，例如 HTB 的最大队列大小或 HFSC 中的实时流量的时延曲线。

如果有更多的排队规则可用，则排队规则的优势可以得到更大的发挥，可以建立多级 QoS 体系，OF 和 OF-config 规范支持排队规则则有更多的参数。

可以在交换机中使用管理工具构建分层排队规则，并通过业务控制过滤器将流映射到队列。例如，IPv4/IPv6 报头或其他数据包报头和字段中的 DSCP 值可用于将数据包映射到更复杂的队列。

OF 1.4 已经定义了计数器需求，可以为流表、流表项、端口、队列等设置计数器[5]。OF 控制器可以在 OF 交换机中设置仪表来测量与流、端口、队列等相关的性能指标。如果实际测量的值落入仪表频段中，则可以设置仪表频段和适当的动作。这些动作可以是丢弃，实现速率限制，或 DSCP 重新标记而将数据包分配给一个新的行为集。但是，这取决于 OF 交换机的实现，由它决定这些功能是否支持。

11.4.3　移动网络的流量管理及分流

ONF 最直接的用例就是业务导流和路径管理，这在 SDN 社区中引起了极大的关注。智能业务导流工具可应用于高级的负载均衡、负载分担、内容过滤、策略控制和执行、错误恢复及冗余，以及通常涉及业务流量操作和控制的任何应用。将所有这些潜在的 SDN 应用放到移动和无线网络的环境中，我们便获得了另外一组可能的用例，如业务分流和漫游支持、内容自适应（例如自适应流媒体解决方案）和移动业务优化。

OF 支持移动互联网业务在移动网络内动态和自适应地移动和移除，这基于多个可能的触发标准，例如，个体或聚合流速率（例如每个应用或聚合用户）、在特定的端口或链路上聚合流的数量、流持续时间、每个小区的 UE 数量、可用带宽、IP 地址、应用类型、设备利用率等，所有这些标准可以由用户或由移动运营商来定义。例如，运营商可以测量网络状况，并在需要的情况下决定分流移动业务。以用户为中心的做法是，用户可以根据他们的首选参数和预定义的策略选择性加入，比如：1）语音呼叫不应该被分流；2）FTP 下载业务应该总是分流到 Wi-Fi 上。在更高级的使用情况下，可以设想用户移动到同时连接到多个基站的多接入无线环境中，测量拥塞、QoS 和体验质量（QoE）等网络参数，由移动运营商动态地设置和改变触发条件（例如流量阈值）。例如，"如果业务是 FTP 下载，并且流量超过 100kbit/s，则将业务从 LTE 切换到 Wi-Fi"。如示例所示，不同的应用可以有不同的基准和阈值，因此不同的流类型可以运行在同一个 UE 或不同用户的终端上。当然，阈值的基准可以参考更多的因素，如用户/流概况、位置、服务计划等。

11.5　SDMN 中的 ALTO

当有人开始关心寻找优于随机对端选择的方法，为获取分布式内容的应用程序的会合服务做优化时，我们称之为 ALTO 问题。发生 ALTO 问题的典型领域是点对点网络、内容分发网络和数据中心。

在点对点网络中，所有节点可以以递增的方式交换信息片段，直到它们获得整个内容。当节点在网络上没有全局视图时，可能会随机挑选出一个候选节点，这可能会导致较低的 QoE。

CDN 分发内容并可能覆盖很大的地理区域，随着流媒体视频业务需求的不断增长，CDN 服务器/缓存在包括移动网络运营商在内的互联网服务提供商的网络中得到了更深入的部署。CDN 运营商采用了不同的技术，将终端用户引导到最佳的 CDN 服务器或运营商的网络缓存中，以便为用户提供适当的 QoE 级别。

ALTO 问题的第三个方面与云服务有关。云服务运行在数据中心之上，用户应该由最近的数据中心通过一个足够轻量级的服务器来服务。在虚拟私有云的情况下，由于服务是通过重叠网络提供的，因此获得相邻度测量更加复杂，同一虚拟网络中的服务器可能位于不同的地理位置。

Gurbani 等人[8]对 ALTO 问题的现有解决方案进行了深入的调查，ALTO 解决方案可以分为两类：1）应用级技术来估计底层网络拓扑参数；2）层间协作。1）中的技术可以进一步划分为 a）用于拓扑估计的端系统机制，例如基于坐标的系统、路径选择服务和链路层互联网映射；

b）运营商提供的拓扑信息服务，如 P4P[9]，基于 oracle 的 ISP-P2P 协作[10]，或 ISP 驱动的通知路径选择[11]。

参考文献 [8] 的作者认为，这些技术在使用应用层技术的网络拓扑抽象方面存在局限性，例如无法检测直接路径与重叠路径哪个更短，或者无法准确估计多径拓扑，或者不能测量所有有关适当选择最佳端点的指标。例如，往返时间不能表明有关吞吐量和数据包丢失的信息。此外，拓扑估计收敛到结果可能会很慢，而且，应用层测量会引起额外的网络资源利用。

因此，应用层和网络层之间需要协作，网络运营商应该能够提供表示距离、性能和收费标准的网络映射和成本映射。

11.5.1　ALTO 协议

ALTO 协议是一个新的协议，有望成为 IETF RFC，由 Alimi 等人来定义[12]不同供应商的 ALTO 解决方案之间的互操作性。

ALTO 服务提供的两个主要信息元素是网络映射和相关的成本映射。网络映射由主机组的定义组成，但不包含主机组的连接。主机组的标识符称为提供商定义标识符（PID）。PID 可以表示子网、一组子网、城域网、PoP、一个或一组自治系统。

成本映射定义了 PID 之间的单向连接，并为每个单向连接分配一个成本值。它还确定了度量类型（例如路由成本）和单位类型（数字或序列），此外确定 PID 定义的网络映射名称和版本。

ALTO 协议基于 HTTP 并使用 ALTO 客户端和服务器之间的 RESTful 接口。该协议使用 JSON 编码消息体[13]。在参考文献 [12] 中提出了几种 JSON 媒体类型，它们实现了必需的和可选的功能。ALTO 服务的必选功能包括信息资源目录及网络和开销映射请求及响应。ALTO 服务的可选功能可以是网络和开销映射查询过滤，端点属性查询等。

11.5.2　ALTO-SDN 案例

Gurbani 等人在参考文献 [14] 中提出了 ALTO 服务在 SDN 应用层的应用。他们认为，ALTO 协议是一个定义明确、成熟的解决方案，可以提供网络映射和网络状态的强大抽象，可以被 SDN 中的分布式服务所使用。ALTO 隐藏了不必要的底层网络细节，而且不会对应用程序造成不必要的限制。因此，可以保证网络运营商和内容提供商网络信息的隐私。

ALTO 协议的一个重要缺陷是它没有定义网络信息提供服务。在 ALTO 服务器中创建网络和开销映射应该是自动的，并且是由策略驱动的。目前有一项正在进行的工作是从 BGP 路由器分发链路状态和 TE 信息[15-17]。在 SDN 网络中应该使用类似的方法，也就是说，SDN 控制器应该能够提供网络信息，ALTO 服务器从该网络信息中导出网络和开销映射。

Xie 等人[18]撰写了 IETF 草案，讨论将 ALTO 服务集成到 SDN 中的可能用例。将 ALTO 网络信息服务集成到 SDN 中的好处如下。对于最终用户或服务请求者实体，ALTO 变得更透明（在 UE 中没有部署成本）。由于有了 ALTO 信息，SDN 控制器中的 ALTO 客户端可以覆盖服务请求方实体（例如 UE）的初始的对端选择决定。任何流都可以动态选择以获取 ALTO 指导，并且 SDN 控制器提供内置重定向机制和流重写规则。此外，SDN 控制器知晓服务网络区域的拓扑和状态，因此可以向 ALTO 服务器提供抽象的网络和开销映射。

图 11.4 阐明了 ALTO 指导用于基于 HTTP 的视频流服务的优于随机端点选择的用例。

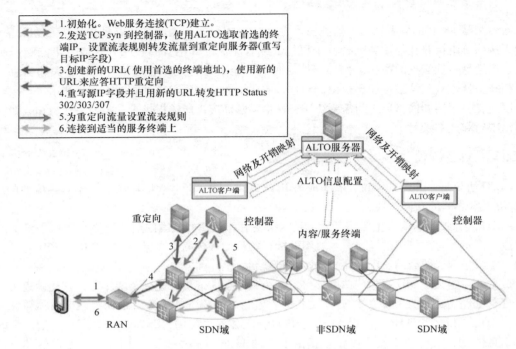

图 11.4　ALTO-SDN 案例：基于 HTTP 的视频流场景

SDN 域的边缘 SDN 交换机将通知 SDN 控制器新的 TCP 连接建立请求，由于 ALTO 网络和开销映射基本上是应用 IP 地址，而不使用 HTTP URI，所以应该使用 TCP SYN 消息的 IP 和 TCP 头来决定这个连接是否应该得到 ALTO 指导。如果是的话，那么 ALTO 客户端应该为服务找到合适的网络和开销映射，并确定服务的候选 IP 地址/PID。如果尚未缓存，则可以从服务器请求适当的映射，该服务器与查询目标无关。接下来，ALTO 客户端可以为每个成本类型计算 k 个最短路径，接着是多属性排序，来计算所有端点的一个汇总排名。

之后，ALTO 客户端和 SDN 控制器应检查到最佳端点的候选路径的资源可用性。如果端到端路径跨越多个 SDN 域，则需要通过互连 SDN 控制器的西向东接口进行通信。

然后，SDN 控制器将在其 SDN 域中安装必要的流表项，并通知路径上的其他 SDN 控制器对此流进行相同操作。

如果整个过程没有找到任何一个路径指向其中一个端点，则应该丢弃掉此 TCP SYN。如果该服务支持 IP 地址重写，则控制器应该重写下游的目标 IP 地址和上游的源 IP 地址。

另一个选择是 TCP 连接（以及上面的 HTTP 通信）被重定向到本地 HTTP 重定向服务器。在 HTTP 重定向服务器将源重定向到适当的端点之前，需要一直保留相关的流条目。因此，这些流条目只是短暂存在。

HTTP 重定向服务器必须接到所选的 IP 地址的通知，并可能会解析 DNS 名称，为客户端生成新的 HTTP URI，然后将 HTTP 重定向消息发送回客户端。

11.5.3　ALTO-SDN 的架构

与原来的 SDN 体系架构相比，ALTO-SDN 体系架构的一个重要变化是首选端点（决策制定）的选择从 ALTO 服务器移动到 ALTO 客户端。因此，ALTO 服务器主要被用作纯粹的网络和开销映射信息服务。从 ALTO 客户端到服务器 API[12] 所建议的功能，实现了信息资源目录、网络映射和开销映射查询服务。之所以有这个改变是因为通信密集型的 SDN 应用作为控制器中的应用模块来实现是更好的做法。

ALTO 服务器的另一个重要功能是自动合并来自不同来源（通过 ALTO 服务器到网络 API）的网络和开销映射信息，如 CDN、BGP 发言者和 SDN 控制器。目前，我们只关注一个 SDN 控制器来提供的网络和开销映射。图 11.5 所示为 ALTO 服务器的主要组件。

ALTO 客户端作为 SDN 控制器中的应用模块来实现，如图 11.6 所示。其基本功能是在需要 ALTO 指导的分布式服务的连接建立阶段，从 ALTO 服务查询网络和开销映射。它也在本地缓存映射，以减少信令交互。此外，它还根据从 ALTO 服务器获得的开销映射提供端点排名。

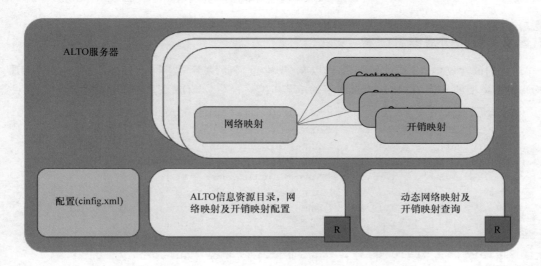

图 11.5　ALTO 服务器的主要组件

SDN 控制器必须知道哪些服务类别需要 ALTO 服务，并且必须提供运营商的 ALTO 相关策略。建议的配置 XML 模式包括服务类的定义，它具有一个名称（id）；服务器的可达性信息（网络地址、端口号），它指定相关的 ALTO 网络映射的名称；为服务选择的开销类型；及服务的主要方向（下行链路、上行链路或两者都有）。如果缺少开销类型，则应在服务端点的排名中考虑所有开销映射。另外，必须给出 ALTO 服务器和重定向服务器的可达性，还有一个称为 PID 掩码的字段。它目前是一个 IPv4 网络掩码，定义了分配给相同 PID 的子网之间的边界，并代表了运营商关于 SDN 网络区域抽象级别的策略。

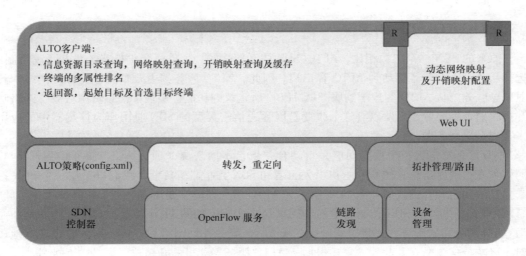

图 11.6　SDN 控制器中的 ALTO 客户端

11.5.4　动态网络信息配置

在我们的建议中，ALTO 服务器可以从 SDN 控制器动态请求网络信息。SDN 控制器通过 JSON 媒体类型的 RESTful 接口提供最新的单节点网络视图。JSON 消息的示例如下所示：

```
{"topology":{"10.0.0.1":{"10.0.0.2":{"num-routing":2, "num-
"10.0.0.2":{"10.0.0.1":{"num-routing":2, "num-
  delay":0},"10.0.0.3":{"num-routing":6, "num-
  delay":0},"10.0.0.4":{"num-routing":6, "num-delay":0}},
  "10.0.0.3":{"10.0.0.1":{"num-routing":6, "num-
  delay":0},"10.0.0.2":{"num-routing":6, "num-
  delay":0},"10.0.0.4":{"num-routing":2, "num-delay":0}},
  "10.0.0.4":{"10.0.0.1":{"num-routing":6, "num-
  delay":0},"10.0.0.2":{"num-routing":6, "num-
  delay":0},"10.0.0.3":{"num-routing":2, "num-delay":0}}},
"pidMask":"255.255.255.255",
"mapName":"my-default-network-map"}
```

所提出的结构类似于 ALTO 网络映射，它定义了子网之间的抽象的单向链接，由 ALTO 服务器分配给 PID。子网的网络掩码由"pidMask"给出。"mapName"给出了应更新的网络映射和相关的开销映射。

开销映射是使用为拓扑结构中的每个单向抽象链接提供的不同距离参数而创建的。数字路由成本是与交换跳数成比例的参数值，我们还可以通过监测交换机端口统计信息（接收、发送或丢弃的字节或数据包）的增量，以及为子网间的抽象链接推导距离参数来衡量抽象链路的历史负载。分层聚类使用了多种距离参数，可以在下面这种情况下使用，例如源和目标子网中所有主机对之间距离的最小值、最大值、非加权值或加权平均值。

11.6　总结

本章讨论了移动网络中流量管理的主要组成部分，即微观、宏观、优化的内容资源选择、应用程序支持的流量管理、导流用法以及网络资源的扩展。

然后介绍了 2G/3G 分组域和 EPC 中的 QoS 配置和动态策略控制的概况，PCRF 功能所实现的策略控制功能也适用于 SDMN。

随后对 ONF 的工作进行了研究，主要关注 OF 协议与 QoS 相关的特性，以及 ONF 定义的、与流量管理相关的案例，这点很重要。

最后，提出了 ALTO-SDN 解决方案，证明了基于 SDN 的流量管理的可行性。

参 考 文 献

[1] Bokor, L., Faigl, Z., Eisl, J., Windisch, G. (2011) Components for Integrated Traffic Management—The MEVICO Approach, Infocommunications Journal, vol. 3, no. 4, pp. 38–49.

[2] 3GPP (2013) Policy and Charging Control Architecture (Release 12), TS 23.203. http://www.3gpp.org/DynaReport/23203.htm. Accessed February 16, 2015.

[3] 3GPP (2013) General Packet Radio Service (GPRS) Enhancements for Evolved Universal Terrestrial Radio Access Network (E-UTRAN) Access (Release 12), TS 23.401. http://www.3gpp.org/DynaReport/23401.htm. Accessed February 16, 2015.

[4] McKeown, N., Anderson, T., Balakrishnan, H., Parulkar, G., Peterson, L., Rexford, J., Shenker, S., and Turner, J. (2008) OpenFlow: Enabling Innovation in Campus Networks, SIGCOMM Computer Communication Review, vol. 38, no. 2, pp. 69–74.

[5] Open Networking Foundation (2013) OpenFlow Switch Specification, version 1.3.2. https://www.opennetworking.org/images/stories/downloads/sdn-resources/onf-specifications/openflow/openflow-spec-v1.3.2.pdf. Accessed February 16, 2015.

[6] Open Networking Foundation (2013) OpenFlow Management and Configuration Protocol (OF-Config 1.1.1), version 1.1.1. https://www.opennetworking.org/images/stories/downloads/sdn-resources/onf-specifications/openflow-config/of-config-1-1-1.pdf. Accessed February 16, 2015.

[7] Open Networking Foundation (2013) *Solution Brief: OpenFlow™-Enabled Mobile and Wireless Networks*, Wireless & Mobile Working Group. https://www.opennetworking.org/images/stories/downloads/sdn-resources/solution-briefs/sb-wireless-mobile.pdf. Accessed February 16, 2015.

[8] Gurbani, V., Hilt, V., Rimac, I., Tomsu, M., and Marocco, E. (2009) A survey of research on the application-layer traffic optimization problem and the need for layer cooperation, IEEE Communications Magazine, vol. 47, no. 8, pp. 107–112.

[9] Xie, H., Yang, Y. R., Krishnamurthy, A., Liu, Y. G., and Silberschatz, A. (2008) P4P: Provider Portal for Applications, in Proceedings of the ACM SIGCOMM 2008 Conference on Data Communication (SIGCOMM '08), Seattle, WA, USA, August 17–22, 2008, pp. 351–362.

[10] Aggarwal, V., Feldmann, A., and Scheideler, C. (2007) Can ISPS and P2P Users Cooperate for Improved Performance?, SIGCOMM Computer Communication Review, vol. 37, no. 3, pp. 29–40.

[11] Saucez, D., Donnet, B., and Bonaventure, O. (2007) Implementation and Preliminary Evaluation of an ISP-driven Informed Path Selection, in Proceedings of the 2007 ACM CoNEXT Conference, New York, USA, pp. 45:1–45:2.

[12] Alimi, R., Penno, R., and Yang, Y. (Eds.) (2014) ALTO Protocol, IETF Draft, draft-ietf-alto-protocol-27, March 5, 2014. https://tools.ietf.org/html/draft-ietf-alto-protocol-27. Accessed February 16, 2015.

[13] Crockford, D. (2006) The Application/JSON Media Type for JavaScript Object Notation (JSON), IETF RFC 4627, July 2006. http://www.ietf.org/rfc/rfc4627.txt. Accessed February 16, 2015.

[14] Gurbani, V., Scharf, M., Lakshman, T. V., Hilt, V., and Marocco, E. (2012) Abstracting Network State in Software Defined Networks (SDN) for Rendezvous Services, in Proceedings of the IEEE International Conference on Communications (ICC), 2012, Ottawa, Canada, pp. 6627–6632.

[15] Medved, J., Ward, D., Peterson, J., Woundy, R., and McDysan, D. (2011) ALTO Network-Server and Server-Server APIs, IETF Draft, draft-medvedalto-svr-apis-00, March 2011. https://tools.ietf.org/html/draft-medved-alto-svr-apis-00. Accessed February 16, 2015.

[16] Racz, P., and Despotovic, Z. (2009) An ALTO Service Based on BGP Routing Information, IETF Draft, draft-racz-bgp-based-alto-service-00, June 2009. http://www.ietf.org/archive/id/draft-racz-bgp-based-alto-service-00.txt. Accessed February 16, 2015.

[17] Gredler, H., Medved, J., Previdi, S., Farrel, A., and Ray, S. (2013) North-Bound Distribution of Link-State and TE Information Using BGP, IETF Draft, draft-ietf-idr-ls-distribution-04, November 2013. https://tools.ietf.org/html/draft-ietf-idr-ls-distribution-04. Accessed February 16, 2015.

[18] Xie, H., Tsou, T., Lopez, D., Yin, H. (2012) Use Cases for ALTO with Software Defined Networks, IETF Draft, draft-xie-alto-sdn-use-cases-01, June 27, 2012. https://tools.ietf.org/html/draft-xie-alto-sdn-use-cases-00. Accessed February 16, 2015.

第 12 章　用于移动应用服务的软件定义网络

Ram Gopal Lakshmi Narayanan

Verizon, San Jose, CA, USA

12.1　概述

云计算、虚拟化、软件定义网络（SDN）都是新兴的技术，对业务模式和技术实现都有革命性的影响。企业和网络运营商正在利用虚拟化技术将其网络和数据中心资源整合到服务架构中。那么这些技术是如何实现最终目标的呢？我们首先要理解驱动这些技术发展的基本需求：

- 虚拟化：网络功能与硬件解耦，而是通过软件实现，脱离了对硬件的依赖性。网络功能可以运行在任何地方，而不需要知道它的物理位置，也不需要知道它是如何组织的。
- 可编程：拓扑结构足够灵活，能够按需改变网络的行为。
- 可编排：能够以简单而较少的操作统一管理和控制不同的设备和软件。
- 可伸缩：系统应该能够根据网络的使用情况灵活调整。
- 自动化：为降低运维费用，系统应支持自动化操作，包括故障排查、减少宕机时间、简化网络资源生命周期管理以及负载使用。
- 性能：系统必须了解网络内部运行情况，并采取措施（如容量优化、负载均衡等）提高网络设备的使用率。
- 多租户：租户需要完全控制他们的地址、拓扑结构、路由和安全。
- 服务集成：各种中间件必须按需提供并正确放置在业务路径上，如防火墙、安全网关、负载均衡器、视频优化、TCP 优化器、入侵检测系统（IDS）和应用级优化器。
- 开放接口：拓扑结构中含有多个供应商的设备，且控制它们的功能也是开放的。

SDN 的设计目标包括：1）控制平面和用户平面分离；2）网络功能和策略的集中控制；3）对软硬件进行控制的接口是开放的；4）业务流可控制且从外部应用可编程。因为 SDN 的概念很大，有各种不同的组织正在致力于 SDN 的标准化工作，包括欧洲电信标准协会（ETSI）定义的网络功能虚拟化（NFV）、开放网络论坛（ONF）定义的 OpenFlow、互联网工程任务组（IETF）定义的路由系统（I2RS）接口等[1-5]。

为应对流量增长基站数不断增加、机器对机器（M2M）通信带来了大量设备连接、为用户开发的应用程序数量，移动网络的扩张涵盖了各个层面。运营商面临的挑战是如何管理和控制移动网络的爆发式增长，同时又能推动移动网络的发展。在面对类似挑战时，IT 行业在基础设施方面已经通过云和基于 SDN 的架构巩固了它们在数据中心领域的地位。因此，电信运营商也在无线网络上进行了类似的尝试，3GPP 标准化组织已经开始研究 SDN 如何服务于 LTE 网络架构的演进。本章首先对移动网络进行了概述，介绍了如何把 NFV 和 SDN 应用于无线网络架构，然后举例说明了如何利用 SDN 来提升网络的运营能力，最后作为结论列出了问题清单，可供未来研究。

12.2 3GPP 网络架构概述

移动宽带接入网由分组核心网（CN）、无线接入网（RAN）和传输网（TN）组成。3G 和 4G 移动网络架构简化后如图 12.1 所示。3G 的 RAN 由 NodeB 和无线网络控制器（RNC）组成，如图 12.1a 所示。RAN 的功能包括无线资源管理（RRM）、无线发送和接收、信道编解码、复用及解复用。层 2 的无线网络协议消息承载从 RAN 到用户终端的控制面和用户面数据。RNC 能够识别信令和用户面消息，并把层 3 的移动性管理消息转发到 CN HSS 以进行用户鉴权和授权。RNC 收到 UE 的上行数据后，执行 GPRS 隧道协议（GTP）操作，并把 IP 数据包转发到 GGSN。同样，RNC 收到发送给 UE 的下行数据时，把 GTP 数据包转化成内部 IP 数据包再发送到 UE。

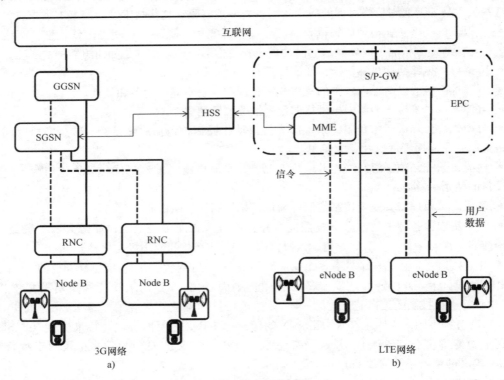

图 12.1　移动宽带网络

3G 核心网由网关 GPRS 支持节点（GGSN）和服务 GPRS 支持节点（SGSN）组成。分组核心网的功能包括 IP 会话管理、合法侦听功能、基于策略的路由和计费功能等。用户的移动性及其相关会话由 SGSN 节点进行处理。同时，SGSN 也是一个锚点，用于对 UE 和无线接入网之间会话进行加密和鉴权。

4G LTE 无线网络由 eNodeB 网元[6]组成，如图 12.1b 所示。基于扁平化架构设计的 LTE 网络，由更少的网元组成。RAN 的功能集中到单一网元 eNodeB 中，3G 和 4G 的 RAN 网络并不兼容，因为他们的物理层技术和无线网络协议是不同的。在物理层处理上，4G 使用了正交频复用（OFDM）技术，而 3G 用的是宽带接入码分多址（WCDMA）技术。

与 3G 类似，4G 网络中的接入网、核心网和传输网之间在逻辑上也是分离的。LTE 演进分组核心网（EPC）包含移动性管理实体（MME）和服务与分组网关（S/P-GW）两部分。MME 的功能包括无线信令的处理和移动性管理会话的维护。EPC 功能与 3G GGSN 类似，但支持优化过的 IP 移动性管理功能。

12.3　无线网络架构向 NFV 和 SDN 演进

12.3.1　分组核心网中的 NFV

ETSI NFV ISG 标准化组织正在制定 NFV 标准，其成员大部分来自电信运营商和网络设备供应商。SDN 和 NFV 有相同的目标，NFV 也源于 SDN 的概念。因此，值得深入研究 NFV 的目标、架构及其对 LTE 和后 LTE 时代的适用性。

通过软件实现网络功能并在虚拟环境中运行称为 NFV。今天，10Gbit/s 的链路已经广泛用于大多数交换机和路由器，而通用型计算机也变得更为便宜，并且能够通过自身的软件处理大部分交换和路由功能。NFV 以 SDN 为基础，互为补充，也都可以独立存在。

图 12.2 所示为简化的 ETSI NFV ISG 体系架构，可以从两方面来理解它：首先，把更多的网

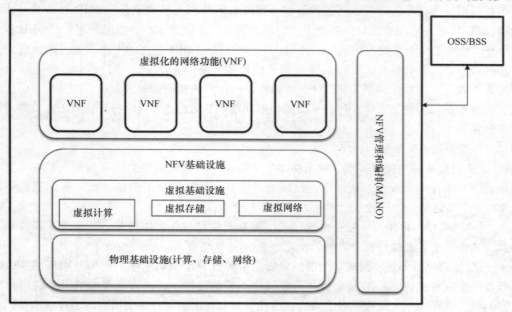

图 12.2　简化的 ETSI NFV ISG 体系架构

络功能从专用设备转移到通用的虚拟化硬件和软件上；其次，用软件来实现虚拟化网络功能（VNF），例如 IMS 或 MME 都可以运行在虚拟机（VM）上。这样，网络运营商就可以使用标准化的计算机硬件作为网络基础设施，而不需要锁定硬件供应商，并且可以根据网络情况动态执行软件的实例化，以实现灵活的业务创新。

为驾驭这种高度的灵活性，该架构设计了管理和编排（MANO）功能，包括业务编排和网络编排，并与运营商的业务和运营支撑系统（BSS 和 OSS）互通。ETSI NFV ISG 在定义解决方案和接口标准时将其工作分配到以下几个工作组：虚拟化基础设施、MANO、软件架构、可靠性和可用性、性能和可移植性以及安全。

NFV 和 SDN 的关系总结如下：

- NFV 源于 SDN，二者目标相同、互为补充。
- NFV 可以不依赖于 SDN 而独立存在。
- NFV 网络功能虚拟化已经足以解决大部分问题，并在数据中心得到了应用。
- SDN 依赖于控制平面和数据平面的分离，需要定义附加的控制和接口。
- NFV 和 SDN 结合起来可以创造更大的价值。

12.3.2　分组核心网中的 SDN

SDN 的作用日益彰显，它提供的供应商设备接口很简单，网络拓扑结构可以动态变化，新服务集成更容易，运营成本也降低。SDN 的目标包括：1）控制平面和用户平面的分离；2）网络功能和策略的集中控制；3）软硬件控制接口开放；4）数据流可控制且外部应用可编程。

在 3GPP 定义的网络架构中，已经存在用户平面与控制平面的分离，例如接口和协议，但是所有的接口都是通过专有硬件实现的，很难与硬件解耦并引入新的服务。MME 和策略及计费控制功能（PCRF）等处理单元只负责处理控制平面消息，有助于用户会话的管理。eNodeB 和 EPC P/S 网关等处理单元同时处理控制平面和用户平面的数据。出于性能的考虑，所有的供应商都选择专用硬件来实现这些设备。要想达到控制平面和用户平面完全分离的目标，最好通过以下方式来实现：首先，虚拟化网络功能，使之可以在任何硬件或相同的硬件上运行；其次，引入 SDN 协议，实现控制功能的集中化，控制平面的处理和用户平面的处理完全分开，以下几节将对此进行详细解释。

12.3.2.1　虚拟化 CN 单元

图 12.3 对现有网络接口实现了网络功能的虚拟化。NFV 标准提出了类似的方案，但它所有的网络功能集中在一个或少数硬件中，控制的程度更高，并简化了内部通信。正如我们所看到的，SDN、虚拟化和云计算是几个相互关联的基本概念：

- 硬件和软件不再相互依赖：由于网元不再是硬件和软件实体的集合，实现了软件和硬件的解耦，软件能够脱离硬件独立发展，反之亦然。
- 网络功能灵活部署：网络功能虚拟化提高了硬件资源的利用率。例如，MME 和 PCRF 可以运行在一个硬件上，而 EPC 核心网运行在一个不同的硬件上，或者如果网络服务的用户数较少，它们也可以在同一个硬件平台上运行。由此，我们提出了硬件池的概念，通过虚拟化，任何网络功能都可以在硬件上运行。网络功能动态启停和移动会形成不同的云和网络拓扑。

● 动态运行：当网络功能实现了虚拟化并可以在硬件池中移动时，我们就能够以某种配置对软件进行实例化，实现动态运行。

实现 LTE 无线网元的功能可以有多种方法。如今，高端商用硬件和操作系统已经能够处理更高的流量，并且可以通过软件将其配置为层 2 交换机或路由器。鉴于此，在不改变 3GPP 接口的情况下，实现 3GPP 网元虚拟化也是有意义的。这是一种形式上的分离，为当前使用专用硬件运行网络功能的运营商提供了更多的灵活性。虚拟化提高了资源利用率，并能够随时根据负载情况聚合或分配处理功能，从而实现了资源优化。

图 12.3 中，所有 3GPP 控制面应用和核心网功能都被转移到了虚拟化环境中。对于下一代无线网架构，虚拟化成为云化的先决条件。因此，我们必须把 SDN 放到虚拟网络环境下去考虑。只要 3GPP 定义的接口不变，MME、SGSN 这样的纯控制平面功能就可以作为云应用运行而不会影响其他节点。演进过程可能首先涉及 EPC 节点的虚拟化，然后将整个 P‑GW/S‑GW 和其他EPC 功能（如 MME 和 PCRF）移动到云化或虚拟化的环境中。

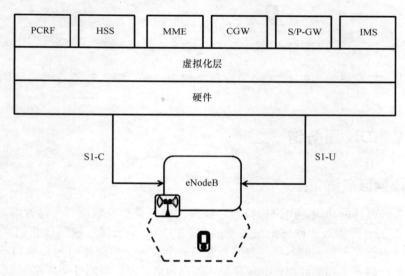

图 12.3　3GPP 网络功能虚拟化

12.3.2.2　虚拟化核心网中的 SDN 机制

为了实现控制平面和用户平面的分离，P‑GW、S‑GW 等网元的功能必须在逻辑上分离出来，并能够通过开放接口协议进行通信。需要仔细研究 S‑GW 和 P‑GW 的每个功能的细节才能识别出转发和控制功能，目标就是要实现控制平面和用户平面功能的完全分离。图 12.4 介绍了控制平面和用户平面分离的 EPC 核心网，以 SDN 协议作为开放接口来控制网络功能。SDN 协议的目的是支持无缝配置、控制和管理网络功能及会话。多个标准组织都提出了支持 SDN 协议的标准，如 OpenFlow 和 I2RS。

当网关的控制平面功能已经虚拟化（运行在虚拟机上），如图 12.3 所示，而网关应用协议（如 GTP‑U）的用户平面功能没有虚拟化（仍运行在专用硬件上）时，如图 12.4 所示，虚拟化

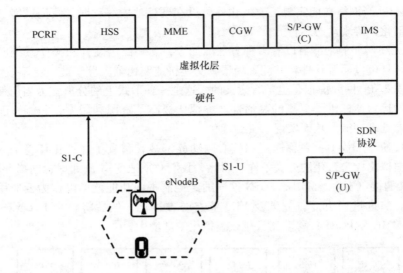

图 12.4 控制平面和用户平面分离的架构

S/P-GW-C 和非虚拟化 S/P-GW-U 之间的控制协议应支持 3GPP 定义的用户平面控制和上报功能。

12.4 NFV/SDN 服务链

12.4.1 核心网服务链

　　网络提供各种各样的功能，用户根据签约类型或业务类型获取服务。运营商通常会部署一些中间件功能，如运营商级的网络地址转换（CG-NAT）、防火墙、视频优化器、TCP 优化器、缓存服务器等。根据业务类型的不同，数据会流经一个或多个中间件功能。图 12.5 给出了中间件功能的部署情况以及不同的数据包如何穿过一系列网络接口。中间件部署在 SGi 接口上，连接数据网络和 P-GW。数据包穿越不同的路径，并被路径上的中间件处理，这就是所谓的服务链[7,8]。

　　服务链目前是基于静态策略运行的，并不灵活，主要有以下缺点：

　　• 网络设备供应商在专用硬件上提供中间件功能和并配置在 SGi 接口上。LAN 接口固定连接到网络接口导致很难增加或改变拓扑结构。

　　• 网络上的数据是如何流动的？流量如何影响他们的服务？这些问题运营商并不是非常了解。由于大多数服务是由第三方应用提供的，运营商很难通过标准化的方式实施监控。基于这些原因，运营商通常会将系统配置到最大容量。由此，动态执行策略、管理流量以及区分服务也更为困难。

　　• 无法灵活执行静态策略，在业务动态增长时无法对网络进行扩展。

　　• 运营商必须购买专用硬件来运行缓存服务器、防火墙、负载均衡器、交换机、分析引擎

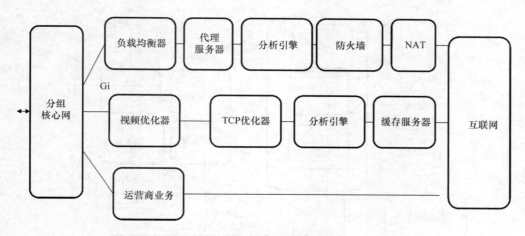

图 12.5　传统的 GiLAN 服务链

和视频优化器等每个中间件功能，每个这样的独立单元也带来了复杂度和功能重复。例如，EPC 有 DPI 的功能，在某些内容过滤器或优化器中也有这样的功能，并且难以选择性地禁用和启用，通常会在网络上出处理不当的情况或产生额外的负荷。

服务链的目标就是要解决这些存在的问题：
- 动态添加和修改服务链。
- 数据包只被处理一次，相同的服务可以应用到其他服务链。
- 基于动态策略（例如，基于用户签约信息、应用类型、网络状况等）可以选择不同的数据路由
- 避免不必要的硬件，支持虚拟化的软件实例、形成多图并联合处理不同的数据流的链路。

包括 IETF 和 NFV 在内的多个标准化组织也在讨论动态服务链的属性[7,8]。将 SDN 和服务链结合起来，可以通过中心策略实现对每个中间件的动态控制。SDN 为中间件提供开放接口和集中控制点，并支持带宽管理、数据导流等服务创建功能。

虚拟化网元功能是实现动态服务链的关键。当网络功能实现了虚拟化并运行在同一硬件上时，就很容易执行不同的链结构，并可以轻松创建服务。数据经过不同的下一跳节点形成一个图表，每个分组数据的处理都可以不同。作为服务的一部分，数据包必须经过一系列中间件，所以可以通过 OpenFlow 等流标签协议轻松提供下一跳向量。图 12.6 给出了服务链的实现机制，根据编排层的动态策略只选择了必要的链。编排实体具有 SDN 控制器功能，负责汇集网络状态信息并动态传递业务感知策略信息，对网络的动态伸缩无须进行预先配置。

12.4.2　移动网络业务优化

在 3GPP 架构中，所有的用户平面控制和策略功能都集中在核心网，这给引入新服务带来了困难。为了说明这一点，假设图 12.7a 中的两个用户 U1 和 U2 正在使用 IP 语音（VoIP）或 P2P 应用，来自用户 U1 的所有上行链路业务都经过无线、传输、并到达分组核心网，在核心网应用 GTP 隧道功能、计费功能和 NAT 功能，并且将数据包以下行链路业务发送回 U2，数据流向为南

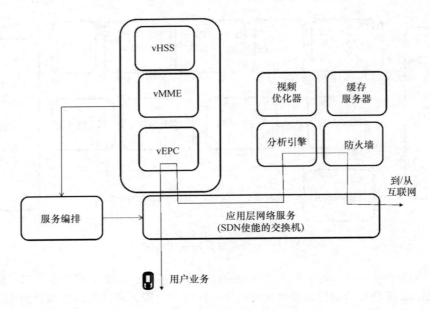

图 12.6　动态服务链

北向，如图 12.7a 所示。如果两个用户之间的数据（东西向流量）仅在 RAN 网络内传输，那么将是最优的方案，可以节省网络带宽并减少 EPC 的处理。

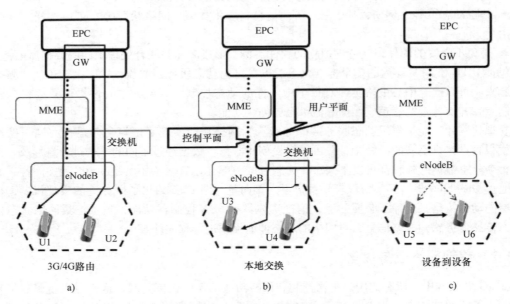

图 12.7　移动网络内的数据流向

在 2G 移动交换系统（MSC）和普通老式电话系统（POTS）架构中也存在信令和交换分离

的概念。传统上，MSC 负责处理呼叫信令和交换功能，之后软交换的概念出现了，信令和交换功能分成了两个不同的处理实体。运营商拥有一个信令服务器，并在 2G 架构中部署更多更靠近 BTS 或 BSC 的交换服务器，而核心网只处理信令，用户数据则保持在无线接入网络内。

有了 SDN，就可以在移动网络内部将东北向的流量转换到东西方向，在设计时就要求对流量进行动态控制，并且必须根据网络状态和内部网络功能来控制流量。设计 SDN 使能的网络功能有两大关键点：1）是网络功能内部状态的识别和开放；2）是根据业务或网络条件配置、监控和管理这些状态。有了这样的网络功能，我们就可以实现每个应用或每个流的业务优化。

图 12.8 介绍了如何使用 SDN 架构实现数据导流功能。在这个架构中，eNodeB 与 SDN 层 3 交换机集成在一起，所有传统的 GTP 隧道端点功能都在该交换机中执行。而且分组核心网 EPC 也被虚拟化，控制平面和用户平面功能是分开的。为了解释这个概念，我们只展示了计费网关（CGW）、电信级网络地址转换（CG-NAT 或 NAT）网络功能。以下是 VoIP 业务通过 RAN 网络期间发生的消息序列：

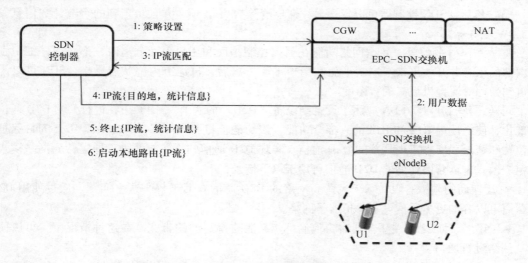

图 12.8　移动网络内的数据导流

（1）SDN 控制器可以作为服务和网络编排层功能的一部分，并为 CG-NAT 提供初始配置。CG-NAT 是 SDN 使能的，其所有的内部 NAT 表项都是公开的，有利于管理。除了传统的 NAT 之外，还包括额外的控制，使得 G-NAT 后面的用户能够轻松触发任何一个用户的通信。例如，当 NAT 上第一次出现 U1 的数据时，会创建一个带有 U1 源 IP 地址、目的地址（NAT 的公共 IP 地址）、协议和端口号的出站 NAT 表项。当 NAT 看到 U2 的业务时，会产生类似于 U1 的出站流量。当一个条目创建时，会在内部与其他条目进行比较，以确定两个用户是否隶属同一个 NAT。SDN 控制器配置 CG-NAT，CG-NAT 将控制用户平面数据并等待触发条件。

（2）U1 或 U2 正在发起 VoIP 会话。VoIP 应用程序执行一系列步骤，包括使用 NAT 的 UDP 简单穿越协议（STUN）或其他协议执行对端 IP 地址检测，然后交换信令消息并启动应用数据传输。截至目前，IPv4 仍然占据主导地位，运营商仍在使用 CG-NAT，并为所有指向互联网的流量部署 NAT 功能，CG-NAT 维护每个方向的映射表。

（3）CG-NAT 检测到 U1 与 U2 之间的数据匹配后，将数据流信息发送给 SDN 控制器。

（4）SDN 控制器指示各支持 SDN 的 eNodeB 在本地应用业务策略。在此，策略是指在 U1 和 U2 之间转发数据包，并开始在每个方向上计算字节数。为了使这个功能可以被单独编程，eNodeB 的内部状态必须识别并分离出来以供外部控制。eNodeB 通常面向核心网执行 GTP 处理以及 IP QoS 功能。为达到更高级别的控制，需要精细化地识别并开放这些状态。OpenFlow 协议也包含对端死机检测逻辑定时器，与控制消息一并提供。针对本次会话，eNodeB SDSN 交换功能将在本地处理数据，从而避免了回传流量的传输。当数据在 eNodeB 本地路由时，CG-NAT 定时器可能会超时，为了避免定时器超时，可以使用 SDN 控制器或端口控制协议机制来保持 NAT 激活，直到会话完成。

（5）当 U1 或 U2 或两者都终止会话时，eNodeB SDN 接口功能将向 SDN 控制器发送与该流有关的 IP 流统计信息，包括持续时间和字节数。

（6）然后，SDN 控制器可以发送显式命令清除 NAT 表项，并且将正确的字节计数信息发送给 CGW 服务器。

要发挥 SDN 的好处，每个网络功能在引入控制平面和用户平面分离时，都必须仔细识别网络内部的状态并开放出来。控制平面和用户平面分离后，再加上内部状态操作，SDN 可以为服务链和数据导流提供更高的自由度。

同样，我们可以将 SDN 应用于设备到设备（D2D）的通信。3GPP 正在进行 LTE D2D 通信的标准化，使之成为 R12 和 R13 的一部分功能，该功能也将引入 LTE-Advanced。D2D 的目标是结合位置和邻近程度来实现直接的 D2D 通信。实现 D2D 通信的方法有两种，即运营商网络模式和自组织模式。运营商辅助的 D2D 通信可用于以下情景：

- 运营商的频谱有限：基于运营商网络的 D2D 通信有助于解决这个问题。通过使用 D2D，运营商可以容纳更多通信设备并扩展了网络。

- 当两个用户之间希望互通时，他们可能无法获得足够的带宽。在这种情况下，可以使用 D2D 网络进行通信。

- 一组用户想要在他们之间共享图像或文件时，他们分享通用配置文件，当存在 D2D 通信时，运营商可以建立和管理其无线连接以实现基于近邻的通信。

由于对用户和应用程序没有额外要求，我们可以尽可能地建立 D2D 通信。为了实现这一目标，可以使用基于 SDN 的信令。例如，我们之前介绍了两个用户间 VoIP 通话的场景，其中 U1 和 U2 位于相同的小区或相同的 BTS。现在，BTS 可以更加灵活地将网络资源分配给一对移动设备进行 D2D 通信。进一步地讲，如果两个用户位于同一个 BTS（或小区）并且距离很近，那么我们可以利用 SDN 的理念开展 D2D 通信。结合应用端信息和位置邻近信息，我们就可以创建配置参数并最终用于建立 D2D 通信。以下是图 12.7 可能需额外纳入的一些流程。

参考之前针对 VoIP 业务的消息序列，图 12.8 中步骤 1~3 没有改变，其他功能在 eNodeB 中实现。在步骤 3 中，eNodeB 需要检查两个设备是否靠近，并且允许它们通过 D2D 信道直接通信。eNodeB 可以借助 MME 或基于位置的服务单元来验证位置信息。假设两个 UE 距离非常近，那么它们将建立网络辅助的 D2D 会话，控制信息也会发送到 eNodeB。

12.4.3　从接入网导出元数据到核心网

在上一节中，我们介绍了如何通过 SDN 提取并发送核心网状态信息到无线网络，以实现业务优化。在某些情况下，无线网络的状态信息也需要提取并发送到核心网或 SGi LAN 以实现业务的差异化。我们将以视频流媒体应用为例来说明这个方案。

视频业务贡献了互联网的大部分流量。由于智能手机和平板电脑迅速普及，视频业务将迎来成倍增长。在美国，如 YouTube 和 Netflix 等优质业务占据了主导地位[9，10]。视频业务的突然爆发使网络变得难以管理，从部署 3G WCDMA 和 4G LTE 网络获得的经验表明，视频流媒体在移动宽带网络上表现不佳。视频流会话具有较长的持续时间，并且视频对播放的延迟和带宽都有要求，因此在整个视频播放过程中必须保证网络资源的可用性。为了满足这些要求，移动运营商需要增加服务器和网络容量。然而，无线信号强度会随着位置、时间和环境发生变化，在变化的无线网络条件下向视频流应用提供可靠的带宽确实是一个挑战。

在互联网领域中，有三种标准的视频流内容传送机制，分别是：1）用户可以使用 FTP 服务从服务器下载视频文件到设备中，然后从本地观看视频；2）通过视频点播服务（VOD）获得；3）视频实时传送。VOD 和实时视频流是最流行的两种方式。伪视频流和自适应比特率（ABR）流是两种最流行的视频流传输机制，都运行在 HTTP 上[11]。到目前为止，大部分内容分发商都采用了 ABR。在 ABR 流中，视频数据可以被编码成不同的质量等级，例如高分辨率、中分辨率或低分辨率。每一个视频编码数据被进一步分成多个块，并以小文件的形式保存在视频内容分发服务器中，每个块包含 3～8 个视频数据。客户端根据可用带宽选择视频质量，然后请求相应的块文件进行播放。下载请求的块时，客户端计算几个参数，包括往返时间和块的总下载时间等，并保存该历史信息，在决定下一个块的请求时会用到这些信息。由于无线网络的时变特性，TCP 拥塞控制算法会导致重传和视频停顿，并不适合脉冲型的视频传输。应用服务提供商正在探索获得更多无线传输条件信息的可能性，以便他们可以相应地调整其视频传输方案。为解决 RAN 的拥塞问题[12]，3GPP 标准要求全面检查控制数据和用户数据，因此当应用服务提供商在用户数据上启用了 SSL 加密时，这种检查就变得不可能了。所以，在应用服务提供商和网络运营商之间建立合作是一种可能的解决方案。图 12.9 给出了这种解决方案，其中 SDN 控制器是 PCRF 功能的一部分，并且与视频服务功能（如在 SGi LAN 上托管的缓存服务器或视频优化器或 TCP 优化器）交互。如果 UE 的流量被加密，则 DPI 无法使用，RAN 也无法执行流量管理功能。

触发 eNodeB 输出信息有两种方法。第一种方法，SDN 控制器周期性地接收流信息，该信息包含来自 eNodeB 的无线网络状态信息。第二种方法，SDN 控制器知道视频服务器的 IP 地址，当上行数据与视频服务器 IP 地址匹配时，它可以要求 eNodeB 提供无线网络状态信息。在这两种方法中，eNodeB 都将输出其内部的无线网络状态信息，如小区负载情况、业务拥塞等。eNodeB 可以将此信息附加在从 UE 到视频服务器的上行数据中，或者可以在 IP 层可选信息上发送，然后这些信息通过 EPC 核心网和 SGi LAN 到达视频服务器。

SDN 控制器的作用是将所需的流配置信息传递给 eNodeB，然后 eNodeB 将据此处理 IP 数据流。eNodeB 将根据配置信息在 IP 流中发现匹配数据时生成元数据信息。例如，每当 UE 向视频

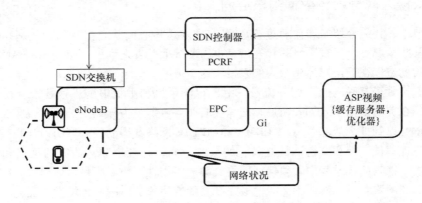

图 12.9　RAN 用户平面优化

服务器发送上行业务时，由于 eNodeB 已经获取了服务器的 IP 地址，eNodeB 将提供元数据信息并与上行数据一起发送。元数据可以包括无线负载信息、小区级别的信息和 UE 位置信息等。现有的 eNodeB 尚不能输出这些信息，因为标准中尚未定义。当为每一个网络功能都启用了 SDN 时，就可以实现灵活配置，相应的行为也能被管理。

12.5　开放研究与未来的课题

我们介绍了一些应用场景，同时讨论了如何通过梳理服务链和 SDN 原则来改进应用场景。我们强调，SDN 提供了控制平面和用户平面的分离，提高了控制水平，并给出了可编程网络的概念。作为 SDN 设计的一部分，必须认真设计如何开放内部网络和网络状态。作为无线网络实践的一部分，我们需要考虑多方面的问题，但这只是一个开始，以下课题都可以进一步研究：

• 核心网中的合法监听网关。合法机构可以对用户业务配置策略并收集用户数据[13]，当执行如图 12.8 所示的业务优化时，数据将不会到达合法监听网关。因此，将合法监听功能分配给 RAN 网络时必须谨慎，或者对需要合法监听的会话禁止启用本地数据路由。

• 获取并开放网络状态是一项复杂的任务。由于 EPC 支持 100 多种协议，我们需要确保状态信息能够通过可编程 API 进行控制并对外输出。

• MME、S-GW 和 P-GW 在内部维护 UE 状态信息。MME 等网元处理控制平面信息，S-GW 成为移动锚点，PDN 在 SGi 接口上完成业务，并作为策略执行点，由于功能不同，他们都需要维护每个 UE 的信息，造成大量冗余。如图 12.9 所示，MME、S-GW、P-GW 在执行 UE 附着过程时，为每个 UE 创建状态信息。当网络功能实现了虚拟化并在单个硬件平台上运行时，我们可以重新考虑采用专用中间件的方法来共享虚拟环境，并尽可能使网元没有状态，从而改善网络设计。图 12.10b 给出了在核心网单元汇聚状态信息并通过 API 开放数据库的一种方法。

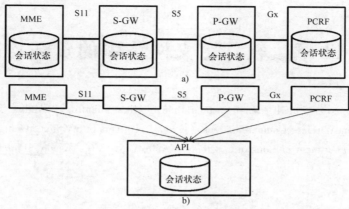

图 12.10　状态汇聚和 SDNAPI 开发

致谢

作者还在诺基亚工作的时候就已经开始了这项工作，本书出版时，作者已经到了 Verizon 公司，该工作得到了诺基亚和 Verizon 公司的大力支持。本章所表述的意见、发现或建议，并不代表诺基亚和 Verizon 公司的观点。

参 考 文 献

[1] Atlas, A., Nadeau, T.D., and Ward, D. (editors) (2014) Interface to the Routing System Problem Statement, IETF (work-in-progress) draft-ietf-i2rs-problem-statement-03, June 2014. Available at http://tools.ietf.org/id/draft-ietf-i2rs-problem-statement-03.txt (accessed February 17, 2015).
[2] ETSI, NFV (2013, October) Network Functions Virtualisation—Update White Paper. Available at http://porta etsi.org/NFV/NFV_White_Paper2.pdf (accessed January 24, 2015).
[3] ETSI, NFV (2013, October) NFV Virtualization Requirements. Available at http://www.etsi.org/deliver/etsi_gs/NFV/001_099/004/01.01.01_60/gs_NFV004v010101p.pdf (accessed January 24, 2015).
[4] ETSI, Network Functions Virtualization (2014). Available at http://www.etsi.org/technologies-clusters/technologies/nfv (accessed January 24, 2015).
[5] Open Networking Foundation (ONF) (2012) Software-Defined Networking: The New Norm for Networks. Available at https://www.opennetworking.org/images/stories/downloads/sdn-resources/white-papers/wp-sdn-newnorm.pdf (accessed January 24, 2015).
[6] 3GPP TS 36.300, Evolved Universal Terrestrial Radio Access (E-UTRA) and Evolved Universal Terrestrial Radio Access Network (E-UTRAN); Overall Description. Available at http://www.3gpp.org/dynareport/36300.htm (accessed February 17, 2015).
[7] Quinn, P., and Nadeau, T. (editor) (2014) Service Function Chaining Problem Statement, IETF, (work-in-progress) draft-ietf-sfc-problem-statement-05.txt. Available at https://tools.ietf.org/html/draft-ietf-sfc-problem-statement-05 (accessed February 17, 2015).
[8] ETSI GS NFV 002 V1.1.1 (2013, October) Network Functions Virtualisation (NFV); Architectural Framework. Available at http://www.etsi.org/deliver/etsi_gs/NFV/001_099/002/01.01.01_60/gs_NFV002v010101p.pdf (accessed January 24, 2015).
[9] About YouTube, Available at https://www.youtube.com/yt/about/ (accessed April 9, 2015).
[10] Netflix. How does Netflix work?, Available at https://help.netflix.com/en/node/412 (accessed April 9, 2015).
[11] Stockhammer, T. (2011) Dynamic Adaptive Streaming Over HTTP: Standards and Design Principles. In: Proceedings of the second annual ACM conference on Multimedia systems, pp. 133–144. ACM, 2011. San Jose, CA, USA.
[12] 3GPP TR 23.705, System Enhancements for User Plane Congestion Management, Release, draft 0.11.0. Available at http://www.3gpp.org/DynaReport/23705.htm (accessed February 17, 2015).
[13] 3GPP TS 33.107, Lawful Interception Architecture and Functions. Available at http://www.3gpp.org/ftp/Specs/html-info/33107.htm (accessed January 24, 2015).

第 13 章　软件定义网络中的负载均衡

Ijaz Ahmad[1], Suneth Namal Karunarathna[1], Mika Ylianttila[1], Andrei Gurtov[2]

1 Center for Wireless Communications（CWC），University of Oulu，Oulu，Finland

2 Department of Computer Science，Aalto University，Espoo，Finland

13.1　引言

　　负载均衡是在多个网络或网元（如链路、处理单元、存储设备和用户）之间分配工作负载，以在资源利用率、最大吞吐量和最短响应时间之间获得实现最佳的组合，这样做有助于防止过载并保证服务质量（QoS）。当多个资源都可用于某个功能时，可以使用负载均衡来最大化网络利用率并确保网络资源使用的公平性，同时在保证 QoS 和有效利用资源之间取得平衡。

　　相关的研究始于硬件负载均衡，由于硬件对应用是中立的，并独立于应用服务器，网络设备之间可以使用简单的网络技术进行负载均衡，例如，使用虚拟服务器将连接转到部署了双向网络地址转换（NAT）的真实服务器，可以在多个服务器之间获得负载均衡。图 13.1 给出了一个简单的负载均衡场景，其中虚拟服务器在多个真实服务器之间平衡负载，以保证高可用性和 QoS。

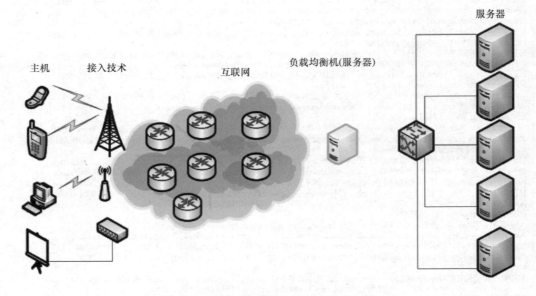

图 13.1　在多个服务器之间进行负载均衡

今天，负载均衡技术主要用于 IP 层和应用层，每层都有特定的负载均衡和分配机制。本章将介绍负载均衡的基础知识，以及现有无线网络中常用的负载均衡技术，说明了其中的问题和挑战。进而讲到 SDN，详细讨论了基于 SDMN 的负载均衡技术如何应对当前无线网络所面临的负载均衡挑战。在本章最后，将讨论 SDMN 负载均衡技术未来的发展方向和研究方向。

13. 1. 1　无线网络中的负载均衡

在无线网络中，负载均衡机制用于在小区、节点和频段之间均匀分配流量，以更高效地利用网络资源。可以把流量从高负载的小区分流到负载较小的相邻小区，各个回程或核心网络节点上的流量可以在多个节点之间共享，并且为保证用户 QoS 可以动态共享带宽。由于下一代无线网络的目标是为广覆盖范围的移动用户提供高速数据服务，带宽是运营商在密集城区提供有效服务的主要考虑的因素。

为了既保证较高的 QoS，又能有效地利用无线频谱，运营商可以安装小站以大幅提高覆盖范围和网络容量。这些小区可以使用不同的技术，如蜂窝、WLAN、CDMA 或 E 波段，通过创新的负载均衡机制来维持所需的 QoS 和体验质量（QoE）。技术融合可以实现高可用性、满足 QoS 要求、提供差异化服务以及为网络弹性提供网络冗余，这些目标可以通过新型负载均衡机制所提供的流量和工作负载平衡来实现。

负载均衡在移动通信领域已经研究了十多年，是一个非常成熟的课题。但是，由于网络架构差异很大并且互操作本身就很复杂，跨技术的负载均衡技术目前也仅限于研究。

13. 1. 2　移动负载均衡

在无线网络中，用户在使用网络服务的过程中随处移动，移动设备可以在各小区或网络随机地发起或终止连接，因此，一个小区的业务负载很有可能超出其资源承载能力。所以，移动负载均衡（MLB）在蜂窝网络及所有无线网络中都是非常重要的。MLB 通过控制移动性参数和配置（包括 UE 测量阈值）来平衡某些地理位置中可用小区间的负载。MLB 通过修改切换区域以在相邻小区之间重新分配负载。MLB 的原理是通过调整切换测量来调整切换区域，让小区边缘的用户从高负载小区迁移到低负载的相邻小区，以提高资源利用效率。由于负载重新分配是在相邻小区之间是自动执行的，因此 MLB 是自组织网络（SON）的一个重要特性。

13. 1. 3　流量分配

流量分配是指由网络控制并引导，将语音和数据业务分配到网络内最适合的小区或无线技术上。它可以在不同的层面上部署，如不同频率或小区分层结构（宏小区、微小或微微小区），某个地理区域的最终用户就可以获得相应的资源。通过有效利用多种共存的网络技术（这些技术可以来自网络中心或网络边缘）的可用资源池，流量分配可以优化网络容量和用户体验。流量分配有助于在网络中实现负载均衡，将宏小区的流量分流到低负载小区、家庭基站或 Wi-Fi 热点，以满足大部分的业务需求，并最大限度地降低基站的功耗。流量分配的主要挑战是在多层小区中协调移动性配置。

13.1.4　异构网络中的负载均衡

今天，多数智能手机可以通过多种不同的无线接入技术连接到互联网，包括 3GPP 技术和非 3GPP 技术，如 Wi-Fi（802.11x）。为了更好地满足用户体验，蜂窝基站也正在变得多样化。宏蜂窝缩小到微蜂窝、微微蜂窝，并越来越多地使用了室分天线和小站。由于现有网络安装的站点或基站已经很密集，小区间干扰较高，资本开支（CAPEX）也相当大，小区分裂变得不再可行。因此，可行的解决方案倾向于多层覆盖的结构，其中不同的架构重叠覆盖、相互协作。异构网络中的每一层架构原则上使用独立的频谱，网络体系架构和拓扑结构也不同。随着无线网络的异构特性越来越强，负载均衡对终端用户体验和系统整体性能显得尤为重要。

13.1.5　现有负载均衡技术的缺点

在大型商业网络中，负载均衡是必备要求，传统上通过负载均衡器来实现，在大多数情况下，负载均衡器价格昂贵并且是独立的实体。一般来说，商业负载均衡器位于请求传入的路径上，负责将请求分配到其他的服务器上。目前的负载均衡算法要求所有的请求通过放置负载均衡器的单个路径进入网络，在大型网络中可能存在多个这样的节点。另一方面，通过可编程虚拟化手段，服务器和数据中心可以在网络上动态地移动。此外，网络的不同部分可能需要完全不同的负载均衡或优化技术，才能实现预期的结果。

很显然，传统的负载均衡技术不能满足当今大型商业网络的需求。因此，需要不同的负载均衡方法，其功能可以跳出盒子并部署在传统网元之上，以智能方式实现基于网络和服务器拥塞的负载均衡。因此，下一代负载均衡器必须具备以下特征：1）负载均衡作为传统网元（如交换机和路由器）本身的网络属性而存在；2）在应用和业务层面具备灵活性（应用和业务层面的负载均衡有助于实践新的算法）；3）动态适应变化的网络条件，包括服务器拥塞和路由重映射；4）动态配置管理，随网络容量变化自动调整和扩展，例如虚拟机（VM）移动性和数据中心移动性。因此，现代和未来网络都需要动态的负载均衡，这可以通过 SDN 网络状态的全局可见性和可编程开放接口来实现。

现有的负载均衡方法对服务做了很多假设，这些假设无法满足当前需求，如更高数据速率、无缝移动性、高可用性以及期望的 QoS。这些假设[1]如下：

- 请求通过单个路径进入网络，负载均衡设备可以放置在所有流量必须经过的节点。这种情况不可能适用于所有网络，因此，运营商在使用这些昂贵的设备时最终会出现拥塞。在企业网络中，可能会有许多这样的节点，例如到 WAN、校园骨干网和远程服务器的出口连接。

- 网络和服务器是静态的，对于数据中心来说这可能是正确的，但对于无线网络和企业网络来说则不同了。例如，在无线网络中，由于用户的移动、信道条件的变化等原因，基站随时可能出现拥塞。同样，数据中心的运营商也会移动虚拟化数据中心的虚拟机，以便有效利用其服务器。通过这些变化，负载均衡器需要跟踪网络的变化和数据中心中的移动，以将请求发送到正确的位置。

- 拥塞发生在服务器端，而不是网络中，这对于数据中心只托管一种服务可能是正确的，而在云数据中心，在网络上不同的地方可能会有不同的拥塞。

● 网络负载是静态的，因此，负载均衡器可以使用静态方案分配流量，例如均等成本多路径（ECMP）路由。这种负载均衡并不理想，因为网络的某些部分可能负载很重，因此可能会拥塞。

● 所有业务都需要相同的负载均衡算法，这意味着 HTTP 和视频请求都使用相同的负载均衡方案。但由于业务带宽、移动性和链路容量要求等不同，这显然是不可行的。为每种业务提供自己的负载均衡算法也很困难，因为在虚拟化数据中心，越来越多的业务将由不同的用户部署，并且他们将会随处移动。

由于目前的网络没有集中控制技术，缺乏全局可见性，移动负载均衡仍然存在挑战。在蜂窝网络中，越区切换由基站在 UE 测量的帮助下发起，由于无法实现严格的集中控制和近小区业务负载及资源使用的可见性，对这些基站的协调控制非常弱。类似地，跨技术的移动性也没有投入实际应用，因此，为得到更好的用户满意度和有效资源使用而进行的负载均衡在异构网络（HetNet）中仍然不能实现。

13.2 SDMN 负载均衡

SDMN 通过逻辑上集中的控制器或网络操作系统（NOS）推动了负载均衡技术的发展，能够实现系统或网络间的互操作。OpenFlow[2] 等 SDMN 使能器引入了通用可编程接口，无论底层技术如何，不同网络实体之间都可以通过这些接口进行通信。除此之外，以软件应用替代网络实体可以明显降低网络成本并提高灵活性。在 SDMN 中，负载均衡机制将带来低成本异构网络与蜂窝网络并行工作的好处。尽管频谱稀缺是蜂窝网络运营商面临的主要问题，但由于缺乏有效的负载均衡技术，蜂窝网络仍不能有效利用本地可用的其他无线网络。

SDMN 中的通用集中控制平面可以使网络流量通过低负载中间件、链路和节点进行重定向。SDMN 通用控制平面如图 13.2 所示。所有逻辑上的控制平面实体，如移动性管理实体（MME）、AAA、PCRF、HSS 等在逻辑上集中并放置在高端服务器中，这些实体将实时地重定向数据平面。在 SDMN 中，负载均衡算法能够以控制平面中的负载均衡应用程序的形式安装在应用服务器中。SDMN 控制器从数据路径获取网络负载统计信息，并将这些统计信息（如数据包和字节计数器值）提供给负载均衡应用程序。类似地，来自 MME 的 UE 移动性报告也将被提供给负载均衡应用程序。因此，基于真实网络负载的全局视图将能实现集中式的负载均衡决策。

OpenFlow 支持基于流的路由和网络虚拟化及其扩展。传统的网元可以利用 OpenFlow 进行编程，以实现商用网络的灵活转发和管理。这种新的数据包转发机制支持在使用不同技术的系统之间分配负载，只要它们由单个控制器或网络连接的一组分布式控制器管理即可。OpenFlow 极为重要的一点在于，将转发控制从传统网元转移到逻辑上集中的控制平面，而拥有了更高效的转发能力。另一方面，有效的负载均衡与站点之间的智能切换互为补充，这些站点在技术上可能是相互独立的，但它们都由同一个网络操作系统管理。

13.2.1 SDMN 负载均衡的需求

软件定义网络的控制平面在逻辑上是集中的，可以站在全局的高度控制数据平面的转发行

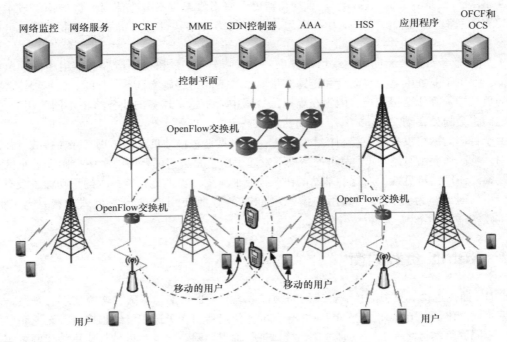

图 13.2　软件定义移动网络

为。因此，负载均衡在 SDMN 中非常重要，以保持多个控制平面设备之间的公平权衡。

13.2.1.1　服务器负载均衡

SDN 允许应用通过控制层与网络设备进行交互，并可以操纵网络设备行为。受益于资源的可见性，应用可以用特定方式请求资源的状态、可用性和可见性。网络运营商和服务提供商希望通过应用程序来控制、操纵、管理和设置策略，这些应用程序包括各类网络控制、配置和操作选项。应用程序部署在运营商的云端，并在高端服务器上实现，这些服务器必须满足日益增长的用户、应用或业务需求。因此，需要服务器负载平衡确保对客户端请求的快速响应，并通过在多个服务器之间分配应用负载来保证可扩展性。除此之外，由于控制平面功能可以部署在逻辑上集中的服务器上，因此服务器负载均衡在 SDMN 中特别有用。

13.2.1.2　控制平面伸缩性

如图 13.3 所示，在 SDN 中，控制功能（如负载均衡算法）需要在控制平台的顶层通过写控制逻辑来实现分发机制，并将其部署在交换机和路由器等转发设备上。SDN 的控制平台既可以是分布式的，也可以是集中式的，实现控制平面功能的实体称为 SDN 控制器。由于在中心节点掌握全部的网络资源信息，SDN 控制器可以通过网络操作系统从全局的高度管理和控制整个网络。

但是，网络控制逻辑的集中化也给自己带来了挑战，控制平面的可扩展性就是其中之一，这可以通过有效的负载均衡技术来解决。在 SDN 中，控制器是最为复杂的，它以逻辑上集中的方式进行转发决策。目前可用的控制器实现所面临的挑战就是需要规定由单个控制器管理的转发

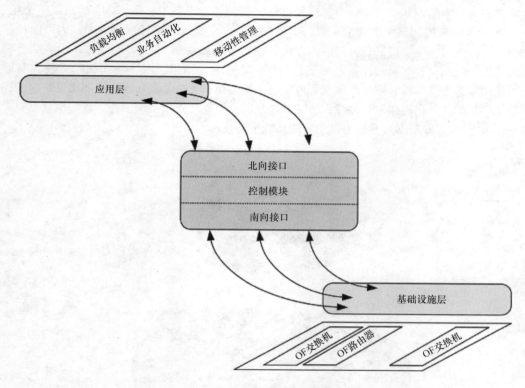

图 13.3　SDN 抽象的控制平面

设备的数量，以应对时延挑战。如果控制器上的流数增加，则时延增加的可能性很高，这在很大程度上取决于控制器的处理能力。当在 10Gbit/s 链路的高速网络中使用 OpenFlow 时，今天的控制器实现不能处理大量的新流[3]。由于可扩展性有限，使得控制器成为拒绝服务（DoS）和分布式拒绝服务（DoS）攻击的目标。因此，控制器效率一直是许多研究者关注的问题，可以通过以下措施来提高控制器的性能，如分布式的控制平台、控制器权限的分配和代理、增加控制器内存和处理能力以及特定控制器体系架构的设计。恰当的负载均衡机制将使得控制平台能够低成本地处理可伸缩性故障对整个网络性能造成潜在不利影响的情况。如参考文献 [4] 所述，只增加控制器的数量将无助于降低单点故障的风险，这时发生故障的控制器负载将被分配到其他控制器。负载必须放在初始负载最小的控制器上，这样所有的控制器才能共享工作负载，提高整个系统的效率。这种负载分配需要有效的负载均衡方法。

13.2.1.3　数据平面伸缩性

　　数据平面负责与用户之间的数据转发，处理跨多个协议层的多个对话，并管理与远程对端的往来对话。SDN 支持对数据平面的远程控制，使得通过远程过程调用（RPC）在数据平面部署负载均衡机制变得更为容易。

　　OpenFlow 将每个数据平面交换机抽象为一个流表（如图 13.4b 所示），其中包含各个流的控制平面决策。交换机流表由 OpenFlow 控制器使用 OpenFlow 协议进行操作。SDN 也面临一个挑战，如何从逻辑上集中的控制平面有效地把转发策略配置到转发设备上。图 13.4a 给出了一个场景，其中 SDN 交换机从控制器获取流量规则。如果控制器到交换机的路径延迟较大，则可能耗尽交换机的资源。例如，交换机只有有限的内存来缓存用于流启动的 TCP/UDP 数据包，直到控制器发布流规则。类似地，如果到控制器的链路拥塞，或者由于任何原因（例如故障）使控制器在配置流规则方面进展缓慢，则交换机资源可能已经被占用而无法处理新流。除此之外，由于控制平面是集中化的，如果链路发生故障，所需的恢复时间可能比正常情况更长。这些挑战都需要利用 OpenFlow 交换机并根据其容量通过创新的负载平衡技术来解决。

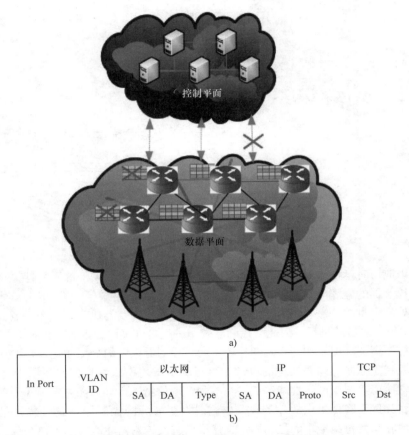

a)

In Port	VLAN ID	以太网			IP			TCP	
		SA	DA	Type	SA	DA	Proto	Src	Dst

b)

图 13.4   a）SDN 数据平面   b）OpenFlow 交换机流表

13.2.2   SDN 使能的负载均衡

13.2.2.1   OpenFlow 负载均衡基础

我们都知道，SDN 将网络中的控制平面和数据平面分开，SDN 的 OpenFlow 分支定义了数据路径上的应用程序编程接口（API），以使控制平面能够与底层数据路径进行交互。控制器使用包头字段（如 MAC 地址、IP 地址和 TCP/UDP 端口号）来安装流规则并对匹配的数据包执行操作，包括转发到端口、丢弃、重写或发送到控制器。流规则可以设置为匹配所有字段的微流或者具有空（不确定位）字段的通配符规则。典型的交换机可以支持比通配规则更多的微流规则，因为通配符规则通常依赖于昂贵的 TCAM 内存，而微流规则使用比 TCAM 更大的 SRAM。规则安装时可以用触发交换机删除的固定超时（称为硬超时），或者在指定的非活动时间后被删除（称为软超时）。交换机还计算每个规则的字节数和数据包的数量，控制器可以获取这些计数器的值，如图 13.5 所示。

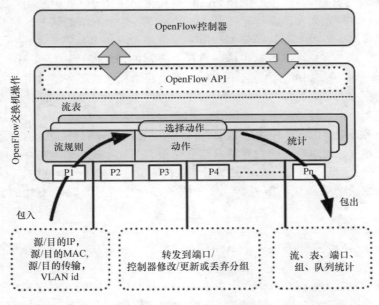

图 13.5　OpenFlow 交换机架构

　　OpenFlow 中最基本的负载均衡机制可以使用交换机的这些计数器值来确定交换机能处理多少负载。这样可以很容易在控制平面上看到各交换机的业务负载，控制器利用各种协调机制在交换机之间进行负载均衡。OpenFlow 中的负载平衡也可以选择使用通配符规则匹配或微流匹配。微流匹配要求控制器处理小流量而不是聚合流量，因此需要使用更多的控制平面资源。基于控制器的负载和可用性，可以在通配符匹配与微流匹配之间进行权衡。如果确实需要微流匹配，则可以使用其他机制，如分布式控制平面架构，这种架构的控制器之间需要负载均衡机制。

　　在 SDN 的 OpenFlow 标准中，控制器会为每个客户端连接（也称为"微流"）安装单独的规则，导致在交换机中安装大量的流，并在控制器上产生大量负载。因此，为最小化控制器上的负载，提出了各种方法，包括在 OpenFlow 交换机中支持使用通配符，控制器将客户端请求聚合起来指向服务器副本。通配符机制利用交换机对通配符规则的支持来实现更高的可扩展性，同时控制器上的负载可以保持平衡。这些技术使用算法计算出简明的通配符规则，实现目标的流量分配，并自动根据负载均衡策略的变化进行调整，而不会干扰现有的连接。

13.2.2.2　服务器负载均衡

数据中心在其服务器上承载着各种各样的在线服务，这些服务也可以提供给其他运营商以节约 CAPEX 和 OPEX 开支。由于数据中心的正常业务量都很大，因此这些数据中心使用前端负载均衡技术将每个客户端的请求指向特定的服务器副本。但是，专用负载均衡器都很昂贵，并且很容易造成单点故障和拥塞。当前使用的 SDN 分支，即 OpenFlow[2] 标准，提供了一种替代解决方案，由网络交换机在服务器之间分配流量。OpenFlow 控制器在运行时将数据包处理规则安装到 OpenFlow 交换机中，如果需要，可以立即更改这些规则。

参考文献［5］为以内容为中心的网络（CCN）提出了基于 OpenFlow 的服务器负载均衡。服务器负载均衡的一项重要功能就是部署策略以平衡 CCN 中客户端的请求，参考文献［5］中的服务器负载均衡提出了三种负载均衡策略。第一种策略，将每个新客户端的请求都映射到固定的内容服务器。该基于客户端的策略将最小负荷服务器的地址解析协议（ARP）应答转发给发起 ARP 请求的新客户端。如果客户端不是新的，那么将由相同的服务器对用户进行响应。

第二种策略，根据 OpenFlow 交换机的统计数据来平衡负载，OpenFlow 控制器定期检查统计数据，并评估负载。在这种情况下，控制器获得通过现有流发送数据量的统计数据，并估算每个服务器处理的业务负载。因此，使用该基于负载的策略将流量分配到可用的内容服务器。无论何时检测到服务器超载，要求最高的内容请求都会切换到另一个拥塞程度较低的服务器，从而有效地在所有服务器之间分配流量。第三种是基于近似的策略，在这种策略中，基于先到先得的原则，客户端被分配给响应最快的服务器。这种技术在业务延迟可忽略不计的低网络流量中很有用[5]。

案例：实时虚拟机迁移

实时虚拟机迁移为数据中心提供了一种有效的负载均衡方法，以将虚拟机从超负荷服务器迁移到负载较轻的服务器。管理员可以通过实时虚拟机迁移技术动态地重新分配虚拟机，而不会造成严重的服务中断。然而，基于两个主要原因，传统网络中的实时虚拟机迁移仍然较少使用。首先，实时虚拟机迁移仅限于局域网，因为 IP 协议仍然不支持无会话中断的移动性。其次，网络状态在当前的网络架构中是不可预测的，也是难以控制的。

SDN 支持实时虚拟机迁移，因为控制平面是集中化的，网络资源全局可见，独立于分层的 IP 协议栈。由于 SDN 控制器具有底层网络拓扑结构的所有信息，因此基于 SDN 的虚拟机迁移将减少由于传统网络中存在拓扑复杂性而造成迁移中断的可能性。例如，为了迁移虚拟机，通过在交换机流表中推送新的转发规则，可以很容易地建立新的端到端转发路径而不中断服务。与当前网络环境中的会话中断相比，修改 OpenFlow 交换机中的现有流规则几乎不需要临时存储现有流数据包。

虚拟机、网络和管理系统组成了整个系统，SDN 使得将这个系统迁移到一组不同的物理资源成为可能。例如，实时迁移系统（LIME）[6] 的设计就利用了 SDN 的控制 - 数据平面分离的逻辑来迁移 VM、网络和网络管理的系统。LIME 将数据平面状态克隆到一组新的 OpenFlow 交换机，然后递增迁移业务资源。参考文献［7］中举例说明了基于 OpenFlow 的域间虚拟机迁移，其中表明 OpenFlow 数据中心可以随时进行配置，而不管其拓扑结构有多么复杂。

13.2.2.3　负载均衡作为 SDN 应用程序

在线业务、网络功能应用和管理平面功能都在 SDN 应用平面的高端服务器上实现。为了在多个服务器之间恰当地进行负载均衡，可以使用前端负载均衡机制，将各种请求指向正确的服务器及其副本。

SDN 中的大部分负载均衡机制都驻留在控制平面之上的 SDN 应用平面上。例如，Aster*x[1] 是一个 NOX 应用，使用 OpenFlow 体系架构查看网络的状态并直接控制流的路径。如图 13.6 所示[1]，Aster*x 负载均衡器依赖于三个功能单元：

流管理器：该模块基于选定的负载均衡算法管理流的路由。

网络管理器：该模块负责跟踪网络拓扑结构及其利用水平。

主机管理器：该模块跟踪服务器并监测它们的状态和负载。

Aster*x 使服务提供商能够根据应用的类型对其网络进行负载平衡。应用可以选择主动或被动负载均衡，基于个体的或多流请求的负载均衡，以及静态或动态负载均衡。这些选项使 Aster*x 成为可扩展的分布式负载均衡体系架构。

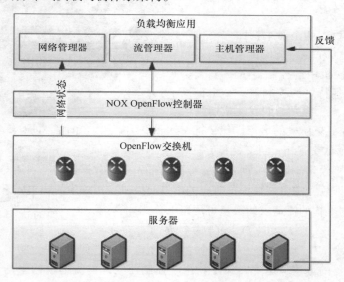

图 13.6　Aster*x 负载均衡架构及其功能单元

13.2.2.4　控制平面负载均衡

在 SDN 中，控制器实现了控制平面的功能，负责在数据路径中安装流规则。由于控制器只能在转发设备中设置有限数量的流，因此建议使用多个逻辑上集中的控制器。因此，最新版本的 OpenFlow 在一个网络域中支持多个控制器，其中交换机可以同时连接到多个控制器。因此，提出了分布式 OpenFlow 控制器体系架构（如 HyperFlow[8] 和 Onix[9]），以实现用多个控制器来管理大型网络。这些分布式控制器之间的负载均衡对于在控制平面上合理分配工作负载并确保快速响应起着至关重要的作用。在这种情况下，负载均衡可以最大限度地提高控制器的利用率，并降低控制器成为单点故障或瓶颈的风险。

1. 分布式控制平面

BalanceFlow[10] 是一种用于广域 OpenFlow 网络的控制器负载均衡架构。BalanceFlow 以流为颗粒度进行工作，在大型网络的多个控制器实例之间分配流量。该架构的所有控制器均维护其自己的负载信息，所有控制器的信息定期发布。控制器架构采用分层结构，其中一个控制器充当超级控制器，以保持域中其余控制器的负载平衡。当业务状态发生变化时，超级控制器对流量进行分割，并将控制器分配给不同的流，以维持控制器之间的工作负载平衡。由于与交换机最近的控制器被用于交换机中的流的设置，该架构可以保证流建立的延迟最小化。BalanceFlow 负载均衡架构如图 13.7 所示。

BalanceFlow 架构有两个要求，即多个控制器的并行连接和 OpenFlow 交换机中控制器 X 的行为扩展。交换机中的控制器 X 扩展支持将流的请求发送到特定的控制器。一个控制器，比如控制器 k，维护一个 $N \times N$ 矩阵 M_k，其中 N 是网络中交换机的数量。第 i 行第 j 列中的元素表示从交换机 i 到交换机 j 平均的流请求数。当接收到流请求数据包时，控制器首先获知数据包已经到达的交换机，控制器检查数据包的目的地址后，定位该数据包对应的出口交换机，矩阵中的相关元素也定期更新。从交换机 i 到交换机 j 的平均的流请求的数量可用以下公式计算：

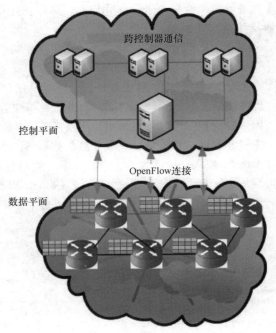

图 13.7　BalanceFlow 控制器架构

$$R_{avg}(i, j) = (1 - w)R_{avg}(i, j) + wT(i, j) \tag{13.1}$$

式中，w 是加权系数；$T(i,j)$ 是在一段时间内从交换机 i 到交换机 j 的流的请求数。超级控制器收集来自所有控制器的流请求矩阵，并计算每个控制器处理的流请求的平均数量。在计算整个网络中的流请求总数之后，超级控制器将流重新分配给不同的控制器。

2. 控制 - 数据平面负载分配

另一种 SDN 负载均衡的方法是将控制平面的一些职责转移到数据平面。Devolved OpenFlow 或 DevoFlow[11] 就是一个这样的例子。这种体系架构主要考虑到太频繁地调用控制平面所涉及的实现成本。例如，在 OpenFlow 中，可能需要控制器安装流规则并快速收集交换机的统计信息（字节和数据包计数器）。因此，以这种粒度工作的控制平面会阻碍 SDN 架构在大规模部署中的应用。

将控制器的控制权交给交换机有两种机制。第一个是规则克隆，第二个是在交换机本地化控制功能。对于规则克隆，OpenFlow 数据包中通配符规则的操作部分用布尔 CLOONE 标志进行扩充。如果标志为空，交换机遵循正常的通配符机制；否则，交换机将在本地克隆通配符规则。克隆将创建一个新规则，将所有通配符字段替换为与微流相匹配的值，并继承其他方面的原始规则。因此，微流的后续数据包将与微流专用规则相匹配，从而使微流专用计数器可用。这个新规则将被存储在精确匹配查找表中，以有效降低 TCAM 的能耗。在 DevoFlow 的本地操作集中，本地路由操作由交换机执行，而不涉及控制器。本地操作集包括交换机中的多路径支持和交换机中的快速重新路由。DevoFlow 支持通配符规则的克隆，根据某种概率分布为微流选择输出端口，实现多路径路由。如果指定的输出端口断开，交换机通过快速重新路由能够使用一个或多个备用路径。

3. 控制器故障情况下的负载均衡

在 SDN 中，如果控制器是单点故障，整个网络就很有可能瘫痪。为了避免单点故障，建议使用多个控制器。但是，当一个控制器发生故障时，把它的负载重新分配到其他控制器就需要进行恰当的负载均衡。否则，如果负载是均匀分布的，则已经达到容量极限的控制器也会失败，并且这样会导致所有的控制器接连发生故障[4]。因此，多控制器环境中，处理控制器故障的最佳策略必须满足以下要求：

- 整个网络必须有足够的容量来容纳发生故障的控制器的负载。
- 初始的负载必须与控制器的容量相匹配。
- 控制器发生故障后，负载重新分配不得导致另一个已经满负荷的控制器过载。相反，必须使用恰当的负载均衡算法在负载较重的控制器上部署更少的额外负载，反之亦然。

13. 2. 2. 5　数据平面负载均衡

开放应用交付网络（OpenADN）[12]支持特定应用的流处理。它要求利用跨层通信技术将数据包归类到不同的应用流类别。跨层设计允许应用流的信息以标签形式放置在网络和传输层之间。此应用标签交换（APLS）层形成了层 3.5，由 OpenADN 交换机负责处理，从而使应用数据能够在数据层处理。因此，可以在 OpenFlow 交换机中启用基于流的负载均衡。

13. 2. 2. 6　移动负载均衡

SDN 提供了通用的控制协议，如 OpenFlow，只需要很少的改动就可用于不同的无线技术，OpenFlow 的这种能力使得 SDN 可以直接集成到现有无线网络中，数据路径保持不变，但网络的控制和逻辑单元，如 MME、PCRF、和 SGW/PGW 的控制部分被抽象到控制平面，如图 13.8 所示。这使得易于使用无线电部分中的可用标准化移动机制，其中具有在控制平面顶部实现的新颖的 MLB 算法的 SDN 特征的控制平面。下文将详细介绍 SDMN 增强特性如何支持在现有网络中实现移动负载均衡。

1. 小区间移动负载均衡

蜂窝小区的负载均衡是在基站的帮助下进行的。通过基站进行负载均衡的目的是保持相邻小区的负载均衡，以提高整个系统的容量。因此，在基站之间共享负载信息，以保持基站池中工作负载的公平分配。因为在 LTE 中没有中心无线资源管理（RRM）系统，所以信息通过基站之间的 X2 接口直接共享。一般来说，交换负载信息有两个目的，首先，用于 X2 接口上进行负载均衡，这种情况信息交换频率较低。其次，用于优化 RRM 的处理，这种情况负载信息共享的频率较高。

通过比较小区的负载并且在基站之间交换该信息就可以检测到负载不平衡。所交换的小区负载信息包括与无线资源有关的物理资源块（PRB）使用情况以及与无线无关的资源使用情况，如处理器或硬件资源。通常利用服务端与客户端交互的方式在基站之间共享信息。基站（客户

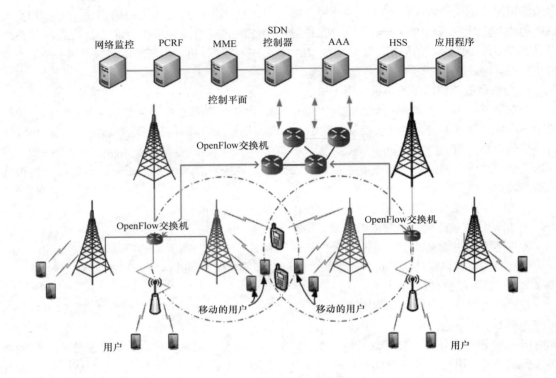

图 13.8 软件定义小区间移动负载均衡

端）会通过 X2 接口向订阅了这些请求的基站（服务端）发送"资源状态响应"或"资源状态更新"消息来报告这些信息。"资源状态响应"或"资源状态更新"消息中包含周期参数，负载报告根据设定的周期定期进行。可以用另外的负载指示过程来共享与干扰管理有关的负载信息。这些信息也通过基站之间 X2 接口共享，并实时影响某些 RRM 进程。

通过调整过载小区及其相邻小区之间的切换参数可以实现移动负载均衡的目标。通过调整切换参数，可以将过载小区中的一些 UE 切换到负载较小的相邻小区。小区内 PRB 的使用率和用户数用来指示 LTE 物理资源的负载和使用情况。每个基站（或 LTE eNB）都测量其服务小区的负载。3GPP 中 MLB 的分布式解决方案需要 eNB 通过 X2 接口与其相邻的 eNB 进行协作。过载的 eNB 获得其相邻小区负载信息，并通过 X2 接口调整切换参数，迫使一些 UE 从当前小区切换到相邻小区。在 LTE 中，切换决策通常由 A3 事件触发，简单地讲，

$$M_n > M_s + \text{HO}_{\text{margine}} \tag{13.2}$$

式中，M_n 是以 dBm 为单位的参考信号接收功率（RSRP）或以相邻小区以 dB 为单位的参考信号接收质量（RSRQ）；M_s 是服务小区 RSRP 或 RSRQ 的值，$\text{HO}_{\text{margine}}$ 是 M_n 和 M_s 之间的余量，以 dB 表示。每个小区都可以有自己的 $\text{HO}_{\text{margine}}$ 值。在 UE 中测量这些参数，并基于式（13.2）就可以

得到切换决策。当 eNB 检测到其服务小区过载时，将调整与其相邻小区的 $HO_{margine}$ 以触发 UE 从当前小区切换到相邻小区。为了让 MLB 做到有效精准，可以用 UE 测量报告预测调整 $HO_{margine}$ 后的小区负载。

由于这些来自 UE 的测量报告包含式（13.2）中的 M_s 和 M_n，所以 eNB 可以收集位于服务小区及其相邻小区之间的小区边缘处的每个 UE 的 M_s 和 M_n 的信息。因此，eNB 可以测量 UE 所处服务小区的 PRB 利用率，并根据相邻小区的用户吞吐量和调制编码方案来估计相邻小区的 PRB 利用率。这就可以把用户分配给相邻的小区，而不至于让小区拥塞，从而有效地平衡了相邻小区之间的负载。然而，在这样的机制和技术中，eNB 需要与相邻 eNB 协作来调整服务小区的 $HO_{margine}$，eNB 之间需要协作和交换信息，使得网络变得复杂，从而难以扩展和维护。另外，SDN 实现了控制平面功能的集中化，在中心服务器收集网络信息，并指示各个实体（如 eNB）设置切换参数，并在需要时执行切换。图 13.8 展示了一个在相邻小区中有移动用户的 SDMN 架构。由于用户的移动，资源的 PRB 利用率也不断变化。SDMN 集中化的控制平面将收集相邻小区的 PRB 使用情况的信息，从而能够轻松比较两个小区的负载。由于在 SDN 中实现新功能需要在控制平面之上编写软件逻辑，移动管理算法可以在控制平面之上实现，这就充分利用了网络物理资源的全局可见性。例如，MLB 算法可以通过 SDN 应用的方式实现，对相邻小区的物理资源了如指掌，能够更佳地调整相邻小区之间的切换余量。当多个相邻小区同时过载时，采用集中式 MLB 分配负载的优势更加明显。

2. MME 移动负载均衡

在蜂窝网络中，UE 与一个特定 MME 相关联，该 MME 为 UE 创建上下文，负责 UE 与网络的所有通信。UE 初次接入网络时，eNB 非接入层（NAS）节点选择功能（NNSF）负责选择 MME。当 UE 在一个 eNB 处于激活态时，MME 使用"初始上下文建立请求"消息向该 eNB 提供 UE 上下文。随着切换到空闲态，MME 发送"UE 上下文释放命令"消息到 eNB 以删除 UE 上下文，这时 UE 上下文仅保留在 MME 中。

对于 LTE 系统内的移动性或 eNB 间的切换，通常使用基于 X2 接口的切换过程。然而，当两个 eNB 之间不存在 X2 接口或者源 eNB 被配置为只能向特定 eNB 发起切换时，则使用 S1 接口。在基于 X2 接口的切换处理中，仅在完成切换处理后才通知 MME。基于 S1 接口的切换和控制流程如图 13.9 所示。切换过程包括准备阶段，这时为切换准备核心网资源，随后是执行阶段和完成阶段。由于 MME 与切换和上下文维护密切相关，因此在蜂窝网络 MME 之间的负载均衡是非常重要的。

MME 负载均衡的目的是根据其容量在 MME 之间分配业务。S1 接口用于在蜂窝网络 MME 之间进行负载均衡，这些 MME 在一个 MME 池。MME 通过 S1 接口执行三种负载管理过程，包括分配业务的正常负载均衡过程，应对负载突然上升的过载过程以及负载重新平衡过程，以部分或完全分流 MME。MME 负载均衡取决于每个 eNB 中存在的 NNSF，其中包含与每个 MME 节点容量相对应的权重因子。在网络中每个 eNB 上执行的加权 NNSF 实现了 MME 之间统计上的负载平衡。但是，有一些特定的场合需要特定的负载均衡操作。首先，如果引入新的 MME，则可以增加与该节点的容量对应的权重因子，直到其达到足够的负载水平。类似地，假设移除 MME，则应该逐渐减小该 MME 的权重因子，只吸收最小的业务量，并且其业务量必须在其他的 MME 节点之

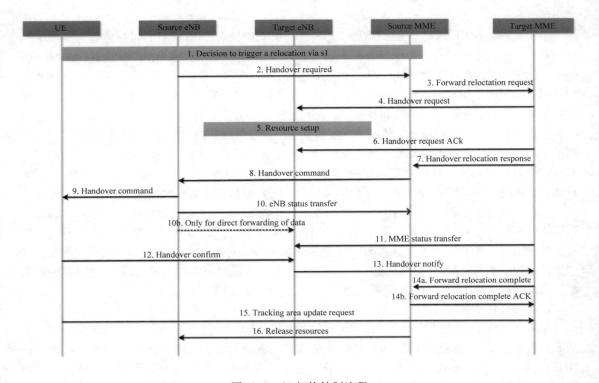

图 13.9　S1 切换控制流程

间进行分配。其次，如果在负载中出现意外的峰值，则可以通过 S1 接口向 eNB 发送过载消息，以暂时将特定类型的业务限制到该特定 MME。MME 还可以调整 eNB 的数量并限制其需要避免的业务类型。第三，如果 MME 想要快速移除 UE，则它通过 S1 接口上"UE 释放命令"消息中的特定原因值强制 UE 重新连接到其他 MME，这就是重新平衡功能。

　　在 SDN 中，MME 成为控制平面的一部分，并通过 S1 接口与 eNB 进行交互。与 MME 一起，SGW 和 PGW 的控制平面也被抽象到控制平面。由于 MME 现在是 SDMN 集中控制平面中的逻辑实体，因此检查其负载并在 MME 上维持公平的负载将非常容易。MME 之间可以用单独的应用程序进行负载均衡，MME 负载均衡算法也可以是整个负载均衡应用程序的一部分。由于当前的 MME 负载均衡取决于 eNB 中 NNSF 的负载测量值，因此这些值仅表示连接到该 eNB 的 MME 的负载。因此，每个 eNB 对未在其 NNSF 中列出的那些 MME 的负载并不知晓，这使得现有 MME 负载均衡相当低效。在 SDMN 中，一定地理位置上的所有 MME 的负载将被收集到 MME 负载均衡应用中，可以直接从 MME 获取负载测量值或通过 S1 接口从所有 eNB 的 NNSF 获取测量值（权重因子和当前负载）。因此，SDMN 中的 MME 负载均衡是在所有 MME 的负载值都已知的情况下执行的。图 13.10 展示了这种负载均衡方案。

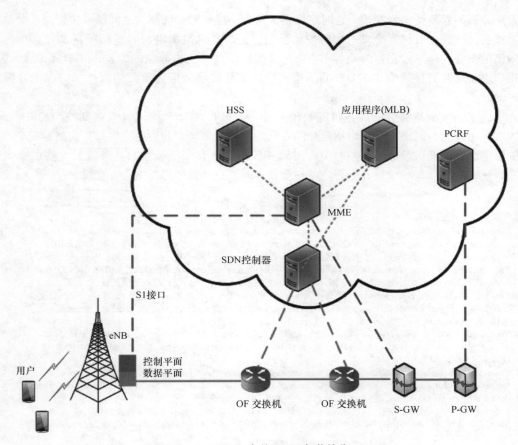

图 13.10　SDMN 中的 MME 负载均衡

13.3　负载均衡技术未来发展方向和挑战

无线网络受到系统容量和用户体验的制约，并因此提出、应用了各种类型的无线网络技术，其中包括不同的小区大小、不同的架构和异构基础设施。每种类型的网络技术都有其自身的局限性，因此总是需要权衡，这也应该是未来负载均衡技术的一部分。诸如小站，微站和 Wi-Fi AP 之类的小型站点能够提供更高的数据速率，但是由于有线回程网有固定的容量，所以这些数据速率很可能也是受限的。因此，网络必须实现智能化，将宏小区的业务分流到更小的小区，同时考虑到回程网的约束，小区的负荷也不会超过一定的阈值。

异构网络中各种网络之间的无缝切换对于维持小区间的公平负载分配以及向最终用户提供最佳服务非常重要。然而，从网络管理的角度来看，切换涉及信令开销和复杂的过程。除此之外，无线网络容易出现瞬时饱和时变干扰，这可能迫使 UE 再次切换，从而导致乒乓切换。因此，从系统来看，暂时容忍次优基站比乒乓切换更为可取。功率限制对网络互操作带来了另一个挑战，即与宏蜂窝相比，小蜂窝基站发射功率更低。UE 可以在上行链路中以相同的功率电平进行发送，而不管基站类型如何，这时毫微小区，微小区和宏小区基站之间的强协调对于负载均衡非常重要。这种不对称需要集中化的控制机制，它的负载均衡机制能够指挥基站并在小区间保持均衡的负载，而不管它们的发射功率如何。受蜂窝网络数据分流的驱动，3GPP 已经启动了蜂窝用户设备之间直接通信（D2D）的工作项目，这种直接通信为负载均衡技术的研究开辟了新的方向。

尽管网络安全是网络管理不可或缺的一部分，但很少有人将其与网络负载均衡并行研究。在 SDMN 中开发与网络安全策略相匹配的负载均衡体系架构尤其重要。例如，控制器安全措施的缺失可能会在交换机设置流规则时引入时延，从而导致有未经请求的业务流时交换机会发生拥塞。因此，在 SDMN 中设计和部署负载均衡技术时，有必要考虑网络的安全性。

参 考 文 献

[1] Handigol, Nikhil, Mario Flajslik, Srini Seetharaman, Ramesh Johari, and Nick McKeown. "Aster*x: Load balancing as a network primitive." In ninth GENI Engineering Conference (Plenary), Washington, DC, 2010.

[2] McKeown, Nick, Tom Anderson, Hari Balakrishnan, Guru Parulkar, Larry Peterson, Jennifer Rexford, Scott Shenker, and Jonathan Turner. "OpenFlow: Enabling innovation in campus networks." ACM SIGCOMM Computer Communication Review, vol. 38, no. 2 (2008): 69–74.

[3] Jarschel, Michael, Simon Oechsner, Daniel Schlosser, Rastin Pries, Sebastian Goll, and Phuoc Tran-Gia. "Modeling and performance evaluation of an OpenFlow architecture." In Proceedings of the 23rd International Teletraffic Congress, San Francisco, CA, USA, pp. 1–7, 2011.

[4] Yao, Guang, Jun Bi, and Luyi Guo. "On the cascading failures of multi-controllers in software defined networks." 21st IEEE International Conference on Network Protocols (ICNP), pp. 1–2, October 7–10, 2013. DOI:10.1109/ICNP.2013.6733624.

[5] Choumas, Kostas, Nikos Makris, Thanasis Korakis, Leandros Tassiulas, and Max Ott. "Exploiting OpenFlow resources towards a cContent-cCentric LAN." In Second European Workshop on Software Defined Networks (EWSDN), pp. 93–98. IEEE, October 10th–11th, 2013, Berlin, Germany.

[6] Keller, Eric, Soudeh Ghorbani, Matt Caesar, and Jennifer Rexford. "Live migration of an entire network (and its hosts)." In Proceedings of the 11th ACM Workshop on Hot Topics in Networks, pp. 109–114. ACM, Redmond, WA, 2012.

[7] Boughzala, Bochra, Racha Ben Ali, Mathieu Lemay, Yves Lemieux, and Omar Cherkaoui. "OpenFlow supporting inter-domain virtual machine migration." In Eighth International Conference on Wireless and Optical Communications Networks, pp. 1–7. IEEE, Paris, 2011.

[8] Tootoonchian, Amin and Yashar Ganjali. "HyperFlow: A distributed control plane for OpenFlow." In Proceedings of the 2010 Internet Network Management Conference on Research on Enterprise Networking, pp. 3–3. USENIX Association, San Jose, CA, 2010.

[9] Koponen, Teemu, Martin Casado, Natasha Gude, Jeremy Stribling, Leon Poutievski, Min Zhu, Rajiv Ramanathan, Yuichiro Iwata, Hiroaki Inoue, Takayuki Hama, Scott Shenker. "Onix: A distributed control platform for large-scale production networks." Ninth USENIX Conference on Operating Systems Design and Implementation, vol. 10, Vancouver, BC, Canada, pp. 1–6, 2010.

[10] Hu, Yannan, Wendong Wang, Xiangyang Gong, Xirong Que, and Shiduan Cheng. "BalanceFlow: Controller load balancing for OpenFlow networks." In IEEE 2nd International Conference on Cloud Computing and Intelligent Systems (CCIS), vol. 2, pp. 780–785. IEEE, Hangzhou, 2012.

[11] Andrew R. Curtis, Jeffrey C. Mogul, Jean Tourrilhes, Praveen Yalagandula, Puneet Sharma, and Sujata Banerjee. "DevoFlow: scaling flow management for high-performance networks." In Proceedings of the ACM SIGCOMM 2011 Conference (SIGCOMM '11), pp. 254–265. ACM, New York, 2011. DOI:10.1145/2018436.2018466.

[12] Paul, Subharthi and Raj Jain. "OpenADN: Mobile apps on global clouds using OpenFlow and software defined networking." In Globecom Workshops (GC Wkshps), 2012 IEEE, Palo Alto, CA, USA, pp. 719–723, 2012.

[13] Alcatel-Lucent, "The LTE network architecture: strategic white paper." Available at: http://www.cse.unt.edu/~rdantu/FALL_2013_WIRELESS_NETWORKS/LTE_Alcatel_White_Paper.pdf (accessed on February 19, 2015), 2013.

第 4 部分 资源管理和移动性管理

第 14 章 SDMN 中互联网业务 QoE 管理框架

Marcus Eckert, Thomas Martin Knoll

Chemnitz University of Technology, Chemnitz, Germany

14.1 概述

面对海量的互联网业务,为了保证服务质量,需要差异化地对待不同的业务流,特别是在日渐超负荷的移动网络中。3GPP 定义的流程允许通过专用的 GPRS 隧道协议(GTP)隧道来区分业务,这些隧道的建立和升级由客户端发起。本章介绍的软件定义网络(SDN)使能的质量监控(QMON)和互联网业务实施框架被称为"互联网业务质量评估和自动化响应框架",简称为 ISAAR。这个框架通过基于流的、以网络为中心的体验质量监控和实施功能,对现有的移动网络和软件定义网络的服务质量功能进行了增强。该框架分为三部分功能,即质量监控(QMON)、质量规则(QRULE)和质量实施(QEN)。

今天的移动网络承载了各类不同的业务,为满足用户的需求,每种业务类型都有自己的传输要求。为了观察实际的传输质量及其产生的用户业务体验,网络运营商需要监测各个业务的QoE。由于用户所体验到的业务质量不是在网络中可直接测量的,因此需要一种新的方法,它可以从可测量的 QoS 参数中计算 QoE 关键性能指标(KPI)的值。最具挑战性同时也最有价值的业务 QoE 评估方法就是视频流业务的 QoE 评估方法。因此,本章将重点介绍视频 QMON 和评估,并不仅限于对于所有业务 KPI 进行跟踪的通用 ISAAR 功能。

YouTube 是目前移动网络中主要的视频流媒体应用,因此 ISAAR 首先基于 YouTube 探讨 QoE 解决方案。提取 KPI 并映射到可衡量的 QoE 值,如平均主观意见分(MOS),这个功能是由 QMON 完成的。QMON 实体向 QRULE 提供流信息和对应流的 QoE 评估。QRULE 模块还包含一个业务流类别索引,所有可测量的业务流类型都记录在这个索引中。基于用户数据库和运营商通用策略规则集中的签约和策略信息,来确定所需流处理的执行措施。ISAAR 框架中的第三个功能模块是 QEN,它负责流的操控。也就是说,QRULE 请求改变较低 QoE 和 QEN 数据流的每流行为(PFB),并通过适当的机制来影响这些流的数据帧或者分组的传输。

有多种方法影响数据的传输。第一种方法是利用 PCRF/PCEF,并通过 Rx 接口触发专用承载的建立;第二种方法是在层 2 和层 3 对帧或分组进行标记;还有第三种方法,在路由器预定义的数据包处理配置无法使用的情况下，ISAAR 框架也能够执行全自动的路由器配置；有了 SDN，还可以有第四种方法，就是利用 OpenFlow 的能力来影响数据流。

本章前两节将描述当前的情况，14.4 节将解释 ISAAR 的体系结构。14.5 节、14.6 节和 14.7 节是讲解内部实现，14.7 节会给出 SDN 示例。14.9 节将进行总结和展望。

14.2 引言

基于互联网的业务已经成为个人生活和商业活动必不可少的一部分，用户体验到的业务质量对于用户决定是否继续使用一个业务至关重要。但是，用户体验到的业务质量是由所有参与实体端到端进行协同决定的，从业务生成、再经过几个传输实体，然后在应用端显示或者在终端设备的屏幕上或音频单元上播放。但是，从终端用户的角度很难评估业务链各方对性能的贡献，如果一个业务表现迟缓，可能源于服务器响应慢、转发路径上拥塞引起的传输延时或丢包、也可能是终端设备能力不足、还可能与信息处理或输出过程中的负载情况有关。

对于终端设备上表现出来的业务质量，从移动网络的角度看，可以对分组流传输进行差异化的评估，再结合透明的远程 QoE 质量估计，就能得到更多的认知。用户满意度和用户能体验到的业务质量强相关，并且从互联网业务提供方的角度看，会决定用户数是增加还是倒向了竞争对手。运营商的移动网络很难影响到终端设备的能力或负载情况，也影响不到内容服务器的性能，对传输链路的传输性能也无能为力。因此，这个 QoE 框架将集中在监控和实施能力方面，包括现有移动网络的业务流差异化处理，也包括未来软件定义网络（SDN）中的数据转发。由于所有参与竞争的服务提供商在业务链条上都面临类似的问题，因此如何以更低的成本匹配服务提供商的业务流需求和移动网络资源将是移动运营商业务成功的关键。

这尤其适用于 SDN 网络，在这里控制和数据路径单元是分离的。这样，传统上有些功能只能在专用硬件才能实现，现在也可以通过抽象和虚拟化在通用服务器上实现了。因为有了虚拟化，网络拓扑结构以及传输和处理能力可以方便快捷地满足业务需求，而且能耗和成本都较低。OpenFlow（OF）标准[1] 就是 SDN 实现方案之一，而且免费。利用 OF，可以由软件规则来定义数据在网络中的传输路径。OF 是基于以太网的，并且在所谓的"OF 交换机"和"OF 控制器"之间实现了分离式架构。带有 OF 控制平面的交换机被称为"OF 交换机"，包括专用硬件（流表）、交换机与控制器之间安全通信通道以及接口协议[2]。

互联网服务质量评估和自动响应（ISAAR）QoE 框架也考虑了这种情况，同时利用了现有移动网络的分组转发和业务处理能力，主要是 LTE 和 LTE- A 网络，但也适用于 3G 甚至 2G 移动网络中的分组域。由于互联网业务的类别繁多，每个业务都需要单独的数据流进行处理，所以从成本和效率的角度考虑，ISAAR 框架将只考虑主要的业务类别，要处理的业务集合是可配置的，并且应该仅限于网络中主要的流量来源或运营商网络的主要利润来源。例如，Sandvine Internet 最近的统计报告[3] 显示，仅 HTTP、Facebook、YouTube 业务就占据了整个网络流量的 65% 左右。

14.3 最新情况

移动网络标准化本身就会考虑服务质量（QoS）和相应的业务流处理的问题，3GPP 从 R7 开始定义策略和计费控制（PCC）架构，这个架构目前也用于 LTE 演进分组系统（EPS）[4]。应用功能（AF）把业务相关的 QoS 需求告知策略和计费规则功能（PCRF）。业务检测功能（TDF）或 PCRF 内置的应用检测和控制（ADC），检测到数据流开始和结束事件并通知给 PCRF。进而针对已经建立的专用承载的当前状态，检查签约档案库（SPR）或用户数据存储库（UDR），决定是否允许执行操作以及承载绑定和事件报告功能（BBERF）。

从这里可以看到，3GPP QoS 控制依赖于预留专用承载来建立 QoS。如果多个流绑定到同一个承载，则需要能为业务流建立或拆除这些承载，并可以修改其预留的资源。3GPP 为 LTE 网络定义了 9 种 QoS 级别 ID（QCI）。今天，外部服务和供应商自己的服务都可以充分利用 IP 多媒体子系统（IMS），这是一个定义完备的 PCC 架构，通过承载建立专用的服务流特定的预留。

因此，在 3GPP 定义的标准 QoS 机制之外，网络运营商需要认识到业务流的差异化。基于 HTTP 的自适应实时视频流现在已经占据了最高的流量份额（见参考文献 ［3］）。应该研究这些应用的行为，并在 QoS 增强架构中引入适当的操作。在参考文献 ［6，7］ 可以找到基于 HTTP 的流服务的概述。针对某一种服务，很容易在文献中找到许多可能增强服务的方法。例如，HT-TP 自适应流服务（HAS）[8]，就提供了基于观测到的传输质量调整视频流质量的新方法。其他一些方法也涉及固移融合趋势和网络共享的概念，他们都要求 PCRF 和 QoS 架构与机制之间有互动（见参考文献 ［9］ 中的例子）。

这种架构的开放性对于 3GPP 和非 3GPP QoS 概念之间的互通很有好处，但在 QoS 紧密配合方面仍然没有实现标准化。在这个领域目前有一些活动，比如 WiMAX 和 LTE 网络互联的建议，以及基于会话初始协议（SIP）的下一代网络（NGN）QoE 控制器概念。本章呈现的 ISAAR 框架采取另外一种方法，它的目标是实现服务流的差异化，或者在没有 PCRF 支持的单一承载内，或者由基于 PCRF 的流处理利用 Rx 接口触发专用承载建立。这样，就有可能将 ISAAR 当成一个独立的解决方案，同时也保证了与 3GPPP CRF 的一致性。下面几节详细说明 ISAAR 框架结构和工作原理。

14.4　QoE 框架结构

图 14.1 给出了 ISAAR 的逻辑架构。这个框架结构不依赖于 3GPP，但可以与 3GPP PCC 紧密配合。如果可用的话，它可以充分利用使用了 OF 的 SDN 网络内的导流技术。这个独立的架构也可用于非 3GPP 的移动网络和固定网络。ISAAR 可为某些选定的服务提供模块化的服务质量评估功能，这需要 QoE 规则和执行功能一起配合使用。

它将 PCC 机制和分组及帧优先级引入了 IP、以及网和 MPLS 层。MPLS 和 OF 也可用于执行基于流的流量工程，以把流指配到不同的路径。这个框架中的模块化结构有助于后期扩展支持新的服务类别和更广泛的执行手段，一旦这些方法被定义并开发完成。服务流类别索引和执行数据库登记可用的检测、监控和执行能力都能在架构中所有现存的组件上被用到或被参考。ISAAR 可以分成三部分功能：QMON 单元、QoE 规则（QRULE）单元和 QEN 单元，下面几节将对这三个主要组成部分进行详细解释。与 3GPP 的互操作主要通过 Sd 接口[10]、Rx 接口、Gx/Gxx 接口[11]实现，其中 Sd 接口用于支持流量检测，Rx 接口用于 PCRF 作为 AF 触发专用承载的建立，Gx/Gxx 接口重用标准的策略和计费执行功能（PCEF）以及 BBERF 中的服务流到承载的映射功能。

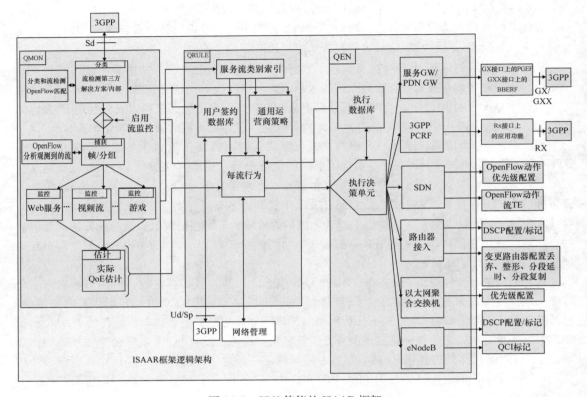

图 14.1　SDN 使能的 ISAAR 框架

因为 ISAAR 目标是默认承载服务流的差异化，它也用到 DiffServ 代码点（DSCP）标记、以太网优先级标记、MPLS 业务类别（TC）标记和 OF 优先级变更。它在 QEN 内执行，网关和基站发起包头优先级标记，位于可能被部署的 GTP 隧道机制内部或外部的任一转发方向上。通过接入和汇聚，允许沿着分组流路径的所有转发实体和骨干网独立处理差别化的分组排队、调度和丢弃。三个 ISAAR 单元（QMON、QRULE 和 QEN）的模块化结构同时支持功能单元的集中式和分布式部署与放置。

14.5　质量监测

今天的移动网络可以同时使用不同的业务。为满足用户的期望，每种业务类型都有自己的网络传输要求。为了观察实际的传输质量及其产生的用户服务体验，网络运营商需要监控各个服务的 QoE。由于用户体验的服务质量在网络中不可直接测量，因此需要一种新方法，该方法可以从可测量的 QoS 参数中计算 QoE 关键性能指标（KPI）值。最具挑战性同时也最有价值的服务

QoE 评估方法就是视频流媒体服务评估方法。因此，本章将重点介绍视频 QMON 和评估，而不是限定在 ISAAR 对各种服务 KPI 跟踪的更通用的功能上。

　　YouTube 是移动网络中的主流视频流服务，因此 ISAAR 首先提供基于 YouTube 的 QoE 解决方案。在此 YouTube 监控中，我们能够检测并评估 MP4、Flash 视频（FLV）以及标清（SD）和高清（HD）格式的 WebM 视频的 QoE。有一些基于客户端的视频质量评估方法（如 YoMo 应用[12]），但我们认为这样的绑定在终端设备上解决方案有些烦琐且易于操纵。因此，ISAAR 不会采用客户端解决方案，而只集中于简单、透明和基于网络的功能。其他一些监控解决方案也采用类似的估算方式，例如用于 ISP 的 Passive YouTube QMON 方法[13]。但是，他们不支持广泛的视频编码以及容器格式。另一种方法是 EPC[14] 系统中的网络监控，但它不关注流级别的服务质量。

　　本节介绍 ISAAR 框架中使用的流监控。但是，在评估服务的 QoE 之前，需要识别相关的数据流。14.5.1 节将详细解释流检测和分类。

14.5.1　流检测和分类

　　不管有没有外部的深度数据包检测（DPI）设备，ISAAR 框架都可以使用，因此也可以使用 Sandvine[15] 提供的集中式 DPI 解决方案。对于未加密且更容易检测到的业务流，可以使用构建于 ISAAR 框架中的更便宜且更简单的 DPI 算法。在第一个演示中，构建分类仅限于 TCP 流量，侧重于运营商网络内的 YouTube 视频流检测。扩展 SDN 的支持还有第三种可能性：给定正确的配置，OF 的匹配功能可用于识别业务组合中支持的服务流。在集中式架构中，流量检测和分类最适合通过商业 DPI 解决方案完成。在这种情况下，必须通知 QMON 单元已发现数据流，并且分类单元还要告诉它们数据流的"五元组"。五元组包含源和目标 IP 地址、源和目标端口以及使用的传输协议。一旦流识别信息（五元组）可用，QoE 测量就开始工作。由于 OF 提供了新的 SDN 功能，因此不仅仅可以识别互联网中的特定数据流，OF 也能够发出符合特定模式的流。因此，QoE 估计可以分配给不同的监测单元，这取决于具体的互联网应用，OF 将正确的流发给正确的监控单元。

14.5.2　视频质量测量

　　传统上，视频 QMON 解决方案专注于细颗粒度像素错误和块结构错误。然而，这样的 KPI 不适用于渐进式下载视频流，因为 YouTube 和其他流行的视频门户正在使用所谓的伪流方案，该方案先将视频文件无损地下载到播放缓冲区并从那里播放出去。由于 TCP 保证了数据正确性，缓冲区均衡了传输延迟，不再会出现由于不良的 QoS 传输参数导致的像素错误。渐进式下载视频质量差的主要原因是由于数据接收延迟和缓冲区耗尽导致停滞事件。因此，QMON 只关注播放卡顿的发生和持续时间。要确定这些事件，有必要估计播放缓冲区的填充水平并检测耗尽事件。由于 QMON 无法访问用户的终端设备，因此它依赖于网络内某个测量点来观察数据。由于 YouTube 和其他渐进式下载流服务基于 HTTP/TCP 传输，因此需要从 TCP 段中提取所需的信息。因此，必须分析视频流的 TCP 分段信息和 TCP 有效载荷。根据在相应 TCP 流的视频有效载荷内编码的视频时间戳，这种基于 TCP 的视频下载分析可以推导出估计的缓冲器填充水平。对于这种信息的提取，有必要对有效载荷内的视频数据进行解码，确定播出时间戳后，将其与相应的 TCP

片段的观测时间戳进行比较[16]。

　　估算过程如图 14.2 所示。比较的结果是客户端设备中播放缓冲区填充水平的估计值，这一估计是在无须访问终端设备的情况下完成的。基于网络的 QoE 测量构建如图 14.3 所示。

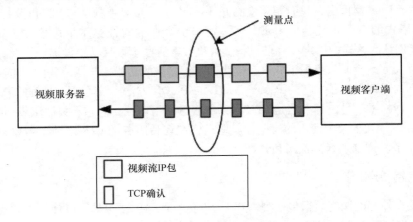

图 14.2　视频质量估算机制

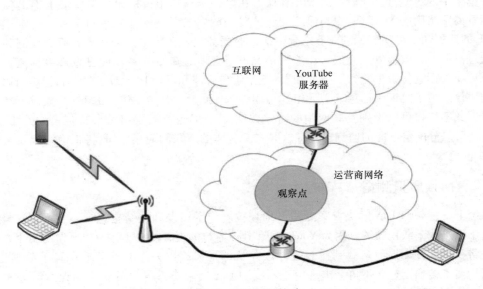

图 14.3　QoE 测量构建

14.5.3　视频质量评分

　　5 分平均意见（MOS）评分方法常用于用户体验的评价。由于发生卡顿事件，就要计算 MOS 值，每次卡顿都会降低 MOS 值。单个卡顿事件的损害取决于先前发生的卡顿次数，并遵循人类对质量感知的规律。对于每个视频，考虑到初始缓冲卡顿，如果它低于 10s，则不会影响质量感

知。确切的质量估计函数如下所示，

$$\mathrm{MOS} = e^{-x/5+1,5} \qquad (14.1)$$

式中，x 表示卡顿事件发生的次数：

假设缓冲的视频时间量五次达到基准线，则视频播放过程中会发生五次卡顿事件，分别在 18、27、45、59 和 75s，并且根据式（14.1），每次卡顿事件都会降低视频 MOS，最终的视频质量变化如图 14.4 所示。

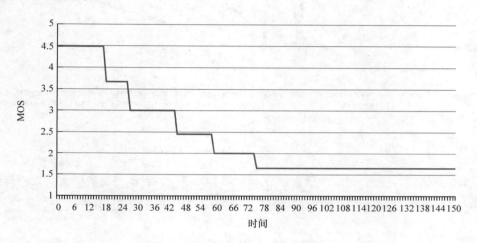

图 14.4　式（14.1）MOS 视频举例

但是，现实中的用户体验并不像之前的数字那样简单。其中一个问题是 QoE 的记忆效应[17]。这意味着如果没有进一步的损伤发生，MOS 也会随着时间的推移而改善。因此，在质量估算公式中必须考虑这种影响。卡顿时间对卡顿事件的影响通过加权的 e 函数重新建模。这意味着如果视频运行平稳，估算的 MOS 值可以恢复到原来的水平。因此考虑到记忆效应，式（14.1）发生改变，如式（14.2）所示，其中 x 同样表示卡顿事件的数量，t 表示自上次卡顿发生以来的时间，以 s 为单位，α 是记忆参数，用来调整记忆效应的影响。图中所示数字 α 的值设为 0.14：

$$\mathrm{MOS} = e^{x/5+1,5-\alpha\sqrt{t}} \qquad (14.2)$$

式中，x = 卡顿次数；t = 上次卡顿后的时间；α = 记忆参数。

图 14.5 给出了式（14.2）示例，考虑到记忆效应的视频质量分数。

14.5.4　验证方法

将 QMON 估计值和实际用户体验进行比较有两种验证方法。首先建立由 17 个 YouTube 视频（包含所有可用分辨率）组成的测试，一组测试人员参与估计算法的评估和示范测试。测试人员通过移动网络在笔记本电脑上观看视频，以 Gi 接口作为移动运营商网络内的测量点，记录数据流量。在评估过程中，使用者必须记录发生的卡顿事件及其持续时间。之后，QMON 处理记录的数据包捕获（PCAP）轨迹。将用户评估和 QMON 计算的结果进行比较就可以验证 QMON 的有效性。第二步是部署在线监测（主要在 LTE 网络中），生成估计缓冲器填充水平的 QMON 图表

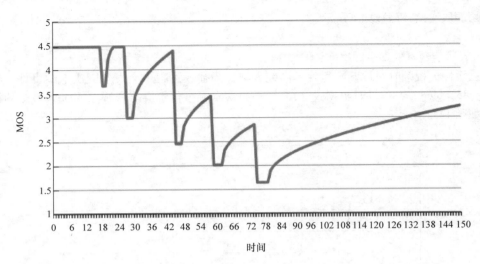

图 14.5　式（14.2）MOS 视频 QoE

（如图 14.6 所示），再配合相应的质量评分（如图 14.5 所示），使得视频的实时观看得到提升。在视频播放器中观察到的卡顿事件与 QMON 图表中的零缓存估计进行比较，可用于评估 QMON 的效果。

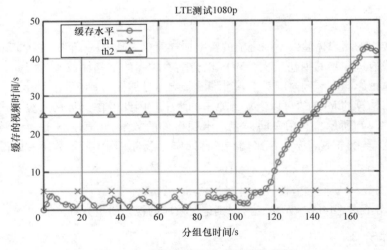

图 14.6　视频缓存填充水平估计举例

14.5.5　基于位置的监测

　　由于不可能测量运营商网络内的所有流，所以必须随机地或以基于策略的方式来选择流的子集。例如，以流所在的跟踪区为基准选择样本流。如果可以将 eNodeB 小区 ID 映射到跟踪区，就能限定区域来选择样本。由此，可以决定是否根据各自的目的地监控已经检测到的流。随着时间的推移，样本选择程序可以将策略重点转移到 QoE 评估结果差的地区，以缩小受影响的地区和网元范围。

14.6 质量规则

本节介绍 ISAAR 框架中的 QRULE 实体。QRULE 从 QMON 实体获得相应数据流的流信息和评估出的 QoE。

QRULE 还包含一个服务流类别索引，其中存储了所有可测量的服务流类型。根据用户数据库和通用运营商策略确定流处理所需的执行措施，同时也考虑了 QEN 内的执行数据库。结合所有这些信息，QRULE 将 KPI 映射到由 ISAAR 管理的每个数据流的每流行为（PFB）。PFB 由分组包和帧标记定义，每个 PFB 都必须定义。对于视频流，提供了三种可能的 PFB（对应于三种不同的标记），这些 PFB 取决于缓冲区填充水平。在图 14.7 示例中，定义了两个缓冲区填充水平阈值：$th1 = 20s$ 和 $th2 = 40s$。如果 QoE 较差，即视频缓冲区填充水平低于阈值 1（$t < th1$），则应使用 EF 类（101 110）。如果填充水平在阈值 1 和 2 之间（$th1 < t < th2$），应该选择像 CS5（101 000）这样的 DSCP 值，因为视频的 QoE 足够了。最后，如果填充水平超过阈值 2（$th2 < t$），则采用具有较低优先级 ［如 BE（000 000）或 LE（001 000）］ 的 DSCP 值，使得其他业务可以优先访问资源。

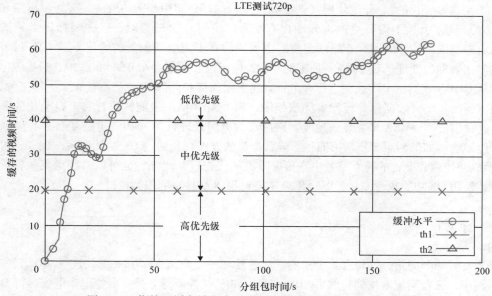

图 14.7 依赖于缓存填充水平的每流行为（以 YouTube 为例）

QRULE 还根据网络技术决定部署哪种标记，有可能应用 IP DiffServ、以太网优先级、MPLS TC 标记和 GTP QCI 隧道映射。规则单元必须确保网络中不存在振荡效应。如果一个流的优先级提升损害了相邻流的质量，则第二个流也将需要采取行动，又导致第一个流的恶化，这就产生了流级别的振荡。为了克服这种影响，QRULE 必须考虑哪些流被操纵以及在哪个位置。如果持续触发执行行动，则表明发生了不良竞争，这时 QRULE 需要抑制执行行为。也就是说，过去靠提高优先级的办法现在已经根本解决不了问题了。振荡不仅可能发生在流层面，也可能发生在网络局部。因此，降低部分区域的损伤也不应该导致邻近地区的损伤程度增加。如果 QMON 通过位置感知检测到了这种情况，则 QRULE 也应该抑制执行行为。

　　ISAAR 与网络管理系统的紧密互通促进了振荡情况的检测，并为分析出根本原因提供了重要信息。如果大部分业务都需要优先处理，那么 ISAAR 就会受到制约。如果在网络中有启用 OF 的交换机，则通过改变该流的 OF 动作也可以影响关键流的帧优先级。由于这些机制经常结合起来使用，它们之间必须有一致的映射，这个映射也是由 QRULE 执行的。关于映射的进一步细节可以在参考文献 [18] 中找到。作为进一步的研究，ISAAR 准备以透明的方式引入 GTP 和 MPLS LSP 之间的互操作[19]。

14.7　QoE 执行

　　PFB 的实施在 ISAAR 的第三功能块"QEN"中完成。对于一定质量要求的数据流，QRULE 确定 PFB，QEN 据此做出响应，通过合适的机制影响所涉及数据帧或分组的传输。有几种方法来执行所需的行为。第一种是在移动网络中使用 PCRF/PCEF，并通过 Rx 接口触发专用承载的建立。第二种选择是部署层 2 和层 3 帧/分组标记，基于这些标记，在由帧/分组遍历的网元（每跳行为）中实施差异化的帧/分组处理（调度和丢弃）。如果 QRULE 实体统一了贯穿所有层和技术的标记方案，则 QEN 不需要更改网元的现有配置。使用 GTP 隧道时，优先级标记必须同时在 GTP 隧道内部以及外部应用。外部标记使路由器能够在不需要新配置的情况下对 GTP 封装的流应用差异化数据包处理。对于 IPsec 加密的 GTP，标记也必须包含在 IPsec 报头中。根据流信息五元组和从 QMON 获得的 PFB，在下行和上行方向上对内部和外部 IP 进行标记设置。第三种选择，如果路由器的预定义数据包处理配置无法使用，则 ISAAR 框架也能够执行完全自动化的路由器配置。这种情况下，QEN 可以显式地改变路由器的分组处理行为（如分组调度和丢弃规则）以对流产生影响。如果利用 SDN，第四种影响数据流的方式就是通过 OF 功能实现。例如，可以在 OF 交换机动作列表配置的转发配置中直接更改流的优先级。此外，也可以对特定流执行流量工程。为了使用 OF 功能执行流量，ISAAR 需连接到 SDN 交换机的控制接口。

14.8　示例

　　为了说明 QoE 测量，这里有一个示例，通过处理一个高清 YouTube 视频进行 MOS 计算。图 14.8 示例中，三台笔记本电脑构成了 SDN 交换机和 SDN 控制器，另一台笔记本电脑运行 QoE 监测程序，两台 PC 生成背景流量。视频通过 SDN 设置从视频服务器传输到视频客户端。视频流量同时复制到 QMON 设备，该设备负责评估视频流的 QoE，如第 14.5 节所述。视频检测通过匹配 SDN 交换机内的规则完成。交换机可以改变高流量负载情况下视频流的优先级。因此，在交换机内部创建了两个队列：一个用于视频流，另一个用于其他业务。根据控制器配置的匹配和动作规则，SDN 交换机将数据包分类到正确的队列中。

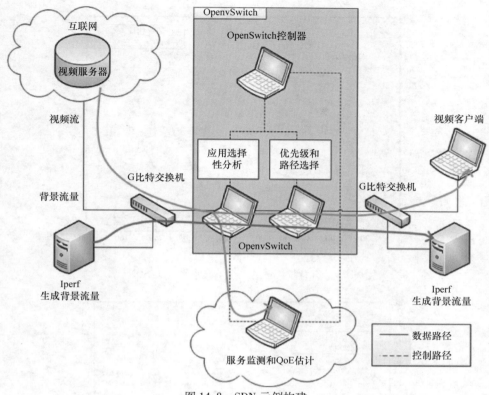

图 14.8　SDN 示例构建

　　在测试中，视频缓冲区设置为 10s。出局线路到视频客户端的数据速率为 2Mbit/s，所用视频的平均比特率为 800kbit/s，背景流量设置为 1.4Mbit/s。因此，在没有任何流量工程的情况下，由于超出容量多使用了 200kbit/s，线路一定会堵塞。这个实验中，网络中没有引入背景流量，只有视频数据被传送。该测试中，我们关闭了 SDN 匹配以及 SDN 执行。在该图中，可以看出，由于 2Mbit/s 线路上只承载了 800kbit/s 的数据，视频缓冲器在整个视频播放期间充满了数据，因此不会发生卡顿事件，QoE 也不会下降。第二个测试也没有开启 SDN 功能，但有背景流量，测试结果如图 14.9 所示。可以看出，在完成初始缓冲之后，视频播放不断消耗缓冲区数据，直到缓冲区耗尽，这时视频就卡住了，MOS 值和 QoE 一直下降。卡顿事件本身降低了 QoE，并且这个负面影响变得越来越高，如果视频不能持续播放。因此，MOS 值一直下降，直到视频播放重新开始。播放重新开始后，只要视频在播放，记忆效应就会发挥作用，MOS 值会增加。在该图中，可以看到视频播放中有三个长的卡顿和一个较短的卡顿。如图所示，每次卡顿事件的负面影响都比上一次更严重。对于高质量的视频，必须防止这种卡顿。

　　现在我们引入 SDN QEN，测试结果如图 14.10 所示。该线路仍然限制在 2 Mbit/s，背景流量设置为 1.4Mbit/s，视频比特率也不变。但是 SDN 控制器可以将视频流放到一个"高质量"队列中。因此，视频缓冲区在整个视频播放过程中都充满了的数据，并且不会发生卡顿事件。示例表明，可以使用 SDN 功能检测出特定的流量，将其复制出来，再执行所需的 QoE。

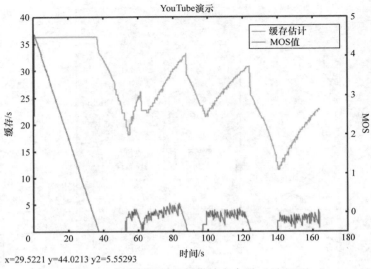

x=29.5221 y=44.0213 y2=5.55293

图 14.9　有背景流量的缓存填充水平（无 SDN）

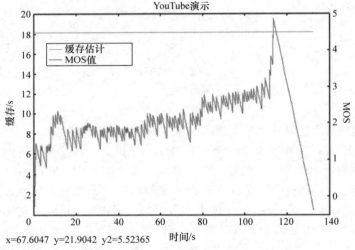

x=67.6047 y=21.9042 y2=5.52365

图 14.10　有背景流量的缓存填充水平（有 SDN）

14.9　总结

　　ISAAR 框架解决了移动网络中互联网业务的 QoE 管理问题，这个问题越来越重要，本章对此进行了介绍。为了满足用户对业务质量的预期，ISAAR 框架可以用来优化视频流、语音、Facebook、Web 业务等主流应用的数据传输，在这方面它取代了网络运营商的作用。该框架考虑到了 3GPP 标准化的 PCC 功能，并尝试与 PCRF 和 PCEF 功能实体密切配合。

　　然而，3GPP QoS 控制主要依赖于专用承载，但我们观察今天的网络会发现，大多数互联网业务仅在默认承载中被无差别地处理。因此，ISAAR 建立了由分类和监测单元（QMON）、决策单元

（QRULE）及实施单元（QEN）组成的三部分逻辑架构，以便有选择性地监控某个特定的业务流，这个流可能有标准的 3GPP QoS 支持，也可能没有。这主要是通过在（也可能是封装后的）业务流数据包上标记优先级来实现的，利用了层 2/层 3 转发设备普遍可用的优先级及业务区分能力。在 LTE 网络中，eNodeB 和 SGW/PGW 根据 QRULE 确定的业务流行为有选择地进行双向标记。

有些功能在模块化 ISAAR 框架内是可选的，包括更为复杂的、基于位置的服务流观测和导流机制，以及为了流量工程流路由，单个路由器的 OF 交换机配置访问。

由于视频流 QoE 与使用移动数据服务用户的满意度之间有紧密的关系，同时 YouTube 视频流业务占比较高，因此在 ISAAR 实践活动中我们首先选择了 YouTube 进行分析。基于网络优化的精准视频 QoE 估计机制与由三级播放缓冲器填充水平估计带来的自动分组流整形和丢弃方法相得益彰，通过这种方法就可以用最小的网络流量开销实现视频的流畅播放。

为了验证基于网络的视频 QoE 评估方法的有效性，我们构建了一个示例，该示例能够从捕获的流量中进行离线数据包追踪分析，同时也支持实时在线测量。由于 ISAAR 能够不依赖 3GPP 的 QoS 功能独立工作，因此可以通过功能简化应用于任何基于 IP 的运营商网络中。在这样的配置中，服务流 QoS 执行将只依赖于 IP DiffServ、以太网优先级和 MPLS LSP TC 标记以及基于 SDN 的流转发。

参 考 文 献

[1] The OpenFlow Switch Specification. Available at http://OpenFlowSwitch.org. Accessed February 16, 2015.
[2] IBM; OpenFlow: The next generation in networking interoperability; 2011.
[3] Sandvine: Global Internet Phenomena Report; 2011.
[4] 3GPP: TS 23.203 Policy and Charging Control Architecture. 3GPP standard (2012).
[5] Ekström, H.: QoS Control in the 3GPP Evolved Packet System. In: IEEE Communications Magazine February 2009, pp. 76–83. IEEE Communications Society, New York (2009).
[6] Ma, K. J., Bartos, R., Bhatia, S., Naif, R.: Mobile Video Delivery with HTTP. In: IEEE Communications Magazine April 2011 pp. 166–175. IEEE Communications Society, New York (2011).
[7] Oyman, O., Singh, S.: Quality of Experience for HTTP Adaptive Streaming Services. In: IEEE Communications Magazine April 2012, pp. 20–27. IEEE Communications Society, New York (2012).
[8] Ouellette, S., Marchand, L., Pierre, S.: A Potential Evolution of the Policy and Charging Control/QoS Architecture for the 3GPP IETF-Based Evolved Packet Core. In: IEEE Communications Magazine May 2011, pp. 231–239. IEEE Communications Society, New York (2011).
[9] Alasti, M., Neekzad, B., Hui, L., Vannithamby, R.: Quality of Service in WiMAX and LTE Networks. In: IEEE Communications Magazine May 2010, pp. 104–111. IEEE Communications Society, New York (2010).
[10] Sterle, J., Volk, M., Sedlar, U., Bester, J., Kos, A.: Application-Based NGN QoE Controller. In: IEEE Communications Magazine January 2011, pp. 92–101. IEEE Communications Society, New York (2011).
[11] 3GPP: TS 29.212 Policy and Charging Control (PCC) over Gx/Sd reference point. 3GPP standard (2011).
[12] Wamser F., Pries R., Staehle D., Staehle B., Hirth M.: YoMo: A YouTube Application Comfort Monitoring Tool; March 2010.
[13] Schatz R., Hossfeld T., Casas P.: Passive YouTube QoE Monitoring for ISPs. 2nd International Workshop on Future Internet and Next Generation Networks (Palermo, Italy): June 2012.
[14] Wehbi B., Sankala J.: Mevico D5.1 "Network Monitoring in EPC," Mevico Project (2009–2012). http://www.mevico.org/Deliverables.html. Accessed February 16, 2015.
[15] Sandvine Incorporated ULC: Solutions Overview. (2012); http://www.sandvine.com/solutions/default.asp. Accessed February 16, 2015.
[16] Rugel S., Knoll T. M., Eckert M., Bauschert T.: A Network-based Method for Measurement of Internet Video Streaming Quality; European Teletraffic Seminar Poznan University of Technology, Poland 2011; http://ets2011.et.put.poznan.pl/index.php?id=home. Accessed February 16, 2015.
[17] Hoßfeld T., Biedermann S., Schatz R., Platzer A., Egger S., Fiedler M.: The Memory Effect and Its Implications on Web QoE Modeling; ITC '11 Proceedings of the 23rd International Teletraffic Congress 2011, pp. 103–110.
[18] Knoll T. M.: Cross-Domain and Cross-Layer Coarse Grained Quality of Service Support in IP-based Networks; http://archiv.tu-chemnitz.de/pub/2009/0165/. Accessed February 16, 2015.
[19] Windisch, G.: *Vergleich von QoS- und Mobilitätsmechanismen in Backhaul-Netzen für 4G Mobilfunk*. Technische Universität Chemnitz, Chemnitz; 2008.

第 15 章　软件定义的移动互联网移动性管理

Jun Bi，You Wang

Tsinghua University，Beijing，China

15.1　概述

本章介绍如何使用软件定义网络（SDN）解决互联网上的移动性管理问题。首先回顾了互联网中现有的移动性协议，并指出了它们的不足。其次解释了为什么 SDN 是解决这些问题的有效方法，然后介绍了基于 SDN 的移动互联网移动性管理体系架构。本章还给出了此体系架构的实例，这个架构是使用 OpenFlow 设计和实现的，同时与现有的互联网移动性解决方案进行了比较评估，以阐明该方案的优势。

15.1.1　互联网移动性管理方案

互联网移动性已成为近 20 年来一个热门的研究课题。随着互联网的发展，尤其是随着移动设备和应用数量越来越多，移动数据不断增加，为解决互联网移动性问题，业界已经做了大量的研究工作。但到目前为止，互联网的移动性仍然是一个悬而未决的问题。

15.1.1.1　互联网和蜂窝网络中的移动性管理

互联网移动性研究不同于蜂窝网络。尽管蜂窝网络已经为全球用户提供了移动性支持，但由于带宽、成本、服务模式不同，蜂窝网络可能无法取代互联网[1,2]。而且，与蜂窝网络相比，互联网的移动性也有自己的一些特点，即互联网移动性不仅指从一个连接点到另一个连接点的移动，还涉及 ISP 间切换甚至是设备间切换。

另外，互联网和蜂窝网络中的移动性管理研究是密切相关的，特别是 IP 成为未来蜂窝网络核心组成部分以后[3]。由于蜂窝网络正在朝着全 IP 基础设施的方向发展，这意味着离开基站的所有流量都是基于 IP 的，并通过分组交换网络进行传输，因此 IP 移动性管理将在支持未来无线系统方面扮演关键角色。

多个 IP 移动性解决方案已经成为蜂窝网络移动性管理的候选方案[4,5]，并且一些方案已经被整合到蜂窝网络中。例如，代理移动 IPv6（PMIPv6），作为典型的 IP 移动性解决方案，已被 3GPP 蜂窝核心网（演进的分组核心网，EPC）采纳[6]。此外，蜂窝回传技术也正在朝着基于 IP 的设计发展，例如在部署家庭基站时，就是通过 IP 网络为蜂窝用户提供回传连接[7]。

不管是现在还是将来，对互联网移动性管理的研究将持续影响蜂窝网络的发展。近年来，随着 3GPP LTE 网络的发展，更加灵活和动态的移动性管理趋势日益明显，这也是互联网研究领域的一个关注点。互联网工程任务组（IETF）已经对相关协议进行了标准化，3GPP 可能会引入这些协议以取代现有的移动性管理功能[8]。基于同样的原因，我们认为，本章也为当前和未来的蜂窝网络开发移动性管理系统提供了有益的参考。

15. 1. 1. 2　现有的互联网移动性解决方案

一般来讲，支持互联网移动性意味着，移动节点（MN）（移动设备、用户或其他实体）在网络中漫游并改变其附着点时，互联网的连接不断开。在最初创建互联网时，还预见不到移动性的需求，这个需求很难满足，因为这与现有的互联网架构是矛盾的：由于 TCP 和 IP 的紧耦合关系[9]，改变 IP 地址将导致 MN 上的 TCP 会话中断，严重影响移动用户的体验。

互联网移动性解决方案大体上可分为两类，即基于路由的方法和基于映射的方法[10]。基于路由的方法在 MN 漫游时使用相同的 IP 地址，因此需要动态路由保持 MN 的可达性。相反，基于映射的方法允许 MN 改变 IP 地址，但保留一个在移动期间不改变的稳定信息（称为**标识符**）。为了通过标识符找到 MN，引入映射机制以将标识符解析到 MN 的当前**定位符**（通常由其 IP 地址表示）。在这些解决方案中，TCP 会话始终绑定到标识符而不是 IP 地址；因此，虽然 IP 地址不断变化，TCP 会话依然可以存续。正如 Zhang 等人所讨论的那样[1]，基于路由的方法不适合在全球互联网上提供移动性支持，因为整个网络需要了解每个 MN 的移动情况，这在大型网络中是很难实现的。因此，本章着重于介绍基于映射的方法。

在所有相关的方案中，移动 IP（MIP）[11,12]及其扩展[13,14]是最早并且最广为人知的协议。MIP 是由 IETF 标准化的协议，支持 MN 在漫游和改变 IP 地址时保持会话的存续。后来又出现了大量的 MIP 分支对其基本功能进行了优化[15-18]。最近，又出现了许多独立的 IP 移动协议[19-22]和面向未来的因特网体系架构[23-28]，以解决互联网中的移动性问题。

15. 1. 2　互联网移动性管理和 SDN 的集成

在互联网上提供移动性支持的关键是在网络内合理地分配 MN 标识符到定位符的映射，以使通信可以直接或间接到达 MN。虽然实现这样的功能存在多种方式，但是它们在不同方面都存在缺陷，所以这个问题仍然悬而未决。本章尝试利用 SDN 和 OpenFlow 解决这个问题，SDN 是一种新兴的网络架构方法，而 OpenFlow 是 SDN 中最知名的实例之一[29]。在 SDN 中，可以通过简单的方式定义网络架构、功能和性能，通常通过可编程设备和集中式控制逻辑实现。如本章所述，支持 IP 移动性所需的网络功能或服务也可以用软件定义的方式实现。

SDN 有助于解决 IP 移动性协议中的问题，原因如下：首先，可编程 SDN 设备能够实现基于 SDN 的移动性解决方案的灵活性，这是现有 IP 移动性解决方案所不具备的。具体而言，每个 MN 的映射可以灵活地放置在任何 SDN 设备上，而不是固定在本地代理（HA）或 CN 上，这为基于 SDN 的移动性解决方案适应不同的移动性场景奠定了基础。其次，集中控制使基于 SDN 的移动性解决方案能够了解移动性细节，例如 MN 如何移动，CN 到 MN 的数据如何流动等。这些细节有助于生成处理不同移动性的最佳策略，只需要通过轻量级的算法就可以实现，而不需要引入复杂的分布式协议。再次，SDN 架构中的 IP 移动性需要较少的主机参与，大多数移动性功能可以在网络端实现，如 15.3 节所述。这意味着无须 IP 重新配置就可以进行更快的切换，特别是无线链路上的信令开销更少，安全性更高并且隐私有保证。

15. 1. 3　本章的组织

本章各部分安排如下：15.2 节对互联网移动性解决方案进行了分类和概述，为了进一步明确本章所讨论的问题，这一节也对相关解决方案的移动性管理功能进行了研究，并讨论了它们的优缺点。15.3 节提出基于 SDN 的移动互联网移动性管理体系架构，给出使用 OpenFlow 设计和实现的实例，同时进行了性能评估和试验。

15.2 互联网移动性和问题陈述

本节将对互联网移动性解决方案进行概述，然后讨论这些解决方案的优缺点，以进一步澄清本章所关注的问题。最后，简要讨论如何以 SDN 的方式解决互联网移动性问题。本章所提出解决方案的详细协议设计、实现和评估将在下一节进行介绍。

15.2.1 互联网移动性概述

MIP 是最早的互联网移动性解决方案之一，20 年前开始在 IETF 标准化。此后，为了适应互联网的不断发展，原始协议不断改进，已经衍生出了多个 MIP 分支。还有一种解决方案主要依靠终端主机实现移动性管理，这些协议属于"标识符/定位符分离"（ILS）设计。ILS 是一种体系架构模型，指出 IP 地址同时嵌入了标识符和定位符语义，并且两者的分离是必要的。ILS 的概念在过去 20 年广为传播，目前已经被广泛接受[30-32]。

除了 MIP 和 ILS 解决方案之外，一些未来互联网架构建议也在尝试提供互联网移动性支持。然而，这些未来互联网架构建议通常从零开始，需要对当前的互联网进行重大改变，它们甚至不依赖于 IP 工作，拿它与目前基于 IP 的移动性解决方案进行比较是很困难的，并且是不恰当的。因此，本章并未深入讨论未来互联网架构中的移动性管理方案。

15.2.1.1 MIP 和它的分支

MIP 各分支基于两个原始协议：MIP[11] 和移动 IPv6（MIPv6）[12]。MIP 的核心思想如图 15.1a 所示，以 MIPv6 为例：该协议使用称为家乡地址（HoA）的特殊类型的 IP 地址标识 MN。当 MN 移动到新的网络时，它获得转交地址（CoA），通过它可以找到 MN。然后它与位于家乡网络中的 HA 通信，以将 MN 的 HoA 映射更新到其当前 CoA 的绑定缓存。由于 CN 不知道 MN 的 CoA，因此它使用其 HoA 向 MN 发送数据；从而将数据包转发给 HA。使用最新的绑定缓存，HA 可以将数据包封装并重定向到 MN 的当前 CoA。

MIP 将移动性信令和数据转发功能集中到单个 HA 中，当 MN 不在本地网络内时，就增加了信令成本。为了解决这个问题，提出了对 MIP 的一些扩展。分层移动 IPv6（HMIPv6）[13] 在网络中部署移动锚点（MAP），并且当 MN 离开 HA 时使用它们定位移动性信令。具体而言，MN 附着到使用区域 CoA（RCoA）定位的附近的 MAP，然后 MAP 负责保持 MN 的 HoA 和 MN 当前位置的本地 CoA（LCoA）之间的绑定，并为数据包打通到 MN 的隧道。当连接到新 MAP 时，MN 通知新 MAP 的 RCoA 的 HA 以保持 MN 的可达性。PMIPv6[14] 是一种类似的解决方案，它将 MN 从移动性信令中解放出来，并使用移动接入网关（MAG）代表 MN 执行移动性管理功能。

前面提到 MIP 及其扩展的主要缺点是从 CN 到 MN 的所有分组必须绕道经过 HA，这被称为三角路由问题。三角路由可能导致路由路径拉长，意味着实际的路由路径比最短路由路径长，HA 负荷也很高。近年来，出现了一系列遵循分布式移动性管理（DMM）架构模式[8,33,34] 的 MIP

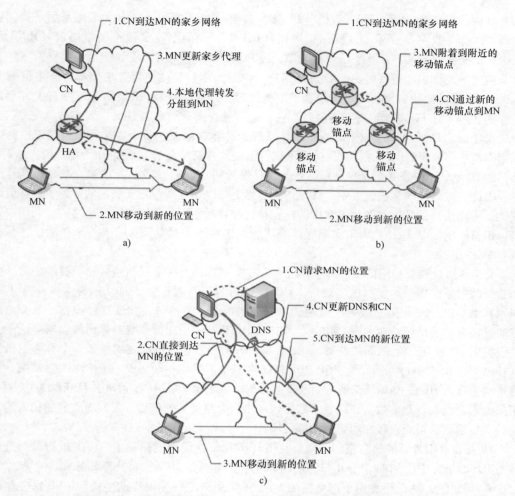

图 15.1 图解示意：a）移动 IPv6，b）分布式移动性管理，c）标识符/定位符分离设计

分支[15-18]来解决该问题。如图 15.1b 所示，DMM 解决方案将 HA 的功能分配给网络中部署的多个移动锚点，以便 MN 总是可以选择附近的移动锚点维护其绑定缓存并执行数据包重定向。因此，MN 的 HoA 从不表示固定的位置，并且可以减少甚至消除三角路由现象。为了找到 MN，MN 和它当前的移动锚点之间的关系在网络中部署的移动锚点之间扩散，这可以通过推拉机制实现[8,33]。DMM 研究还处于初级阶段，但是它被认为是一种很有前景的 MIP 网络演进方式，目前正在 IETF DMM 组进行标准化。

15.2.1.2 ILS 设计

广义上的 ILS 设计可以分为两类：一类是将核心网络的 IP 地址空间与边缘网络分开，通常称为核心-边缘分离。核心-边缘分离协议的主要目标是提高全局路由可扩展性，因此通常把重点放在网络方面。另一类方法提出明确的 IP 地址双重角色分离，通常引入一个新的命名空间作为互联网主机/节点的标识符，将整个 IP 地址空间作为定位符。本章所关心的是后一类，它把移动性处理作为其主要目标。主机标识协议（HIP）[19]、标识符/定位符网络协议（ILNP）[20]、基于名字的套接字（NBS）[21]和 LISP 移动节点（LISP- MN）[22]等方案都属于这个类别。

与网络侧的标识定位映射功能的 MIP 相比，由于大多数移动性管理功能都是在主机侧实现的，ILS 的移动性解决方案可以看作是基于主机的解决方案。图 15.1c 展示了这些解决方案是如何工作的：当 CN 开始与 MN 进行通信时，它首先通过查询全局映射系统（大多数情况下，DNS 负责这个功能）获得 MN 的当前 IP 地址，该系统始终存储最新的每个 MN 标识符到定位符的映射。当 MN 移动到新的网络时，它保持其标识符不变，并获得新的 IP 地址作为定位符，然后 MN 将其新的 IP 地址不仅发送到全球映射系统，而且发送到 CN 侧，以使 CN 能够直接到达其目前的位置。因此，在这样的解决方案中，移动切换实际上是以端到端的方式实现的。为了保持会话的存续性，传输层只处理这些解决方案中的标识符，并且在数据包从网络层发出之前，调用映射函数将标识符映射到 IP 地址。为了实现这样的功能，这些解决方案要么引入一个新的层，要么修改现有 TCP/IP 协议层。

尽管 ILS 协议具有相同的核心思想，但它们在实现方面有所不同，包括标识符的格式，主机端和全局映射系统中映射函数的实现等。HIP 使用自身身份验证标识符，称为主机身份（HI），以识别移动主机。HI 是通过散列主机密钥对的公钥得到的。通过自我认证标识符，每个主机都能够通过加密方法证明其对 HI 的所有权。HIP 使用 HI 和一个端口号唯一标识传输层会话。为了处理主机侧 HI 和 IP 地址之间的映射，HIP 在协议栈的网络和传输层之间插入一个称为主机身份层（Host Identity Layer）的新层。HIP 利用 DNS 和其他汇聚点一起构成一个全局映射系统，存储所有移动主机的 HI 到 IP 地址映射。当通信开始时，发起者发送 DNS 请求并且获取通信者的 HI 和相关的集合点的位置。然后，第一个数据包经由会合点到达通信者。发起者收到通信者的数据回复后，后续的数据流直接在通信的两端传输。

ILNP 并没有引入新的命名空间，而是利用 IPv6 地址空间识别移动主机，主机的思想是从早期有关 ILS 的研究中得到的[35]。ILNP 将 IPv6 地址空间划分为一个标识符部分和一个定位符部分：IPv6 地址的前 64 位仍然用于网络路由，后 64 位用于唯一标识移动主机。ILNP 修改移动主机的传输层，以确保会话状态只包含整个 IPv6 地址（带端口号）的标识符部分。与 HIP 不同的是，ILNP 完全依赖 DNS 存储标识符到定位符的映射。

NBS 建议使用域名作为移动主机的标识符。NBS 通过在传输层上面插入一层以实现映射功能，为应用程序提供了新的套接字接口，并调用 TCP 和 UDP 的现有接口进行数据传递。使用这种方法，移动性对应用程序是不可见的，不需要改变 TCP/IP 协议栈。然而，应用程序需要重新设计，以适应新的套接字接口，这意味着老的应用程序不能从 NBS 提供的移动性功能中受益。NBS 还把 DNS 作为其全球的映射系统。

LISP- MN 是基于定位标识符分离协议（LISP）[36]的研究而开发的，这是一种核心-边缘分离的设计。LISP 提议从路由定位符（RLOC）分离端点标识符（EID），并部署入口/出口隧道路由器（TR）以维护 EID 到 RLOC 映射。LISP- MN 采用 EID 作为标识符，RLOC 作为移动主机的定位符，在每个移动主机上实现轻量级的 TR，实现映射功能。LISP- MN 不依赖于 DNS，而是利用 LISP 提出的几种替代映射服务器作为其全球映射系统。

15.2.2 问题陈述

尽管支持互联网移动性的方法有很多种，但仍然存在三角路由、大切换时延、大信令开销等方面的不足。本小节通过分析现有解决方案的移动性管理功能，说明了现有互联网移动性解决方案存在的问题，指出路由路径弹性和切换效率之间存在折中。

15.2.2.1 移动性管理分析

现有互联网移动性解决方案之间的主要区别之一是它们如何实现切换管理功能。当通信节点移动时，切换管理负责维持会话的存续性。不同的切换管理方法可以分为三类，由于切换信令始终被限制在 MN 和 HA（或者 HMIPv6 和 PMIPv6 中的本地 HA）之间的有限范围内，因此 MIP 包含了第一类，我们称之为本地范围切换管理。因此，CN 只知道到达 MN 的一条途径，就是通过 HA。相反，ILS 设计采用全球范围的切换管理，MN 始终向 CN 侧发送映射更新，使得所有的 CN 知道 MN 的确切位置，并将数据包直接发送给 MN。

DMM 解决方案属于第三类，这是前两类方法的混合：通过触发本地范围切换信令以将 MN 的映射扩散到邻近的 HA，但是当 MN 离开一个 HA 附着到另一个 HA 时也需要全局范围的切换信令。因此，来自 CN 的数据包总是可以被转发到靠近 MN 的中间节点，并知道如何到达 MN。然后根据当前的 IP 地址将数据包路由到 MN。请注意，通常 CN 附近的一些代理负责代替 CN 处理信令，这时切换过程对 CN 是透明的。

这三类方法也有相似之处。在切换管理期间，MN 必须公布其到网络的最新映射，以使得 CN 可以直接或间接地找到 MN。具体来说，网络中一些标识符感知节点（我们称之为"汇聚点"）必须接收到映射通告并存储映射，然后这些 CN 能够通过汇聚点到达 MN（注意，CN 本身也可以是汇聚点）。这些方法之间的区别在于映射通告的范围：局部范围、全局范围或两者的混合。

15.2.2.2 路由路径延伸和切换效率

现有的处理互联网移动性的方式考虑了路径延伸和切换效率之间的折中：如果映射通告的范围是有限的，如 MIP 方法那样，CN 可能不得不绕道才能到达 MN，这将导致路由路径延长；而如果映射被公布到 CN 侧，则由于 ILS 方法的作用，在切换期间可能带来大的开销和大时延，因为 CN 离 MN 的距离可能很远并且 CN 的数量也可以很大。

对于这种折中，在这里类比互联网路由给出一个简单的解释。路由研究领域的一个普遍理解是，静态网络中路由表大小和路由路径延伸之间有一个基本的折中[37-39]。这种折中意味着网络中的节点必须在最坏的情况下为每个其他节点存储一个路由表条目，以实现最短的路径路由。否则，为了降低路由表大小，只能折中地增加路由路径的延伸，因为一旦某个节点丢失了某个远程节点的路由表项，它可能无法通过该路由表使用最佳路径转发数据包到该节点。移动性管理的情况是类似的：为了确保最佳的路由路径，映射通告必须在最坏的情况下到达 CN 端；而如果映射通告的范围受限于减少信令开销和时延，则 CN 将失去 MN 的确切位置并且不得不间接到达 MN，这可能导致潜在的路由路径延长。

互联网移动性解决方案采取不同的方式进行权衡，也有自己的优点和缺点：MIP 只向 HA 宣布映射；因此，当 MIPv6 扩展（例如 HMIPv6）被应用时，它获得了潜在的大的路由路径延展但是低的切换时延和开销；ILS 方法公布了对所有 CN 的映射；因此，它总是没有路由路径延长，但可能承受较大的切换时延和开销；DMM 解决方案正在寻求两者之间的平衡。

如何在 DMM 解决方案中进行权衡仍然是一个悬而未决的问题。如果 MN 移动缓慢，很少改变 HA，那么在 MN 附近部署 HA 确实可以减少切换时延和开销，而不会引起路由路径延伸。但是，实际的移动情况可能并非如此。考虑到 MN 同时连接到多个 ISP 的情况（例如，MN 同时具有 Wi-Fi 和 3G/4G 接入），在不同的 ISP 之间切换可能变得更普遍。此外，未来互联网上的移动用户可能会将正在进行的通信从一个设备切换到另一个设备，这也可能导致 ISP 之间的频繁切换。在前面描述的两种场景中，MN 频繁改变 HA 的可能性很大，这可能会显著降低混合切换管理的切换效率。因此，当第三类方法应用于更复杂的移动模式时，仍然需要进行研究。

15.2.3　基于 SDN 的移动性管理

为了解决当前互联网移动性解决方案中的问题，本章提出使用 SDN 和 OpenFlow。在介绍详细的协议设计之前，本小节回顾了当前基于 SDN 移动性的一些研究，并讨论了使用 SDN 处理互联网移动性的好处。

15.2.3.1　当前基于 SDN 的移动性研究

研究人员已经开始研究如何在 SDN 架构下提供更好的移动性支持。Yap 等人[40,41] 在 OpenFlow 网络中提出了 OpenRoads，它可以提高移动切换使用组播时的健壮性。他们通过演示证明了如何实现这一点，并且介绍了测试平台的部署。在接下来的论文[42] 中，他们进一步提出将无线服务与基础设施分离的思想，并将 OpenRoads 重新命名为 OpenFlow Wireless，作为开放无线网络的蓝图。本章的重点不同于以前的研究：着重于改进现有协议通常采用的 IP 移动性的基础功能，同时更注重向基础移动性功能添加组播等新功能。

Pupatwibul 等人[43] 建议使用 OpenFlow 增强 MIP 网络，这与本章的建议有相似的目标。但是，它们只提出了一种解决问题的可能方法，在很多情况下可能不是最优的，本章提出问题并进行了一般性讨论，以寻求最佳的解决方案。

15.2.3.2　基于 SDN 的移动性的好处

基于 SDN 的移动性解决方案的优点已经在 15.1.2 节进行了总结，而本小节则根据前面的问题陈述进行进一步的分析。回想一下 15.2.2.2 节中的问题陈述的结论，现有的互联网移动性解决方案采用不同方式实现切换管理中的映射通告，从而在路由路径延伸和切换效率之间做出不同的折中。基于 SDN 的移动性解决方案可能很有前途，它在寻求性能权衡方面能达到理想的平衡状态。这是因为可编程设备和集中控制使得能够灵活地根据 MN 的移动细节执行映射通告。具体而言，由于每个设备都可以在 SDN 中编程，所以它们都是 MN 的潜在汇聚点，这使得基于 SDN 的移动性管理不再局限于本地范围或全局范围的切换管理，而是可以在任意范围内执行映射通告。而且，集中式控制可以根据 MN 的移动决定映射应该在哪个范围内通告：如果 MN 在有限的区域内移动，则局部范围的映射通告就足够了，并且随着 MN 的移动距离的增加，控制器可能会发现有必要将映射扩散到更大的范围。

因此，本章最重要的目标是寻求一种在不同移动场景下优化映射通告范围的算法。15.3.3 节将介绍如何寻求这样的算法，并且同时证明了算法在最优路由路径和最小切换时延以及信令开销方面的最优性。

15.3　软件定义互联网移动性管理

　　本节将介绍基于 SDN 的移动性管理体系架构，该架构可以用于移动互联网。首先对体系架构进行了概述，然后介绍了使用 OpenFlow 设计的体系架构实例。接着，作为架构的关键组成部分，提出了一个算法问题。最后，结合试验介绍该体系架构的实现，并将该建议与现有的互联网移动性解决方案进行了比较。

15.3.1　架构概览

　　基于 SDN 的互联网移动性管理功能可分为控制平面功能和数据平面功能，如图 15.2 所示。在控制平面中，需要两个子功能实现移动性管理，一个子功能要求 SDN 控制器收集每个 MN 的当前位置并维持每个 MN 的映射，该映射将 MN 的标识符动态地绑定到 MN 的定位符。标识符的定义与 ILS 相关的研究相同，即当 MN 在网络中改变其位置时，不需要改变一些静态的信息。标识符的格式不受限制，但可以是数据包中可被 SDN 控制器和设备识别的任何字段。MN 的定位符应该由可用于找到 MN 当前位置的一些分组字段来表示。通常情况下，IP 地址可作为 MN 的定位符。

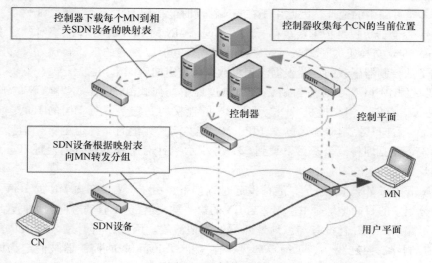

图 15.2　架构概览

　　为了实现这个子功能，SDN 设备需要通知控制器每个 MN 的附着和去附着。当一个 MN 离开一个 SDN 域进入另一个域时，需要跨 SDN 域的机制来同步不同域控制器之间 MN 的映射。

　　另一个控制平面子功能要求控制器将每个 MN 的映射下载到相关的 SDN 设备。可以细分为两种情况：第一种情况是控制器将 MN 的映射下载到请求映射的 SDN 设备；第二种情况下，控制器更新 MN 的映射后，将映射下载到已存储映射的一些 SDN 设备。在第二种情况下，下载的目的是把 SDN 设备上的过时映射替换为最新的映射，以便到达 MN 的分组能够及时地被转发到其当前位置。需要说明的是，CN 和 MN 都很少涉及控制面功能，控制面的大部分移动性管理功能都是在网络侧实现的。

在数据平面中，SDN 设备直接从 CN 接收发往 MN 的数据包，并根据从控制器下载的映射转发数据包。当 SDN 设备缺少报文映射时，会触发控制平面功能向控制器请求映射。

上述的控制和数据平面功能包括基于 SDN 的基本移动性管理功能。协议详细信息（如收集和下载映射的方式）将在以下小节中使用基于 OpenFlow 的示例进行说明。

15.3.2　基于 OpenFlow 的实例

本小节给出了一个基于 OpenFlow 方案架构的实例。请注意，尽管本章描述的详细协议设计是基于 OpenFlow 的，但是以类似的方式进行设计和实现，所提出的架构也可以使用其他能够实现 SDN 的技术。

15.3.2.1　协议描述

基于 OpenFlow 的设计使用 IP 地址识别和定位 MN。像所有其他移动协议一样，为每个 MN 都要分配一个稳定的标识符。该标识符也称为 HoA，它是不可路由的，并且属于一个特定的地址块。MN 的位置由 CoA 表示，MN 并不拥有它，而是 MN 的第一跳 OpenFlow 交换机拥有它。这意味着移动节点在连接到新的网络时不需要重新配置 IP 地址，但网络侧有助于完成与 PMIPv6 类似的工作。CoA 是可路由的地址，因此用于在 MN 移动时能找到 MN。

OpenFlow 控制器负责维护绑定缓存，该缓存记录 MN 的 HoA 到 CoA 的映射。对于每个 MN，网络中的 OpenFlow 交换机的子集充当 MN 的连接点。它们以流表的形式存储 MN 绑定缓存的副本，该流表是从控制器下载的，并根据流表将数据包重定向到 MN。

图 15.3 举例说明 CN 在通信初始化和切换过程中如何找到 MN。MN 和 CN 的 HoA 分别是 IP_ M 和 IP_ C。首先，当交换机 S3 检测到 MN 的连接时，它学习到 MN 的 HoA，向 MN 分配 CoA IP_ S3，然后向其控制器发送包含（IP_ M，IP_ S3）元组的"绑定更新"消息。控制器在本地存储绑定，并立即将流表条目下载到 S3，并指示"针对所有具有目的地址 IP_ S3 的分组，将其目的地址重写为 IP_ M"。

假设 CN 正在与 MN 进行通信，通信发起过程如下：由于 CN 仅知道 MN 的 HoA，因此它发送给 MN 的分组中的目的地址是 IP_ M。当 CN 的第一跳交换机 S1 收到这样的数据包时，它知道 IP_ M 是不可路由的，并且没有与该地址匹配的本地流表。因此，它通过"包入"消息转发数据包到它的控制器。控制器（为了简单起见，在这里，S1 和 S3 的控制器被假定为同一个控制器，多控制器的情况将在下面的小节中讨论）在本地绑定缓存表中查找 IP_ M，并获取相应的 CoA。然后，控制器通过封包将数据包转发到 S3，同时通过下载一个流表条目，指示"对于所有具有目的地址 IP_ M 的数据包，将其目的地址重写为 IP_ S3"，将绑定高速缓存放置到 S1。然后数据包便可以直接从 CN 流向 MN：首先从 S1 到 S3，然后从 S3 流向 MN。

假设 MN 离开 S3 并附着到 S4，切换过程如下：S4 检测到 MN 的附着，向 MN 分配 IP_ S4 并且发送绑定更新到控制器。控制器接收更新并获知 MN 刚刚移动；因此，它负责把 MN 流的路径从旧的路径变更到新的位置以完成切换。以图 15.3 中的场景为例：由于控制器知道流量从 CN

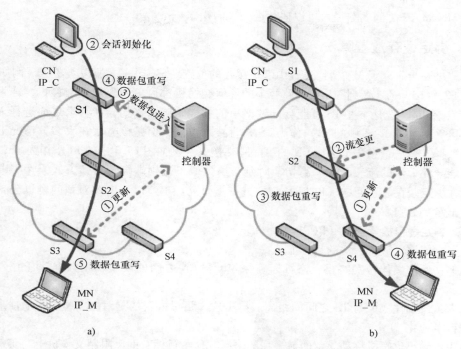

图 15.3　a）通信初始化　b）切换处理

流向 MN，因此通过将流表条目下载到 S2 来指示"对于目的地址为 IP_ S3 的所有分组，将新的绑定缓存放置到 S2，将其目的地址重写为 IP_ S4"。然后，新的 CN 到 MN 流将经过三个重定向：S1 到 S2，S2 到 S4，以及 S4 到 MN。在实践中，可能存在各种方式放置绑定缓存，图 15.3 只给出了一种可能性。绑定高速缓存放置算法将在 15.3.3 节中进一步讨论。

15.3.2.2　讨论

如果 CN 和 MN 彼此相距很远或位于不同的域中，则它们第一跳交换机的控制器可能不同。如果两个控制器属于同一管理域，则由于控制器之间的域内通信更为常见，问题可能会变得更加简单。如果两个控制器属于不同的管理域，则需要控制器之间的域间交互，与域内情况相比，这可能带来更大的成本。具体而言，MN 和 CN 之间的域间通信初始化成本低于 MN 的域间切换，因为前者只需要绑定缓存的查询和响应并且更容易处理，但后者要求控制器知道 CN 到 MN 的流路径，在域间情况下控制器事先并不掌握这些信息。

但是，域间切换在实践中并不常见。有两种常见的方法可以触发域间切换：在一种情况下，MN 移动很远的距离，然后离开一个域并进入另一个域，这可能非常少见；在另一种情况下，MN 在不进行远距离移动的情况下在不同的提供商（例如，不同的 Wi-Fi 或 3G/4G 网络）之间切换。对于第二种情况，如果由一个逻辑控制器控制多个异构本地网络，则可以进一步降低其发生概率。使用这种方法，MN 在不同接入网络之间的切换类似于域内切换。

然而，域间切换虽然很少发生，但却是不可避免的。为了提高域间切换效率，该协议可以暂时回退到三角路由，只需要将一个流表下载到 MN 之前连接的交换机。在 MN-CN 通信恢复之后，为了优化 MN 和 CN 之间的路径，可以执行进一步的操作。

15.3.3　绑定缓存放置算法

本小节进一步研究了 MN 切换过程中绑定缓存的位置。理论上，MN 移动之前（例如图 15.3 中的 S1、S2 和 S3）在 CN 到 MN 流动路径上的任何交换机都可以用作候选交换机，称为目标交换机（TS）。但是，选择一些 TS 可能会导致严重的性能缺陷。例如，在移动之前选择 MN 的第一跳交换机（例如图 15.3 中的 S3）作为 TS 是直接的想法，但是该方法在大多数情况下将导致三角路由选择。另一个想法是选择 CN 的第一跳交换机（例如图 15.3 中的 S1）作为 TS，但是这种方法可能导致大量的流表下载和高切换时延，这类似于端到端绑定更新方式采用 HIP-like 协议。因此，绑定缓存放置问题（BCPP）需要进一步研究。本节以下内容对该问题以公式进行描述，并找出解决方案。

15.3.3.1　绑定缓存放置问题（BCPP）

首先，绑定缓存放置算法的目标如下：

目标 1：保持最佳转发路径。该目标确保 MN 和 CN 之间的最短转发数据路径并避免三角路由。

目标 2：最小化 MN 与 TS 之间的距离。提出这一目标的目的是对由 MN 的移动性事件引起的信号进行本地化。

目标 3：最小化每次移动导致的流表项的下载。这个目标有助于限制交换机上与移动性有关的流表的维护，并减少流表下载引入的信令开销。

然后，通用 BCPP 可以定义为一个优化问题：给定一组 TS 放置 MN 的绑定缓存，为优化某些目标，BCPP 要找到一个交换机的子集。

然而，这些目标在许多情况下是相互冲突的，例如在移动之前选择 MN 的第一跳交换机作为 TS，总是能满足目标 3，但与目标 1 冲突的可能性很大。因此，BCPP 可进一步分解为以下两个问题：

1）BCPP-1：以目标 2 为优化目标，以目标 1 为约束的 BCPP。

2）BCPP-2：以目标 3 为优化目标，以目标 1 为约束的 BCPP。

15.3.3.2　问题规范化及解决方案

1. BCPP-1

在切换过程中，假定 MN 从交换机 s_n 移动到 $s_{n'}$，CN 保持连接到交换机 s_1，如图 15.4 所示。在以规范化表达 BCPP-1 之前先给出了一组定义：

定义 15.1

$path_{prev}$ 定义为 MN 移动之前 MN-CN 路径上的一组交换机，如图 15.4 中的 $\{s_1, s_2, \cdots, s_i, \cdots, s_n\}$。

$path_{current}$ 定义为 MN 移动后 MN-CN 路径上的一组交换机，如图 15.4 中的 $\{s_1, s_2, \cdots, s_i, \cdots, s_{n'}\}$。

路径对为（$path_{prev}$，$path_{current}$）二元组。

交换机 s 满足路径对 p 意味着，在将 MN 的绑定缓存放置在 s 上之后，新的 MN-CN 路径

$path_{new}$ 等于 $path_{current}$。这保证了目标 1，即转发路径的最优性（无三角路由）。

那么 BCPP-1 以规范化表示为

问题 15.1

对于每个路径对 p，找到一个满足 p 的交换机 s，使它到 MN 的距离最小。

问题 15.1 的解决方案相对简单。首先给出另一组定义：

定义 15.2

对于路径对 p，满意的交换机集 C_p 定义为 $\forall s \in C_p$，s 满足 p，例如 $\{s_1, s_2, \cdots, s_i\}$ 是图 15.4 中路径对（$path_{prev}$，$path_{current}$）的满意的交换机集。

路径对 p 的叉节点被定义为路径对中的两条路径"分叉"的节点，例如，s_i 是图 15.4 中路径对（$path_{prev}$，$path_{current}$）的叉节点。

那么，问题 15.1 的解决方案如下：

算法 15.1

给定路径对 p，找到它的叉节点。

算法的复杂度为 $O(d \cdot n)$，其中 n 代

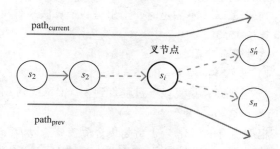

图 15.4　该图用来为定义 15.1、定义 15.2、定义 15.3 做出解释：$path_{prev}$ 包括节点 s_1 到 s_n，而 $path_{current}$ 包括节点 s_1 到 $s_{n'}$，其中 s_i 为叉节点

表路径对的数量，d 代表路径的长度。相关证明在此处省略。

2. BCPP-2

为了用公式表示 BCPP-2，给出以下定义：

定义 15.3

交换机 s 满足路径对集合 P 意味着 $\forall p \in P$，s 满足 p。

交换机集合 S 满足路径对集合 P 意味着 $\forall p \in P$，$\exists s \in S$，使得 s 满足 p。

问题 15.2

给定 n 个路径对集合 P，找到满足 P 的交换机集合 S。

问题 15.2 可以分两步解决：

1）步骤 1：对每个路径对 p，找到最大的满意的交换机集合 C_p。

2）步骤 2：找到最小集合 S 使得对于每个 C_p，$S \cap C_p \neq \varnothing$。

步骤 1 的复杂度为 $O(d \cdot n)$。步骤 2 可以通过 NP 难度的**集合覆盖问题**简化，所以问题 15.2 是一个 NP 难度的问题。

显然，问题 15.2 可以通过穷举搜索来解决，但它的复杂度是 $O(d \cdot n)$，这是不可接受的。我们发现在某些情况下，问题 15.2 可以用一个简单的算法来解决，描述如下：

假设 15.1

到达同一目的地的两条路径相遇后共享同一个"后缀"。

只要 MN 和 CN 之间的数据包转发仅依赖于目的 IP 地址，假设 15.1 就可以满足，这在目前的域内场景是常见的情况。基于这个假设，问题 15.2 可以通过以下算法解决：

算法 15.2

找到每个路径对 p 的叉节点，$p \in P$，$S = \cup \{s_i\}$。

实际上，算法 15.2 与算法 15.1 类似，只是算法 15.2 用于路径对集合。算法 15.2 以 $O(d \cdot n)$ 得到最优结果。本章省略了算法 15.2 的最优性的证明。

显然，算法 15.2 也优化了问题 15.1。因此，如果满足假设 15.1，则算法 15.2 可以为问题 15.1 和问题 15.2 产生最优结果，这意味着所有三个目标可以同时实现。

当假设 15.1 不满足时，给出另一个算法来解决问题 15.2：

算法 15.3

贪婪集合覆盖。

1）步骤1：设 $X = P$，$S = \emptyset$。

2）步骤2：重复以下过程直到 $X = \emptyset$；找到 i 使得 S_i 包含 X 中最多的元素，然后设 $S = S \cup \{s_i\}$，$X = X \backslash S_i$。

根据现有的研究[44]，贪婪集合覆盖算法以 $O(d \cdot n)$ 得到近似比 $\ln(n + 1)$ 的结果。

请注意，当满足假设 15.1 时，算法 15.3 也会生成最优结果。本章省略了证明。

15.3.3.3 评估

本小节将评估之前提出的这些算法，了解它们在真实网络拓扑中的表现。由于难以获得与假设 15.1 相冲突的真实域内路由数据，因此只有假设 15.1 使用实际域内拓扑和最短路径路由来评估算法 15.2。引入两个附加算法作为比较：

1）算法 – 随机：对于每个路径对 p，该算法随机选择一个满足 p 的开关 s 作为 TS。

2）算法 – CN：对于每个路径对 p，该算法选择 CN 的第一跳交换机作为 TS。

所有三种算法都满足目标1；因此，这里用两个参数比较其他两个目标：一个参数是 MN 和 TS 之间的距离，另一个参数是每个 MN 每个移动下载的绑定缓存的数量。

评估拓扑结构和路由数据使用 RocketFuel[45] 的域内拓扑进行计算，包括 AS1221、AS1755、AS6461、AS3257、AS3967 和 AS1239。由于基于不同拓扑的评估得出了相似的结果，这里选择其中三个用于演示结果，它们分别是具有 208 个节点的 AS1221，具有 322 个节点的 AS3257，以及具有 276 个节点的 AS6461。为了研究基于各种拓扑的算法的性能，还生成了另外两种拓扑以增加区分度：一种是具有密集互连核心网络和几个树状边缘网络的 200 节点分层拓扑，另一种是 200 节点的扁平拓扑结构中节点以平均度随机连接。

对于上面的每个拓扑进行 100 次评估。在每一轮中，选择拓扑中的不同节点作为 MN，并且选择 10 个随机定位的节点作为 CN。MN 使用修改后的基于马尔可夫链的随机游动模型执行 10 次移动：在每次移动过程中，MN 随机地附加到离其先前位置一跳的新节点。

评估结果如图 15.5 所示，算法 15.2 具有最低值。图 15.5a 表明，算法 15.2 的 MN-TS 距离仅占网络直径的 10% ~ 20%，这意味着 TS 距离 MN 平均约 2 跳，这为切换效率提供了很好的保证。算法 – CN 具有最大的 MN-TS 值，因为它总是将绑定缓存推送到 CN 端。算法 – 随机的值在算法 – CN 和算法 15.2 之间。而且，当评估拓扑变得更平坦时，三种算法的 MN-TS 值彼此接近。这是因为随着拓扑的"扁平化"，节点之间的平均距离也下降。

图 15.5b 显示，在三个域内拓扑中，算法 15.2 在平均值上仅为每个 CN 下载约 0.3 ~ 0.5 个

流表，而另外两个算法需要为每个 CN 下载一个流表。同样，算法 15.2 需要在平面拓扑中进行更多的流表下载。正如分层拓扑有助于减少路由表大小一样，这也有助于简化绑定缓存的维护。

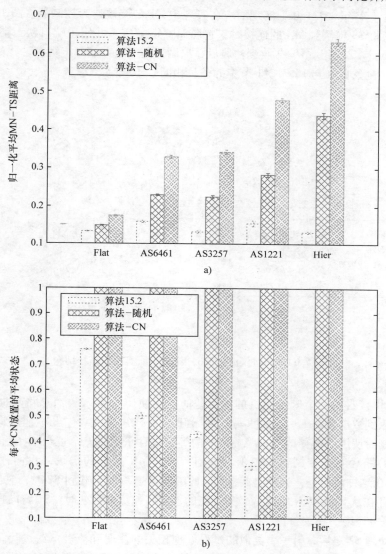

图 15.5　两张图给出了 5 种拓扑结构下 3 种算法的比较结果：
a）归一化平均 MN-TS 距离，b）每个 CN 放置的平均绑定缓存数。
算法 15.2 在所有场景中都胜于其他两种算法

15.3.4　系统设计

本小节介绍该方案的系统设计，包括基于 Mininet 的实现，并通过试验将此方案与另外两种具有代表性的互联网移动协议进行比较。

15.3.4.1 实现

该协议是基于 Mininet2.1.0[46] 实现的。在实现中，Pox[47] 被选为控制器。图 15.6a 给出了协议流程，当交换机 S3 检测到 MN 的连接时，它向 MN 分配 CoA 并使用端口状态消息在控制器上注册（HoA，CoA）二元组。从 S3 收到注册后，控制器在本地存储绑定缓存，并使用"流修改"消息将"重写"流条目（与 15.3.2.1 节中的条目相同）下载到 S3。

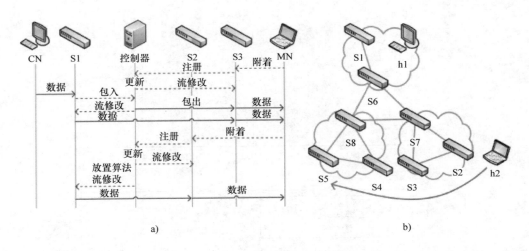

图 15.6　a）协议流程，b）试验中所实现的拓扑结构

当交换机 S1 接收到一个未知主机的数据包时，它使用"包入"消息将数据包发送给控制器。控制器接收到数据包输入后，会重写其目标 IP 地址，并使用"包出"消息将其重新发送出去。同时，控制器使用"流修改"消息将 MN 的绑定缓存下载到 S1。为了生成绑定高速缓存放置算法中使用的路径对，控制器需要保存所有 CN 到 MN 路径的记录，我们称之为路径记录（PR）。例如，在这种情况下，当控制器将 MN 的绑定高速缓存下载到 S1 时，它向 PR 添加一个条目，指示"存在从 S1 到 MN 的流"。当 S1 上的绑定高速缓存到期时，S1 将向控制器确认，然后控制器将删除 PR 中的相关条目。

在 MN 移动到 S2 之后，另一个类似的过程处理相关的注册和流表下载过程。为了处理越区切换，控制器运行先前讨论的绑定高速缓存放置算法。它使用 PR 获得与 MN 相关的所有路径对（在这种情况下只有一个路径对）。为了获得路径对，控制器在 PR 中查找并计算从 S1 经过 S3 到 MN 的前一路径，以及经由 S2 从 S1 到 MN 的当前路径。运行绑定高速缓存放置算法后，控制器将获得一组需要更新的交换机。然后控制器使用"流修改"消息将 MN 的最新绑定缓存下载到这些交换机。请注意，该流表下载后，控制器也需要更新 PR。

15.3.4.2　试验

1. 方法论

根据实现情况进行了几项试验，将所提出的协议与另外两种 IP 移动性协议 PMIPv6 和 ILNP 进行比较。选择这两种协议是因为它们是 15.2.1 节所述解决方案的典型代表：基于网络的协议和基于主机的协议。为了进行比较，另外两个控制器分别实现 PMIPv6 和 ILNP 的基础移动性功能。基于 Mininet，PMIPv6 更容易实现，因为它是基于网络的协议。但是 ILNP 的实现更困难，因此该协议可以通过近似的方式模拟：移动功能从主机移动到其第一跳交换机。

试验拓扑结构如图 15.6b 所示，它由一个控制器、两个主机和八个交换机组成。该拓扑结构被分成三个相互连接的子域：（S7，S2，S3）、（S8，S4，S5）和（S6，S1）。子域间链路、子域内链路和"无线链路"（H2 和附属交换机之间）的延迟分别为 20ms、2ms 和 10ms。上述三种链路的带宽分别为 100Mbit/s、100Mbit/s 和 10Mbit/s。由于 Mininet 的当前版本不支持交换机和控制器之间的带内控制，因此控制流量在试验中是带外的。H2 当作 MN 在交换机 S2 和 S5 之间来回移动，H1 当作 CN 并保持不动。在试验中，在两台主机之间运行常用的网络测试工具 Iperf，并收集端到端性能，包括往返时间（RTT），数据包丢失率以及吞吐量。

在此拓扑中模拟 PMIPv6 时，S7 用作 HA；S2、S3、S4 和 S5 用作 MAG；S7 和 S8 充当本地移动锚点（LMA）。H2 从 S3 移动到 S4 表明它离开了它的本地网络，并且需要依靠 S7 和 S8 进行数据包间接寻址。当模拟 ILNP 时，每当 H2 移动时，其第一跳交换机将代表 H2 将绑定更新发送到 S1，然后 S1 代表 H1 处理更新。请注意，试验实际上支持 PMIPv6 和 ILNP 的原因有两个：首先，在两个协议的切换过程中忽略了 IP 重新配置。其次，绑定更新过程被简化并且仅采用单向时延：PMIPv6 情况下 MN 到 HA 的时延和 ILNP 情况下 MN 到 CN 的时延。两种简化都有助于提高两种协议的切换效率。

2. 试验结果

第一个试验在 H1 和 H2 之间运行 Iperf 的时间为 10s，在此期间 H2 从 S2 移动到 S5 并执行三次切换。图 15.7a 显示了在模拟时间内收集到的 PMIPv6、ILNP 和基于 SDN 的解决方案的 TCP 序列，从中我们可以推断出基于 SDN 的解决方案比其他两个解决方案的切换更平滑：基于 ILNP 体验超时的 TCP 在每次切换期间启动缓慢，这使得 ILNP 在试验中表现最差。这是因为 ILNP 需要从 MN 侧向 CN 侧发送绑定更新，并且这可能严重影响切换效率，尤其是当双方距离较远时。基于 PMIPv6 的 TCP 在第二次切换期间仅经历一次超时，因为其他两次切换可以由 LMA 在本地处理，而第二次切换是子域间切换并且需要与 HA 交互。相比之下，基于 SDN 的解决方案中的 TCP 可以始终使用快速重传在切换期间从数据包丢失中恢复。

图 15.7b 显示了在同一试验场景中收集的三个协议的 RTT，其中我们观察到所有三个协议的 RTT 值在切换过程中都暂时升高到较高值。另外，PMIPv6 的 RTT 在二次切换后保持较高的值。这是因为当 H2 离开本地网络时（从 S3 移到 S4），所有到 H2 的数据包都由 HA S7 中继，这导致了三角路由。基于 SDN 的解决方案避免了三角路由，因为绑定高速缓存放置算法确保了最佳的转发路径，在这种情况下，它通过将绑定高速缓存下载到 S6 来实现。

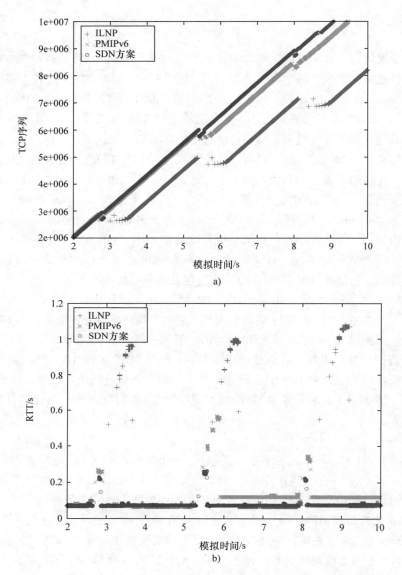

图 15.7 a）TCP 序列，b）10s 内三个切换事件期间三个模拟协议的往返时间（RTT）

15.4 结论

本章介绍 SDN 架构下 IP 网络的移动性。由于其设备可编程、集中控制以及其他功能，SDN 在处理当前移动协议中的问题方面具有优势。本章提出了基于 SDN 的移动性管理体系架构以及基于 OpenFlow 的协议设计、实现和试验，表明 SDN 在实现移动性管理方面表现出了灵活性，能够适应未来移动互联网中的各种移动性场景。

参 考 文 献

[1] L. Zhang, R. Wakikawa, and Z. Zhu. Support Mobility in the Global Internet. In Proceedings of the 1st ACM Workshop on Mobile Internet through Cellular Networks, ACM, 2009. Beijing, China.

[2] P. Zhang, A. Durresi, and L. Barolli. A Survey of Internet Mobility. In International Conference on Network-Based Information Systems 2009, NBIS'09, 147–154. IEEE, 2009. Indianapolis, USA.

[3] F. M. Chiussi, D. A. Khotimsky, and S. Krishnan. Mobility Management in Third-Generation All-IP Networks. Communications Magazine, IEEE, 2002, 40(9): 124–135.

[4] D. Saha, A. Mukherjee, I. S. Misra, and M. Chakraborty. Mobility Support in IP: A Survey of Related Protocols. Network, IEEE, 2004, 18(6): 34–40.

[5] I. F. Akyildiz, J. Xie, and S. Mohanty. A Survey of Mobility Management in Next-Generation All-IP-Based Wireless Systems. Wireless Communications, IEEE, 2004, 11(4): 16–28.

[6] A. Lucent. Introduction to Evolved Packet Core. Strategic White Paper, 2009. Available from www.alcatel-lucent.com (accessed February 19, 2015).

[7] O. Tipmongkolsilp, S. Zaghloul, and A. Jukan. The Evolution of Cellular Backhaul Technologies: Current Issues and Future Trends. Communications Surveys & Tutorials, IEEE, 2011, 13(1): 97–113.

[8] J. C. Zuniga, C. J. Bernardos, A. de la Oliva, T. Melia, R. Costa, and A. Reznik. Distributed Mobility Management: A Standards Landscape. Communications Magazine, IEEE, 2013, 51(3): 80–87.

[9] J. N. Chiappa. Endpoints and Endpoint Names: A Proposed Enhancement to the Internet Architecture. 1999, Available from http://mercury.lcs.mit.edu/~jnc/tech/endpoints.txt (accessed January 24, 2015).

[10] Z. Zhu, R. Wakikawa, and L. Zhang. A Survey of Mobility Support in the Internet. RFC 6301, IETF, 2011.

[11] C. Perkins. IP Mobility Support for IPv4, Revised. RFC 5944, IETF, 2010.

[12] C. Perkins, D. Johnson, and J. Arkko. Mobility Support in IPv6. RFC 6275, IETF, 2011.

[13] H. Soliman, C. Castelluccia, K. ElMalki, and C. Castelluccia. Hierarchical Mobile IPv6 (HMIPv6) Mobility Management. RFC 5380, 2008.

[14] S. Gundavelli, K. Leung, V. Devarapalli, K. Chowdhury, and B. Patil. Proxy Mobile IPv6. RFC 5213, IETF, 2008.

[15] R. Wakikawa, G. Valadon, and J. Murai. *Migrating Home Agents towards Internet-scale Mobility Deployment*. In Proceedings of the 2006 ACM CoNEXT Conference. ACM, 2006. Lisboa, Portugal.

[16] M. Fisher, F.U. Anderson, A. Kopsel, G. Schafer, and M. Schlager. A Distributed IP Mobility Approach for 3G SAE. In 19th International Symposium on Personal, Indoor and Mobile Radio Communications (PIMRC 2008), IEEE, 2008. Cannes, French Riviera, France.

[17] R. Cuevas, C. Guerrero, A. Cuevas, M. Calderón, and C.J. Bemardos. P2P Based Architecture for Global Home Agent Dynamic Discovery in IP Mobility. In 65th IEEE Vehicular Technology Conference, IEEE, 2007. Dublin, Ireland.

[18] Y. Mao, B. Knutsson, H. Lu, and J. Smith. DHARMA: Distributed Home Agent for Robust Mobile Access. In Proceedings of the IEEE Infocom 2005 Conference, IEEE 2005. Miami, USA.

[19] R. Moskowitz and P. Nikander. Host Identity Protocol (HIP) Architecture. RFC 4423, IETF, 2006.

[20] R. Atkinson and S. Bhatti. Identifier-Locator Network Protocol (ILNP) Architectural Description. RFC 6740, IETF, 2012.

[21] J. Ubillos, M. Xu, Z. Ming, and C. Vogt. Name-Based Sockets Architecture. IETF Draft, 2011. Available from https://tools.ietf.org/html/draft-ubillos-name-based-sockets-03 (accessed February 19, 2015).

[22] D. Farinacci, D. Lewis, D. Meyer, and C. White. LISP Mobile Node. IETF Draft, 2013. Available from http://tools.ietf.org/html/draft-meyer-lisp-mn-09-12 (accessed February 19, 2015).

[23] National science foundation future internet architecture project. Available from www.nets-fia.net (accessed February 19, 2015).

[24] I. Seskar, K. Nagaraja, S. Nelson, D. Raychaudhuri. MobilityFirst Future Internet Architecture Project. In Proceedings of the 7th Asian Internet Engineering Conference. pp. 1–3. ACM. Bangkok, Thailand.

[25] A. Venkataramani, A. Sharma, X. Tie, H. Uppal, D. Westbrook, J. Kurose, and D. Raychaudhuri. Design Requirements of a Global Name Service for a Mobility-centric, Trustworthy Internetwork. In Fifth International Conference on Communication Systems and Networks (COMSNETS). pp. 1–9. IEEE, 2013. Bangalore, India.

[26] D. Han, A. Anand, F.R. Dogar, B. Li, H. Lim, M. Machado, A. Mukundan, W. Wu, A. Akella, D.G. Andersen, J.W. Byers, S. Seshan, and P. Steenkiste. XIA: Efficient Support for Evolvable Internetworking. In Proceedings of the 9th USEnIX NSDI. ACM, 2012. San Jose, USA.

[27] L. Zhang, A. Afanasyev, and J. Burke. Named Data Networking. Technical Report, 2014. Available from http://named-data.net/publications/techreports (accessed February 19, 2015).

[28] Z. Zhu, A. Afanasyev, and L. Zhang. A New Perspective on Mobility Support. Technical report, 2013. Available from http://named-data.net/publications/techreports (accessed February 19, 2015).

[29] N. McKeown, T. Anderson, H. Balakrishnan, G. Parulkar, L. Peterson, J. Rexford, S. Shenker, and J. Turner. OpenFlow: Enabling Innovation in Campus Networks. ACM SIGCOMM Computer Communication Review, vol. 38, pp. 69–74, 2008.

[30] J. Saltzer. On the Naming and Binding of Network Destinations. RFC 1498, IETF, 1993.

[31] E. Lear and R. Droms. What's in a Name: Thoughts from the NSRG. IETF Draft, 2003. Available from http://tools.ietf.org/html/draft-irtf-nsrg-report-10 (accessed February 19, 2015).

[32] D. Meyer, L. Zhang, and K. Fall. Report from the IAB Workshop on Routing and Addressing. RFC 4984, IETF, 2007.

[33] H.A. Chan, H. Yokota, P.S.J. Xie, and D. Liu. Distributed and Dynamic Mobility Management in Mobile Internet: Current Approaches and Issues. Journal of Communications, 2011, 6(1): 4–15.

[34] IETF. Distributed Mobility Management (DMM). IETF Working Group. Available from http://tools.ietf.org/wg/dmm/ (accessed January 24, 2015).

[35] M. O'Dell. GSE—An Alternate Addressing Architecture for IPv6. IETF Draft, 1997. Available from http://tools.ietf.org/html/draft-ietf-ipngwg-gseaddr-00 (accessed February 19, 2015).

[36] D. Farinacci, D. Lewis, D. Meyer, and V. Fuller. The Locator/ID Separation Protocol (LISP). RFC 6830, IETF, 2013.

[37] D. Peleg and E. Upfal. A Trade-off between Space and Efficiency for Routing Tables. In 20th Annual ACM Symposium on Theory of Computing (STOC), pp. 43–52. ACM, 1988. Chicago, IL, USA.

[38] C. Gavoillz and S. Pérennès. Memory Requirement for Routing in Distributed Networks. In Proceedings of the 15th PODC. ACM, 1996. Philadelphia, PA, USA.

[39] D. Krioukov, K.C. Claffy, K. Fall, and A. Brady. On Compact Routing for the Internet. ACM Computer Communications Review, 2007, 37(3): 41–52.

[40] K. Yap, T.Y. Huang, M. Kobayashi, M. Chan, R. Sherwood, G. Parulkar, and N. McKwown Lossless Handover with n-Casting between WiFi-WiMAX on OpenRoads. In ACM Mobicom. ACM, 2009. Beijing, China.

[41] K. Yap, M. Kobayashi, D. Underhill, S. Seetharaman, P. Kazemian, and N. Mckwown. The Stanford Openroads Deployment. In ACM Workshop on Wireless Network Testbeds, Experimental Evaluation and Characterization (WiNTECH), ACM, 2009. Beijing, China.

[42] K. Yap, R. Sherwood, M. Kobayashi, T.Y. Huang, M. Chan, N. Handigol, N. McKeown, and G. Parulkar. Blueprint for Introducing Innovation into Wireless Mobile Networks. In Workshop on Virtualized Infrastructure Systems and Architectures, pp. 25–32. ACM 2010. New Delhi, India.

[43] P. Pupatwibul, A. Banjar, A.A.L. Sabbagh, and R. Braun. Developing an Application Based on OpenFlow to Enhance Mobile IP Networks. Local Computer Networks (LCN) 2013 Workshop on Wireless Local Networks, IEEE 2013. Sydney, Australia.

[44] V. Chvatal. A Greedy Heuristic for the Set-Covering Problem. Mathematics of Operations Research, 1979, 4(3): 233–235.

[45] Rocketfuel: An ISP Topology Mapping Engine. Available from www.cs.washington.edu/research/networking/rocketfuel/ (accessed January 24, 2015).

[46] Mininet: An Instant Virtual Network on Your Laptop (or other PC). Available from http://mininet.org/ (accessed January 24, 2015).

[47] POX Controller. Available from www.noxrepo.org/pox/about-pox/ (accessed January 24, 2015).

第 16 章 以软件定义网络的视角看移动虚拟网络运营商

M. Bala Krishna

University School of Information and Communication Technology, GGS Indraprastha University, New Delhi, India

16.1 引言

对于新兴的移动无线通信系统，需要动态的、创新的和以用户为中心的业务模式。目前的趋势是要为移动终端用户提供灵活而丰富的服务。在移动网络和通信业务批发和零售市场上，有授权频谱和非授权频谱的移动网络运营商（MNO）都是潜在的利益相关方。MNO 是主要的授权频谱拥有方，并依靠虚拟网络运营商（VNO）来满足终端用户的需求。移动虚拟网络运营商（MVNO）[1] 从 MNO 租用无线频率，并将 MNO 和第三方服务提供商的基础设施延伸到潜在的移动终端用户节点（MEUN）。监管机构不给 MVNO 分配授权频谱，因此只能使用非授权无线频谱进行短距离通信。MVNO 基于与 MNO 的服务协议（批发和零售）以及 MEUN 的密度租用无线频率。MVNO 支持高速数据、多媒体流、视频会议、电子商务、移动商务等增值业务。虚拟专用网络系统（Virtual Private Network System，VPNS）是指通过与第三方网络运营商合作[2]，MEUN 能够在私有领域内创建并使用业务。

MVNO 创建虚拟接口框架来管理和监控来自签约 MEUN、MNO 和接入点的业务和请求。MVNO 像忙碌的网络运营商那样使用网络中的数据处理、过滤和转发机制。虚拟接口没有定义服务包，但是它维护着业务提供商的完整业务细节，在移动网络中充当黑盒接入点。虚拟接口解决了网络中的资源划分、复用和解复用问题。签约 MVNO 的 MEUN 数量取决于现有的业务模型，如一对一，一对多。MNO 和 MVNO 之间的交互以商业服务子系统（BBS）、网络服务子系统（NSS）、应用服务子系统（ASS）和用户支持子系统（USS）为基础，并且通过软件定义网络（SDN）进行配置。图 16.1 给出了基于 SDN 的 MNO 和 MVNO 控制器之间的各种服务。SDN 控制器根据 MEUN 的业务需求配置 MNO 和 MVNO 之间的服务。表 16.1 重点介绍了 MNO 和 MVNO 业务模型中使用的 SDN 配置维度及其属性。

如图 16.1 所示，每个子系统的典型特点如下：

BSS：该子系统定义了当前市场需求的业务框架、与 MNO 的许可协议、业务类型以对 MEUN 的资费。BSS 包括高峰期间的频谱共享因子和带宽质量。MVNO 会定义多个面向 MNO 的品牌化的服务。

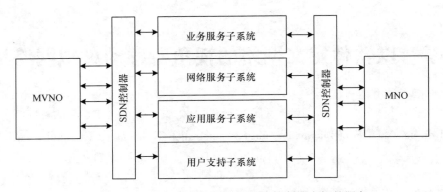

图 16.1　基于 SDN 的 MNO 和 MVNO 控制器之间的服务

表 16.1　MNO 和 MVNO 业务模型中使用的 SDN 配置维度及其属性

配置维度	属性
配置控制平面	<ul><li>设置逻辑路径</li><li>设置替代路径</li><li>设置容错路径</li></ul>
配置数据平面	<ul><li>语音和数据流（大小、路径等）</li><li>为数据设置优先级</li></ul>
负载均衡	跨 MNO 和 MVNO 负载均衡
频谱分配机制<ul><li>协作式</li><li>非协作式</li></ul>	<ul><li>MNO 根据 MVNO 的数量划定分配的频谱范围</li><li>为商用和增值 MENU 设定资源分配优先级</li></ul>
频谱接入技术<ul><li>覆盖式</li><li>衬垫式</li></ul>	<ul><li>批发和零售定价机制基于动态频谱分配方法</li><li>对有保证的 MVNO-MNO 网络有效的切换方法</li></ul>
安全	防火墙、VPN 等
应用服务	增值业务、语音信箱等

　　NSS：该子系统定义了 MVNO 与 PSTN、GPRS、GSM、UMTS、LTE、LTE-A 等移动承载业务的组网模型。信道特性（如比特传输速率、SNR、发射功率、接收功率、复用、多址接入技术等）和用户特性参数（如带宽、时延、分组传输速率、功率规格等）是这个子系统的主要属性。

　　ASS：这个子系统定义了 MEUN 的服务规范中的定价和资费方案。MVNO 的物理位置要根据 MEUN 的业务策略和 MENU 密度进行评估。MVNO 向 MEUN 提供语音、高速数据、视频、短信、多媒体、互联网应用等应用服务。带有 QoS 参数的业务和网络规范在这个子系统中呈现。该子系统提供的服务类别有如下几种：

　　1 类 – 优质：依赖高带宽的高速和高效业务应用属于这个类别，业务周期或长或短。这种优质服务常用于跨国组织、金融和银行业、天气预报等商业应用。

2 类 – 按需：这类业务在发生灾难性事件（如火灾事故、地震、海啸等）时提供完全一致的服务。这类应用需要在短时间利用最大带宽获得高速的 SMS 和数据传输速率。

3 类 – 经济型：具有高速数据业务和自适应带宽分配的应用。这种灵活的业务用于中等规模的组织，如企业、医院、办公室等。

4 类 – 常规：该类别满足 MEUN 的应用业务需求，一般基于 PSTN、IPTV、接入点业务等。

USS：该子系统面向 MEUN 的潜在需求，利用邻近 MNO 提供的附加业务和套餐。零售的定价资费也在这个子系统中定义。

16.1.1　MVNO 的特征

移动虚拟网络运营商（MVNO）是指无法拿到授权频谱的运营商，它们将无线业务外包给拥有可靠网络的运营商，并为 MENU 提供增值服务。MVNO 签约用户会分配唯一的标识，如用户标识模块（SIM）。通过细分任务并将其分配给邻近的 MVNO，可以降低 MVNO 的业务成本。有时限的业务协商限制了业务中的潜在风险，还支持 ACID 特性[1]。软件定义网络（SDN）[3] 将可重配置的移动网络参数添加到现有的 MVNO 中，提升了对 MEUN 的服务。SDN 使用的可重配置参数如下：

- 由业务控制器定义的网络容量指标和最大传输单元（MTU）。
- UMTS、GPRS 和 TCP/UDP 业务的认知和动态切换技术。
- 网关连接和路由发现协议。
- MEUN 数据库和查询表更新。
- MEUN 移动性管理服务更新。
- 加密数据包的密钥管理。

针对未来的运营商网络，软件定义移动网络（SDMN）[4] 架构将移动网络中的数据平面和控制平面解耦。SDMN 支持 VNO 接口和应用程序接口（API），以进一步增强运营商网络、网络覆盖和代理网关节点的服务。

16.1.2　MVNO 的功能

MVNO 的功能阐述如下：

承载业务和网关接口：早期的 MVNO 业务模型是为 UMTS[5] 设计的，只需要支持中等规模的数据业务。MVNO 的功能只包括承载业务和网关接口。

集中式和分布式 MVNO：集中式和分布式 MVNO 的业务依赖于 MEUN 的密度、活跃 MNO 的数量以及网络中的接口协调单元。MVNO 服务器的功能繁多，列举如下：

1）MVNO 服务器维护用户配置文件和业务集。

2）MNO 服务器保持由网络控制的业务集规范。

3）网络服务器管理和控制 MNO 和网关节点互连协议的任务。

4）代理服务器负责异构 API 和网络服务提供商之间的许可协议及连接。

16.1.2.1　SDN 的角度来看 MVNO

如图 16.2 所示，以 SDN 的角度来看待 MVNO 的功能，每个组件的功能解释如下：

- 伸缩且安全的接口：MVNO 在变化的业务条件下为虚拟方案[6]定义了伸缩的网络接口。移动网络运营商维护着本地运营商和全球运营商的列表，以实现广域覆盖和高速数据接入下的可连接性。为了 MVNO 和 MEUN 之间的公平协商，业务集中定义了信任、隐私、兼容性和可持续性等参数。基于协商的方案[7]能够有效地满足机器对机器通信的要求、信任以及与现有 VNO 的合作。

- 客户驱动的服务器：基于客户驱动的服务（如购买服务、共享服务、增值服务、互联网服务等），MVNO 在竞争激烈的市场中具有灵活性和适应性优势。MVNO 以用户为中心的方法[8]聚焦 MEUN 和 MNO 之间的经济关系。MNO（无线接入网络、WLAN、WWAN 等）的横向营销方案使用不同的许可协议集并向 MVNO 提供其服务。

- 监管和管理模式：监管机制为互联网络定义接入权限、QoS 参数、扩展服务集、政策问题和价格资费等。移动通信市场中的监管机制[9]是业务的时间 – 规模 – 增长和市场战略变化的函数。管理机制控制着潜在的 VNO 数量，并与基于 3G、4G、WiMAX、LTE-A 等技术的现有业务模型兼容。

- 频谱利用服务：通过识别未使用频谱的区域并将此区域分配给提供共享服务的 VNO，实现带宽的有效利用[10]。

- 应急支援服务：通过建立协作 MVNO 的"快闪"网络，MVNO 支持灾难管理、自然灾害等应急服务。受影响地区和关键服务点的网络运营商优先接入 MVNO 和基站（BS）。

- 虚拟使能商的扩展服务：MVNO 支持虚拟使能商，为网络中的移动虚拟网络使能商（MVNE）用户提供访问权限。

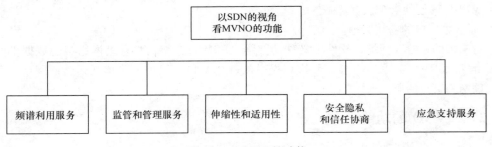

图 16.2　MVNO 的功能

16.1.3　MVNO 的挑战

MVNO 包括无基础设施的网络和支持 4G、LTE-A 等先进移动通信技术的网络服务提供商的综合业务。MVNO 面临的挑战如下：

灵活的服务：MVNO 为 MEUN 提供灵活的服务，并支持为分布式环境中的多维 MVNO 和 MNO 提供可扩展服务。

无中断的连接和移动性支持：通过同类和异构 MNO，MVNO 可以为互联网络和内部网络系统提供无缝连接。MVNO 支持网络中各种 VNO 之间的移动性。

成本效益：MVNO 业务模型指定 MNO 的服务集参数，使用未授权频谱，并最小化 MEUN 的运营成本，将增加 VNO 的市场覆盖面。

服务协议：制定 MVNO 服务协议计划的顺序如下：①与 MNO 签署业务协议，②与邻近的 MVNO 建立业务关系，③支持各国的 MEUN。

安全：客户资料和服务规范在虚拟网络中是保密的。基于 MVNE 的要求，MVNO 可以配置安全的 VPN 以建立安全通信通道。

16.2　以 SDMN 的视角看 MVNO 体系架构

SDMN 包括 SDN 控制器、SDN 配置接口、接入点、HLR- VLR 更新、移动交换中心、网关服务器和 BS。图 16.3 给出了由一组 MEUN、接入点、SDN 接口、SDN 控制器、HLR- VLR 组件、MNO 服务点、网关服务器和 MVNO 服务器组成的基于 SDMN 的 MVNO 的架构。用户定义单元包含真实 MEUN 和接入点，并与 SDN 配置单元相连。SDN 控制器单元由配置 SDN 参数（如无线频谱范围、带宽、数据速率、资源分配和服务集）的子控制器单元组成。MEUN 配置文件保存在子控制器单元中，该单元负责控制和协调 MNO 提供的服务（1 类优质、2 类按需、3 类经济型和 4 类常规）。MVNO 连接到 MNO 服务点并通过网关网络与 MVNO 服务器单元交互。

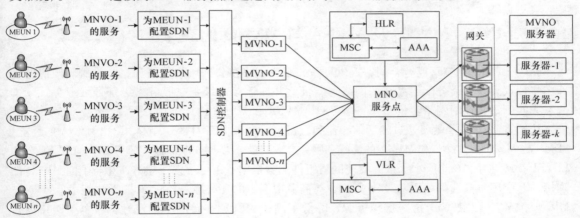

图 16.3　基于 MVNO 的 SDMN 架构

16.2.1　MVNO 的类型

各种类型 MVNO[11] 及相应的业务运营如下所述：

全 MVNO：全 MVNO 由监管机构和电信运营商建立，配备了核心网、接入网基础设施，功能方面包括路由、互连和可执行服务列表。全 MVNO 的业主模型包括客户服务、计费、手机管理、市场营销和销售等。

半 MVNO：半 MVNO 接入 MNO 的无线频谱和服务。半 MVNO 的业务模型包括应用服务、客户服务、计费、手机管理、市场营销和销售等。

瘦 MVNO：瘦 MVNO 支持增强的应用服务，并提高了 MEUN 的适应性。瘦 MVNO 支持 MNO

的服务，其业务模型能为潜在的 MEUN 提供最好的服务。

专用 MVNO：专用 MVNO 使用特定 MNO 的部分基础设施，用于公司办公室、商业机构、中型企业等的私人和机密通信。

16.2.2　分层 MVNO

分层 MVNO[12] 以 VNO 使用的网络设计、功能服务和业务策略为基础。各种类型的分层 MVNO 解释如下：

单 MVNO：单 MVNO 包含适用于 MEUN 的自适应商业策略、高速网络和与 MEUN 交互的高效接口系统。与多 MVNO 相比，单 MVNO 提供了最佳的服务和套餐资费。

多 MVNO：多 MVNO 定义了面向 MEUN 的业务策略，无须外部代理或聚合 VNO 的干预，并通过共享资源建立网络。

聚合器 MVNO：为了协助 MVNO 之间的集体请求，聚合器 MVNO 充当了 MNO 和 MEUN 之间的桥梁。MVNO 聚合器由分布式 MVNO 组件、复杂的接口和 MEUN 的服务请求集组成。移动虚拟网络聚合商（MVNA）与 MNO 协商许可协议、网络容量和服务，聚合不同主机 MNO 的服务，并为托管 MVNO 指定资费价格。

16.3　MNO、MVNE 及 MVNA 与 MVNO 的交互

MNO 和 MVNO 签订商业合同，提供可靠的服务，并在公开市场保留各自的品牌。政府监管部门将授权无线频谱分配给潜在的网络运营商，并在运营商级别或服务点级别开展业务。MNO 共享无线频谱、控制网络容量，并与 MVNO、MVNE 和 MVNA 协调工作。

认知策略和 SDN 策略通过降低信噪比和数据包丢失来提高 MVNO、MVNE 和 MVNA 的性能。SDMN 将 MVNO、MVNE 和 MVNA 的无线和服务参数配置分为不同的级别（LEVEL-1、LEVEL-2 和 LEVEL-3），如图 16.4 所示。该方案使网络组件能够根据：①可用无线频谱，②与不同 MVNO 的连接，③应用服务选择可用的最佳 MNO，与商业市场中的现有服务提供商[10] 形成竞争。MVNO、MVNE 和 MVNA "按需分配" 虚拟资源，降低了高速 MEUN 连接的不确定性。与多个网络运营商相关的认知接入点（CAP）通过网格扩展其在覆盖区域的服务。CAP 认知上下文，并定义 MNO 和虚拟运营商（如 MVNO、MVNE 和 MVNA）之间的商业服务。MNO 商业策略[13] 与 VNO、真实 MEUN、网络运营商的增值服务有关。网络运营商分为：①一线运营商（PO），指 MNO，②二线运营商（SO），指 MVNO、MVNE 和 MVNA。MEUN SO 的价格费率分为高价（U_{hp}）、中价（U_{mp}）和低价（U_{lp}）服务。考虑具有分布在 R 个 MNO 区域上的 N 个活动 MEUN 的网络，MVNO 作为每个区域的潜在运营商，SDN 参数定义如下：

区域级频谱效率（$RL_{se\text{-}MVNO}$）：$RL_{se\text{-}MVNO}$ 定义为，对于 MNO 提供的每项服务，其授权用户数与交易价格的乘积再相加得到的和。区域级频谱效率计算如下：

$$RL_{se\text{-}MVNO} = \sum \left(P_{T\text{-}hp} \times U_{hp} + P_{T\text{-}mp} \times U_{mp} + P_{T\text{-}lp} \times U_{lp} \right) \tag{16.1}$$

式中，U_{hp}、U_{mp} 和 U_{lp} 分别是提供给 MENU 的高、中、低价格的服务。

每项服务平均业务资费（$BTariff_{Avg,Service}$）：每项服务的业务资费随 MNO 配置不同而不同。

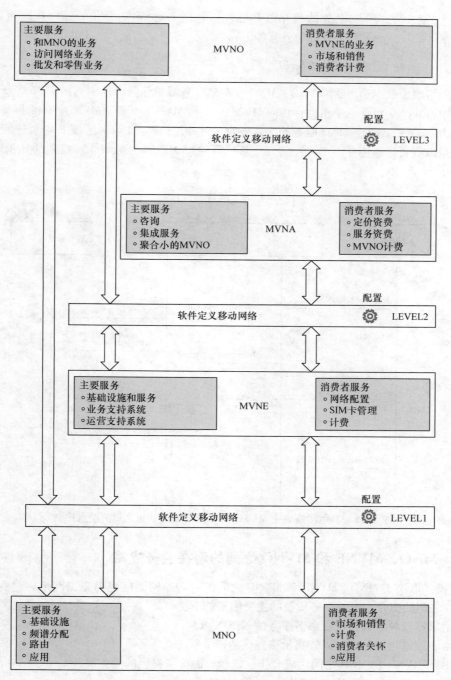

图 16.4　MNO、MVNE、MVNA 与基于 SDMN 的 MVNO 之间的交互[11,12]

$BTariff_{\text{Avg,Service}}$ 定义为，每项服务的价格（$P_{\text{T-service}}$）与服务总成本（$\text{cost}_{\text{service}}$）相乘再除以签约 MENU 服务（$U_{\text{service}}$）。平均业务资费计算如下：

$$BTariff_{\text{Avg,Service}} = \frac{P_{\text{T-service}} \times \text{cost}_{\text{service}}}{U_{\text{service}}} \tag{16.2}$$

本地网络域中从 MEUN 到 MVNO、MNO 和基础服务器单元间事件序列如图 16.5 所示。在外地网络域中，MVNO 包含三个组件：访问 MVNO、交换 MVNO 和家乡 MVNO。外部网络中的事件序列如图 16.6 所示。每个 MNO 服务的净业务收入（BR_{NET}）定义为，区域 R 中每项服务的平均业务收入乘以资费调整因子（$Tariff_{\text{Adjustment\_Factor}}$）再除以 MEUN 总数（$N$）得到的比值。$BR_{\text{NET}}$ 定义如下：

$$BR_{\text{NET}} = \left(\frac{BR_{\text{Avg,service}} \times R}{N} \right) \times Tariff_{\text{Adjustment\_Factor}} \tag{16.3}$$

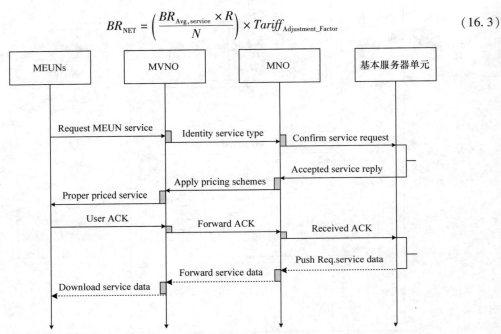

图 16.5　本地网络域中 MENU 到基础服务器单元之间的消息序列

16.3.1　MNO、MVNE 和 MVNO 之间的潜在业务战略

业务模式取决于 MNO、MVNE 和 MVNO 之间的合同。网络使能商充当网络运营商与内外部网络 VNO 之间的中介。影响业务质量的主要因素如下：

1）请求授权频谱和未授权频谱服务的 MEUN 数量。

2）由于频谱范围扩大，以较高价格提供的商业服务。

3）由于 MVNO 和 MNO 之间达成合作，以较低的价格提供的商业服务。

4）MVNO 发起和终止呼叫的密度。

通过网络使能商，MNO 和 MVNO 间的依赖度就没那么高了。为了吸引 VNO 和服务点的业务兴趣，MVNE[14] 可以部署自定义的业务计划。MVNO 由其各自的接入网络号码（AN）和分配的

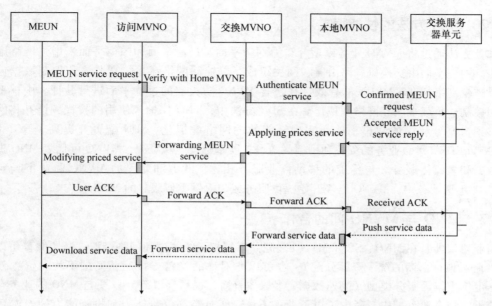

图 16.6 外地网络域中 MENU 到交换服务器单元之间的消息序列

无线频谱来标识。以增加潜在的 MEUN 数量，现有框架纳入了具有附加服务的新业务模式。MVNE 作为潜在的多个 MVNO 的服务接入点，增强了 MVNE 的服务需求。MVNE 以 MVNO 为中心提供以用户为中心的服务，并在 MNO 域内或 MNO 域之间实现备份服务。MNO 将频谱带宽分配给 MVNO[15]，并且 MVNO 可以进一步向 MNO 请求额外的无线频谱并重新配置带宽（基于 MEUN 的密度）。通过增强无线频谱、无向导媒体属性以及 MVNO 功能，高效的信道管理技术可以提高语音质量和数据速率。零售和商业服务可以分配到独立的带宽。MNO 提供的零售服务数量取决于 MVNO 的数量以及与 MNO 的合作。为了提供可靠的 MEUN 服务，并维护所需的 QoS 和网络性能，需要最佳数量的 VNO。MVNE[16] 有一定的模式为 VNO 和服务提供商宣传新的业务策略。消费者模型[17] 有助于 MVNO 从多个 MNO 获取许可的无线频谱，并采取合作的方式在商业市场上共享授权无线频谱。MVNO 收入（$\text{MVNO}_{\text{Revenue}}$）是零售服务、商业服务、净利润和净亏损的函数。$\text{MVNO}_{\text{Revenue}}$ 定义如下：

$$\text{MVNO}_{\text{Revenue}} = f(\text{MVNO}_{\text{Retail\_Services}}, \text{MVNO}_{\text{Net\_Profit}}, \text{MVNO}_{\text{Net\_Loss}}) + \tag{16.4}$$
$$g(\text{MVNO}_{\text{Commercial\_Services}}, \text{MVNO}_{\text{Net\_Profit}}, \text{MVNO}_{\text{Net\_Loss}})$$

MVNO 净利润（$\text{MVNO}_{\text{Net\_Profit}}$）是活跃用户（$\text{MVNO}_{\text{Active\_Users}}$）、数据速率（$\text{DataRate}_{\text{pkts/sec}}$）和签约服务（$\text{MVNO}_{\text{Subscribed\_Services}}$）的函数。$\text{MVNO}_{\text{Net\_Profit}}$ 定义如下：

$$\text{MVNO}_{\text{Net\_Profit}} = \sum_{i=1}^{n} \text{MVNE}_{\text{Active\_Users}}^{i} \times \text{DataRate}_{\text{pkts/sec}} + \sum_{j=1}^{k} \text{MVNO}_{\text{Subscribed\_Services}}^{j} \tag{16.5}$$

MVNO 净亏损（$\text{MVNO}_{\text{Net\_Loss}}$）是不活跃用户（$\text{MVNO}_{\text{Passive\_Users}}$）分配的频谱和未签约服务（$\text{MVNO}_{\text{Unsubscribed\_Services}}$）的函数。$\text{MVNO}_{\text{Net\_Loss}}$ 定义如下：

$$\text{MVNO}_{\text{Net\_Loss}} = \sum_{i=1}^{n} \text{MVNE}_{\text{Passive\_Users}}^{i} \times \text{Allocated Spectrum} + \sum_{j=1}^{k} \text{MVNO}_{\text{Unsubscribed\_Services}}^{j} \tag{16.6}$$

16.3.2　SDN 方法的性能增益

SDN 方法通过将 MVNO 业务模型分类为网络平面、过滤平面和中枢平面来增强网络虚拟化的功能。网络平面由交换机、路由器和网关组成，以控制网络流量。它监测和控制数据包到达率，以减少网络拥塞。MEUN 的有效性在包含 MVNO 防火墙的过滤平面进行验证。中枢平面包括访问控制、负载平衡和网络虚拟化。在 SDN 方法中，VNO 保护未使用的授权频谱并将网络流量转移到未充分利用的频谱，从而实现高能效的网络虚拟化。SDN 配置并提高了 3G 网络中 WiMAX 和 EDGE 承载业务的资源利用率。通过扩展基础设施和资源，MVNO 可代表 MNO 提供语音、数据和多媒体服务。与传统的移动商业服务相比，欧洲和北美的 MVNO 商业市场要大得多[18]。在零售业务中，MVNO 已经开始提供服务或与提供类似服务的 MNO 合作。

16.3.3　MNO 与 MVNO 间的合作

商业协议涉及在 MNO、SP 和 MVNO 之间共享授权无线频谱和网络资源。资源共享可以是对称的（跨虚拟运营商的统一资源分配），也可以非对称的（跨虚拟运营商的不均匀资源分配）。MVNO 定价方案因服务类型（高速数据、多媒体直播、视频会议等）以及与 MNO 的业务合同而异。在不对称资源分配中，考虑了以下业务方法：①具有高议价能力和投资能力的 MVNO 竞标额外频谱带宽和高优先级服务，②具有低议价和投资能力的 MVNO 在非高峰流量期间竞标分配的信道带宽。MNO 体系架构强调互联网服务提供商（ISP）的基础设施租用和授权频谱分配。在基于合作的 MVNO 模型中[19]，讨价还价策略优先于 VNO 的折中服务。网络流量是给定 MNO 域的资源讨价还价因子和 MEUN 密度的函数。最小 – 最大交易成本由 MVNO 控制器定义。MVNO 信道效用函数（$MVNO_{Channel\_Utility\_Function}$）在跨 MVNO 的协作（$MVNO_{Co\text{-}operation}$）低，且 MEUN 的数量大于阈值限制时较低。$MVNO_{Channel\_Utility\_Function}$ 定义如下：

$$MVNO_{Channel\_Utility\_Function} = 低 \tag{16.7}$$

$$当（MVNO_{Co\text{-}operation} = 低）且（MEUN > 阈值）$$

MNVO 的性能增益估计基于以下三点：①VNO 语音和数据服务的质量，②MVNO 效用函数，③MNO 响应时间[20]。基于 MVNO 服务需求和 MEUN 数量，利用 SDN 方法，MNO 能够为无线信道选择可用的频谱范围。SDN 将数据平面和控制平面的服务隔离[21]，为了①减少了决策中的不确定性（例如选择具有不重叠带宽的信道），②减少通信信道的碰撞。这种方法通过不同的信道重新路由网络流量并减少通信开销。MVNO 定价资费是 MNO 结构和运营开支的函数[22]。贪婪方法扩展了对灵活网络容量和服务的支持，这是 MEUN 和当前业务条件所需要的。MVNO 容量（$MVNO_{Capacity}$）是聚合比特率（$BR_{Aggregate}$）、位置类别（$LOC_{Category}$）和单位面积 A 的活动 MEUN 数（$N_{Active\_Members}$）的函数。$MVNO_{Capacity}$ [22]定义如下：

$$MVNO_{Capacity} = f（BR_{Aggregate}, LOC_{Category}）\times g\left(\frac{N_{Active\_Members}}{A}\right) \tag{16.8}$$

贪婪方法验证了当前 MVNO 容量与之前的容量水平相当。MNO 和 MVNO 的协作特性如下：

1）集成能力与多个 BS 同步。

2）控制和协调异构网络以满足预定义的 QoS 参数。

3）与 MEUN 保持一致性和完整性服务。

16.3.4 异构环境下灵活的业务模型

虚拟自组织（ad hoc）网络运营商利用了共享授权频谱的网络虚拟化[23]，为军事监控、灾难管理、车辆监控等应急服务创建自组织网络。为支持来自 UMTS、GPRS、Wi-Fi、WiMAX 和 LTE-A 等的服务，进一步扩展了网络接口。以灵活的业务模式[24]来评估智能手机的移动定价资费、MEUN 服务和智能手机技术研发。常见的业务模式包括多种营销方案，例如电子商务、移动商务以及面向端到端供应商的支付服务。资费支付的功能基于 MNO、MVNO 和 MEUN 之间的业务关系。表 16.2 描述了现有业务模型中使用的不同实体及各自的属性。以下为业务模式和参与方的典型特点：

1）人的属性、设备特定的属性和业务属性相互依赖。

2）电子商务应用和移动商务应用内聚。

3）利润来源和活跃参与方执行的交易。

业务模式[25]基于以下几点优化了 MNO 的服务：

1）MNO 定义商业服务和基础设施网络需求。

2）服务提供商管理多个 MNO 之间的资源。

3）与相应 MVNO 签约的 MEUN 列表。

表 16.2 MVNO 模块类型、接入服务、实体类型和运营合同服务[24,27]

模块类型	接入服务	实体类型	运营合同服务
结构化模块	授权频谱	一级	保证带宽
		二级	可退款的保证带宽
	非授权频谱	分类的	预定价的伺机接入
		常规的	动态定价的伺机接入
	网络功能	有线或蜂窝网络	有保证的或伺机的大块存取
		无线或移动网络	有保证的或伺机的大块存取
财务模块	批发服务	有价值的服务	保证带宽
		计划有价值的服务	有保证的或伺机的大块存取
	零售服务	运营商定义或自有品牌	有保证的或伺机的大块存取，基于地区或服务
		用户特定的	伺机的或服务为导向的
安全模块	威胁处理	防火墙或代理服务器	包含在运营计费中
	授权接入控制	多用途用户号码	包含在运营计费中

在回传 MNO 系统中部署 SDN[26]可以扩展对 LTE 和 LTE-A 网络的支持。回传网络池和频谱资源为潜在的、真实的和许可的 MEUN 提供不间断的 QoS 支持。高速网络在移动网络中的不同位置部署微型基站和宏基站。目前市场趋势[27]中的频谱整体情况代表了带宽有效利用和与 ME-UN 公平连接的现有业务模型。对移动业务模型中的频谱接入方式总结如下：

1）MNO 接入一级频谱。

2）VNO 通过网络使能商接入二级频谱。

3）MEUN 作为三级频谱接入的提供商。

MVNO 资源预留基于签约到 MNO 的许可证注册和监管模式。明确的定价方案有助于为 MEUN 提供有保证且一致的服务。为赢得相对本地和全球竞争对手的市场增长，分级频谱市场的业务方法支持对风险 - 回报的权衡和灵活的定价方案。

16.4　3G、4G 和 LTE MVNO 的发展

移动运营商的竞争日趋激烈，催生了差异化的定价机制，该机制以内容服务为导向，面向个人和团体用户。MVNO 商业模式在以下方面仍存在不足：

1）现有蜂窝和 Wi-Fi 网络难以接入。

2）活动会话的认证过程。

3）向 MEUN 提供的移动 IP 服务不灵活。

4）高速移动互联网的可持续服务。

本节将详细说明改进 MVNO 业务模型的各种技术，包括移动性支持、多种接口，以及在 3G、4G 和 LTE 移动网络中引入 SDN。

16.4.1　MVNO 以用户为中心的策略对移动性的支持

在 MNO 部署阶段，基础设施由供应商、投标人和拍卖人之间预定义的一组规则进行配置。SDN 的指标也要根据从 MVNO 收到的更新进行配置。对象迁移访问协商模式[7]支持灵活的资源分配和移动性服务。协商后的网络资源能够符合 MEUN 当前需求并考虑了未来的需求。为支持动态 MEUN，设计了中间件架构的原型，MENU 具有松耦合的域，该域用作网络资源的联合体。

虚拟化的个人和本地网络[28]揭示了与第三代合作伙伴计划（3GPP）、国际电信联盟（ITU）和通用移动通信系统（UMTS）有关的一些问题。异构节点中的移动性使用微站、小站和宏站资源建立连接，覆盖能力和协调水平更高。对于给定的应用场景，MEUN 可以在本地和外部网络之间是松耦合的，也可以是紧耦合的。技术经济的评估[29]衡量一段时间内进入系统的现金流的净值，成本评估模型衡量当前移动商业市场的趋势，可以用该方法定期评估向客户提供的折扣率及获得的回报率，包括音频、视频、互联网等业务。在 MVNO 业务模型中，以用户为中心的服务[30]是最佳的连接服务。

虚拟专用移动网络运营商（VPMNO）[31]是一个三段功能模型，可确保虚拟化和网络管理的细分方面。VPMNO 增强了寻址机制并降低了移动网络基础设施的复杂性。VPMNO 通过跨 MNO 的业务复制和 MEUN 分区进一步扩展了 MVNO 业务模型的功能。未使用的核心带宽能够为 MNO 带来新的商机。

16.4.2　多种接口的管理机制

为满足指定的 QoS 要求，网络资源管理器（NRM）[32]负责分配带宽并管理服务，QoS 由 MNO 配置。业务模型主要分类如下：

1）实现覆盖服务和网络带宽的无线资源管理机制。

2）提供丰富的服务包并满足签约 MEUN 需求的服务管理机制。

根据 MEUN 的需求，业务管理框架[33]利用增量方法从物理层（无线电管理）到应用层（可信服务）改变决策过程。3G MVNO[34]在欧洲市场上支持 2G、UMTS、LTE、LTE- A 等移动承载业务。根据授权 MVNO 的数量和 MVNO 关联的 MEUN，网络运营商可分为农村网络和市区网络。具有效用函数的业务模型[35]用来估计单个运营的收益，并确定 MVNO 的最佳效用包。在业务发展战略、全球运营和应用服务方面有共同点的 MVNO 可以组织成集群[36]。在 MVNO 业务模型中，基于 SDN 的频谱分配技术动态分配[37]资源。不同利益相关方之间的合作主要基于分配的信道频率和数据传输速率。由于互联网和 LTE 的潜在服务越来越多，移动网络虚拟化可以从一组 MVNO 获得复用和多用户分集增益。通过 MIMO 功能的 MEUN，可以用创新的业务模型配置无线基础设施[39]。

16.4.3　用 SDN 的方法优化业务策略

SDN 配置分布式虚拟网络，可以赢得 MEUN 签约业务的价格折扣。大范围的虚拟服务迁移[40]可以在动态业务条件下支持对手。VNO[41]将虚拟组件分类如下：

1）链接虚拟器：支持共享物理链接的虚拟链接。虚拟链接用分配的时隙和带宽定义标签（显式和隐式）。

2）节点虚拟器：区分 IP 以外的网络协议。节点虚拟器配置、管理、监控并解决活动会话中的网络复杂性。

MVNO 通过通用接口服务和映射程序支持多种操作系统。优化时间调度器的优先级和通用带宽框架[42]能够增强 MVNO 的性能。SILUMOD[43]实现了节点移动性并忽略了虚拟化。接口组件支持异质运营商和用户共存。MEUN 选择域相关的语言，可以准确映射活动会话中的移动性服务。初始化之后，MEUN 调用由 VIRMANEL 引擎控制的虚拟操作，有助于定位 MEUN 在本地或外部网络中的位置。为了估计 MEUN 在全球市场的表现，需要评估 MNO 服务所定义的资费价格及其对 MVNO 的经济影响[44]。这种业务模式进一步优化了 MNO 服务，并增加了本地和全球市场的利润空间。VNO 作为以数据为中心的服务云进一步强化了整个网络的语音和数据服务资源池。

移动性驱动的运营商迁移[45]扩展了 MVNO 的基础设施，支持云计算和雾网络资源实现端到端的交付服务。该业务模式支持网络运营商在以下情景中使用部分带宽提高性能：①高峰流量期间，②迁移期间。频谱共享方案和 MVNO 的性能基于家庭基站市场的定价机制[46]。

16.5　认知 MVNO

16.5.1　MVNO 中的认知无线电管理

认知无线电管理（CRM）解决异构无线系统的功能差异，与 MVNO 协调，并有效利用多用户子系统中的资源。CRM 包括物理层与 MVNO 软件定义无线电属性之间的紧密耦合和协调。MNO 使用动态优先级来支持多操作方案。因此，多代理 MNO 用于数据共享和资源分配。MVNO 增强设计[47]支持 UMTS 和 WCDMA 网络的 MEUN 漫游和异构系统中的网络一致性。根据提供的服务数量，VNO 充当单个或多个运营商。高定价方案支持专用承载信号调用，为农村和偏远地区的多个 VNO 提供服务。低定价方案的网络容量是固定的，与活动信道数和业务负载有关。MVNO 服务速率（$MVNO_{Service\_Rate}$）是提供的负载（$MVNO_{Load\_Offered}$）与信道容量（$MVNO_{channel\_Capacity}$）的比值。$MVNO_{Service\_Rate}$ 定义如下：·

$$MVNO_{Service\_Rate} = \frac{MVNO_{Load\_Offered}}{MVNO_{Channel\_Capacity}} \tag{16.9}$$

MVNO 延伸其一致的服务并与其他运营商合作形成可用资源网格。MNO 累积通信链路的统计数据，并且如果可能的话，会减少网络带宽。MVNO 查找表由以下属性组成：

1）与 MVNO 关联的 MEUN 的数量。

2）可用资源。

3）网络负载。

4）可用带宽。

5）最大交易次数所需的平均能量。

根据服务优先级和网络流量情况，可以接受或拒绝来自 MEUN 的新服务请求[48]。用于下行链路准则的带有 OFDMA 技术的认知 MVNO（C-MVNO）[49]能支持高速数据传输日益增长的需求。在此模型中使用基于可用带宽的即时决策、现有定价方案和网络流量条件。用户需求大致分为服务集、定价方案和有效期。通过监测主要频谱管理方案的行为（如频谱使用和数据包传输中的时间延迟）并采用适当的定价方案来决定二级频谱管理方案，这种方法变得更加实际。在重叠持续时间内到达帧窗口的 MEUN 数据包会导致冲突，触发虚警（$MVNO_{False\_Alarm\_Capacity}$），因为实际发生的碰撞可能发生在比当前事务早得多的前一帧窗口中。由于错误触发而未检测到的 MVNO 数据包的数量（$MVNO_{Missed\_Detection}$）增加了 MVNO 的运营成本，MVNO 运营成本定义如下：

$$MVNO_{Operational\_Cost} = \begin{cases} 高 & 当（MVNO_{False\_Alarm\_Capacity} \ \& \ MVNO_{Missed\_Detection}）\Rightarrow 低 \\ 低 & 当（MVNO_{False\_Alarm\_Capacity} \ \& \ MVNO_{Missed\_Detection}）\Rightarrow 高 \end{cases} \tag{16.10}$$

与现有的 MVNO 商业市场的在线定价方案相比，这种方法显然降低了复杂度。

16.5.2　MVNO 基于认知和 SDN 的频谱分配策略

分配给 MVNO 的定价资费针对无线频谱的分配会有所变化。低资费取决于 MNO 提供的批发价格和 MEUN 的密度。高资费受限于带宽，并用于高速商业应用。MVNO 适应于无人值守的市场服务，并将其服务扩展到广泛的市场。在干扰消除和 MNO 交换中使用认知和 SDN 的方法，可以提高 MVNO 的性能。根据 MEUN 及其相应服务的数量，MNO 将分配的频谱划分为标准服务和优化服务。用户服务强调如下：

1）标准用户服务（SSS）：MVNO 提供的这项服务可以在低网络流量情况下临时分配优质频道带宽。该服务支持 MEUN 的多媒体应用程序。

2）最佳用户服务（OSS）：MVNO 提供的这项服务为最长的持续时间分配优质频道带宽。获得分配频谱资源的授权 MEUN 具有高优先级并实现最大吞吐率。与未经许可的服务相比，授权服务的最优服务的定价收费比非授权服务更高。

离散 MVNO 业务优化（MSOP）取决于：

1）与 MNO 关联的真实 MEUN。

2）启用 MEUN 的服务集（SoS）。

3）数据速率向 MEUN 开放。

4）估计服务成本的业务关系集。

16.6　MVNO 业务策略

MVNO 业务模型包括通用服务、本地域可用的服务、异质 MEUN 请求的服务和 MVNE 请求的附加服务。MVNE 从 MNO 购买授权频谱并与 MVNO 协商服务。

如图 16.7 所示，依赖于 MVNE 服务的可用性，MVNO 或集团 MVNO 可以获得合理的资费方案。MVNO 根据市场分析、MEUN 请求的服务和多 MNO 之间的协商能力实施商业战略。表 16.3 突出强调了 MVNO 服务模型及它们各自的特征。

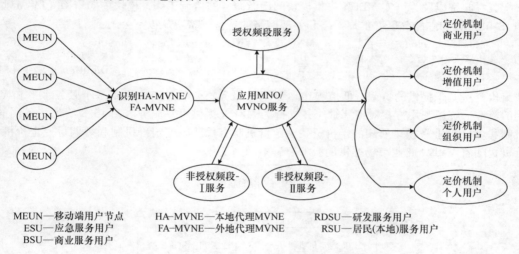

MEUN—移动端用户节点　　　HA—MVNE—本地代理MVNE　　RDSU—研发服务用户
ESU—应急服务用户　　　　　FA—MVNE—外地代理MVNE　　RSU—居民(本地)服务用户
BSU—商业服务用户

图 16.7　移动虚拟网络运营商业务模型

表 16.3　MVNO 服务模型及特征

服务模型	特征
商业服务模型	商业 MVNO
	M2M MVNO
	广告 MVNO
	族群 MVNO
消费者服务模型	增值业务用户支持
	计费过程
	灵活套餐
	资费捆绑和套餐
	音频、视频和文本
增强服务模型	智能网
	下一代智能网（语音信箱、呼叫转移、漫游前转、VPN）

（续）

服务模型	特征
应用服务模型	语音
	数据
	SMS
	多媒体
用户支持的服务模型	适应于 GSM、CDMA、Wi-Fi 和 WiMAX 的技术
	计时资费套餐
	集团资费套餐

16.6.1　MVNO 服务和定价

WiMAX、Wi-Fi、WPAN 等领域出现的新技术更进一步强化了 MVNO 作为可信中介的角色。MVNO 提供模块间和模块内的服务，模块间 MVNO（IE-MVNO）控制并管理本地功率资源、频谱分配、吞吐率以及为真实 MEUN 提供模块间漫游服务的协调工作；模块内 MVNO（IA-MVNO）协调 IE-MVNO 和它的分区。本地网络和外部网络的定价资费遵从以下公式：

$$\text{Pricing}_{\text{Home}} = f^{\text{Home}}_{\text{Tariff\_Function}} \left(\text{MNO}_{\text{Home}}, \text{MVNO}, \text{ServiceType}_{\text{Home}}, \text{Duration} \right) \tag{16.11}$$

$$\text{Pricing}_{\text{Foreign}} = g^{\text{Foreign}}_{\text{Tariff\_Function}} \left(\sum_{i=1}^{n} \text{MNO}^{i}_{\text{Foreign}}, \text{MVNO}, \text{ServiceType}_{\text{Foreign}}, \text{Duration} \right) \tag{16.12}$$

定价资费基于提供的负载、低信噪比和 MEUN 服务集。动态定价机制基于服务水平和 MNO 分配的资源。资源利用方案对拥塞敏感并支持为 MEUN 提供可靠服务。图 16.8 给出了不同的定价机制和 MVNO 业务模型所用的定价资费。定价机制有长期固定定价机制和短期可变定价机制，定价资费随着 MVNO 商业市场提供的服务套餐不同而变化。

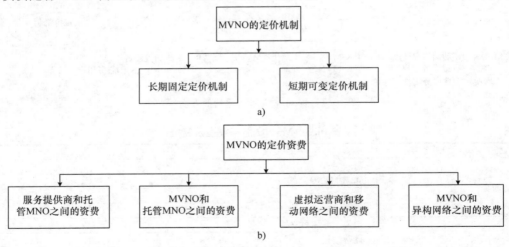

图 16.8　MVNO 商业市场中的定价机制和资费：a）定价机制，b）定价资费

16.6.2　资源协商和定价

资源协商取决于跳数、每跳的 QoS 和拥塞程度。在资源协商和定价（RNAP）机制[50]中，

MEUN 与 MNO 协商并选择①资源集和②相应的服务集。长期固定定价方案不支持动态资源分配，在突发和随机流量情况下资源利用不足。影响 RNAP 资费的因素有：①MEUN 服务集，②持续时间，③分配的频谱带宽。资源分布在 MEUN 中，用于高速音视频和互联网应用。在资源受限时，视频应用由于数据速率可变而被赋予较低的优先级。

16.6.3　蜂窝对讲和服务采纳策略

MENO 支持语音服务，并可利用 3G、4G 和 LTE-A 蜂窝网络扩展支持视频会议。军事、海事、铁路和航空公司的服务使用全双工模式对讲（PTT）服务，可以识别森林、山谷、地下、水下等受限制区域的入侵者。PTT 使用甚高频（VHF）信号追踪接收者的无线频率。蜂窝对讲（PoC）[51]提供标准平台，并通过互联网协议提供数字分组无线业务，提高了供应商、MNO 和 MEUN 之间的资源利用率。MEUN 服务使用扩展的 MVNO 框架和增值服务进行升级。服务点和 MVNO 比网络运营商优先按照 MEUN 的要求和定价资费来设计预期的服务方案。

16.6.4　MNO 和 MVNO 之间的业务关系

MEUN 和高速数据服务的指数级增长加剧了 MNO 商业市场的竞争。以用户为中心的 MVNO 提高了移动网络的效率，并与 MNO 建立了可靠的业务关系。MVNO 服务包囊括了预付费服务、后付费服务、语音、视频、短消息服务（SMS）、互联网和多媒体服务。通过为 MEUN 提供稳定持久的资源，MVNO[52]的服务得到显著改善。基于 MEUN 的服务历史和新兴业务，MVNO 评估用户的需求并将服务扩展到 MEUN。在最佳感知和服务方案中，对二级频谱签约用户的需求进行了很好的定价[53]。为一级用户分配的授权无线频谱被分段为租赁方案，这些方案在短期或长期内有效。资费价格基于网络需求、业务条件、一级用户的数量、二级用户的数量和服务包集合。该技术架构支持移动网络中的 MEUN 平均利用信道，扩展了蜂窝和移动网络的特性，支持位置更新信令业务以及 MEUN 和 MNO 之间的连接。投资回报率（ROI）[54]有助于发挥未使用共享频谱区域的作用，并提高了现有 MEUN 的资源利用率。

MVNO 降低了业务支持系统[55]（扁平和水平架构）的风险，并可用于 4G 和 LTE-A 系统的高速网络服务。新兴的服务协议由云系统进行分类和处理。基于分组交换、LTE 语音和演进分组服务（EPS），MVNO 连接[56]的服务可分为全模式、多模式和最佳连接模式。共享无线频谱的一级和二级频谱拥有者之间存在业务关系[57]，发挥了现有经济政策的作用。营销模式基于投标人、拍卖人和买家之间的服务协商方案。在第一阶段，MVNO 支持投标过程，在第二阶段，投标人确定单价并将其分配给 MVNO。该业务模式强调以下几点：①MVNO 之间的行为合理，②数据在 MVNO 之间分布，③数据完整性。该业务模型分析了初期投资与最终收益之间的利润，最终收益来自一级和二级无线频谱服务。

16.7　结论

MVNO 是目前移动通信网络产业的主要竞争者。基于可用的网络资源和先进的基础设施，与移动网络运营商和服务提供商相比，移动虚拟网络运营商可用更低的价格提供可靠的以用户为中心的高速移动服务。移动虚拟网络运营商也在调整商业策略，将基础承载业务从 GSM 和 UMTS 扩展到最新的 4G 和 LTE-A 网络。MVNO 业务模式中的认知技术和 SDN 技术可以改进 MNO、MVNE 和 MVNA 的服务，并进一步提升对 MEUN 的扩展服务。本章详细描述了移动市场策略以及 MNO 和 VNO 之间的业务关系。为改进服务，MVNO 业务模型可使用本地化的资源（如家庭基站、微站和小站）重配置，满足小规模和大规模移动网络的需求。

16.8　未来的方向

　　未来的研究方向是如何进一步提升虚拟运营商的服务，包括以下几个方面：①容错的 MVNO（一个 MVNO 发生故障可以中断其他 MVNO 的交易），②时间渣（异构 MVNO 间的处理条件和运营差异），③与其他宽带业务的共信道干扰，④动态业务条件下的资源分配与管理，⑤MVNO 不遵守商业合同，⑥跨 MVNO 的冲突升级。

参 考 文 献

[1] Svein U, Mobile Virtual Network Operators: A strategic transaction cost analysis of preliminary experiences, Elsevier Journal of Telecommunications Policy, October–November 2002, 26(9–10), pp. 537–549.

[2] Marcus B, Bernhard P and Rolf S, Establishing a framework allowing customers to run their own customized services over a provider's network, Communications of the ACM, April 2001, 44(4), pp. 55–61.

[3] Jyh-Cheng C, Jui-Hung Y, Yi-Wen L, Li-Wei L, Fu-Cheng C and Shao-Hsiu H, RAMP: Reconfigurable Architecture and Mobility Platform, In Proceedings of IEEE International Global Telecommunications Conference (Globecom), St. Louis, MO, USA, November 28–December 2, 2005, pp. 3564–3569.

[4] Kostas P, Yan W and Weihua H, MobileFlow: Toward software-defined mobile networks, IEEE Communications Magazine, July 2013, 51(7), pp. 44–53.

[5] Bartlett A and Jackson N N, Network planning considerations for network sharing in UMTS, In Proceedings of IET Third International Conference on 3G Mobile Communication Technologies, London, UK, May 8–10, 2002, pp. 17–21.

[6] Francisco B, Josep P, Fofy S and Monique G, Design and modelling of internode: A mobile provider provisioned VPN, Springer Journal of Mobile Networks & Applications, February 2003, 8(1), pp. 51–60.

[7] Peter K, Kris B and Kyle C, Enabling Virtual Organization in Mobile Worlds, In Proceedings of IEE Fifth International Conference on 3G Mobile Communication Technologies, Savoy Place, London, UK, October 18–20, 2004, pp. 123–127.

[8] Johan H, Klas J and Jan M, Business models and resource management for shared wireless networks, In Proceedings of IEEE Sixth Vehicular Technology Conference (VTC-Fall), Los Angeles, CA, USA, September 26–29, 2004, pp. 3393–3397.

[9] Park J S and Rye K S, Developing MVNO Market Scenarios and Strategies through a Scenario Planning Approach, In Proceedings of IEEE Seventh International Conference on Advanced Communication Technology (ICACT), Phoenix Park, Gangwon-Do, South Korea, February 21–23, 2005, pp. 137–142.

[10] Akyildiz Ian F, Won-Yeol L, Mehmet C. V and Shantidev M, NeXt generation/dynamic spectrum access/cognitive radio wireless networks: A survey, Elsevier Journal of Computer Networks, September 15, 2006, 50(13), pp. 2127–2159.

[11] Investelecom Inc., Technical Document, Innovation Services: Mobile Virtual Network Operator, Mobile Virtual Network Enabler—Strategy and Marketing, United Arab Emirates, 2009, pp. 1–8. Available at http://www.investele.com/documents/Mobile Virtual Network Operator.pdf (accessed February 17, 2015).

[12] Krzysztof K, White paper: How to Become an MVNO/MVNE www.mvnodynamics.com/wp-content/uploads/2011/05/whitepaper-howtobecomeanmvnoormvne-091119074425-phpapp02.pdf, *Comarch:* White paper Telecommunications, Comarch Headquarters, Poland, 2009, pp. 1–15.

[13] Jarmo H, Renjish Kumar K R, Thor Gunnar E, Rima V, Dimitris K and Dimitris V, Techno-economic evaluation of 3G and beyond mobile business alternatives, Springer Journal of Netnomics: Economic Research and Electronic Networking, October 2007, 8(1–2), pp. 5–23.

[14] Marc C, Interactions between a Mobile Virtual Network Operator and External Networks with regard to Service Triggering, In Proceedings of IEEE Sixth International Conference on Networking (ICN), Martinique, April 22–28, 2007, pp. 1–7.

[15] Philip K and Lars W, On the competitive effects of mobile virtual network operators, Elsevier Journal of Telecommunications Policy, June–July 2010, 34(5–6), pp. 262–269.

[16] Timo S, Annukka K and Heikki H, Virtual operators in the mobile industry: a techno-economic analysis, Springer Journal of Netnomics: Economic Research and Electronic Networking, October 2007, 8(1–2), pp. 25–48.

[17] Helene Le C and Mustapha B, Modelling MNO and MVNO's dynamic interconnection relations: Is cooperative content investment profitable for both providers?, Springer Journal of Telecommunication Systems, November 2012, 51(2–3), pp. 193–217.

[18] Aniruddha B and Christian M. D, Voluntary relationships among mobile network operators and mobile virtual network operators: An economic explanation, Elsevier Journal of Information Economics and Policy, February 2009, 21(1), pp. 72–84.

[19] Siew-Lee H and Langford B W, Cooperative resource allocation games in shared networks: symmetric and asymmetric fair bargaining models, IEEE Transactions on Wireless Communications, November 2008, 7(11), pp. 4166–4175.

[20] Imen Limam B, Omar C and Guy P, Performance Characterization of Signaling Traffic in UMTS Virtualized Network, In Proceedings of IEEE Global Information Infrastructure Symposium (GIIS), Hammemet, Tunisia, June 23–26, 2009, pp. 1–8.

[21] Nick F, Jennifer R and Ellen Z, The road to SDN: An intellectual history of programmable networks, ACM SIGCOMM Computer Communication Review, April 2014, 44(2), pp. 87–98.

[22] Gautam B, Ivan S and Dipankar R, A virtualization architecture for mobile WiMAX networks, ACM SIGMOBILE Mobile Computing and Communications Review, March 2012, 15(4), pp. 26–37.

[23] Peter D, Jeroen H, Ingrid M, Joris M and Piet D, Network virtualization as an integrated solution for emergency communication, Springer Journal of Telecommunication Systems, April 2013, 52(4), pp. 1859–1876.

[24] Key P and Yvonne H, Mobile payment in the smartphone age—extending the Mobile Payment Reference Model with non-traditional revenue streams, In Proceedings of ACM Tenth International Conference on Advances in Mobile Computing & Multimedia (MoMM), Bali, Indonesia, December 3–5, 2012, pp. 31–38.

[25] Joshua H, Lance H and Suman B, Policy-Based Network Management for Generalized Vehicle-To-Internet Connectivity, In Proceedings of ACM SIGCOMM Workshop on Cellular Networks: operations, challenges, and future design (CellNet), Helsinki, Finland, August 13, 2012, pp. 37–42.

[26] Dejan B, Eisaku S, Neda C, Ting W, Junichiro K, Johannes L, Stefan S, Hiroyasu I and Shinya N, Advanced Wireless and Optical Technologies for Small-Cell Mobile Backhaul with Dynamic Software-Defined Management, IEEE Communications Magazine, September 2013, 51(9), pp. 86–93.

[27] Pablo J C D C, Aparna G and Koushik K, Hierarchical Spectrum Market and the Design of Contracts for Mobile Providers, ACM SIGMOBILE Mobile Computing and Communications Review, October 2013, 17(4), pp. 60–71.

[28] Fawzi D and Seshadri M, Strategies for provisioning and operating VHE services in multi-access networks, IEEE Communications Magazine, January 2002, 40(1), pp. 78–88.

[29] Olsen B T, Katsianis D, Varoutas D, Stordahl K, Harno J, Elnegaard N K, Welling I, Loizillon F, Monath T, Cadro P. Technoeconomic Evaluation of the Major Telecommunication Investment Options for European Players, IEEE Network Magazine, July–August 2006 20(4), pp. 6–15.

[30] De Leon M P and Adhikari A, A user centric always best connected service business model for MVNOs, In Proceedings of IEEE Fourteenth International Conference on Intelligence in Next Generation Networks (ICIN), Berlin, Germany, October 11–14, 2010 pp. 1–8.

[31] Arati B, Xu C, Baris C, Gustavo de los R, Seungjoon L, Suhas M, Jacobus E, and Van der M, VPMN: virtual private mobile network towards mobility-as-a-service, In Proceedings of ACM Second International Workshop on Mobile Cloud Computing and Services, Washington, DC, USA, June 28, 2011,

[32] Jenq-Shiou L and Chuan-Ken L, On utilization efficiency of backbone bandwidth for a heterogeneous wireless network operator, Springer Journal of Wireless Networks, October 2011, 17(7), pp. 1595–1604.

[33] Hiram G-Z, Javier R-L, Pablo S-L, Ramon A, Joan S and Steven D, A business-oriented management framework for mobile communication systems, Springer Journal of Mobile Networks & Applications, August 2012, 17(4), pp. 479–491.

[34] Varoutas D, Katsianis D, Sphicopoulos Th, Stordahl K and Welling I, On the Economics of 3G Mobile Virtual Network Operators (MVNOs), Springer Journal of Wireless Personal Communications, January 2006, 36(2), pp. 129–142.

[35] Imen Limam B, Omar C and Guy P, Third-generation virtualized architecture for the MVNO context, Springer Journal of Annals of Telecommunications, June 2009, 64(5–6), pp. 339–347.

[36] Dong Hee S, Overlay networks in the West and the East: a techno-economic analysis of mobile virtual network operators, Springer Journal of Telecommunication Systems, April 2008, 37(4), pp. 157–168.

[37] Manzoor A K, Hamidou T, Fikret S, Sahin A and Barbara U K, User QoE influenced spectrum trade, resource allocation, and network selection, Springer Journal of International Journal of Wireless Information Networks, December 2011, 18(4), pp. 193–209.

[38] Yasir Z, Liang Z, Carmelita G and Andreas TG, LTE mobile network virtualization Exploiting multiplexing and multi-user diversity gain, Springer Journal of Mobile Networks & Applications, August 2011, 16(4), pp. 424–432.

[39] Kok-KiongY, Rob S, Masayoshi K, Te-Yuan H, Michael C, Nikhil H, Nick M and Guru P, Blueprint for Introducing Yuan H, Michael C, Nikhil H, Nick M and Guru P, Blueprint for Introducing infrastructure systems and architectures (VISA), New Delhi, India, September 3, 2010, pp. 28–32

[40] Bienkowski M, Feldmann A, Grassler J, Schaffrath G and Schmid S, The wide-area virtual service migration problem: A competitive analysis approach, IEEE/ACM Transactions on Networking, February 2014, 22(1), pp. 165–178.

[41] Jorge C and Javier J, Network Virtualization-A View from the Bottom, In Proceedings of ACM First International Workshop on Virtualized infrastructure systems and architectures (VISA), Barcelona, Spain, August 17, 2009, pp. 73–80.

[42] Ravi K, Rajesh M, Honghai Z and Sampath R, NVS: A Virtualization Substrate for WiMAX Networks, In Proceedings of ACM Sixteenth Annual International Conference on Mobile Computing and Networking (MobiCom), Chicago, IL, USA, September 20–24, 2010, pp. 233–244.

[43] Yacine B and Claude C, VIRMANEL: A Mobile Multihop Network Virtualization Tool, In Proceedings of ACM Seventh International workshop on Wireless network testbeds, experimental evaluation and characterization (WiNTECH), Istanbul, Turkey, August 22, 2012, pp. 67–74.

[44] Jeremy B, Rade S, Vijay E, Adriana I and Konstantina P, Last Call for the Buffet: Economics of Cellular Networks, In Proceedings of ACM Nineteenth Annual International Conference on Mobile Computing & Networking (MobiCom), Miami, FL, USA, September 30–October 4, 2013, pp. 111–121.

[45] Beate O, Boris K, Kurt R and Umakishore R, MigCEP: Operator Migration for Mobility Driven Distributed Complex Event Processing, In Proceedings of ACM Seventh International Conference on Distributed Event-Based Systems (DEBS), Arlington, TX, USA, June 29–July 3, 2013, pp. 183–194.

[46] Shaolei R, Jaeok P and Mihaela van der S, Entry and spectrum sharing scheme selection in femtocell communications markets, IEEE/ACM Transactions on Networking, February 2013, 21(1), pp. 218–232.

[47] Johansson K, Kristensson M and Schwarz U, Radio Resource Management in Roaming Based Multi-Operator WCDMA Networks, In Proceedings of IEEE Fifty Ninth Vehicular Technology Conference (VTC-Spring), vol. 4, Milan, Italy, May 17–19, 2004, pp. 2062–2066.

[48] Jiang X, Ivan H and Anita R, Cognitive Radio Resource Management Using Multi-Agent Systems, In Proceedings of IEEE Fourth International Consumer Communications and Networking Conference (CCNC), Las Vegas, NV, USA, January 11–13, 2007, pp. 1123–1127.

[49] Shuqin L, Jianwei H and Shuo-Yen Robert L, Dynamic profit maximization of cognitive mobile virtual network operator, IEEE Transactions on Mobile Computing, March 2014, 13(3), pp. 526–540.

[50] Xin W and Henning S, Pricing network resources for adaptive applications, IEEE/ACM Transactions on Networking, June 2006, 14(3), pp. 506–519.

[51] Timo A V and Sakari L, Service adoption strategies of push over cellular, Springer Journal of Personal and Ubiquitous Computing, January 2008, 12(1), pp. 35–44.

[52] Dong-Hee S, MVNO services: Policy implications for promoting MVNO diffusion, Elsevier Journal of Telecommunications Policy, November 2010, 34(10), pp. 616–632.

[53] Lingjie D, Jianwei H and Biying S, Investment and pricing with spectrum uncertainty: A cognitive operator's perspective, IEEE Transactions on Mobile Computing, November 2011, 10(11), pp. 1590–1604.

[54] Ashiq K, Wolfgang K, Kazuyuki K and Masami Y, Network sharing in the next mobile network: TCO reduction, management flexibility, and operational independence, IEEE Communications Magazine, October 2011, 49(10), pp. 134–142.

[55] Raivio Y and Dave R, Cloud Computing in Mobile Networks—Case MVNO, In Proceedings of IEEE Fifteenth International Conference on Intelligence in Next Generation Networks (ICIN), October 4–7, 2011, pp. 253–258.

[56] Rebecca C and Noel C, Modelling Multi-MNO Business for MVNOs in their Evolution to LTE, VoLTE & Advanced Policy, In Proceedings of IEEE Fifteenth International Conference on Intelligence in Next Generation Networks (ICIN), October 4–7, 2011, pp. 295–300.

[57] Shun-Cheng Z, Shi-Chung C, Peter B. L and Hao-Huai L, Truthful auction mechanism design for short-interval secondary spectrum access market, IEEE Transactions on Wireless Communications, March 2014, 13(3), pp. 1471–1481.

第 5 部分　安全和经济方面

第 17 章　软件定义网络安全

Ahmed Bux Abro

VMware，Palo Alto，CA，USA

17.1　引言

电信业在很短的时间内就完成了向信息通信业的转变[1]，这让我们的生活进入了数字化时代，并进一步改变了我们交流、娱乐、工作以及与他人交往的方式。

数字化生活的转变既带来了许多机遇，也带来了巨大的挑战，包括如何保护我们有价值的数据、保护我们的隐私以及保护为数十亿用户、设备和物品提供接入服务的信息通信网络。电信业经常成为网络黑客攻击的对象，置公司的声誉于风险之中。移动数据使用的增加也带来了许多新的安全挑战和威胁向量。网络可见度、网络智能以及网络的广泛控制都需要得到保护，以确保移动服务始终不受影响并一直工作。

基于全 IP 的移动网络的任何漏洞都可以使攻击者很容易将其用作攻击的入口。传统的安全模型仅在选定的领域和网络的位置（PIN）上应用安全性，而其余部分仍然处于大面积暴露状态。

软件定义移动网络（SDMN）有可能利用网络作为增强可见性、融合智能、集中策略控制和降低实时威胁的工具。传统的安全模型可能无法满足 SDMN 和下一代移动网络的需求。我们需要跳出盒子看问题，留下螺栓式安全模型，并在整个移动网络中开发一个包容性的内在安全模型。

17.2　演变中的移动网络安全威胁

在 20 世纪 60 年代到 70 年代之间，电话黑客（也称为"电话耗子"）首次被发现，证明黑客掌握了操纵电话网络功能的技能。攻击电信系统的方法从那时起就发展了起来，并从战争拨号程序、病毒、蠕虫，演变到今天的高级持续性威胁（APT）。保护我们电信系统的工具也从物理上的访问控制发展到防病毒、再到今天的应用程序和情景感知的防火墙。

智能手机越来越多地用于数据服务和应用程序，这些设备已经暴露在与个人计算机（PC）相同的安全威胁中。移动设备已经取代了传统系统，改变了我们学习、工作、娱乐、购物和旅行的方式。自带办公设备（BYOD）和云技术进一步模糊了企业边界，并对安全专家跳出盒子考虑问题的方式提出了挑战。

网络攻击的动机也从好玩变成了有组织的网络犯罪和黑客行为，并有明确的政治和商业目的。在这个数字化的时代，继互联网和手机把人连接起来之后，我们正在谈论连接物品和机器。移动设备还没有完全取代个人计算机，但已成为个人信息可以被恶意使用的温床。

安全架构，不仅要防范现有的威胁，而且要面对日益增长并不断变化的威胁局面。充分的安全应该考虑到威胁防范的智能化、可见性和实时性。

17.3　应对移动网络安全威胁的传统方法

移动网络一直是安全攻击的目标。保护移动网络免受持续安全威胁的传统技术只不过是为选定的网段引入新的毫无计划的安全控制，重点在于边界安全性，而没有考虑网络内部的安全，最终构建起了非常复杂的安全系统，对整体网络运营和性能产生了影响。

这些技术一方面确实能够防范已知的威胁，但对于黑客使用系统性的协同方式制造的新的更高级的威胁，被证明并不那么有效。图 17.1 显示有一个正在进行的攻击或攻击体，它可能包含多种攻击，安全管理员使用传统安全工具保护移动网络。我们可以看到协同攻击如何对网络产生了广泛的影响，而用于选定 PIN 的安全工具可能有局限性，无法有效地保护网络。

首先让我们回顾一下今天在移动网络中应用的这些传统安全工具和技术（见图 17.1）。

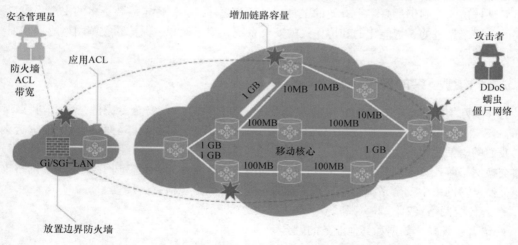

图 17.1　移动 IP 核心网与 Gi/SGi 网络攻击仿真与响应

17.3.1　引入新的控制

我们通常以被动的方式部署安全措施，在各种 PIN 上单独部署安全控制以保护移动网络及其服务，这些安全控制措施包括防火墙、数据包过滤器、网络地址转换（NAT）、数据包查验、防病毒等。管理这些安全机制仍然是一个挑战，需要引入昂贵的技术资源。

大部分的安全控制措施都是分布式的，而且保护范围有限。这些安全控制的一个主要缺点是它们都在孤岛中工作，并且几乎没有协作。在今天的移动网络中，部署一个整体的集中控制系统是难以想象的。

软件定义网络（SDN）技术通过"控制器"软件实现了网络控制平面和信令的集中化。控制器位于中心位置，所有网络节点与该控制器通信并共享网络状态和数据流的信息。SDN 模型还提供了集中化的策略以及对整个网络的可见性。

17.3.2　边界安全

边界是移动网络与外部网络的接口，可以是另外一个移动网络或数据网络。移动网络的安全性主要集中在对边界的保护，因为边界通常是网络中最脆弱的地方。访问控制是保护移动网络边界安全的主要工具。传统上边界安全通过网络防火墙和数据包过滤器来实现，IP 地址和协议信息都可以用来对试图访问网络的数据进行过滤。边界防火墙或数据包过滤器通常放在 SGi 和 S8（面向合作伙伴）接口上。

数十年来，防火墙一直是防范内外网络攻击的首选技术，但是我们已经看到，这种技术已经落后于新的安全形势，无法应对协作式的和有预谋的持续威胁。

防火墙在控制流量和防止某些网络攻击方面已被证明是成功的，但也有它自身的局限性，例如可见性有限，只能实现点保护。

在现代信息通信世界中，网络威胁不断变化，对防火墙及其作用的争论也从来没有停止过。在边界进行访问控制仍然是一个有效的工具，但除此之外，我们肯定需要更多的安全手段。我们需要的是一个先进的、智能化的和协作式的安全系统，用于检测、保护和缓解网络边界和内部的新威胁。

17.3.3　构建复杂的安全系统

为移动网络构建一个有效而简单的安全系统一直是许多电信安全专家的梦想。与移动网络一样，安全也在不断发展中被按需引入到网络中。我们无法预测 25 年后我们将如何进行沟通，或者我们的电信网络将变成什么样子，移动网络安全也是如此。在曾经的时分复用（TDM）的电路交换网络年代，我们从来没有想到过，移动网络安全有一天会面临基于 IP 分组的网络攻击。

促使电信网络中安全系统变得日益复杂的一些主要因素包括：

- 各传统网络（2G、2.5G 和 3G）与 LTE 系统的互通。
- 语音、视频、数据和其他业务的融合。
- IP 端到端网络的演变。

17.3.4　投入更多带宽

移动网络的 IP 核心网用于在演进分组核心网（EPC）与移动网络的其他部分之间提供更快的骨干网接入。安全领域其中一个流派认为，要让 IP 核心网独立于所有安全技术，因为这可能会影响数据传输的速度。我们不会讨论哪个流派更好，但是我们将讨论一种方法对另一种方法可能产生的影响。

运营商保护移动核心网的传统方法是大量配置网络容量和资源以避免业务中断。

这种技术在某些情况下被证明是成功的，但从成本的角度看有其自身的缺点，并被证明只是短期的解决方案。

17.4　移动网络充分安全原则

移动网络采用的安全模型，不仅需要符合基本的保密性、完整性和可用性（CIA）三元组属性，还要为集中化的策略和增强的可见性增加新的安全原则，从而提供更好的安全性并保护用户数据（见图 17.2）。

17.4.1　保密性

保密性是指分配给授权的应用程序和客户端最小的权限，并且其访问也要被控制，同时拒绝任何未经授权的访问请求。北向和南向的流量应采用同样的原则。

17.4.2　完整性

信息在移动网络内部的不同节点之间转移时没有被篡改或删除，而保持其完整性，确保这一点至关重要。如果在每一层上没有必需的安全控制，网络可能会受到影响，并且数据完整性也无法得到保证。

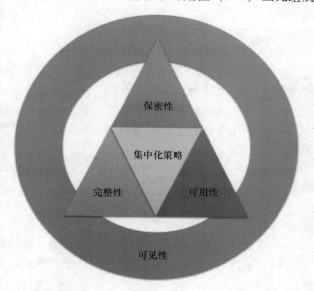

图 17.2　移动网络安全模型

17.4.3　可用性

可用性原则要确保网络组件、服务和信息在需要时是可用的。大多数移动网络能提供 99.999% 可用性服务等级协议（SLA）。诸如分布式拒绝服务（DDoS）等攻击可能会导致服务受损，使得合法移动用户使用的服务受限。

17.4.4　集中化策略

集中化策略的管理和执行使得对网络资源、服务和应用的访问控制变得更容易，还有助于在中心位置组织、管理和关联安全策略。

17.4.5　可见性

为了监控、优化和更好地解决网络问题，移动网络需要实现网络控制平面端到端的可见性。可见性不仅有助于保护环境安全，还可以为提供新服务、规划网络容量并引入分析功能提供业务画像。基于 SDN 的模型提供了所有基站的全局可见性。

17.5 移动网络典型的安全架构

向 LTE 技术演进的移动网络已经转型到全 IP 的网络架构上，这意味着从无线接入网（RAN）到核心网再到数据中心已经实现了端到端的全 IP 化。扁平化的架构简化了移动网络，但也可能会增加漏洞和威胁。扁平化架构为设计有效的安全防护深度模型带来了挑战，这样的模型可以提供必要的故障隔离并保护传统网络和非 3GPP 网络的互通。

移动运营商已经习惯了以传统的被动方式设计安全，对 RAN、聚合（回程）网、核心网和数据中心分别进行安全控制。

3GPP 定义了安全架构，涵盖演进分组系统（EPS）、EPC 和 EUTRAN 的安全特性、机制和过程。安全体系架构的详细文档可以在参考文献 [2，3] 中找到。移动网络运营商使用这种架构围绕着接入网、EPS/EPC、用户认证、应用程序安全以及最终安全配置构建安全层。

3GPP 安全体系结构（见图 17.3）分为以下五个域：

- 网络接入安全（Ⅰ）：使用 USIM 的用户可以安全地访问 EPC 资源，并进一步保护 RAN 免受各种攻击。
- 网络域安全（Ⅱ）：为不同 EPC 节点之间的有线连接提供安全通信，以保护用户和信令数据。
- 用户程序域安全（Ⅲ）：使用 USIM 的用户设备（UE）与移动设备（ME）之间的相互认证。
- 应用域安全（Ⅳ）：在网络的其余部分，保护用户和提供商的应用程序之间的通信。
- 安全的可见性和可配置性（Ⅴ）：当前安全状况对用户可见。

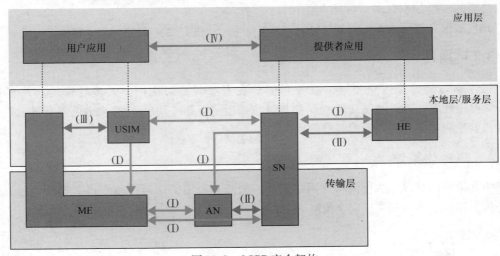

图 17.3　3GPP 安全架构

3GPP 架构涵盖 RAN 和 EPC 网络等不同网络类型的安全性，网内和网间节点之间的安全通信，以及各种接口（S1、S8、SGi 等）的安全性。移动网络内部通常分为三个域：

- S1 接口安全：保护 RAN 到 EPC 通信
- SGi 接口安全：保护面向互联网的链接和接口
- S8 接口安全：保护面向合作伙伴的安全漫游接口。

这种架构采用了各种安全控制保护这些接口（见图 17.4），图 17.4 将这些安全控制映射到不同的 PIN。

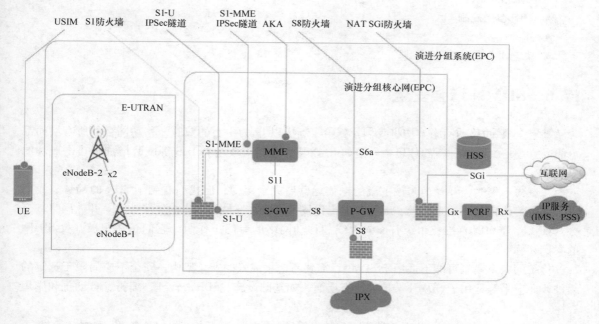

图 17.4　移动网络典型安全架构

如图 17.4 所示，保护这些接口类型的安全控制通常基于：

- 防火墙：为每个域安装单独的接口专用防火墙，即在 RAN 和 EPC 之间安装 S1 防火墙，以保护 GPRS 隧道协议（GTP）通信，在互联网边界附近部署 Gi 防火墙以防止互联网威胁，以及 S8 防火墙以保护与漫游合作伙伴的通信。
- 鉴权和授权：在 S1 接口上执行强鉴权和授权，以确保只有授权的 LTE 基站才能接入分组核心网。3GPP 通过引入鉴权和密钥协商协议（AKA）很好地解决了认证和密钥管理问题。AKA 提供双向鉴权以及完整性保护，其分支可用于鉴权可信的非 3GPP 客户端。对于可信任的非 3GPP 接入，可以使用扩展鉴权协议 AKA（EAP- AKA）进行认证。
- 加密/IPsec：加密用于保护 RAN 到 EPC 通信，并确保网络免受恶意的及不安全的 eNB 的侵害。
- NAT：当与外部及合作伙伴的网络进行交互时，用于隐藏核心网的地址。
- 恶意软件和防病毒保护：用于保护网络免受病毒、蠕虫和其他攻击。

上述典型的安全架构和安全措施有自身的优势，但也存在局限性。

1. 优势

- 域特定的安全性。

- 针对 UE 的强鉴权。
- 保护网络中易受攻击的节点。

2. 劣势

- 复杂和碎片化的安全模型。
- 可见度有限。
- 去中心化控制。
- 分布式安全。
- 缺乏协作式的安全模型。

17.6 SDMN 增强安全

基于全 IP 的移动网络架构将我们暴露给了新的以 IP 为中心的威胁，移动网络的所有层面都可能受到攻击，在这种新的环境中，诸如 IP 欺骗、中间人攻击和 DoS 等威胁增加了攻击成功的可能性。

在撰写本书时，SDN 尚未被主流的电信运营商完全接受，但我们看到了 SDN 的趋势，我们也看到电信运营商开始采用云、编排和虚拟化技术，这些都是 SDMN 的使能技术。开放网络基金会（ONF）等 SDN 标准化组织有面向无线和移动网络的专门工作组，它们正在积极开发 SDMN 的案例和标准。

传统的安全模型可能不适用于 SDMN，需要考虑集成式的安全架构。安全不应局限于选定的组件，而应平等地用于 SDMN 架构的所有层面，如基础设施、SDN、管理、编排、自动化和应用程序。

SDMN 安全架构方法将有助于获得更好的可见度及控制。以下各节将讨论各个层面的安全性。

17.6.1 SDN 控制器安全

SDN 控制器是 SDMN 架构的一个重要组件，需要进行必要的安全强化以防止任何可能影响其可用性的威胁。黑客可以利用集中控制和可见性的特点实现其恶意目的，获得对控制器未经授权的访问权限可以使黑客操纵网络功能、捕获数据包、转移数据，并滥用网络功能。

控制器通常安装在操作系统（OS）平台（如 Linux）之上。和任何其他操作系统一样，我们可以加固控制器的底层操作系统，如安装必要的补丁、启用基于角色的访问控制（RBAC）、启用记账和日志，以及禁用不必要的服务、端口和协议。

控制器软件通常附带基本安全管理协议，如 SSH、HTTPS 和适当的 RBAC，可以用来管理控制器资源。

17.6.2 基础设施/数据中心安全

SDMN 控制平面和数据平面分离，控制平面集中在控制器软件中，而数据平面驻留在硬件设备上，如服务网关（S-GW）和 PDN 网关（P-GW）或网络组件，如路由器和交换机。根据使用的 SDN 模型（基本 SDN、混合 SDN 或全 SDN）不同，可以在 SDN 控制的基础设施设备上启用必要的安全控制。通常在设备上保留管理平面和数据平面功能，而控制平面功能可以根据 SDN 模型的不同而放置在设备之上或之外。

支持 SDMN 的基础设施安全控制包括鉴权、授权和计费（AAA）、安全管理协议、日志记录和监控控制。可以启用数据平面特定的安全控制，如端口安全性、访问控制列表（ACL）和专用 VLAN 等来保护数据平面。

17.6.3 应用程序安全

SDMN 为软件应用程序提供了开放接口，可以调用或管理不同的控制平面功能，这样的接口被称为应用程序编程接口（API）。

需要确保访问 SDMN 环境的应用程序使用数字签名码和认证过程进行鉴权。应用程序的开发应遵循安全应用程序开发生命周期和最小权限原则，支持失效保护，并针对可能的威胁（如缓冲区溢出和资源泄漏）进行测试，同时为确保应用程序的安全，应执行代码分析。

17.6.4 管理和编排安全

管理和编排是 SDMN 架构的关键组成部分，需要安全控制保护这些组件。最好将管理和编排置于受防火墙保护的安全区域中，并且具有适当的角色 RBAC 系统以确保给用户分配最小权限、接入授权用户以及监测和记录活动。

17.6.5 API 和通信安全

如前所述，SDMN 为应用程序提供了一个开放的接口来调用或管理控制平面功能，这样的接口也被称为 API。访问 API 需要经过恰当的认证和授权，可以监测 API，根据需要还可以取消 API 访问权限。使用开放式通信通道发送和接收 API 访问请求时，需要加密。

17.6.6 安全技术

SDMN 环境可以通过物理或虚拟安全技术（如防火墙、安全网关、深度包检测和入侵防护系统）得到进一步的保护。

SDMN 也可用于将这些安全技术作为服务提供给客户，或为移动应用程序创建安全服务链。

17.7 SDMN 安全应用程序

SDMN 不仅简化了移动网络和业务的部署，而且还有助于解决移动网络中的安全问题，例如对选定的流量进行加密、创建按需网络分段、应用必要的访问控制、实时保护基础设施、减少安全威胁、提高网络的可见性和遥测能力（见图 17.5）。

ONF[4] 分享了两个 LTE 网络中基于 OpenFlow 的 SDN 案例。其中一个案例讨论了如何使用 SDN 集中管理无线资源并解决干扰问题，传统上这些问题都是用分布式技术解决的。

通过集中式 SDN 控制器，类似的方法可进一步被用来从 eNB 一直到 EPC 部署端到端的安全策略。

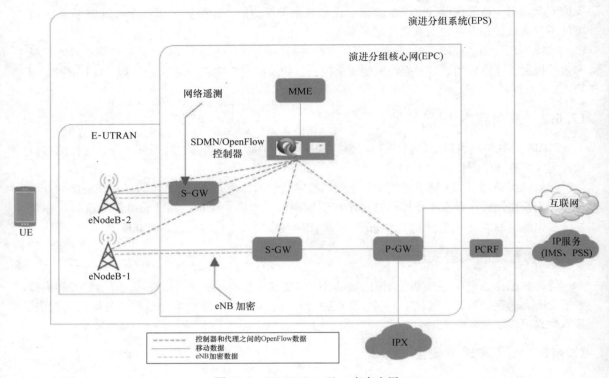

图 17.5　SDMN/OpenFlow 安全应用

17.7.1　加密：从基站到网络

在新的全 IP 移动网络架构中，保护 eNB 与 EPC 之间的数据很困难，特别是当 eNB 安装在不受信的环境中或家庭基站位于客户机房时。拦截 eNB 与 EPC 之间的控制平面或用户平面通信并不困难，在没有加密的情况下，用户和控制流量处于风险之中。eNB 到 EPC 之间的通信现在用 IPsec 保护，但是它在网络伸缩性和复杂性方面存在不足。

可以利用 SDMN 加密驻留在可信或不可信环境中的全部或部分 eNB 的流量。可以从 SDN 集中控制器部署所选的流量标识、策略和加密。

如果 SDN 控制器拥有对移动网络的集中策略和控制，就可对用户平面数据进行验证并执行的必要控制和加密。也可以用来进一步加密从 eNB 到 EPC 的数据，今天这段传输是没有加密的。

17.7.2　分段

在恶意软件和 DoS 等安全事件中，DDoS 网络会瘫痪。访问网络的所有部分都受到影响，包括关键资产。在这种情况下，安全管理员希望在网络攻击期间依然能够访问关键资产；同时要确保在事件得到处理和攻击消除之前，没有人能够访问关键资产。

基于 SDN 的应用可以确保关键资产（即归属用户服务器数据库）在突发或网络攻击期间仍

可访问。系统还可以确保只有授权人员才能访问资产，直到事件完全解决。

这样的 SDN 应用程序可以通过做需求分析（应用程序危险程度、分类、网络信任级别、风险聚焦）实时建立一个层、一个区域或一个网段，并创建一个合适的类型分段。

17.7.3 网络遥测

通过网络可见性和对网络的了解可以开发出网络智能。如果没有能力查看网络内部发生的事情，就不可能实施有效的威胁防护和缓解措施。

网络遥测系统可以获取各网络组件数据的来源、目的地、性质及其他属性信息，并有助于识别和缓解正在进行的威胁。

可以利用 SDN 的技术能力在移动网络中开发移动组件的遥测系统，其中 eNB、S-GW 和 P-GW可以相互协作，这将有助于引入网络智能和可见性功能，以便做出更加明智的安全决策。

参 考 文 献

[1] Wikipedia Infocommunication. Available at http://en.wikipedia.org/wiki/Infocommunications (accessed February 18, 2015).

[2] 3GPP. 3GPP System Architecture Evolution (SAE); Security architecture. TS 33.401. Available at http://www.3gpp.org/DynaReport/33401.htm (accessed February 18, 2015).

[3] 3GPP. 2G Security; Security architecture. TS 33.102. Available at http://www.3gpp.org/DynaReport/33102.htm (accessed February 18, 2015).

[4] Open Network Foundation. OpenFlow™-Enabled Mobile and Wireless Networks document. Available at https://www.opennetworking.org/images/stories/downloads/sdn-resources/solution-briefs/sb-wireless-mobile.pdf (accessed February 18, 2015).

第 18 章　SDMN 安全方面

Edgardo Montes de Oca，Wissam Mallouli

Montimage EURL，Paris，France

18.1　概述

本章将介绍软件定义网络（SDN）、网络功能虚拟化（NFV）以及将这些技术整合为软件定义移动网络（SDMN）的未来移动网络所引入的安全问题。尽管传统网络中使用的现有故障管理和网络安全解决方案有时也适用于 SDMN，但这些技术的引入也带来了新的机遇、挑战以及需要研究或解决的漏洞。

集中化控制器、网络虚拟化、可编程性和 NFV 的引入，控制平面和数据平面的分离，新的网络功能的引入，甚至是移动虚拟网络运营商（MVNO）等新参与者的引入都将影响如何保证和管理安全。

为了更好地理解这些问题，在 18.2 节，我们将对现有技术进行概述。在 18.3 节，我们会对安全监控技术进行更详细的分析。在 18.4 节，还将提出其他重要的问题：响应和缓解技术、经济可行性和业务安全性。

18.2　SDMN 架构的现状和安全挑战

本节将介绍在 SDMN 中已采用的或适用的现有的安全技术，包括端到端安全和隐私保护技术、监控技术（IDS、IPS、行为、QoS 统计等）、虚拟和物理网元及接口的安全性，以及响应和缓解技术。

SDMN 为网络安全带来了新的挑战，包括 LTE-EPC 移动网络安全、云安全、互联网安全，以及 SDN 安全。

18.2.1　基础知识

网络安全涉及确保网络能提供预期的服务，并且用户可以没有偏见地依赖它们。这需要考虑的问题很多，主要包括以下几个类别：

识别：需要以唯一的方式识别用户。在 LTE-EPC 网络中，由 USIM 卡提供的国际移动用户识别码（IMSI）存储在归属用户服务器（HSS）的数据库中。

双向鉴权：用户（例如签约用户或管理员）和网元之间交互时，要确保参与方的真实身份。LTE-EPC 提供与前几代网络（UMTS 和 GMS）类似的安全功能。

访问控制：通过在 HSS 数据库中维护用户设备（UE）配置文件以防止未经授权使用网络和服务。

完整性：包括控制平面和用户平面之间数据通信的交互，不会被未经授权或未被发现的方式修改。在 LTE-EPC 网络中，仅控制平面的数据能做到这一点。对于非接入层（NAS）网络，同时提供了加密和完整性保护。

保密性：需要保证可以控制或限制对隐私信息的访问，即只有经过授权的个人或组件才能查看或理解敏感信息。LTE-EPC 定义了确保数据安全的机制，无论数据是通过空中接口进行传输，还是通过 LTE-EPC 系统进行传输，这是通过对用户平面和控制平面数据（例如，无线资源控制（RRC）层）加密实现的。本节将介绍 LTE 和 SDN 安全。

隐私：对身份和位置信息进行保密。在 LTE-EPC 网络中，MME 向 EU 提供全球唯一临时身份（GUTI）以临时替代 IMSI。

可用性：用户需要确保网络和服务在需要时可用。LTE-EPC 没有内置功能处理这个问题。LTE 网络必须得到强有力的端到端保护和主动监控，以避免偶尔的威胁以及高级持续性的威胁。监控和网络威胁缓解将在下一节中介绍。

18.2.2　LTE-EPC 安全现状

全球移动通信系统（GSM）移动网络主要解决了隐私和鉴权问题。UMTS 和 LTE-EPC 的加密和认证都得到了改进，最重要的是引入了双向认证。

移动 LTE-EPC 网络采用的安全模型集成了不同层面的不同安全机制。首先，它重用了 UMTS 的认证机制，即移动设备 USIM 卡、与网络的双向认证、密钥生成（例如，Ck，Ik）机制。LTE 还引入了新的机制，如移动进出 LTE 网络时的密钥派生（KASME）、对信令的高级保护（包括 NAS 完整性保护和加密，从移动端到 MME 的端到端安全）、无线接口的保护（分组数据汇聚协议（PDCP）帧，用户会话加密，RRC 空口信令完整性保护和加密），并将 HMAC-SHA-256 用于连续密钥派生。这些机制将继续在未来的 4G 和 5G 网络中使用，但它们将如何影响 NFV 还有待进一步研究。

EPS 采用了 GSM 和 3G 网络的安全机制，通过在 EPS 协议栈中嵌入保密性和完整性机制优化了其体系结构（见图 18.1）。它也需要与已有系统进行交互。服务网络的移动性管理实体（MME）利用归属网络的鉴权数据，并触发 UE 中的鉴权和密钥协商（AKA）协议来识别 UE。密钥访问安全管理实体（KASME）允许共享。在非接入层，可以为保密性和完整性保护派生出更多的密钥。在接入层，可以为 eNB 和 UE 之间信令数据的保密性和完整性保护派生出更多的密钥。接入层信令的完整性和加密可以保护 RRC 协议。UE 和 eNB 之间的加密保护被嵌入到 PDCP 层，PDCP 负责 IP 头压缩和解压缩。PDCP 以下的层没有加密保护。UE 和 eNB 之间没有完整性保护，但可以选择使用 IPsec 加密用户数据。同样，eNB 和核心网之间的信令和用户数据可以在 X2、S1-MM2、和 S1-U 接口上使用 IPsec 进行保护。

不同协议层的作用如下：

- NAS（即 UE 和核心网之间所有的功能和协议）：执行 NAS 密钥处理、NAS 层完整性保护和加密保护。NAS 负责管理通信会话的建立，并在 UE 移动时保持 UE 通信的连续性。
- AS（即 UE 和接入网之间的所有功能和协议）：RRC 消息依赖于 PDCP 层的密钥处理和安

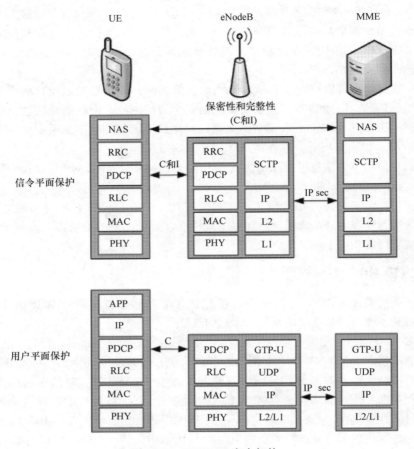

图 18.1 LTE-EPC 安全架构

全激活实现完整性和加密保护。AS 层负责通过无线网络传送信息。PDCP 也为用户平面提供加密保护。

LTE-EPC 安全框架中的主要漏洞涉及系统架构、接入过程、切换过程以及 IP 多媒体系统（IMS）、家庭基站（HeNB）和机器类通信（MTC）的安全机制。4G LTE 网络安全框架和安全机制中存在的许多漏洞也需要解决（详细描述见参考文献 [1]）。

18.2.3 LTE-EPC 中的 SDN 安全现状

SDN 允许控制平面和数据平面分离，实现了网络基础设施的可编程性和集中控制。从安全的角度看，这同时带来了很多优点和缺点，以下几个小节将进行讨论。

18.2.3.1 引入 SDN 的优势

SDN 的主要优势之一是它简化了网络管理并有助于功能升级和调试。因此，在无线移动网络中引入 SDN 可以提高安全性并加速该领域的创新。可编程性体现在硬件和软件两个层面，能够快速便捷地实现和部署新功能。自动化管理降低了运营开支（OPEX），而由于不必更换底层硬件，资本开支（CAPEX）也可以降低。

SDN 支持集中式控制和协调，可以更有效地实现状态和策略的变更。SDN 引入了新的漏洞，这是基于软件的系统所固有的，我们将在下一小节中阐述，但是，同时它允许使用众所周知的技术（如自动故障转移）提高集中式控制器的弹性和容错能力。SDN 可以从集中的角度快速评估网络，以快速部署动态变更措施和自动执行缓解措施，这使得对漏洞和攻击的响应也得到了改善。

另外，它支持 NFV。这样，互联网提供商和云服务提供商就可以把自己区分出来，并提出改进服务质量（QoS）和安全性的解决方案。通过引入虚拟化抽象机制，硬件设备的复杂性隐藏在控制平面和 SDN 应用之中。此外，托管网络可以分成若干个虚拟网络（VN），它们共享相同的基础设施但受不同的策略和安全要求管控。SDN 和 NFV 支持可用资源的共享、聚合和管理，实现了策略的动态重配置和变更，并通过抽象底层硬件实现了对网络和服务的细颗粒度控制。

开放 SDN 标准（如 OpenFlow）的引入不仅促进了不同运营商和提供商之间的研究和协作，而且提高了多业务和多供应商环境以及与传统网络的互操作性。

18.2.3.2　引入 SDN 的缺点

SDN 引入的主要安全问题是控制器作为集中的决策点，因此会成为潜在的单点攻击对象并造成单点故障。而且，控制器和数据转发设备之间的南向接口（例如 OpenFlow）易受攻击，对网络的可用性、性能和完整性会带来不利影响。

控制器成了一个安全问题，它们所在的位置及谁有权访问它们需要被正确地管理。控制器和 NE 之间的通信需要通过加密技术（例如 SSL）保证，并且密钥需要被安全地管理起来。但是这些技术不足以保证高可用性，因为拒绝服务（DoS）攻击仍然难以被发现和反击。控制器容易受到这类攻击，并且保证它们始终可用是一项复杂的任务，需要通过冗余和容错机制来提供弹性。此外，每次变更和访问都需要进行监控和审计，以排除故障并进行检查。在虚拟环境中，可见度不高，这项工作更加复杂。因此，需要面临以下挑战：

- 控制器安全：传统网络架构的安全功能和机制是以分布式的方式编排的，与之相反，在 SDMN 架构中，控制器是集中决策点。访问这样的控制器需要得到严密的保护和监控，以避免攻击者控制该网元。
- 保护控制器：如果控制器发生故障（例如，由于 DDoS 攻击），那么网络也会瘫痪，这意味着需要维护控制器的可用性。
- 建立信任：保护整个网络的通信至关重要，这意味着要确保控制器、其加载的应用程序以及它所管理的设备都是可信的实体，并且都按照它们应该的方式进行操作。
- 创建一个健壮的策略框架：需要的是一个检查和平衡系统，以确保控制器正在做你真正想让它们做的事情。
- 实施检查和补救：当事故发生时，你必须能够确定是什么事故，实施恢复，有可能的情况下进行报告，并在将来能防范它。

在参考文献［2］中，作者确定了 SDN 架构中主要的威胁向量来源（见图 18.2）。

可能利用 SDN 漏洞的七个威胁向量来源如下：

1）伪造的业务流：加密不是完全可靠的，也并不总是可能的。

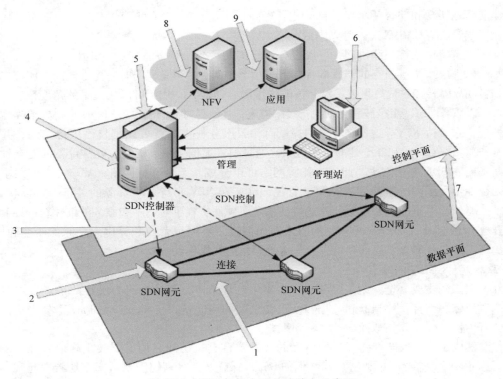

图 18.2　SDN 架构主要的威胁向量来源

2）对交换机的攻击：可编程性的引入使它们更容易遭到攻击。

3）对控制平面通信的攻击：与加密存在相同的问题。

4）对控制器的攻击：引入一个新的网元或一组分层次组织的控制器，需要采取安全协同的方式。

5）缺乏确保控制器和管理应用程序之间信任的机制：公钥管理可能很脆弱。

6）对管理站点的攻击：与加密存在相同的问题。

7）缺乏可信的资源进行检查和补救。

相对这些"经典"的漏洞，我们还需要考虑 NFV 和网络可编程性的特定的漏洞：

8）攻击虚拟化网络功能。

9）不可信应用程序通过控制器对网络进行编程。

1. NFV 相关

在云中实现网络功能引入了云计算的典型漏洞，主要有：

• 引入了需要信任的新组件，例如虚拟机（VM）、虚拟交换机（VS）、管理程序、控制器和管理模块。

• 减少了网络功能的隔离。

• 资源池和多租户带来的弹性依赖性。

- 托管网络功能的加密密钥控制。

在云环境中，多租户推动了租户间虚拟资源的逻辑分离。通过编排，某些虚拟化 NF 可以部署在不同的计算节点上，并可以通过单独的网络进一步分离。另外，安全域的使用允许将虚拟化 NF 部署在或迁移到满足相关安全标准（如加固的位置和级别）的主机上，例如，一些主机可能使用了可信的计算技术。

自动事故响应需包括快速、灵活的虚拟资源重配置。如果虚拟 NF 被怀疑已被破坏（例如，通过后门进行未经授权的访问），则可以实例化一个未受损的版本替换它，并且可以停用受损的版本并保存以进行调查分析。

在这种情况下，加密可以保护信令和传输数据的完整性和保密性，但基于以下原因这还是不够的：软件易受攻击且加密算法本身也可能受攻击（例如，OpenSSL Heartbleed 错误和绕过内置的计算机安全的后门）；对什么都加密成本太高，因此需要根据成本和风险限制安全；加密不会消除所有类型的攻击（例如 DoS 攻击）；如果使用公钥，那么如何管理和存储也变得至关重要；被攻击的 SDN 控制器可能会允许窃听、数据泄露以及有害的网络行为。传统的网络管理工具不能像 SDN 那样灵活地逐个节点动态地改变网络行为。

开放网络基金会（ONF）已经确定了控制器和数据转发设备之间的南向通信是易受攻击的。诸如 OpenFlow 之类的南向接口协议包含认证技术，该技术可防止从控制器到交换机的仿冒流量命令，但是如果控制器与 SDN 交换机之间的鉴权认证未正确实施，则可能容易受到攻击。此外，鉴权不能防止 DoS 攻击，以避免控制平面与数据平面之间的接口饱和。为了确保安全交互，需要对其进行加密和监控，同时还需要及时更新软件和硬件并对其也进行监控，并且异常行为可能意味着一定级别的风险，需要能发现、分析并处理。

2. 可编程相关

ONF 北向接口工作组也一直在研究应用程序和控制器之间北向通信的漏洞。可编程性允许在控制器的北向接口上安装安全应用程序，以便能轻松地引入新的方法在网络上部署安全策略。这些应用程序指示控制器使用它所控制的交换机和路由器作为策略执行点。但是，可编程的北向接口也是一个潜在的漏洞，在这里，应用程序可以通过控制器对网络进行重新编程，这些应用程序可能会被破坏或包含可被利用的漏洞。

此外，与传统路由表中不兼容的情况一样，OpenFlow 类型的应用程序可以插入规则，这些规则在组合时可能会有意想不到的结果。SDN 控制器通常没有能力理解安全应用程序应优先于其他与其通信的应用程序。如果控制器不能理解如何处理与安全策略相矛盾的应用程序请求，即使是无害的应用程序也可能会破坏安全策略。例如，安全应用程序可能会隔离受感染的计算机，但负载均衡应用程序可能仍会将流量转移给它。

18.2.3.3　小结

总之，SDN 中的安全问题集中在以下主要领域：①应用平面，②控制平面，③数据平面，④通信安全性，包括控制器 – 数据路径（南向）和控制器 – 应用程序（北向）的通信安全性。

1. 应用平面安全

SDN 使应用程序能够通过控制层与网络设备进行交互并操纵网络设备的行为。SDN 有两个属性对恶意用户很有吸引力，并对运营商造成困扰，首先是通过软件可以控制网络的能力，其次是网络控制器中网络智能的集中化。应用程序通过控制平面控制网络服务和功能需要开放的 API，但由于没有相应的标准或开放的规范，应用程序可能会对网络资源、服务和功能构成严重的安全威胁。尽管 OpenFlow 能够以安全应用程序的形式部署基于流的安全检测算法，但目前还有竞争力的 OpenFlow 安全应用程序[3,4]还不存在。

2. 控制平面安全

在 SDN 中，控制器是最有吸引力的攻击目标，尤其受到非法访问的威胁。没有健壮、安全的控制器认证平台，就有可能冒充控制器执行恶意的行为。在大型网络中处理 DoS 和分布式拒绝服务（DDoS）攻击的机制尚不可行。同样，由于控制器的南向和北向接口安全也无法保证，因此控制器可能成为单点故障或瓶颈。在 OpenFlow 中，大部分的复杂性被推向了逻辑上集中进行转发决策的控制器[5]。当前可用的控制器实现方式面临的一个挑战是，需指定由单个控制器管理的转发设备的数量，以应对时延或延迟的约束。在多个 OpenFlow 基础设施中，控制器配置不一致将会导致潜在的相互冲突[6]。

3. 数据平面安全

在 SDN 中，交换机通常被认为是可通过开放接口访问的基础转发硬件，而控制逻辑则被移至控制平面，而不像传统网络那样，决策是在设备本地配置的。SDN 这种体系架构面临许多安全挑战。例如，如果控制平面受损，则数据平面也会遇阻。数据平面也容易受到饱和攻击，因为它只有有限的资源缓冲发起的流（例如使用 TCP/UDP 机制），直到控制器发布流规则。因此，控制平面的失效对数据平面有直接的影响[4]。从虚假规则中识别和区分出真正的流规则是数据路径单元的另一个挑战。

4. 通信安全

OpenFlow 规范为控制器 – 交换机通信定义了传输层安全性（TLS）和数据报传输层安全性（DTLS）。交换机和控制器通过交换由站点私钥签名的证书相互认证。交换机必须是用户可配置的，一个证书用于认证控制器，另一个用于控制器对外的认证。同样，对于用户数据报协议（UDP），安全功能是可选的，并且未指定 TLS 版本。使用 TLS1.0 的 OpenFlow 实现可能会遭受中间人攻击，以及针对 TLS1.0 的其他攻击。为确保不同系统之间的互操作性，OpenFlow 实现的控制通道连接是非安全性的。但是，该标准没有描述如何在认证失败的情况下回退。类似地，也没有用于应用平面和控制平面通信的机制。

5. SDMN 安全

SDMN 沿袭了 SDN 的安全问题，同时也有它自己的一系列安全问题。终端用户设备的处理能力、内存和电池电量通常不足以应对这些安全问题。由于通信是基于 IP 的，因此这些用户设备与对应的固定设备类似，很容易面临相同的安全威胁。空中接口为黑客和窃取行为敞开了大门；开放、可编程的网络设备可以发起恶意程序，因此，真正的挑战是确保空中接口能够抵御恶意程序。由于移动用户大多在移动中，且拓扑变化频繁，因此根据移动性和拓扑变化更新安全程序也非常重要。控制器和 OpenFlow 交换机规范定义了控制器和交换机之间的安全性，使用 TLS 保护控制器和交换机之间的通道。类似地，在 UDP 的情况下，有 DTLS 的描述，但目前没有使用它的机制。OpenFlow 尚无法用于移动网络，因此 SDMN 必须开发面向移动的架构和所需的安全机制。然而，SDMN 不能仅局限于基于 OpenFlow 的体系架构，因为即使在固定网的 SDN 架构中，它也不是唯一可用的选项。

18.2.4　相关工作

集中化控制平面以及用于与网络设备交换信息的控制通道引入了新的安全问题，需要认识这些安全问题的特征。从攻击者的角度看，网络控制器由于其重要作用而极具吸引力，因此需要特定的保护机制。这里有一个例子，其中网络安全解决方案与特定的应用程序相关，更少依赖于专业硬件解决方案。这些概念和具体应用场景的范围需要研究团体和参与方更全面地进行理解。作为例子，我们简要介绍一些正在进行的研究工作。

在参考文献〔7〕中，作者着重研究如何利用 SDN 增强网络安全。他们将目标环境分为四组：企业网络、云和数据中心、家庭和边界访问，以及通用设计。他们分析了现有不同的安全解决方案（例如，OF-RHM、NetFuse、CloudWatcher、AVANT-GUARD、FRESCO、OpenWatch、NIDS Arch、FleXam），并明确了以下的主要挑战："移动性和漫游"为诊断和检测异常活动及安全证书交换增加了动态性和复杂性，"基于 OpenFlow 的系统的监控开销"限制了高带宽和样本信息不完整情况下的有效性，"多路访问和多运营商环境"导致复杂的协商过程、隐私问题以及潜在的冲突策略和 QoS 要求，这对执行安全措施构成了挑战，以及与部署、后向兼容性、互操作性（例如 3G 和 4G 之间）和其他提供商互通等相关的挑战。

特别有趣的是，FleXam[8]考虑了移动环境所需的优化和动态性。它为 OpenFlow 提供了一个灵活的采样扩展，以推动监控等安全应用的开发。受此及其他工作的启发，Ding 等人[7]提出了一个架构，使用部署在无线边界附近的本地代理满足响应能力、适应性和简单化的要求。这些代理包括流采样、跟踪客户端记录和移动性配置文件，而不是在数据平面中插入监控触发器，它们允许自适应地从底层设备查询信息并报告给控制器，从而减轻了中央控制器的监控负担。

这个架构的目标与 SIGMONA 提出的目标类似[9]（18.3.3 节有更详细的描述）。

除了研究 SDN 本身引入的安全漏洞之外，参考文献〔2〕的作者提出了一种安全设计技术，以实现基于副本控制器的安全可靠的 SDN 平台。许多研究都提出了基于冗余的解决方案。为了解决集中控制器的伸缩性和可靠性问题，Dixit 等人[10]提出了一种弹性分布式控制器架构 Elasti-Con，根据流量情况，控制器池可以动态扩大或收缩，负载在控制器之间动态切换。

另外，Araújo 等人[11]研究 SDN 如何通过维护网络分配给流的多个虚拟转发平面保证网络传输的弹性，它可以用来抵御某些能引起路径故障的攻击。同样，Reitblatt 等人[12]提出了 FatTire，它是一种基于正则表达式编写容错网络程序的语言，允许开发人员指定数据包如何通过网络的一组路径以及所需的容错程度，这是通过 OpenFlow 提供的快速故障转移机制实现的。

在参考文献〔13〕中，作者提出了 SDN 的分层模型，减少了严重失效的节点数。公钥和共享密钥协议机制的分层部署至目前是抽象的，并在很大程度上受限于密码技术的伸缩性。对于作者而言，SDN 提供了一个真正需要分层安全的环境，并提出了我们是否可以使用公钥机制或分层 Kerberos 机制支持分层安全的问题。作者还解释需要一个监控服务，能够将相关数据反过来反馈到管理服务，以实现到根控制器连接的闭环。如果使用 TLS，则需要公钥基础设施（PKI）管理器，但可以用 Kerberos 类型的系统替代。请注意，PKI、管理和监控服务代表的是概念，并不一定与主要层级在物理上是分离的。

从另一个角度来看，引入 SDN 还可以定义高级配置和策略声明，然后通过 OpenFlow 类型的交换机将其转换为网络基础设施。这消除了每次端点、服务、应用程序或策略发生更改时都需要单独配置网络设备。因此，SDN 控制器可以提供更好的可见性和对网络的控制，以确保访问控制和安全策略得到端到端的执行。另一方面，SDN 控制器成了需要整合到威胁和安全模型中的单点故障。

　　作为重要的集中决策点，控制器的引入需要解决许多挑战。需要保障它们的安全，保证它们在需要时的可用性，它们需要被融入策略框架，并且需要确保它们按照预期行动（例如通过图 18.4 中的监控），但也要支持故障调查、故障排除和故障修复。

　　此外，应该在 SDN 环境中部署、管理和控制安全。为此，我们需要增加虚拟化安全功能（即 NFV 安全性）并允许安全功能作用于虚拟化网络和功能，这可以被称为软件定义安全（SDS），其通过将安全控制平面与安全处理平面和转发平面分离出来执行网络安全。这将产生一个动态分布式系统，该系统将网络安全执行功能虚拟化，能像虚拟机一样可以扩展，并且可以作为单个逻辑系统进行管理。图 18.3 展示了实现 SDS 的一个可能的架构，在此，南向接口上的所

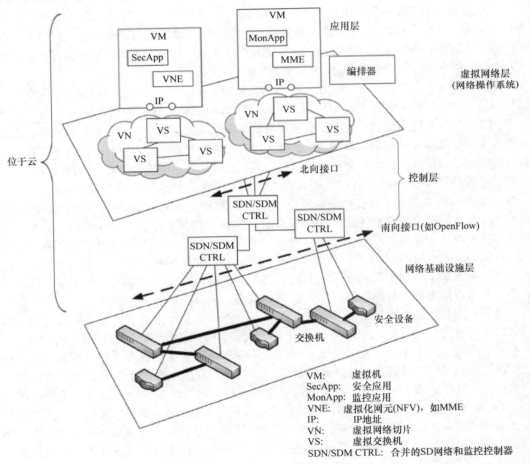

图 18.3　软件定义安全

有功能都可以放在我们部署虚拟机的云中，虚拟机由运行虚拟化网络功能或虚拟网络单元（VNE）的编排器创建。这些虚拟机通过 VS 连接形成 VN。软件定义网络和软件定义监控控制器（SDN/SDM CTRL）转换来自应用程序（包括网络管理应用程序）的请求，并配置物理网元（例如交换机、设备、负载平衡器）。

在这个架构中，安全分析和监控可以在虚拟化可见的云中实现，并且可以管理加密（例如，通过向安全应用程序提供必要的密钥）。但是，安全分析和监控也可以通过特定的硬件安全设备来完成，至少部分可以完成，尽管这样做可能不再必要。

通过逻辑上集中的控制平面，SDN 利用网络状态的全局可见性可以增强网络安全性，从而可以从远程监控设备轻松解决冲突。逻辑上集中的 SDN 架构支持高度安全的监控、分析和响应系统，方便网络调查、安全策略更改和安全服务插入[3]。对于网络调查，SDN 通过周期性地从网络收集情报分析网络安全性、更新安全策略，并相应地重新对网络进行编程，从而促进快速并自适应地识别威胁。遵循这个逻辑，Yu 等人[14]提出了一个软件定义的安全服务（SENSS）解决方案，以促进攻击诊断和防护。SENSS 具有三个关键特性：以受害者为导向，即用户可以访问与其地址空间有关的网络信息，并且可以向多个远程 ISP 请求安全服务（例如统计收集、流量过滤、重新路由或 QoS 保证）；由 ISP 实现的简单的检测/缓解接口使得这些请求成为可能；而且跨ISP 的可编程攻击发现和缓解功能允许用户在自治系统上编写自己的攻击检测和缓解解决方案。

Catbird（www.catbird.com）是 SDS 解决方案的一个例子。在这里，所有的安全"设备"都是由一个通用的安全策略语言来管理和控制的，其中的基本规则是由软件转化的。策略与资产绑定，同一组织内可能有许多不同的策略，依赖于组织内部人员和资源的特定需求。安全策略会自动执行，从而缩短响应时间，同时显著减少人为错误。在 SDS 环境中，以下场景很容易被想到，不同"范围"的资产安全地处在相同的虚拟化主机中，但服从于不同的安全策略，这些策略是集中控制的。

软件定义的网络安全有几个关键属性：

● 抽象：从物理结构（如状态端口防火墙和线路嗅探器）中把安全抽象出来，并由一组灵活的控制取代，以控制策略屏蔽虚拟化（或物理）资产。抽象是建立通用安全模型的基础，可以实现重复部署，而不必考虑底层的物理硬件能力。

● 自动化：随着每个资产的重新部署，安全策略都会跟踪它。由于 SDS 可以确保在没有自动进入安全信任区的情况下不会创建任何资产，因此不必担忧无意的操作错误。基于角色的控制确保只有授权的管理员才能进行修改。SDS 自动化也意味着对异常安全事件的线速反应、即时发出警报，并提示隔离策略。相比之下，传统安全仍然依赖人工检测、行动和管理。

● 伸缩性和灵活性：解除对物理硬件和开支的依赖性意味着安全可以按照每个主机管理程序的规模进行部署，并且与业务需求相适应。因为只是软件，安全策略是有弹性的，可以扩展到跨集群或数据中心，这也意味着安全是"按需"可用的。

● 控制编排：SDS 旨在将一系列网络安全控制（入侵检测和预防、漏洞管理、网络分段、监控工具等）集成到单个编排引擎中，以进行智能化的分析和操作。无限的安全输入源可以集中到策略驱动的编排系统中，极大地提高了数据和伴随操作的准确性。编排对成功的合规执行至关重要，因为所有主要的合规标准都要求各类控制成为规范的一部分。

- 可移植性：在由 SDS 管理的数据中心中，资产总是附带着它们的安全策略移动或变化。
- 可见性：SDS 作为软件处于虚拟化基础架构之内，可显著提高网络活动的可见度。网络管理员和安全人员可以利用物理设备检测到对他们不可见的异常行为，因此可以以更高的准确度进行阻止和保护。这些附加数据扩展了网络信息，NetFlow 映射变得更加全面和精确。
- 经济上可行：安全功能的虚拟化允许以最低的 CAPEX 开支动态地将其部署在现有的网络基础设施上；SDMN 的引入使管理更加灵活（动态配置、对策等），从而降低了运营成本。这些特性对 SDS 来说是独一无二的，并且传统安全设备很难达到。

18.3　监控技术

网络监控对于 SLA 验证、管理性能（QoS）和用户体验（QoE）、故障排除、优化评估和资源使用都是必需的。在 SDMN、网络虚拟化和 NFV 的大背景下，需要重新考虑监控，以便能够处理虚拟化所引入的需求，并从 NFV 中获得的灵活性中获益。

性能、资源和安全监控互补性很强。监控可以提供必要的信息以保证网络的 QoS 和安全性。为了能够检测某些类型的安全问题，有必要进行性能分析。另一方面，安全漏洞和安全执行机制都会对性能产生影响。

LTE-EPC 连接具有各种能力和智能的海量设备（例如，移动电话、平板电脑、M2M、物联网等），其连接管理需要自动化的安全服务以确保保密性和完整性，这将导致很高的信令成本和处理成本，需要新的策略来实现现有成本效益的自适应安全。为此，有必要清楚地了解网络中发生了什么、所使用的设备，以及设备是如何使用的。监控有助于了解网络流量以及服务和应用程序是如何被使用的，以实现改进的和自动化的安全保证。

现有的安全解决方案（如 SIEM、IDS、IPS、FW）需要适配和正确的控制，因为它们主要是针对物理系统而不是虚拟系统和网络边界的，并且无法适配 LTE-EPC 和 SDN 网络管理需要的细粒度分析。由于缺乏对内部虚拟网络的可见度和控制，以及所使用设备的异构性，使得许多安全应用无效。

一方面，虚拟化对这些技术的影响需要进行评估。例如，安全应用程序需要能够监控虚拟连接。虚拟化可以帮助隔离系统，但也可以用来制造难以检测到的恶意系统；例如，可利用虚拟化代码（例如管理程序）中的漏洞和缺陷攻破边界，这是由虚拟化造成的，并且整个系统实际上成了更容易被盗取的文件。

另一方面，安全技术需要应对不断变化的环境和所涉及的监控成本及风险之间的权衡。虚拟化和 SDN 促进了变化，使得安全应用程序也必须跟上这种变化。

安全信息和事件管理（SIEM）类型的解决方案对于获得安全和状态意识是必需的。如果发生事故，系统应该能够确定来源，并在将来进行恢复和防范。应该确保系统输出的所有内容都已被记录下来。管理人员对网络具有集中控制权，有必要记录每个变更并在管理解决方案中对其进行相应处理。SDN 中的日志分析和事件关联将迅速成为一个"大数据"问题。也需要有工具解决所有的取证和合规要求。

借助 SDN，可以创建网络监控应用程序，收集信息并根据整个网络的整体情况做出决策。这使得网络控制器上的集中式事件关联成为可能，并且容许规避网络故障的新方法。

现在存在许多类型的网络监控技术，它们提供不同的功能。首先，我们有基于路由器的监控协议，可以收集网元提供的信息：

- 简单网络监控协议（SNMP）：网元的管理和资源使用的高层信息（例如，监控每个端口的路由器和交换机的带宽使用情况，设备信息，如内存使用情况、CPU 负载等）。
- 远程监控（RMON）：网络监控数据的交换。
- NetFlow 或 sFlow：收集有关 IP 网络流量和带宽使用情况的信息。

这些协议更多专门用于性能分析和网络管理，但是它们也被用来检测一些安全问题，比如 NetFlow[15]。

我们还有数据包嗅探、深度数据包检测（DPI）、深度流检测（DFI）、病毒扫描器、恶意软件检测器以及用于分析网络数据包头、整个数据包或数据包有效载荷的其他技术。它们用于网络入侵检测系统（NIDS）、入侵检测和防护系统（IDPS）、防火墙、防病毒扫描设备、内容过滤设备等，并结合不同的方法（例如统计、机器学习、行为分析、模式匹配等）检测安全漏洞（即被动安全设备）或防止/阻止检测到的安全问题（即主动安全设备）。

全 IP 型网络的采用引入了互联网固有的脆弱性和易被攻击性，这种脆弱性和易被攻击性可能是被动的也可能是主动的（即影响网络和服务行为的攻击，或者像扫描和窃听一样目标是恢复信息），局部的或全局的（即针对网络的攻击或针对特定实体或服务的攻击），以及不太常见的内部攻击（即受损的网元）。此外，由于 SDMN 将手机、互联网、SDN、网络虚拟化和 NFV 绑在了一起，也引入了新的漏洞，举例如下：

- 基于互联网的：
  - DDoS、Smurf 攻击和网络攻击。
  - 欺骗、中间人攻击和 ARP 欺骗。
  - 缓存和堆栈溢出。
  - 格式化字符串攻击和 SQL 注入。
  - 恶意软件分发和网络钓鱼。
  - 数据渗漏。
  - 搭线窃听和端口扫描。
- 基于 LTE-EPC 和移动网络：
  - 无线拥塞、家庭网络拥塞和无线接口饱和。
  - 网元脆弱性（如 eNodeB、MME）、LTE-EPC 信令和基于饱和的攻击。
  - 基于 M2M 的攻击。
  - 被感染的移动电话（例如，互联网上也有同类的攻击）。
  - 业务窃取（ToS）（例如，访问未经授权的服务，逃避计费）。
  - 协议行为异常。
  - 网络提供商与传统网络的互操作性。
- 基于 SDN 的（见图 18.2）。
- 基于 NFV 的（与云计算脆弱性相同）。

此外，由于集中认证节点和 HSS[16]，移动网络操作所固有的放大效应成为可能。一些研究已经确定了放大攻击给 LTE-EPC 带来的潜在风险。例如，在电话上触发的单个事件（RRC 状态机中的状态转换）意味着在几个 LTE-EPC 节点之间交换大量消息。通过感染大量电话，在放大效应的作用下，可发展为 DDoS 攻击，参考文献［17］对此做了解释。

还有许多研究用来识别不同类型的攻击并找到解决方案。在下文中，我们简要介绍一些解决 LTE-EPC 和 SDN 漏洞的研究：

- Bassil 等人[18]研究由恶意用户组成的信令攻击的效果，这些恶意用户利用信令开销来建立和释放专用承载，以便通过重复触发专用承载请求来使信令平面过载。
- Jover[16]分析了可能影响 LTE-EPC 网络可用性的攻击。常见的 DoS 和 DDoS 攻击可能会对网络性能造成严重影响，这点已经得到证明，例如，在 Android 应用程序中偶然发生的错误会在其中一个移动网络中引起混乱[19]。参考文献［16］的作者认为，高级持续性威胁组织严密，资金充足，产生的影响非常负面，并能够引发普遍并非常有针对性的攻击。他们提出要增强移动网络安全性，特别要通过改进攻击检测技术，构建基于以下主要领域的移动安全架构：

1）在 eNodeB 上引入多个天线，以支持先进的抗干扰技术[19]。

2）分析流量和信令负载以修改网络配置，以抵御 DDoS 攻击。常见的 NAS 操作（例如空闲态和连接态之间 RRC 状态转换）可能引发信令过载，并且可能是攻击移动网络和 M2M 的一种方式。

3）引入软件定义的蜂窝网络，允许在云中部署网络功能，这样才有可能获得灵活并自适应的安全机制来抵御攻击。

4）增强 SDMN 标准和体系架构，引入除加密和认证之外的其他安全技术。互连和异构需要得到妥善解决。尤其是，SDMN 需要考虑 M2M 和 IoT，它们需要通过互联网寻址才能部署服务。这将打开新的攻击界面，特别是对于多宿主设备。

监控是解决 2）和 4）所需的重要功能。为了实现这一功能，需要在以下几个主要方面做出改进：

- 信息提取：了解如何通过提取的协议元数据、测量、数据挖掘和机器学习技术来处理虚拟化，以获取有关数据流、配置文件和属性的信息。
- 伸缩性和性能问题：监控架构的设计和观察点的位置需要确保伸缩性和不同的监控用例，这些都需要研究，以在性能、成本和结果的完整性之间达到最好的平衡。此外，硬件加速和数据包预处理技术需要通过应用程序和功能进行集成和控制，以获得高度优化的解决方案。
- 分析 SDMN 与现有网络之间网络域和新接口上的不同控制和用户平面业务，以及识别不同网络域中的相关流。
- 动态性：虚拟化网络和应用程序的变化变得更加容易和频繁，监控解决方案也要能够适应这些变化。

18.3.1 DPI

DPI 是通过检测数据包的报头和有效载荷内容进行网络流量分析的一种形式。最初，DPI 用来协助处理有害的流量和安全威胁，并限制或阻止不需要的或特别耗带宽的应用。包括在移动领域在内，这一角色的发展非常迅速，DPI 可部署在各种用例中，旨在提升客户服务水平和改善客户体验。

DPI 的关键功能是业务流识别和分类。为达到这个目标，DPI 引擎可以在内部利用各种分类方法，从显式的层信息到模式匹配、行为分析和会话级的关联。这些分类方法可以支持广泛的协议和应用程序，而无须在检查阶段深度使用资源。

此外，DPI 具有从检查的数据包和相关数据流或应用程序会话中提取业务信息（即元数据）的能力，通常情况下包括：

- 提取应用程序和质量指标，如数据包丢失、抖动、突发和 MOS。
- 提取协议详细信息，例如 IP 地址、HTTP URI 和使用的 RTP 音频编解码器。

可以基于 DPI 提取结果计算 KPI 值，然后与预定义的阈值相结合，或者选择性地使用趋势分析帮助识别流量配置文件中的异常变化。

因此，DPI 引擎和 IDS 的功能保持一致，基本上是流量分类、元数据提取、数据关联，以及识别恶意或有害流量。问题是 DPI 和 IDS 如何适应 SDN、移动网络、VN 和 VNF。

其中一个关键是应用程序和相关的控制单元需要对基础设施的状况有整体的把握。通过在整个网络中收集信息并将其反馈给控制层（即控制器）和应用程序，DPI 原则上可以确保有恰当的资源和功能可用并满足安全要求，这一点很重要。

需要注意的是，在任何时候都需要考虑法律方面的问题，包括根据法律要求存储信息，保护公民和组织的隐私。作为法定官方访问私人通信的渠道，合法监听是一个安全的过程，服务提供商或网络运营商向执法人员收集并提供私人或组织的通信拦截信息。

18.3.2　NIDS

移动网络和虚拟化的本身属性带来了新的漏洞，这些漏洞在固定有线网络中是不存在的。目前，许多经过验证的安全技术（例如防火墙、加密、入侵检测系统）在这些类型的网络和应用程序中无效，因为它们只能保护本地化的物理资产和接口。当使用移动性和虚拟化时，情况并非如此，因为产生了新的需求，如窃听和主动干扰对无线连接有影响，虚拟边界不可见并更易受攻击，虚拟应用程序采用了远程存储和执行，以及移动设备连接到了未受保护网络。因此，需要开发新的体系架构、技术和工具以保护虚拟无线网络和移动应用；移动节点和基础设施必须准备好在对端不可信的模式下运行[21]。

在本章中，作者认为入侵检测可以补充入侵防护技术（如加密、认证、安全 MAC、安全路由等），以保护移动计算环境。然而，必须开发新技术以使入侵检测在无线网络中工作得更好，对虚拟化网络和功能也是如此。在 SDN 中，支持 SDN 的交换机可以首先对可疑流量进行评估，然后控制器镜像这个业务，以便可以被 IDS 设备分析（即 off-path 检测）。这样就避免了对业务流的干扰，但是对有害流量进行阻塞会有一定的时延。在线检测的情况下，IDS 将拦截真实流量并充当防火墙，这将对时延产生影响。控制器可以与 SDN 交换机、防火墙或 IDS 交互以过滤有害流量。

在核心网中使用的 IDS 设备有一些缺点，降低了该设备的有效性。首先，加密会使流量分析变得困难或不可能。这意味着 IDS 设备仅在边界或流量较低且加密更易于管理的用户场所有效。另一个问题是需要由设备管理的规则的数量，今天，这个数量级在数十万级别，但需求的数量级是数百万。

参考文献［21］的作者表明，移动计算环境中更好的入侵检测架构应该是分布式的和协作的。异常检测是整个入侵检测和响应机制的关键组成部分。他们规定，跟踪分析和异常检测应该在每个节点本地进行，并且可能与网络中的所有节点进行协作，而且，入侵检测应该以集成的跨层方式在所有网络层进行。已经针对 ad hoc 网络研究了这种类型的解决方案，该方案也与虚拟网络相关。这种协作可以在 SDN 环境中完成，SDN 控制器交换 IDS 提供的数据，以便将其关联起来并做出恰当的决定。

18.3.3　软件定义监控

SIGMONA[9]项目研究并提出了可能的体系架构，在这个项目中，OpenFlow 类型接口 SDN CTRL INTERFACE（在图 18.4 中被称为 SDM CTRL INTERFACE）的扩展允许从交换机或探针

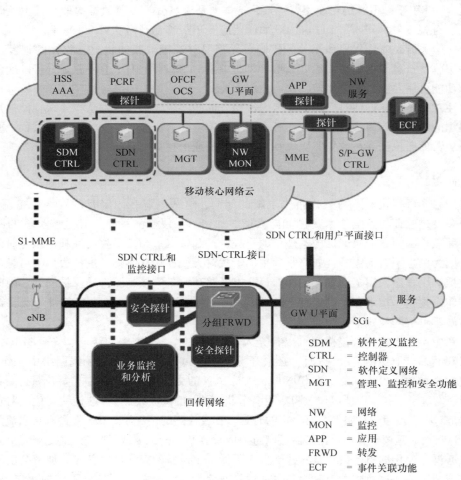

图 18.4　SDMN 安全增强框架[9]

（即代理）获得安全应用（例如，管理/监控/安全模块、应用程序模块和网络服务模块）所需的数据包和流的数据及元数据。探针可以是被动的（例如，分析镜像流量的业务监控和分析模块），也可以是主动的（例如，充当流量过滤防火墙的主动探针模块）。SDM CTRL 充当软件和硬件安全设备的控制器，可以集成到 SDN CTRL 或单独使用。如果是单独的，则它通过 OpenFlow 类型的接口与 SDN CTRL 交互。设备和控制器的体系架构可以是分层组织的或分布式的（例如，支持控制器之间的对等通信）。

增加的模块和接口有：

- 模块：
  ○ 安全探针：用于检测与安全和行为相关的信息（例如，安全属性和攻击）以及防范措施（例如过滤）的主动监控探针。它可以安装在网元或网络抽头（被动网络观察点）上。
  ○ SDM CTRL：一个新模块或是 SDN CTRL 的扩展，可以控制监控功能（例如，网络监控设备的管理、流量镜像、流量负载均衡和聚合）；接受网络功能和应用程序的请求。SDM CTRL 按照对等或分层模式进行分布。它们与管理/监控/安全功能进行交互，并作为已定义的安全策略（安全 SLA）的分布式分析或决策节点。
  ○ 网络监控：监控功能的虚拟化，即部分流量分析移至云端。
  ○ 流量镜像与分析：被动回传流量监控设备，不同的网络功能都需要它。
- 接口：
  ○ SDM CTRL INTERFACE：这个接口可以控制监测资源的使用和流量/元数据恢复，并将其用于分析。它可以执行监控请求并获取状态，以便应用程序和网络功能可以发送监控信息请求，监测功能可以发送状态和建议。
- 对于这种体系架构，我们还需要添加虚拟监控探针（即云中的探针）和虚拟事件关联功能（ECF），这些功能允许关联不同探针捕获的信息并通知监控功能。

通过对灵活的交换机和其他网络设备编程以充当数据包拦截和重定向平台，便有可能发现并抵御各类攻击。通过引入 SDN 驱动的安全分析或软件定义监控（SDM），SDN 交换机、COTS 数据包处理、安全设备可以充当数据包代理。控制器可以被用来聚合并关联分布式元数据（例如，流和统计数据）。这些信息发送到监控和分析设备及应用程序，这样就有可能获得自适应的和优化的监测、分析和防护机制。

最近公布的与监控有关的研究工作如下：

- 需要分布式监控系统来提高网络安全分析的伸缩性和准确性。Yu 等人在参考文献［22］中提出了一个分布式协作监控（DCM）的系统，允许交换机通过协作实现流量监控任务、平衡测量负载并执行面向流的监控。它依靠两级布隆过滤器表示监控规则，使用小内存空间和集中 SDN 控制管理它；但它只评估了两个相当基本的功能：流大小计数和分组采样。
- Choi 等人在参考文献［23］中研究了集中式 SDN 控制引入的伸缩性问题，为获得所需的全局网络可见度，带来了过度的控制流量开销。为了解决这个问题，他们提出了软件定义的统一监控代理（SUMA），作为管理中间件能够提供智能控制、管理抽象和过滤层。Choi 等人在参考文献［24］中还提出了一个分层的控制和监控管理抽象和过滤方案：为基于 SDN 的网络软件定义了统一的虚拟监控功能（SuVMF）。

- Niels 等人在参考文献 [25] 中提出了一种监控解决方案，用于捕获 OpenFlow 网络中每个流的指标（例如，时延和数据丢失）。但是，在自适应轮询速率技术中，当采样的流速率变化时，查询次数会增加，当流趋于稳定时，查询次数会减少，这种技术可用于检测 DoS 和 DDoS 攻击所导致的端到端性能问题。同样，Bianchi 等人在参考文献 [26] 中引入 SDN 技术改善在线（基于流）业务分析功能的编程和部署，这些功能也可用于发现安全漏洞。

- 采用监控技术有效处理虚拟环境也是一个重要的研究领域。在参考文献 [27] 中，SDN、NV 和传统的方法都被适配用来收集每个租户的证据并对其活动进行审计，允许监控租户的虚拟网络。Zaalouk 等人在参考文献 [28] 中研究了如何让 SDN 架构适用于安全的案例。OrchSec 是一种基于编排器的架构，利用网络监控和 SDN 控制功能来开发安全应用程序。尽管仅限于 sFlow 类型的数据分析，但它说明 SDN 的灵活性确实能来好处。

- Wenge 等人在参考文献 [29] 中对安全即服务（SaaS）的研究领域进行了概括，特别是 SIEM。

18.4　其他重要的方面

18.4.1　响应和缓解技术

多个研究小组已经研究了对云计算攻击的防护，例如参考文献 [30, 31]，但是很少或根本没有发表对 LTE 和 SDN 网络攻击防护的研究。

所完成的工作主要是如何使用 SDN 发现并防护网络上的攻击。例如，在 NOVI 项目"虚拟化基础设施网络创新"[32] 中，作者研究了扩展 SDN 功能以执行异常检测和规避，其基于流的统计，可用于揭示大规模 DDoS 攻击。他们证明，OpenFlow 统计数据的收集和处理已经超过了集中化控制平面的负荷，基于此提出了一个模块化架构，该架构将数据收集过程从 SDN 控制平面分离，并使用 sFlow 监控数据。结果表明，基于 sFlow 的机制比原有的 OpenFlow 方法更有效，并且 OpenFlow 协议可以通过流表修改有效地防护攻击。

同样在参考文献 [33] 中，SDN 用于防护在虚拟设备上检测到的攻击。Vizváry 和 Vykopal 在参考文献 [34] 中对目前和未来在 SDN 环境中检测和防护 DDoS 攻击的可能性给出了一个非常简洁的分析，但对由它们引入的漏洞没有提及。

所有的研究都在实验室环境中进行，并且不一定适用于正在运营的网络。尽管如此，有了 SDN 的灵活性，可以更迅速地对检测到的 DDoS 攻击并做出响应。但是需要研究的问题很多，例如，如何在不妨碍合法流量的情况下阻止这些攻击，如何平衡风险和成本以获得更高效的解决方案，如何扩展到大型网络以及如何限制误报。此外，工作主要是针对 DDoS 攻击的防护，但还需要研究更多的防护类型，包括对信令和控制平面的攻击，使用全局性能统计难以检测到的更多本地化的 DoS 攻击，高级持续性威胁，以及受损的网络功能。

18.4.2　经济上可行的移动网络安全技术

在 SDMN 背景下，需要研究一些解决方案在经济上的可行性及其成本估计。

例如，强制控制器安全是有成本的。首先，需要知道和审核谁可以访问控制器以及它在网络上的位置，并且需要保证控制器与终端节点（路由器或交换机）之间的安全；同样，高可用性、记录和控制的变更、现存的安全设备和应用程序都需要正确地配置和集成。

对云和数据中心的成本进行评估并优化安全机制已经做了许多研究，参考文献［35，36］中有最新的研究，参考文献［37，38］还有其他有关移动应用的最新研究。在参考文献［39］中，作者研究了提供有成本效益的安全措施需要考虑的新策略，并为 LTE- EPC 网络提出了一种情景感知的安全控制器，它根据上下文信息（如应用程序类型和设备能力）激活安全机制，以使总体的安全成本最低。Bou- Harb 等人在参考文献［40］中特别针对垃圾邮件提出了防护措施，但它有广泛的适用性，他们认为 LTE- EPC 集中式安全解决方案成本太高，提出利用分布式节点中的商用现货（COTS）低成本硬件控制防护 SPAM 洪泛攻击的成本。

在参考文献［41］中，作者研究如何基于遗传算法得到虚拟化的有成本效益的 DPI 监控解决方案。他们认为任何网络功能（例如，DPI、FW、缓存、密码、负载均衡器）都可以虚拟化，但是部署和由许可及功耗带来的运营成本需要进一步优化，遗传算法通过最小化已部署的 DPI 引擎的数量、确定它们的位置，并同时最小化由 DPI 引入的网络负载实现了这一点。

总体而言，需要考虑两种类型的成本：资本开支（即投资成本）和运营开支（即运营成本）。我们在下文给出一些在试图获得最佳成本效益的安全性时需要考虑的因素。

18.4.2.1　CAPEX 开支

首先，NFV 的拥有成本总体上更低，通过将功能从专有硬件迁移到商用硬件以及从专用网元迁移到虚拟机（包括安全设备和功能），降低了 CAPEX。

举个例子说明这一点，微软为其数据中心开发了一个基于 OpenFlow 的网络分流器聚合平台（分布式以太网监控），用于分析云网络中的海量业务。传统的网络数据包代理，做了分流器和 SPAN 端口聚合或端口镜像，但不能扩展。通过引入 OpenFlow，可以降低 CAPEX 成本，因为它允许使用单个商用硅交换机（交换机使用现成的芯片组件），取代更昂贵的专用分流器/镜像聚合设备。OpenFlow 控制器允许轻松地对监控和聚合进行剪裁，以优化的方式适应需求。

尽管如此，要获得最佳结果，还需要对许可成本和网络功能的部署进行优化。

基于策略的安全要求能够部署大量的规则，例如，在使用防火墙过滤网络流量时。即使基于非常成熟的硬件，如内容寻址存储器（CAM）[42]，如果不增加成本或影响业务时延，现有固件所能处理的规则数量也是有限的。

18.4.2.2　OPEX 开支

NFV 可以降低部署安全更新对运营的影响。虚拟 NF 的升级实例可以在前一个实例激活时启动和测试，然后将服务和客户迁移到升级的实例。一旦完成，可以停用并分析具有安全缺陷的旧实例。

部署新的或修改的安全策略也很方便。即使在传统网络中安全性也很难实现，因为在不断变化的环境中执行所需的安全策略存在困难。SDMN 提供了处理这个问题的新方法，通过引入成熟的网络架构，网络管理员可以依靠 NFV 动态地执行和控制细粒度的安全机制。逻辑上集中的 SDN 控制可以通过提供不同网络设备配置的全局视野帮助简化安全策略的部署，并防止安全过程中的冲突和不一致。正式的方法和验证技术也可以更容易地应用于检测错误配置。

通过改进参与方之间的竞争关系，降低对网关的需求，允许使用商用硬件以及减少学习曲线，引入标准化方案（SDMN 中尚未完全采用）也是降低 CAPEX 和 OPEX 开支的一个决定性因素。

18.4.3 移动网络服务安全和安全管理

移动服务很脆弱，并成为攻击的主要目标，这些攻击包括不可靠的鉴权机制、未加密或安全性较差的通信、非正当安装的恶意软件、缺乏安全应用程序、过时的系统和应用程序以及未经授权的修改（例如越狱、破解）。虚拟的和软件定义的网络技术将有助于使用集中式控制器修改和配置网络功能，使安全功能更易于适应移动服务及其用户的需求。

未来的移动网络将由多种体系架构和基础设施组成，以覆盖不同的地理区域，并支持不同的高速率服务。在当前的移动网络中，DoS 攻击、授权漏洞、服务退化攻击、位置跟踪和带宽窃取是常见的威胁，随着互联网在移动网络中的使用量的增加，会出现更多的威胁。随着 IP 服务的迁移，安全挑战也将转移到具有 IP 服务的移动设备和网络上。但是，移动设备与固定设备相比，拥有较少的资源抵御攻击。因此，必须首先强化网络本身的安全措施，以保护网络基础设施和体系架构，然后保护移动设备及其用户，这一点已被广泛接受。因此，网络运营商将面临具有挑战性的安全问题，因为安全性将很快在其商业化努力中体现出区别来。稳定可靠的安全策略部署需要对网络中所有安全设备的策略配置进行全局分析，以避免安全过程中的冲突和不一致，这些策略可以减少严重的安全漏洞和网络漏洞。因此，SDMN 将成为未来安全移动网络有实力的候选技术，因为在 SDMN 中，逻辑式集中的控制可以提供不同网络设备配置的全局视图，从而规避安全漏洞的风险。

服务链并不是一个新的概念，但随着 SDN 和 NFV 的兴起，这一趋势已经变得越来越重要。服务链是基于网络功能的，例如，为支持应用程序通过网络互连的防火墙或应用交付控制器（ADC），来连续提供服务的运营商级别流程。SDN 和 NFV 使服务链和应用程序配置过程更快、更简单[43,44]。在过去，构建服务链以支持新的应用程序需要安装专门的硬件和定制的配置。此外，服务链并不能轻易适应应用需求的变化，因此需要将其过量配置并尽可能通用，以支持多种应用程序。通过将管理功能与基础架构分离，SDN 和 NFV 允许标准化的自动重新配置。支持移动服务的网络安全功能在虚拟机管理程序的控制下作为虚拟机执行，并且可以很容易地适应应用程序的上下文和需求。

例如，服务链可以由客户驻地的边界路由器组成，然后是由 DPI 服务确定业务类型，从而通知控制器创建特定于客户和业务的服务链。另一个例子是电子邮件或 Web 服务链，包含病毒、垃圾邮件和网络钓鱼检测，通过提供所需性能的连接进行路由。因此，服务链允许自动剪裁满足服务和客户需求的网络安全功能。

18.5 结论

一方面，NFV、网络虚拟化和 SDN 的引入有助于未来移动网络的安全评估和防范。另一方面，这些技术也引入了新的漏洞，而这些漏洞是基于软件和互联网的系统及新增组件（如 SDN

控制器）所固有的。本章介绍了在未来 4G/5G 移动网络中引入这些技术的优缺点，还介绍了正在进行的工作和可能的解决方案。我们还简要讨论了以下问题：安全防护、经济可行性和移动服务安全。其他未涉及但很重要的议题包括标准化、开源解决方案，以及法律因素和网络中立因素。

参 考 文 献

[1] J. Cao, M. Ma, H. Li, Y. Zhang, Z. Luo; A survey on security aspects for LTE and LTE-A networks; IEEE Communications Surveys and Tutorials 16(1):283–302 (2014).

[2] D. Kreutz, F. Ramos, P. Verissimo; Towards secure and dependable software-defined networks; in Proceedings of the Second ACM SIGCOMM Workshop on Hot Topics in Software Defined Networking. ACM, New York, 2013, pp. 55–60; ACM SIGCOMM 2013, Hong Kong, August 12 and August 16, 2013.

[3] S. Sezer, S. Scott-Hayward, P. K. Chouhan, B. Fraser, D. Lake, J. Finnegan, N. Viljoen, M. Miller, N. Rao; Are we ready for SDN? Implementation challenges for software-defined networks; Communications Magazine, IEEE 51(7):36–43 (2013).

[4] S. Shin, V. Yegneswaran, P. Porras, G. Gu; Avant-guard: scalable and vigilant switch flow management in software-defined networks; in Proceedings of the 2013 ACM SIGSAC Conference on Computer & Communications Security. ACM, New York, 2013, pp. 413–424; CCS 2013, November 4–8, 2013 Berlin, Germany.

[5] J. Naous, D. Erickson, G. A. Covington, G. Appenzeller, N. McKeown; Implementing an openflow switch on the NetFPGA platform; in Proceedings of the Fourth ACM/IEEE Symposium on Architectures for Networking and Communications Systems. ACM, New York, 2008, pp. 1–9; ANCS 2008, November 6–7, 2008, San Jose, California, USA.

[6] E. Al-Shaer, S. Al-Haj; Flowchecker: configuration analysis and verification of federated openflow infrastructures; in Proceedings of the Third ACM Workshop on Assurable and Usable Security Configuration. ACM, New York, 2010, pp. 37–44; CCS 2010, October 4–8, 2010, Chicago, IL, USA.

[7] A. Yi Ding, J. Crowcroft, S. Tarkoma, H. Flinck; Software defined networking for security enhancement in wireless mobile networks; Computer Networks 66:94–101 (2014).

[8] S. Shirali-Shahreza, Y. Ganjali; Efficient implementation of security applications in OpenFlow controller with FleXam; in Proceedings of IEEE Symposium on High-Performance Interconnects. ACM, New York, 2013, pp. 167–168; ACM SIGCOMM 2013, Hong Kong, August 12 and August 16, 2013.

[9] http://celticplus.eu/project-sigmona/ (project where the authors participate in defining the SDMN architecture) (accessed January 24, 2015).

[10] A. Abhay Dixit, F. Hao, S. Mukherjee, T. V. Lakshman, R. Rao Kompella; Towards an elastic distributed SDN controller; Computer Communication Review 43(4):7–12 (2013).

[11] J. Taveira Araújo, R. Landa, R. G. Clegg, G. Pavlou; Software-defined network support for transport resilience; in Proceedings of Network Operations and Management Symposium (NOMS), 2014 IEEE, pp. 1–8; 5–9 May 2014, Krakow.

[12] M. Reitblatt, M. Canini, A. Guha, N. Foster; FatTire: declarative fault tolerance for software-defined networks; in Proceedings of the second ACM SIGCOMM workshop on Hot topics in software defined networking, pp. 109–114, ACM New York; HotSDN '13, Hong Kong, August 12 and August 16, 2013.

[13] Y. W. Chen, J. T. Wang, K. H. Chi, C. C. Tseng; Group-based authentication and key agreement; Wireless Personal Communications, Springer US; February 2012, Volume 62, Issue 4, pp 965–979.

[14] M. Yu, Y. Zhang, J. Mirkovic, A. Alwabel; SENSS: software-defined security service; SIGCOMM Workshop ONS 2014, in Proceedings of the ACM conference on SIGCOMM; Pages 349–350; ACM New York, NY, USA 2014; ONS 2014, March 2014, Santa Clara, CA.

[15] M. Scheck; Cisco's whitepaper: "netflow for incident detection"; http://www.first.org/global/practices/Netflow.pdf (accessed January 24, 2015).

[16] R. Piqueras Jover; Security attacks against the availability of LTE mobility networks: overview and research directions; in Proceedings of 16th International Symposium on Wireless Personal Multimedia Communications (WPMC), 2013, IEEE, pp 1–9; 24–27 June 2013; Atlantic City, NJ.

[17] R. Bassil, A. Chehab, I. Elhajj, A. Kayssi; Signaling oriented denial of service on LTE networks; in Proceedings of the 10th ACM International Symposium on Mobility Management and Wireless Access. ACM, New York, 2012, pp. 153–158; MobiWac '12, October 21–25 2012, Paphos, Cyprus Island.

[18] R. Bassil, I. H. Elhajj, A. Chehab, A. I. Kayssi; Effects of signaling attacks on LTE networks; in Proceedings of the 27th International Conference on Advanced Information Networking and Applications Workshops (WAINA), 2013, IEEE, pp 499–504; Barcelona, Spain, 25–28 March 2013.

[19] M. Dano; The Android IM app that brought T-Mobile's network to its knees; Fierce Wireless, October 2010, http://goo.gl/O3qsG (accessed January 24, 2015).

[20] R. Jover, J. Lackey, A. Raghavan; Enhancing the security of LTE networks against jamming attacks; EURASIP Journal on Information Security 2014:7 (2014).

[21] Y. Zhang, W. Lee, Y.-A. Huang; Intrusion detection techniques for mobile wireless networks; Mobile Networks and Applications; 2003, Volume 9 Issue 5, September 2003 Pages 545–556.

[22] Y. Yu, Q. Chen, X. Li; Distributed collaborative monitoring in software defined networks; in Proceedings of the third workshop on Hot topics in software defined networking SIGCOMM'14 ACM Conference, ACM New York, pp. 85–90; August 17–22, 2014, Chicago, IL, USA.

[23] T. Choi, S. Song, H. Park, S. Yoon, S. Yang; SUMA: software-defined unified monitoring agent for SDN; in Proceedings of Network Operations and Management Symposium (NOMS), 2014 IEEE, pp. 1–5; 5–9 May 2014, Krakow.

[24] T. Choi, S. Kang, S. Yoon, S. Yang, S. Song, H. Park; SuVMF: software-defined unified virtual monitoring function for SDN-based large-scale networks; in Proceedings of CFI '14 Ninth International Conference on Future Internet Technologies, Article No. 4, ACM New York; CFI'14, June 18–20 2014, Tokyo, Japan.

[25] N. L. M. van Adrichem, C. Doerr, F. A. Kuipers; OpenNetMon: network monitoring in OpenFlow software-defined networks; in Proceedings of Network Operations and Management Symposium (NOMS), 2014 IEEE, pp. 1–8; 5–9 May 2014, Krakow.

[26] G. Bianchi, M. Bonola, G. Picierro, S. Pontarelli, M. Monaci; StreaMon: a data-plane programming abstraction for software-defined stream monitoring; in Proceedings of 26th International Teletraffic Congress (ITC), 2014, IEEE, pp. 1–6; 9–11 Sept. 2014, Karlskrona.

[27] A. TaheriMonfared, C. Rong; Multi-tenant network monitoring based on software defined networking; in Proceedings of On the Move to Meaningful Internet Systems (OTM 2013) Conferences, Lecture Notes in Computer Science Volume 8185, 2013, Springer Berlin Heidelberg, pp. 327–341; OTM 2013, September 9–13, 2013, Graz, Austria.

[28] A. Zaalouk, R. Khondoker, R. Marx, K. M. Bayarou; OrchSec: an orchestrator-based architecture for enhancing network-security using network monitoring and SDN control functions; in Proceedings of Network Operations and Management Symposium (NOMS), 2014 IEEE, pp. 1–9; 5–9 May 2014, Krakow.

[29] O. Wenge, U. Lampe, C. Rensing, R. Steinmetz; Security information and event monitoring as a service: a survey on current concerns and solutions; Praxis der Informationsverarbeitung und Kommunikation 37(2):163–170 (2014).

[30] J. Szefer, P. A. Jamkhedkar, D. Perez-Botero, R. B. Lee; Cyber defenses for physical attacks and insider threats in cloud computing; in Proceedings of the 9th ACM symposium on Information, computer and communications security, pp. 519–524, ACM New York; ASIA CCS '14, Kyoto, Japan, June 4–6, 2014.

[31] S. S. Alarifi, S. D. Wolthusen; Mitigation of cloud-internal denial of service attacks; in Proceedings of the 8th International Symposium on Service Oriented System Engineering (SOSE), 2014, IEEE, pp. 478–483; SOSE'14, 7–11 April 2014, Oxford, UK

[32] K. Giotis, C. Argyropoulos, G. Androulidakis, D. Kalogeras, V. Maglaris; Combining OpenFlow and sFlow for an effective and scalable anomaly detection and mitigation mechanism on SDN environments; Computer Networks 62:122–136 (2014).

[33] G. Carrozza, V. Manetti, A. Marotta, R. Canonico, S. Avallone; Exploiting SDN approach to tackle cloud computing security issues in the ATC scenario, in: M. Viera, J.C. Cunha (eds), *Dependable Computing* Springer-Verlag, Berlin/Heidelberg 2013, pp. 54–60.

[34] M. Vizváry, J. Vykopal; Future of DDoS attacks mitigation in software defined networks; in Proceedings of the 8th IFIP WG 6.6 International Conference on Autonomous Infrastructure, Management, and Security, Springer Berlin Heidelberg, pp. 123–127; AIMS 2014, Brno, Czech Republic, June 30 – July 3, 2014.

[35] F. Malecki; The cost of network-based attacks; Network Security 2014(3):17–18 (2014).

[36] Y. Chen, R. Sion; Costs and security in clouds; Secure Cloud Computing:31–56 2014, ISBN 978-1-4614-9277-1.

[37] G. Moody, D. Wu; Security, but at what cost?—An examination of security notifications within a mobile application; in Proceedings of the 15th International Conference Human Interface and the Management of Information. Information and Interaction for Health, Safety, Mobility and Complex Environments, Springer Berlin Heidelberg, 2013, pp. 391–399; HCI 2013, Las Vegas, Nevada, USA, July 21–26, 2013.

[38] N. Vrakas, D. Geneiatakis, C. Lambrinoudakis; Evaluating the security and privacy protection level of IP multimedia subsystem environments; IEEE Communications Surveys and Tutorials 15(2):803–819 (2013).

[39] S. B. H. Said, K. Guillouard, J-M. Bonnin; On the benefit of context-awareness for security mechanisms in LTE-EPC networks; 24th IEEE Annual International Symposium on Personal, Indoor, and Mobile Radio Communications, PIMRC 2013, London, United Kingdom, September 8–11, 2013. IEEE 2013; pp 2414–2118.

[40] E. Bou-Harb, M. Pourzandi, M. Debbabi, C. Assi; A secure, efficient, and cost-effective distributed architecture for spam mitigation on LTE 4G mobile networks; Security and Communication Networks 6(12):1478–1489 (2013).

[41] M. Bouet, J. Leguay, V. Conan; Cost-based placement of virtualized deep packet inspection functions in SDN; Military Communications Conference, MILCOM 2013—2013 IEEE, San Diego, CA, 2013, pp. 992–997.

[42] A. X. Liu, C. R. Meiners, E. Torng; Packet classification using binary content addressable memory; in Proceedings of INFOCOM, 2014, IEEE, pp. 628–636; INFOCOM'14, April 27 2014–May 2 2014, Toronto, ON.

[43] W. John, K. Pentikousis, G. Agapiou, E. Jacob, M. Kind, A. Manzalini, F. Risso, D. Staessens, R. Steinert, C. Meirosu; Research directions in network service chaining; in Proceedings of SDN for Future Networks and Services, 2013, IEEE, pp. 1–7; SDN4FNS'13, 11–13 Nov. 2013, Trento.

[44] Y. Zhang, N. Beheshti, L. Beliveau, G. Lefebvre, R. Manghirmalani, R. Mishra, R. Patney, M. Shirazipour, R. Subrahmaniam, C. Truchan, M. Tatipamula; StEERING: a software-defined networking for inline service chaining; in Proceedings of the 21st IEEE International Conference on Network Protocols (ICNP 2013), Gottingen, Germany, October 2013, pp. 1–10.

第 19 章　SDMN 产业结构演进路线

Nan Zhang，Tapio Levä，Heikki Hämmäinen
Aalto University，Espoo，Finland

19.1　引言

从 2013 年到 2018 年，全球移动数据流量年均复合增长率将达到 61%[1]，这使得当前的集中式网关系统成为瓶颈。为应对这个挑战，产业提出了很多方案，举个例子，基于 OpenFlow 协议[2]的软件定义网络（SDN）[3]就是解决这个瓶颈问题的一种建议方案，它把网络分成了集中控制功能和分布式转发交换机两部分。

将控制平面功能从用户平面单元分离会产生更多的信令数据[4]。然而，通过云平台能力共享和规模经济效益，这种网络能够带来成本的节省[5,6]。此外，购买并维护标准化通用交换机的成本肯定比目前在移动网络中使用的专用组件[5]的成本要低。在对收益进行量化之前，需要确定如何把技术和业务关系映射到网元和市场参与方，这就是产业结构所要研究的事情。

虚拟移动网络的产业结构和业务模型并不是一个全新的研究课题。以前的研究通常只关注一种业务模型或使用案例。例如，Fischer 等人[7]提出了一种简单的架构作为服务业务模型，它只考虑了基础设施提供商、服务提供商、虚拟运营商和虚拟移动运营商。Dramitinos 等人[8]讨论了虚拟化长期演进（LTE）网络上的视频点播案例，并提出了两个涵盖多个业务角色的产业结构。

与已有研究相比，本研究提供了软件定义移动网络（SDMN）多种可能的产业结构的概述。分析了 SDN 如何提高移动互联网服务所提供的性能，以及由于 SDMN 的引入，产业结构如何变化。在产业结构分析中，Casey 等人[9]给出了将技术组件映射给商业角色，并进一步将商业角色映射给市场参与者的方法。该研究基于芬兰现有的 LTE 网络架构，十名来自学术界、移动网络运营商（MNO）和网络设备供应商的技术和业务专家代表通过访谈参与了对产业结构的分析。

新技术可以是延续性的，也可以是变革性的[10]，因此这里讨论两种 SDMN 的部署方法：演进型 SDMN 和变革型 SDMN。在演进型 SDMN 中，把网元（例如，基站、路由器、交换机和网关）分为控制平面功能和用户平面单元进行讨论。其中，控制平面功能被放到云端，而用户平面单元仍然在原来的物理位置。例如，Basta 等人[11]讨论了一种按功能分割的服务/分组数据网网关（S/P-GWS），其中部分网关移到了云平台。在变革型 SDMN 中，可以优化控制平面功能以更高效地运行，或者简单地将它们分成子功能并形成新的功能组。从经济角度来看，演进型 SDMN 将会对当前现有产业结构的运营效率带来渐进的改善，而变革型 SDMN 则可能通过新的产业结构完全改变当前的市场状况，导致已有市场角色和新市场角色的重新分配。

本章其他部分结构如下：19.2 节整体介绍现有 LTE 网络并从技术层面定义演进型 SDMN 和变革型 SDMN。19.3 节介绍 SDMN 的业务逻辑，在 19.4 节和 19.5 节分别介绍演进型 SDMN 和变革型 SDMN 产业结构时会用到这些业务逻辑。最后，在 19.6 节中会总结访谈结果，并讨论最可能影响 SDMN 产业结构成功的因素。

19.2　从目前的移动网络到 SDMN

为了形成产业结构，需要深入了解底层技术架构。本节通过简要地解释从当前移动网络到演进型和变革型 SDMN 架构的技术演进，结合本研究中采用的简化和假设，为该工作提供了技术背景。所使用的资料包括 3GPP 移动网络规范 23.002[12]，Pentikousis 等人[13]、Penttinen[14]以及与芬兰市场的技术和业务专家的访谈。

2014 年春天进行了十次半结构式的访谈，平均每次访谈持续一个小时。受访者包括来自芬兰移动运营商的技术总监、高级研究科学家、网络设备供应商的业务部门代表和学术界的高级研究人员。讨论的话题涵盖了芬兰目前移动网络的拓扑结构以及 SDN 如何改变这种结构。

19.2.1　现有移动网络的架构

当前 LTE 网络的简化版本如图 19.1 所示。终端用户的数据通过空中接口发送到 LTE 基站（eNB），eNB 从移动性管理实体（MME）、归属用户服务器（HSS）获取了用户和鉴权信息，然后，通过网络路由器和交换机将信息传输到 S/P-GW 并决定路由的目的地。P-GW 是数据离开核心网并通过外部接口（即互联网交换节点、漫游等）进入公共 IP 网络的节点。此外，当用户切换基站时，P-GW 起到防火墙的作用，而 S-GW 起到移动锚点的作用。PCRF 负责记录用户的网络使用情况和计费。此外，移动性管理通常使用隧道协议（GTP）从基站传送 IP 包到 P-GW，由于该隧道只是逻辑连接，所以没有放到图中。

作为网元数量的示例，图 19.1 给出了芬兰全部运营商的网元数量。芬兰拥有三家运营商，每家拥有的用户数量很接近。现在面临的主要困境是，这是一个人烟稀少的国家，每平方千米只有 18 个居民[15]，相比人口更密集的区域，覆盖同样的人口，需要的基站更多。和德国运营商用 25000 个基站服务 5500 万用户[5]相比，芬兰的三个运营商用 10000 个基站只服务了 550 万用户[16]。

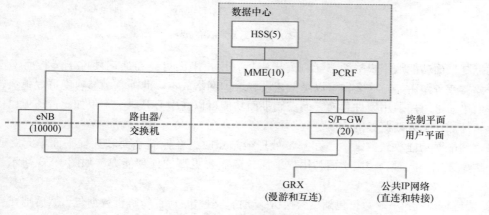

图 19.1　现有移动网络架构

芬兰的 LTE 网络已经将 MME、HSS 和 PCRF 集中到了数据中心，然而仍然没有实现虚拟化，所有的单元仍在专用 MME、HSS 和 PCRF 服务器上运行。此外，用户平面和控制平面的分界线贯穿 eNB、S/P-GW、路由器和交换机。路由器和 S/P-GW 仍然在演进分组核心网（EPC）的专用硬件上运行，这意味着硬件提供商拥有很强的市场控制力，并能够收取高昂的网络维护和升级费用。

19.2.2　演进型 SDMN 的架构

在图 19.2 中展示了同一个 LTE 网络，包括基站、路由器、交换机和 S/P-GW，只是把控制平面功能和用户平面单元进行了分离，用户平面单元以 U 标注，控制平面以 C 标注。通过分离，基站、路由器、交换机和 S/P-GW 的控制平面功能仍然集中放在数据中心，其集中化程度依赖于控制平面功能的时延敏感度。比如，基站和路由器的控制平面部分由于时延问题不能离对应的用户平面单元太远。因此，基站、路由器和交换机的控制平面部分放到距离用户平面设备（如用户平面基站）通常只有几千米的基带处理池的站点，该站点需通过光纤连接[17]。在这种演进型 SDMN 架构中，隧道协议（GTP）与其在传统网络中起到的作用相同。

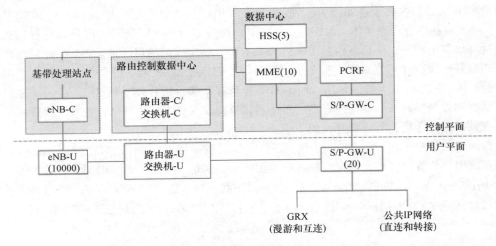

图 19.2　演进型 SDMN 的架构

把控制平面功能从用户平面单元剥离出来后，用户平面可以在通用硬件上运行而不需要专用的服务器或者路由器，这么做可以降低建设和维护网络成本。此外，维修速度可以更快，因为用户平面单元可以用通用硬件替换，而控制平面功能可以在中心升级。不仅如此，还可以仅通过使用新软件加快引入新服务的速度。

将控制平面功能放到数据中心和基带处理池站点时，在控制平面和数据平面单元之间会产生更多信令数据，同时，控制平面和用户平面分离需要更高的处理能力，如图 19.3 所示，步骤如下：

1）当数据流的第一个数据包到达交换机-U 时，交换机-U 首先解析数据包，然后把交换机-C 的地址包含进去后重新打包。

2）接下来，数据包到达交换机-C 时会被解析并将路由选择和其他信令信息包含进去后重新打包。

3）最后，将数据包与转发表一起发送回交换机-U，然后向目的地址将数据包转发给下一个网元。

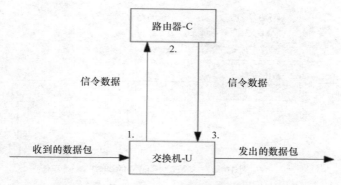

图 19.3　SDN 流和信令数据第一个包的处理

使用传统的交换机，数据包只需在交换机上解包和打包一次，不需要额外的信令流。信令数据增加多少取决于数据流的长度，因为只有数据流的第一个数据包被发送到控制平面交换机。由于用户平面交换机已经知道其余数据包的目标地址，所以交换机-U 已经知道把它们转发到哪里了。因此，网络中更短的数据流具有不确定性。然而，截至 2017 年互联网中 80% ~ 90% 的用户数据都是视频流量[1]，对于使用 SDMN 是很好的时机。此外，主动式 SDN 还可以减少信令流量和处理能力，也就是说，交换机可以预定义路由规则，确定如何处理某些类型的数据流。在被动式 SDN 中，每一个新的流（或它的第一个包）到达用户平面交换机时会触发一个信令消息，会引起伸缩性问题。网络中控制器的数量也会影响性能，每增加一个控制器都会造成性能下降[4]。

另一方面，分离架构具有灵活性，能够降低移动网络伸缩性瓶颈所带来的风险，而且能够通过更有效的共享资源，包括用户平面资源（频谱、转发）和控制平面资源（云平台），达到节省成本的目的。同时，3GPP 也正在讨论无线接入网（RAN）的资源共享，例如，RAN 共享增强标准，相比传统非 SDN 移动网络，SDMN 资源共享带来的价值就大打折扣了。

19.2.3　变革型 SDMN 的架构

变革型 SDMN 是面向长期的更彻底的演进，通过重新优化控制平面单元而更加有效。这意味着，目前的控制平面功能被进一步分割成子功能，即进行功能分割。这些子功能可以重组成新的功能集，这些功能集在图 19.4 中以 + 号标示，图 19.4 给出了变革型 SDMN 的架构。

面向长期的变革型 SDMN 在技术上假设了一个标准化、可扩展的光纤分组网络，控制平面的处理同时靠近基站（例如 Cloud RAN）和大型集中式数据中心。移动锚点可以分布在所有交换机上并实现商用，所以，传统的集中式 S/P-GW 可以从网络架构中去掉。这里有一个在云端优化控制平面功能的例子：移动性管理可以基于在交换机单元中都存在的标准化的隧道能力，而不再依赖专用的 S/P-GW。这个想法与无线和移动开放网络基金会[19]提出的 SDN 增强分布式 P/S-GW

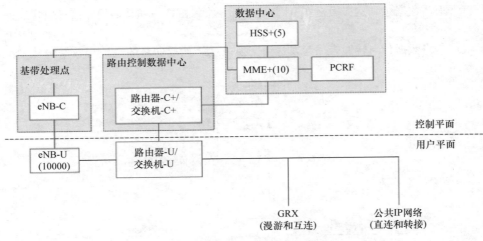

图 19.4　变革型 SDMN 的架构

案例非常一致。在该案例中，分布式 S/P-GW 与集中式 MME 通信，以减少基站和集中式 S/P-GW 之间的冗余数据。

　　拿掉集中式 S/P-GW 也意味着要改变 GTP。OpenFlow 的早期版本不支持 GTP，但用户平面单元可以用不同的技术来实现，如 VLAN 标签，或通过过在 OpenFlow 交换机直接实施 GTP[20]。GTP 的控制平面单元也可以被转移到云端。如何更低成本地从传统 GTP 过渡到更轻量的移动性管理，GTP 的角色会发挥重要的作用。以另一个来自同一工作组的案例（基于 SDN 的 LTE 移动性管理[19]）为例，它讨论了拿掉 GTP 隧道的可能性，以消除切换时所带来的信令数据和 GTP 开销。S/P-GW 的其他功能被分配到 MME + 和路由器 C + 或交换机 C + 中。

19.3　SDMN 的业务角色

　　新技术的引入也影响了移动互联网业务的价值链和业务模式，即产业结构。为了系统地探讨 SDMN 的影响，SDMN 提供移动互联网所需的功能被划分为若干业务角色，然后分配给不同的参与方。识别业务角色，并利用 Casey 等人的价值网络配置方法构建产业结构[9]，其组成部分如图 19.5 所示，并定义如下：

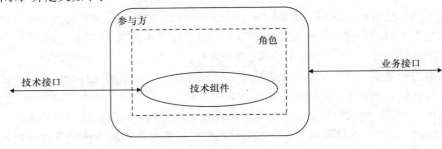

图 19.5　产业结构注解

- 技术组件：技术功能的汇集和实现，包括与其他技术组件的技术接口。
- 角色：一组活动和技术组件，其职责不能再细分给不同的参与方。
- 参与方：真正的市场参与者，承担一定角色并建立与其他参与方之间的业务接口（合同和收入模型）。

技术架构由技术组件构成，而产业结构（Casey 等人[9]论文中的价值链配置）介绍了角色如何在参与方之间分配以及参与方之间是如何相互连接的。图 19.5 中表示出技术架构和业务架构，这有助于理解它们之间的依赖关系。由于技术架构已经在 19.2 节介绍过了，所以这里重点放在产业结构上。

角色分析是构建和分析产业结构的基础。表 19.1 给出了 SDMN 相关的关键角色，可以映射到传统移动网络架构的技术组件，如图 19.6 所示的通用角色配置。然而，与传统移动网络相比，SDMN 的显著特点是打破了同一技术组件中多个角色的紧密关系，允许参与方控制他们早期集成的角色。因此，基站、路由器和网关的用户平面功能和控制平面功能分配了不同的角色。而且，S-GW 和 P-GW 的功能也是分开定义的，尽管它们已经被集成在了现有的移动网络中。为了将分析的重点放在移动网络的基本功能上，一些高级功能可能会缺失，或者包含在已确定的关键角色中了。

除了与 SDMN 内部结构相关的角色之外，还定义了与网络使用和与其他网络互连有关的两个关键外部角色，并将其包含在产业结构中。即使这两个角色分别总是分配给最终用户和互连提供商，但是它们的包含是高度相关的，因为大量的收入和成本是通过业务接口传递给这两个参与方的。

特别是对于最终用户（使用移动网络的消费者），业务接口是非常有价值的，因为其与收入来源挂钩，并为与其他参与方进行谈判积累了筹码。

表 19.1　SDMN 关键角色

角色	描述
网络使用方	通过移动设备访问网络
无线网络转发	从 eNB 接收用户数据并转发到演进分组核心网（EPC）
无线网络路由	基站和无线频率的管理与操作
核心网转发	演进分组核心网（EPC）内的业务转发
核心网路由	演进分组核心网（EPC）内的业务路由
公共网络转发	公共网络与核心网之间的业务转发和过滤（即防火墙功能）
连接管理	1）公共网络与核心网之间的连接管理 2）演进分组核心网（EPC）内的连接管理，包括 eNB 间切换的情形 又可分为： 1）公共网络连接管理 2）移动网络连接管理
移动性管理	eNB 和其他网络单元如 HSS 之间的控制平面信令管理
用户管理	管理与用户和签约有关的信息，包括用户鉴权，接入授权，以及本地网络信息
策略与计费	代理服务质量和基于流的计费策略
提供互连	通过传输、对等和漫游协议提供与公共 IP 网络和其他移动网络的互连

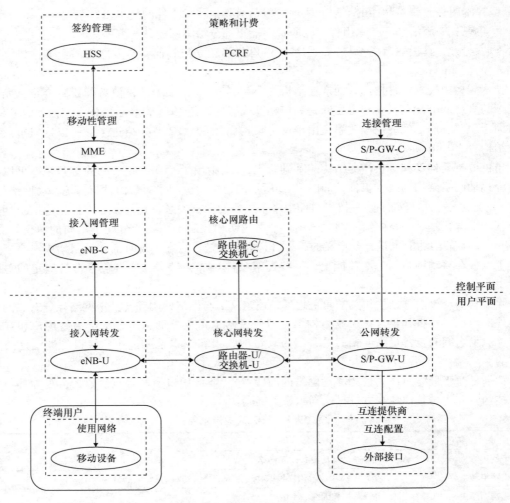

图 19.6　SDMN 通用角色配置

19.4　演进型 SDMN 的产业结构

本节通过分析可以引入 SDMN 的三种产业结构，探讨了演进型 SDMN 的商业机会。这里所介绍的产业结构在技术上都是可行的，芬兰移动运营商也已经部署了。由于这里的产业结构已经在市场上存在，本节重点分析 SDMN 如何增强移动互联网服务的灵活性并提高运营效率。

19.4.1　单一 MNO

由 MNO 驱动 SDMN 部署将是一个非常自然的演进路径，因为它们已经拥有网络基础设施并和最终用户有业务关系（见图 19.7）。因此，在第一种情况下，MNO 运营自己的移动云平台并在其上运行控制平面功能。MNO 还与互连提供商就漫游、传输和对等协议进行协商。

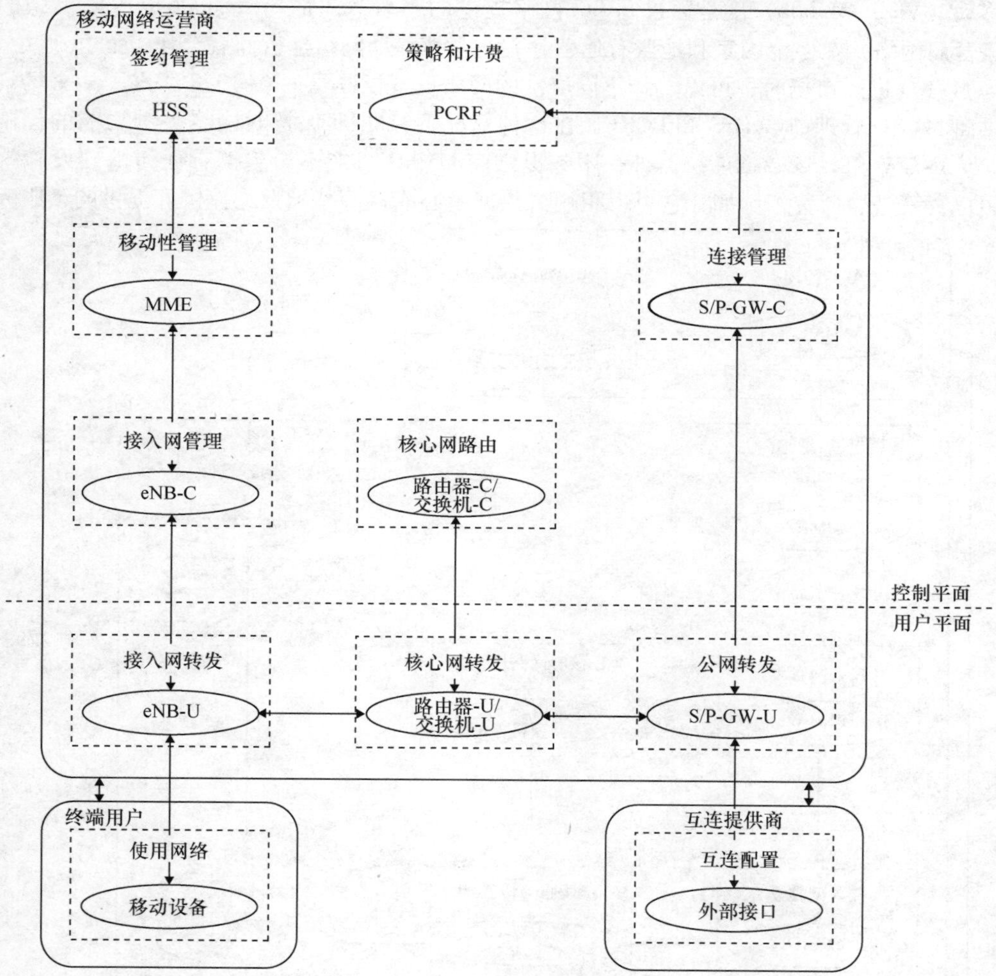

图 19.7 单一 MNO 的演进型 SDMN

这种情况的好处在于，在用户平面和控制平面云平台中使用通用标准化硬件有可能降低成本。例如，Naudts 等人[5]表明，德国的 SDN 移动网络节省了大量的资本开支，特别是在预聚合站点（即路由器）。另外，可以更加动态地处理网络配置，这使得新业务能够更快地进入市场。

但如果唯一的激励因素仅仅是节约资本开支，不足以让移动网络运营商马上转向 SDMN。只有当现有的网络基础设施得到升级后，SDMN 的部署才有可能发生。要马上部署 SDMN，其应展示出更多的好处，例如，减少运营开支，或有新的收入来源，但这些都尚待明确。

19. 4. 2 用户管理外包

在当前的移动市场中，有一种常见的业务类型，就是由移动虚拟网络运营商（MVNO）处理与最终用户的业务关系，并部分或完全使用移动网络运营商的网络基础设施[21]。例如，美国的维珍移动（Virgin Mobile）就是通过 Sprint 网络提供的 MVNO，而 Lycamobile 是一家英国的虚拟移动运营商网络，在多个国家和地区有运营，并与当地移动网络运营商有合作[23]。

当 MVNO 进入市场时，可以选择不同层次的网络设备投资[21]。图 19.8 给出了一个场景，业务提供商 MVNO 管理前端 HSS 和 PCRF。在这种情况下，MNO 保持对网络关键功能的控制，如 MME、S/P-GW 和 HSS 数据库。另外，服务提供商 MVNO 可能不希望拥有任何基础设施就可以管理用户、策略、计费，例如，它可以租用由数据中心或移动基础设施提供商提供的云服务。

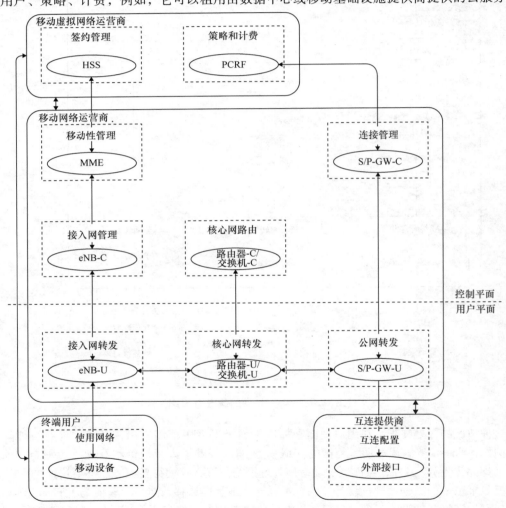

图 19.8　外包签约管理的演进型 SDMN

这种产业结构中移动运营商面临的 SDN 相关优势和挑战与单一的 MNO 产业结构相同。如果移动网络运营商将对 MVNO 收取与以前相同的费用，但仍能享受 SDN 节省的成本，就可以获得额外的收益。另外，更灵活的网络可以使 MVNO 为最终用户提供更好的服务，MNO 可以因为这个而向 MVNO 收取更多费用。

19. 4. 3　连接外包

在图 19.9 所示的第三种演进型 SDMN 产业结构中，传统的单一 MNO 被分为了移动性、连接性和服务三部分。MVNO 像在外包用户管理产业结构中一样管理对最终用户的签约、服务和收费等相关功能。此外，核心网连接外包给连接提供商，但连接管理和无线网络功能仍然掌握在 MNO 手中。与跨境、对等和漫游合作伙伴之间的互连谈判和业务协议仍由 MNO 负责。

这种划分可以为连接提供商带来规模经济效益，因为同一个传输网络可以承载多个 MNO 的流量。然而，这项研究仅以一个 MNO 的角度来看，因此在图 19.9 中只标示出了一个 MNO。因此，MNO 失去了对传输网络的一些控制，并且看起来像一个覆盖网的运营商，不拥有传输网络，所节省的成本是否足以弥补失去的控制权，仍然由市场决定。

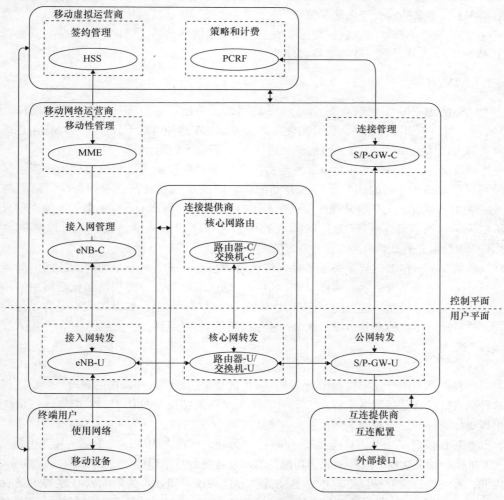

图 19.9　连接外包的演进型 SDMN

　　另外，由于引入更多的信令以及控制平面功能与用户平面单元之间的距离更长，虚拟化网络的性能也肯定更弱。但是，为了降低延迟并提高服务质量，可以在集中式基带处理站点部署缓存。

　　从移动运营商的角度来看，SDMN 在这个产业结构中的资本开支节约并不明显，因为根据 Naudts 等人[5]的说法，大量的成本节约来自现在由连接提供商拥有的预汇聚站点。因此，当连接外包时，移动网络运营商需要更多的激励因素才会部署 SDMN。另一方面，连接提供商可能有动力将 SDN 带入自己的网络。

19.5　变革型 SDMN 的产业结构

　　本节探讨了仍在起草中的变革型 SDMN 的产业结构。演进型 SDMN 的场景在变革型架构中仍然会延续下来，但这里讨论的重点是由 SDN 以及新参与方扮演的角色引起的市场结构的变化。变革型 SDMN 所带来的巨大变化是网元的外包，它降低了 MNO 对网络的控制力。另一方面，由于 MNO 控制无线频率和基站设施，其在市场上的地位依然强劲。这里讨论的三种变革型场景包括：①MVNO、②互连外包、③移动性管理外包。

19.5.1　MVNO

　　一个完整的 MVNO 需要管理整个移动核心网络，只租用来自 MNO 的频率和连接，如图 19.10 所示，用户平面和控制平面的分离使之成为可能。在这种情景下，扮演 MVNO 角色的参与方必须足够大以承担所有网元，并可能开展国际业务以享受规模经济带来的增益。

　　在这种情况下，公共网络转发以及互连协议也由 MVNO 控制。这对全球移动虚拟网络运营商来说是有意义的，它们的用户是高度移动的，它们想要控制自己的漫游协议，而不是依赖 MNO 的漫游合作伙伴。另外，MVNO 可以在不同国家的 MNO 网络上运行。例如，爱立信公司支持的沃尔沃车联网服务[24]可以为任何国家的沃尔沃新车提供数据连接，就可以从更灵活的 SDMN 架构中受益。爱立信公司在沃尔沃的案例中就扮演了 MVNO 的角色。

　　在这种情况下，移动运营商失去了对网络运营的控制，成为一个单纯的无线网络和连接提供商。另外，放弃对基带处理池站点（即 eNB-C）的管理意味着对无线网和核心网中的接入管理及资源优化失去了控制，这可能不符合 MNO 的最佳利益。但是，如果 MVNO 是移动运营商的子公司，并且面向不同的细分市场，这个产业结构可能会更加可行。

19.5.2　互连外包

　　与第一种变革型的产业结构相比，图 19.11 中的情况已经将互连协议的管理外包给连接提供商。这种职责的转移是从网络中删除 S/P-GW 技术组件的结果（见图 19.11 中的空白角色框），这样可以更加灵活地划分控制平面功能。与 S/P-GW 相关的角色分为 MNO（移动网络连接管理角色）和连接提供商（公共网络连接管理角色）。另外，现在由 MME +、HSS + 和路由器 C + 或交换机 C + 执行相关功能，这些网元是功能集而不是传统的技术组件。

　　因此，移动性管理能够以更简单、更轻量的方式完成。例如，如果 MVNO 足够大或具有可信赖的声誉（如银行），则它可以与不同国家的几个 MNO 合作，并且可以更有效地处理在本地

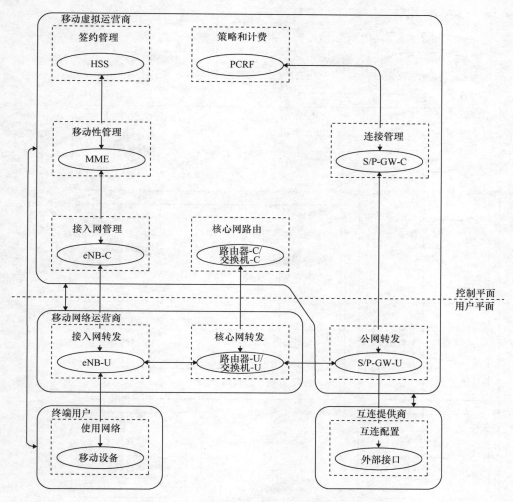

图 19.10 移动虚拟网络运营商变革型 SDMN

产生的问题。在现有的移动网络中已经定义了解决本地故障的机制；然而，由于不同国家移动网络运营商之间缺乏信任并且运营商的体量也差距比较大，其普及程度仍然很低[25]。另外，欧洲降低漫游费用[26]可能成为简化移动性管理的驱动力。

    由于连接提供商同时为几家 MNO 服务，它与互连提供商进行谈判时可能有更高的议价能力，这可能反映在漫游和传输价格上。另外，更大的网络玩家，与其他大玩家对等合作的机会也更高，而不是仅仅从他们那里购买传输服务。

    从网络中拿掉 S/P- GW 的技术可行性尚未经过充分测试，仍然面临挑战。此外，漫游是 MNO 的重要收入来源[27]。因此，他们是否真的会放弃对连接提供商漫游协议的控制仍然存在疑问。如果欧盟委员会通过废除欧盟漫游费的规定，这在欧盟范围内是可行的[28]。但是，欧洲移动运营商的用户在欧盟之外旅行时仍然需要漫游。

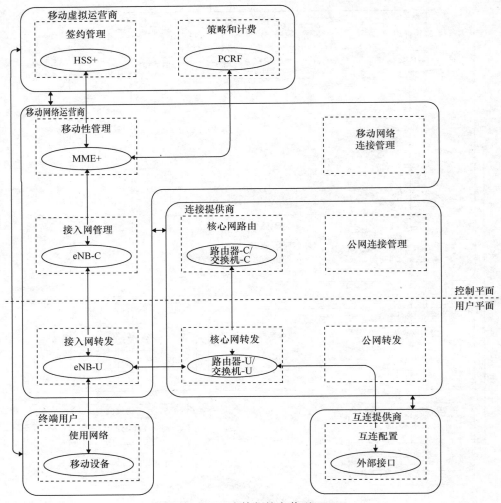

图 19.11　互连外包的变革型 SDMN

19.5.3　移动性管理外包

　　第三种变革型 SDMN 产业结构也将移动管理和无线网络管理外包给移动提供商，如图 19.12 所示。潜在的移动提供商可能是像爱立信公司和诺基亚公司这样的网络设备供应商，他们不是向网络运营商出售网络基础设施，而是提供在云平台上运行移动性管理和无线网络管理的服务。移动服务提供商可以为几家 MNO 服务，从而获得规模效益，这可能会反映在 MNO 的运营开支中。目前的网络已经存在类似的服务，例如，爱立信公司的网络管理服务[29] 负责 MNO 的规划、实施和日常运营。由于控制平面与用户平面分离，SDMN 可以为现有业务带来更多的灵活性，例如，在目前的网络管理服务中，爱立信公司并不能承担全部的无线网络管理的职责，因为无线网络管理与无线网络转发是密不可分的。

　　尽管放弃了对无线网络管理的控制，但 MNO 拥有频率许可，因此仍将控制无线相关资源。

图 19.12 展示了一个独立的 MVNO，负责管理用户、服务和计费等相关功能。然而，MNO 自身也可以承担这些角色，并且也更为可行，因为 MNO 可能最不想失去的就是对网络最终用户的业务接口的控制，如果其他一切都是外包的话。

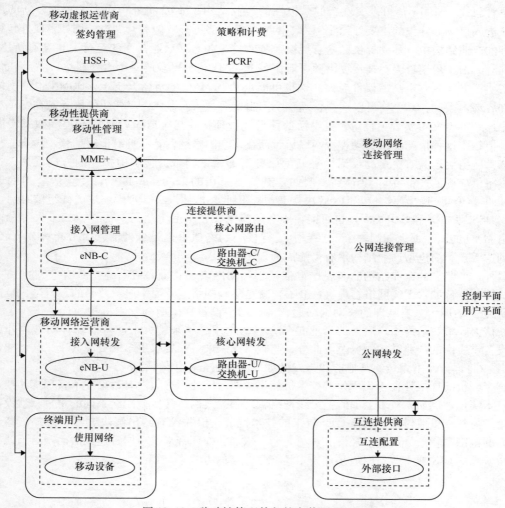

图 19.12　移动性管理外包的变革型 SDMN

19.6　讨论

本章讨论了从现有移动网络向 SDMN 的演进路线，并明确了三种演进型产业结构和三种变革型产业结构。分析表明，SDMN 首先提高了市场上现有产业结构的灵活性和运营效率。例如，演进型 SDMN 看到了网络管理方面的改进机会，包括更快的维护以及更高效、更简单的软件更新，从而使新业务更快地进入市场。另外，由于使用通用硬件，支持 SDN 的移动网络也节省了成本。在连接外包的产业结构中，连接提供商如果服务几家 MNO，也可能会从规模经济中获益。然而，演进型 SDMN 的部署速度可能会比较缓慢，因为如果只能带来未来资本开支的节约，就意味着 MNO 只会在当前基础设施的生命周期结束时才考虑将 SDN 部署到移动网络中。为了更快地部署 SDMN，需要为运营商带来更多的好处，例如，能够降低运营开支或者 SDMN 可以带来额外的收入。

不管怎样，SDMN 还可以实现新的颠覆性的产业结构，MNO 将外包更多的功能，新的产业参与者进入市场。外包的主要好处是更专业的参与者能够更有效地运营网络。例如，在外包移动性管理的产业结构中，移动提供商享有规模经济效益，在对移动运营商的定价上也会有所反映。与此同时，由于规模较大，连接提供商可能比单个 MNO 具有更多的对等合作机会，并且在传输和漫游协议方面具有更高的议价能力，这也可能反映在 MNO 的运营开支上。SDMN 也使网络共享更加容易。因此，MVNO 可以选择管理整个控制平面，从而提供更多样化的服务。在变革型架构中拿掉 S/P-GW 可实现更轻量、更灵活的移动性管理，并与全球 MVNO 一起提高数据漫游的效率。但是，这种情况要求移动虚拟网络运营商在多个国家运营，并拥有值得信赖的声誉。

移动网络由于具有更多的灵活性和新的服务潜力，正朝着云化和虚拟化的方向发展，这从网络设备供应商的产品中可以看到，例如，诺基亚公司的 Liquid Net[30]、爱立信公司的云系统[31]、华为公司的敏捷网络和 SDN 解决方案[32]。因此，即使没有 SDN，演进的分组核心网（即 MME、HSS、PCRF 和 S/P-GW）也可能在不久的将来在云平台上运行。另外，如果大部分内容都来自 MNO 的云，那么在同一个云平台上运行核心网络似乎也是合理的，因为能够节省流量。考虑到这一点，演进型产业结构很有可能成为现实。

另外，变革型的产业结构的实现严重依赖于移动网络运营商是否有意愿放弃它对网络关键功能的控制。例如，无线网络管理（eNB-C）就是移动网络运营商不愿意放弃的。但是，最近的一项研究[33]表明，来自欧洲的移动网络运营商、网络设备提供商和学术机构的代表进行了头脑风暴，认为隐藏在最终用户后面的产业参与方起的作用会越来越大，这将推动移动管理外包给网络设备供应商的产业结构的普及。此外，监管机构未来可能要求更多的资源共享，这可能迫使 MNO 至少将部分网络租赁给其他的参与方（如果不是完全外包的话）。

这个分析的局限性在于 SDMN 的技术仍然不成熟。因此，这里没有讨论变革型 SDMN 产业结构的技术实现。例如，技术上如何把无线网络管理和无线网络转发分配给不同的角色，就没在这里讨论。另外，虽然讨论了拿掉 GTP 带来的技术挑战，但并没有给出解决方案。此外，鉴于本章研究的范围和特点，由规模经济、资源共享、增加的处理带来的净增益还无法确定。因此，将来定量研究 SDMN 成本收益时应采用技术经济学建模的方式来开展。

参 考 文 献

[1] Cisco (2014). Cisco visual networking index: forecast and methodology, 2013–2018. Updated June 10, 2014, Accessed April 1, 2015, at: http://www.cisco.com/c/en/us/solutions/collateral/service-provider/ip-ngn-ip-next-generation-network/white_paper_c11-481360.pdf.

[2] McKeown, N., Anderson, T., Balakrishnan, H., Parulkar, G., Peterson, L., Rexford, J., Shenker, S., and Turner, J. (2008). OpenFlow: enabling innovation in campus networks. ACM SIGCOMM Computer Communication Review, 38(2), pp. 69–74.

[3] Raghavan, B., Casado, M., Koponen, T., Ratnasamy, S., Ghodsi, A., and Shenker, S. (2012). Software-defined internet architecture: decoupling architecture from infrastructure. Proceedings of the 11th ACM Workshop on Hot Topics in Networks, October, 29-30, 2012, Redmon, VA, USA, pp. 43–48.

[4] Valdivieso Caraguay, A.L., Barona Lopez, L.I., and Garcia Villalba, L.J. (2013). Evolution and challenges of software defined networking. Proceedings of 2013 IEEE SDN for Future Networks and Services (SDN4FNS), November 11–13, 2013, Trento, Italy, pp. 49–55.

[5] Naudts, B., Kind, M., Westphal, F.-J., Verbrugge, S., Colle, D., and Pickavet, M. (2012). Techno-economic analysis of software defined networking as architecture for the virtualization of a mobile network. Proceedings of 2012 European Workshop on Software Defined Networking, October 25–26, 2012, Darmstadt, Germany, pp. 67–72.

[6] GSMA (2012). Mobile infrastructure sharing. Accessed January 24, 2015, at: http://www.gsma.com/publicpolicy/wp-content/uploads/2012/09/Mobile-Infrastructure-sharing.pdf. Accessed February 18, 2015.

[7] Fischer, A., Botero, J.F., Beck, M.T., de Meer, H., and Hesselbach, X. (2013). Virtual network embedding: a survey. IEEE Communications Surveys & Tutorials, 15(4), pp. 1888–1906.

[8] Dramitinos, M., Zhang, N., Kantor, M., Costa-Requena, J., and Papafili, I. (2013). Video delivery over next generation cellular networks. Proceedings of the Workshop on Social-aware Economic Traffic Management (SETM) at the 9th International Conference on Network and Service Management, October 18, 2013, Zurich, Switzerland, pp. 386–393.

[9] Casey, T., Smura, T., and Sorri, A. (2010). Value network configurations in wireless local area access. Proceedings of 9th Conference on Telecommunications Internet and Media Techno Economics (CTTE), June 7–9, 2010, Ghent, Belgium, pp. 1–9.

[10] Christensen, C. (2003). *The Innovator's Dilemma*. HarperBusiness Essentials, New York, p. xviii.

[11] Basta, A., Kellerer, W., Hoffmann, M., Hoffmann, K., and Schmidt, E.-D. (2013). A virtual SDN-enabled LTE EPC architecture: a case study for S-/P-gateways functions. Proceedings of IEEE SDN for Future Networks and Services (SDN4FNS), November 11–13, 2013, Trento, Italy, pp. 8–14.

[12] 3GPP TS 23.002, "3rd Generation Partnership Project; Technical Specification Group Services and System Aspects; Network architecture (Release 12)", Updated June 2013, Accessed April 1, 2015, at: http://www.3gpp.org/ftp/Specs/archive/23_series/23.002/23002-c20.zip.

[13] Pentikousis, K., Wang, Y., and Hu, W. (2013). MobileFlow: toward software-defined mobile networks. IEEE Communications Magazine, 51(7), pp. 44–53.

[14] Penttinen, J. (2012). LTE and SAE architecture. In: J. Penttinen (ed.), *The LTE/SAE Deployment Handbook*. John Wiley & Sons, Ltd, Chichester, pp. 63–77.

[15] The World Bank Group (2012). World DataBank: population density. Accessed January 24, 2015, at: http://databank.worldbank.org/data/views/reports/tableview.aspx.

[16] Statistics Finland (2014). Official Statistics of Finland (OSF): preliminary population statistics. May 22, 2014. Accessed January 24, 2015, at: http://www.stat.fi/til/vamuu/2014/04/vamuu_2014_04_2014-05-22_tie_001_en.html.

[17] NSN Whitepaper (2013). Nokia Solutions and Networks, Liquid Radio, let traffic waves flow most efficiently. Accessed, April 1, 2015, at: http://br.networks.nokia.com/file/26241/liquid-radio-let-traffic-waves-flow-most-efficiently.

[18] Costa-Perez, X., Swetina, J., Guo, T., Mahindra, R., and Rangarajan, S. (2013). Radio access network virtualization for future mobile carrier networks. IEEE Communications Magazine, 51(7), pp. 27–35.

[19] Open Network Foundation (2014). Wireless & Mobile Working Group charter. Accessed January 24, 2015, at: https://www.opennetworking.org/images/stories/downloads/working-groups/charter-wireless-mobile.pdf.

[20] Kempf, J., Johansson, B., Pettersson, S., Lüning, H., and Nilsson, T. (2012). Moving the mobile evolved packet core to the cloud. Proceedings of the Fifth International Workshop on Selected Topics in Mobile and Wireless Computing, October 8–10, 2012, Barcelona, Spain, pp. 784–791.

[21] Smura, T., Kiiski, A., and Hämmäinen, H. (2007). Virtual operators in the mobile industry: a techno-economic analysis. NETNOMICS: Economic Research and Electronic Networking, 8(1–2), pp. 25–48.

[22] Virgin Mobile (2014). Check coverage. Accessed January 24, 2015, at: http://www.virginmobileusa.com/check-cell-phone-coverage.

[23] Lycamobile (2014). Lycamobile across 17 countries. Accessed January 24, 2015, at: http://www.lycamobile.com/lycamobile.php.

[24] Ericsson (2012). Press release: Connected Car services come to market with Volvo Car Group and Ericsson. December 17, 2012. Accessed January 24, 2015, at: http://www.ericsson.com/news/1665573.

[25] van Veen, M. (2013). Local breakout—a new challenge for networks. LTE World Series Blog, August 7, 2013. Accessed January 24, 2015, at: http://lteconference.wordpress.com/2013/08/07/local-breakout-a-new-challenge-for-networks/.

[26] European Commission (2014). Roaming tariffs. Accessed January 24, 2015, at: http://ec.europa.eu/digital-agenda/en/roaming-tariffs.

[27] Bhas, N. (2012). Press release: Mobile roaming revenues to exceed $80bn by 2017, driven by data roaming usage. Juniper Research, October 3, 2012. Accessed January 24, 2105, at: http://www.juniperresearch.com/viewpressrelease.php?pr=341.

[28] European Commission (2014). EU plans to end mobile phone roaming charges. Updated March 6, 2014. Accessed January 24, 2105, at: http://ec.europa.eu/news/science/130916_en.htm.

[29] Ericsson (2014). Network managed services. Accessed January 24, 2015, at: http://www.ericsson.com/us/ourportfolio/telecom-operators/network-managed-services?nav=marketcategory004fgb_101_127.

[30] Nokia Solutions and Network (2014). Liquid Net. Accessed January 24, 2015, at: http://nsn.com/portfolio/liquidnet.

[31] Ericsson (2014). Ericsson Cloud System. Accessed April 1, 2015, at: http://www.ericsson.com/ourportfolio/products/cloud-system.

[32] Huawei (2014). Agile network & SDN solutions. Accessed January 24, 2015, at: http://enterprise.huawei.com/en/solutions/basenet/agile-network/index.htm.

[33] Bai, X. (2013). Scenario analysis on LTE mobile network virtualization. Master's thesis, Department of Communications and Networking, Aalto University School of Electrical Engineering, Espoo, Finland.

缩 略 语

缩写	英文名称	中文名称
1G	First Generation	第一代移动通信技术
2G	Second Generation	第二代移动通信技术
3D	Three-Dimensional	三维
3G	Third Generation	第三代移动通信技术
3GPP	Third-Generation Partnership Project	第三代合作伙伴计划
4G	Fourth Generation	第四代移动通信技术
5G	Fifth Generation	第五代移动通信技术
AAA	Authentication, Authorization, and Accounting	认证、授权和计费
ACID	Atomicity, Consistency, Isolation, and Durability	原子性、一致性、隔离性、持久性
ACK	Acknowledgment	确认
ADC	Application Detection and Control	应用检测和控制
ADC	Application Delivery Controllers	应用交付控制器
ADSL	Asymmetric Digital Subscriber Line	非对称数字用户线路
AF	Application Function	应用功能
AKA	Authentication and Key Agreement	认证与密钥协商
ALTO	Application-Layer Traffic Optimization	应用层业务优化
AMPS	Advanced Mobile Phone System	先进移动电话系统
AN	Access Network	接入网
API	Application Programming Interface	应用编程接口
APLS	Application Label Switching	应用标签交换
APN	Access Point Name	接入点名称
APN-AMBR	Per APN Aggregate Maximum Bit Rate	每 APN 聚合最大比特速率
APS	Access Point Services	接入服务
APT	Advanced Persistent Threat	高级持续性威胁
AQM	Active Queue Management	活动队列管理
ARP	Address Resolution Protocol	地址解析协议
ARP	Allocation and Retention Priority	分配和保持优先级
AS	Access Stratum	接入层
AS	Autonomous System	自治系统

（续）

缩写	英文名称	中文名称
ASS	Application Service Subsystem	应用服务子系统
ATM	Asynchronous Transfer Mode	异步传输模式
BBERF	Bearing Binding and Event Report Function	承载绑定和事件报告功能
BBF	Broadband Forum	宽带论坛
BGP	Border Gateway Protocol	边界网关协议
BR	Business Revenue	商业收益
BS	Base Station	基站
BSC	Base Station Controller	基站控制器
BSS	Base Station Subsystem	基站子系统
BSS	Business Service Subsystem	商业服务子系统
BT	Business Tariff	商业税
BTR	Bit Transfer Rate	比特传送速率
BTS	Base Transceiver Station	基站
BYOD	Bring Your Own Device	自带办公设备
CAGR	Compound Annual Growth Rate	复合年均增长率
CAM	Content-Addressable Memory	内容寻址存储器
CAP	Cognitive Access Point	认知接入点
CapEx	Capital Expenditure	资本开支
CAPWAP	Control and Provisioning of Wireless Access Point	无线接入点的控制和配置协议
CBTC	Communication-Based Train Control	基于通信的列车控制
CCN	Content-Centric Network	以内容为中心的网络
CDF	Cumulative Distribution Function	累积分布函数
CDMA	Code Division Multiple Access	码分多址
CDN	Content Delivery Network	内容分发网络
CDNI	Content Delivery Network Interconnection	内容分发网络互连
CE	Control Element	控制单元
CES	Customer Edge Switching	用户边界交换
CGE	Carrier-Grade Ethernet	运营商级以太网
CG-NAT	Carrier-Grade Network Address Translation	运营商级网络地址转换方案
CGW	Charging Gateway	计费网关
CIA	Confidentiality, Integrity, and Availability	保密性、完整性、可用性
C-MVNO	Cognitive Mobile Virtual Network Operator	认知移动虚拟网络运营商

（续）

缩写	英文名称	中文名称
CN	Core Network	核心网
CoA	Care of Address	转交地址
COTS	Commercial off-The-Shelf	商用货架产品
CP	Control Plane	控制平面
CPP	Controller Placement Problem	控制器放置问题
CPU	Central Processing Unit	中央处理器
C-RAN	Cloud-Radio Access Network	云无线接入网
CRM	Cognitive Radio Management	认知无线电管理
D2D	Device to Device	设备对设备
DDoS	Distributed Denial of Service	分布式拒绝服务
DFI	Deep Flow Inspection	深度流检测
DHCP	Dynamic Host Configuration Protocol	动态主机配置协议
DiffServ	Differentiated Services	区分服务
DL	Downlink	下行
DMM	Distributed Mobility Management	分布式移动性管理
DNS	Domain Name Server	域名服务器
DoS	Denial of Service	拒绝服务
DP	Data Plane	数据平面
DPDK	Data Plane Development Kit	数据平面开发套件
DPI	Deep Packet Inspection	深度包检测
DSCP	Differentiated Services Code Point	差分服务代码点
DSL	Digital Subscriber Line	数字用户线路
DTLS	Datagram Transport Layer Security	数据包传输层安全性协议
EAP	Extensible Authentication Protocol	扩展认证协议
EAP-AKA	Extensible Authentication Protocol-Authentication and Key Agreement	扩展认证协议-认证与密钥协商
EAP-SIM	Extensible Authentication Protocol-Subscriber Identity Module	扩展认证协议-用户身份识别卡
EC2	Elastic Compute Cloud	弹性计算云
ECMP	Equal-Cost Multi-Path	等价多路径
EDGE	Enhanced Data Rates for GSM Evolution	增强型数据速率 GSM 演进技术
EID	Endpoint Identifier	端点标识

（续）

缩写	英文名称	中文名称
EM	Element Manager	单元管理器
Email	Electronic Mail	电子邮件
eNodeB	Enhanced Nodeb	增强型 Node B
EPC	Evolved Packet Core	演进的分组核心网
ePCRF	Enhanced Policy and Charging Rules Function	增强的策略与计费规则功能
EPS	Evolved Packet Service	演进分组业务
E-RAB	Evolved Radio Access Bearer	演进的无线接入承载
ETSI	European Telecommunications Standards Institute	欧洲电信标准化协会
E-UTRAN	Evolved UMTS Terrestrial Radio Access Network	演进的 UMTS 陆地无线接入网
EVDO	Evolution-Data Optimized	演进的数据优化 CDMA 网络
FE	Forwarding Element	转发单元
FLV	Flash Video	视频，一种流媒体格式
FM	Frequency Modulation	频率调制
FMC	Fixed-Mobile Convergence	固移融合
ForCES	Forwarding and Control Element Separation	转发和控制单元分离
FQDN	Fully Qualified Domain Name	完全合格域名
FRA	Future Radio Access	未来无线接入
FTP	File Transfer Protocol	文件传输协议
FW	Firewall	防火墙
GBR	Guaranteed Bit Rate	保证比特速率
GENI	Global Environment for Networking Innovation	全球网络创新环境
GGSN	Gateway GPRS Support Node	网关支持节点
GPL	General Public License	通用性公开许可证
GPRS	General Packet Radio Service	通用分组无线业务
GRX	GPRS Roaming Exchange	漫游交换
GSM	Global System for Mobile Communication	全球移动通信系统
GTP	GPRS Tunneling Protocol	隧道协议
GUTI	Globally Unique Temporary Identity	全球唯一临时标识
H2020	Horizon 2020	地平线 2020
HA	Home Agent	本地代理
HA	High Availability	高可用性
HAS	HTTP Adaptive Streaming Service	自适应流媒体服务

（续）

缩写	英文名称	中文名称
HD	High Definition	高分辨率
HeNB	Home eNodeB	家庭 eNodeB
HetNet	Heterogeneous Network	异构网络
HFSC	Hierarchical Fair-Service Curve	分层公平服务曲线
HIP	Host Identity Protocol	主机标识协议
HLR	Home Location Register	归属位置寄存器
HLS	HTTP Live Streaming	实现流
HMAC	Hash Message Authentication Code	哈希消息认证码
HMIPv6	Hierarchical Mobile IPv6	分层移动 IPv6
HoA	Home Address	本地地址
HRPD	High-Rate Packet Data Service	高速分组数据业务
HSPA	High-Speed Packet Access	高速分组接入
HSS	Home Subscriber Server	归属签约用户服务器
HTB	Hierarchical Token Bucket	分层令牌桶
HTTP	Hyper Text Transfer Protocol	超文本传输协议
I2RS	Interface to the Routing System	路由系统接口
IaaS	Infrastructure as a Service	基础设施即服务
IA-MVNO	Intra-Modular Mobile Virtual Network Operator	模块内移动虚拟网络运营商
ICN	Information-Centric Network	以信息为中心的网络
ID	Identifier	标识
IDPS	Intrusion Detection and Prevention System	入侵检测和预防系统
IDS	Intrusion Detection System	入侵检测系统
IEEE	Institute of Electrical and Electronics Engineers	电气电子工程师学会
IE-MVNO	Intermodular Mobile Virtual Network Operator	模块间移动虚拟网络运营商
IETF	Internet Engineering Task Force	互联网工程任务组
ILNP	Identifier/Locator Network Protocol	标识符/定位符网络协议
ILS	Identifier/Locator Split	标识符/定位符分离
IMS	IP Multimedia Subsystem	多媒体子系统
IMSI	International Mobile Subscriber Identity	国际移动用户标识
IoT	Internet of Things	物联网
IP	Internet Protocol	互联网协议
IPsec	Internet Protocol Security	互联网协议安全

（续）

缩写	英文名称	中文名称
IPTV	Internet Protocol Television	互联网电视
IPX	Internetwork Packet Exchange	互联网数据包交换
ISAAR	Internet Service Quality Assessment and Automatic Reaction	互联网服务质量评估和自动响应
ISP	Internet Service Provider	互联网服务提供商
ISV	Independent Software Vendor	独立的软件供应商
IT	Information Technology	信息技术
ITU	International Telecommunication Union	国际电信联盟
KASME	Key Access Security Management Entity	密钥访问安全管理实体
KPI	Key Performance Indicator	关键绩效指标
L1	Layer 1	层 1
L2	Layer 2	层 2
L3	Layer 3	层 3
L4	Layer 4	层 4
L7	Layer 7	层 7
LAN	Local Area Network	局域网
LISP	Locator Identifier Separation Protocol	定位符标识符分离协议
LMA	Local Mobility Anchor	本地移动锚点
LR-WPAN	Low-Rate Wireless	低速率无线个人域网路
LSP	Label-Switched Path	标签交换路径
LTE	Lon-Term Evolution	长期演进
LTE-A	Long-Term Evolution-Advanced	长期演进增强
M2M	Machine to Machine	机器对机器
MaaS	Mobility as a Service	移动即服务
MAC	Media Access Control	媒体接入控制
MAC	Message Authentication Code	消息认证码
MAG	Mobile Access Gateway	移动接入网关
MANO	Management and Orchestration	管理和编排
MAP	Mobility Anchor Point	移动锚点
MBR	Maximum Bit Rate	最大比特速率
MCP	Multiple Controller Placement	多控制器放置
ME	Mobile Equipment	移动设备
MEF	Metro Ethernet Forum	城域以太网论坛

（续）

缩写	英文名称	中文名称
MEUN	Mobile End User Node	移动端用户节点
MEVICO	Mobile Networks Evolution for Individual Communications Experience	为了个体通信体验的移动网络演进
MIMO	Multiple Input and Multiple Output	多输入多输出
MIP	Mobile IP	移动 IP
MIPv6	Mobile IPv6	移动 IPv6
MLB	Mobility Load Balancing	移动负载均衡
MM	Mobility Management	移动性管理
MME	Mobility Management Entity	移动性管理实体
MNO	Mobile Network Operator	移动网络运营商
MO	Mobile Operator	移动运营商
MOS	Mean Opinion Score	平均主观意见分
MPG	Mobile Personal Grid	移动个人网格
MPLS	Multiprotocol Label Switching	多协议标签交换
MSC	Mobile Switching Center	移动交换中心
MSOP	Mobile Virtual Network Operator Service Optimization	移动虚拟网络运营商服务优化
MSS	Mobile Switching Systems	移动交换系统
MTC	Machine-Type Communications	机器类通信
MTU	Maximum Transmission Unit	最大传输单元
MVNA	Mobile Virtual Network Aggregator	移动虚拟网络聚合商
MVNE	Mobile Virtual Network Enabler	移动虚拟网络使能商
MVNO	Mobile Virtual Network Operator	移动虚拟网络运营商
MVO	Mobile Virtual Operator	移动虚拟运营商
NaaS	Network as a Service	网络即服务
NAS	Nonaccess Stratum	非接入层
NAT	Network Address Translation	网址翻译
NBI	Northbound Interface	北向接口
NBS	Name-Based Sockets	基于名字的套接字
NFV	Network Function Virtualization	网络功能虚拟化
NFVI	Network Function Virtual Infrastructure	网络功能虚拟化基础设施
NFVO	Network Function Virtualization Orchestrator	网络功能虚拟化编排器
NGN	Next-Generation Network	下一代网络

（续）

缩写	英文名称	中文名称
NIDS	Network Intrusion Detection System	网络入侵检测系统
NMS	Network Monitoring System	网络监控系统
NNSF	NAS Node Selection Function	非接入层节点选择功能
NOMA	Nonorthogonal Multiple Access	非正交多址接入
NOS	Network Operating System	网络操作系统
NRM	Network Resource Manager	网络资源管理器
NSC	Network Service Chaining	网络服务链
NSD	Network Service Descriptor	网络服务描述符
NSN	Nokia Solutions and Network	诺基亚网络与解决方案
NSS	Network Service Subsystem	网络服务子系统
NVP	Network Virtualization Platform	网络虚拟化平台
OAM	Operation and Management	操作和管理
OF	Openflow	一种 SDN 协议
OFDM	Orthogonal Frequency Division Multiplexing	正交频分多址
OIF	Optical Internet Forum	光联网论坛
ONF	Open Network Foundation	开放网络基金会
OpenSig	Open Signaling	开放信令
OpEx	Operational Expenditure	运营开支
OS	Operating System	操作系统
OS3E	Open Science, Scholarship, and Services Exchange	开放科学、学术与服务交换
OSS	Optimal Subscriber Service	最佳签约服务
OTT	Over the Top	互联网应用服务
OVS	Open Virtual Switch	开放虚拟交换机
OWA	Open Wireless Architecture	开放无线架构
P2P	Peer to Peer	对等网络
P4P	Provider Portal for P2P Application	P2P 应用程序提供商门户
PaaS	Platform as a Service	平台即服务
PC	Personal Computer	个人计算机
PCC	Policy Control and Charging	策略控制和计费
PCEF	Policy Control Enforcement Function	策略控制执行功能
PCRF	Policy and Charging Rules Function	策略与计费规则功能
PDCP	Packet Data Convergence Protocol	分组数据汇聚协议

（续）

缩写	英文名称	中文名称
PDN-GW	Packet Data Network Gateway	分组数据网络网关
PDP	Packet Data Protocol	分组数据协议
PDSN	Packet Data Serving Node	分组数据服务节点
PFB	Per-Flow Behavior	每流的行为
P-GW	Packet Data Network Gateway	分组数据网络网关
PID	Provider-Defined Identifier	提供商定义的标识符
PIN	Place in the Network	网络中的位置
PKI	Public Key Infrastructure	公钥基础设施
PMIPv6	Proxy Mobile IPv6	代理移动 IPv6
PO	Primary Operator	一线运营商
PoC	Push over Cellular	无线一键通
POP	Points of Presence	入网点
POS	Packet over SONETSONET	分组
POTS	Plain Old Telephone System	普通老式电话业务
PPP	Point-to-Point Protocol	点对点协议
PR	Path Record	路径记录
PSTN	Public Switched Telephone Network	公共交换电话网络
PTT	Push to Talk	一键通
QCI	QoS Class Identifier	等级标识符
QEN	Quality Enforcement	质量执行
QMON	Quality Monitoring	质量监控
QoE	Quality of Experience	体验质量
QoS	Quality of Service	服务质量
QRULE	Quality Rules	质量规则
RAN	Radio Access Network	无线接入网络
RAP	Radio Access Point	无线接入点
RBAC	Role-Based Access Control	基于角色的访问控制
REST	Representational State Transfer	表述性状态传递
RF	Radio Frequency	无线频率
RFC	Request for Comments	征求意见文档
RLOC	Routing Locator	路由定位符
RLSE	Regional-Level Spectral Efficiency	区域级频谱效率

（续）

缩写	英文名称	中文名称
RMON	Remote Monitoring	远程监控
RNAP	Resource Negotiation and Pricing	资源谈判和定价
RNC	Radio Network Controller	无线网络控制器
ROI	Return of Investment	投资回报率
RPC	Remote Procedure Call	远程过程调用
RRC	Radio Resource Control	无线资源控制
RRM	Radio Resource Management	无线资源管理
RTP	Real-Time Transport Protocol	实时传输协议
RTT	Round-Trip Time	回环时间
S/P-GW	Serving/Packet Data Network	服务/分组数据网络
SaaS	Security as a Service	安全即服务
SaaS	Software as a Service	软件即服务
SAE	System Architecture Evolution	系统架构演进
SatCom	Satellite Communication	卫星通信
SBC	Session Border Controller	会话边界控制器
SBI	Southbound Interface	南向接口
SCTP	Stream Control Transmission Protocol	流控制传输协议
SD	Standard Definition	标准定义
SDM	Software-Defined Monitoring	软件定义的监控
SDM CTRL	Software-Defined Monitoring Controller	软件定义监测控制器
SDMN	Software-Defined Mobile Network	软件定义移动网络
SDN	Software-Defined Network	软件定义网络
SDNRG	Software-Defined Networking Research Group	软件定义网络研究组
SDP	Session Description Protocol	会话描述协议
SDR	Software-Defined Radio	软件定义无线电
SDS	Software-Defined Security	软件定义安全
SDWN	Software-Defined Wireless Network	软件定义无线网络
SENSS	Software-Defined Security Service	软件定义安全服务
SG	Study Group	研究组
SGSN	Serving Gprs Support Node	服务 GPRS 支持接点
S-GW	Serving Gateway	服务网关
SHA	Secure Hash Algorithm	安全哈希算法

（续）

缩写	英文名称	中文名称
SID	Service Identifier	服务标识符
SIEM	Security Information and Event Management	安全信息和事件管理
SIGMONA	SDN Concept in Generalized Mobile Network Architecture	通用移动网络架构中的 SDN 概念
SILUMOD	Simulation Language for User Mobility Model	用户移动模型仿真语言
SIM	Subscriber Identity Module	用户身份识别模块
SINR	Signal-to-Interference-plus-Noise Ratio	信号与干扰加噪声比
SIP	Session Initiation Protocol	会话初始协议
SLA	Service-Level Agreement	服务等级协议
SMS	Short Message Service	短消息服务
SNMP	Simple Network Monitoring Protocol	简单网络管理协议
SNR	Signal-to-Noise Ratio	信噪比
SO	Secondary Operator	二线运营商
SOA	Service-Oriented Architecture	面向服务的架构
SON	Self-Organizing Network	自组织网络
SONET	Synchronous Optical Networking	同步光网络
SP	Service Provider	服务提供商
SPR	Subscription Profile Repository	签约信息库
SP-SDN	Service Provider SDN	服务提供商 SDN
SRAM	Static Random Access Memory	静态随机存取存储器
SSID	Service Set Identifier	服务集标识
SSL	Secure Sockets Layer	安全套接层
SSS	Standard Subscriber Service	标准签约服务
STUN	Simple Traversal of UDP over NAT	NAT 上 UDP 简单穿越
SUMA	Software-Defined Unified Monitoring Agent	软件定义统一监控代理
SuVMF	Software-Defined Unified Virtual Monitoring Function for SDN-Based Network	网络软件定义的统一虚拟监控功能
TAI	Tracking Area ID	跟踪区标识
TCAM	Ternary Content-Addressable Memory	三态内容寻址存储器
TCP	Transmission Control Protocol	传输控制协议
TDF	Traffic Detection Function	流量探测功能
TDM	Time-Division Multiplexed	时分复用
TDMA	Time-Division Multiple Access	时分多址

（续）

缩写	英文名称	中文名称
TEID	Tunnel Endpoint Identifier	隧道端点标识符
TFT	Traffic Flow Template	业务流模板
TLS	Transport Layer Security	传输层安全
ToR	The Onion Router	洋葱路由器
ToS	Theft of Service	非法窃取服务
TR	Tunnel Router	隧道路由器
TV	Television	电视
UDP	User Datagram Protocol	用户数据报协议
UDR	User Data Repository	用户数据库
UE	User Equipment	用户设备
UE-AMBR	UE Aggregate Maximum Bit Rateue	聚合最大比特速率
UGC	User-Generated Content	用户生成的内容
UL	Uplink	上行
UMTS	Universal Mobile Telecommunications System	全球移动通信系统
URI	Uniform Resource Identifier	统一资源标识符
URL	Uniform Resource Locator	统一资源定位符
USIM	Universal Subscriber Identity Module	全球用户识别模块
USS	User-Supportive Subsystem	用户支持子系统
VDI	Virtual Desktop Infrastructure	虚拟桌面基础设施
vEPC	Virtual Evolved Packet Core	虚拟化演进分组核心网
VHF	Very High Frequency	甚高频
VIM	Virtualized Infrastructure Manager	虚拟化基础设施管理器
VIRMANEL	Virtual MANET Lab	虚拟 MANET 试验室
VLAN	Virtual Local Area Network	虚拟局域网
VLD	Virtual Link Descriptor	虚拟链路描述符
VLR	Visitor Location Register	访问位置寄存器
VM	Virtual Machine	虚拟机
VN	Virtual Network	虚拟网络
VNE	Virtualized Network Element	虚拟化网络单元
VNF	Virtualized Network Function	虚拟化网络功能
VNFD	Virtual Network Function Descriptor	虚拟网络功能描述符
VNFD	VNF Descriptor	描述符

（续）

缩写	英文名称	中文名称
VNFFGD	Virtual Network Function Forwarding Graph Descriptor	虚拟网络功能转发图表描述符
VNFM	VNF Manager	管理器
VNI	Visual Networking Index	可视化网络指数
VNO	Virtual Network Operator	虚拟网络运营商
VO	Virtual Operator	虚拟运营商
VOD	Video on Demand	视频点播
VoIP	Voice over IP	IP 语音
VPMNO	Virtual Private Mobile Network Operator	虚拟专用移动网络运营商
VPN	Virtual Private Network	虚拟专网
VPNS	Virtual Private Network System	虚拟专网系统
VS	Virtual Switch	虚拟交换机
WAP	Wireless Application Protocol	无线应用协议
WCDMA	Wideband Code Division Multiple Access	宽带码分多址接入
Wi-Fi	Wireless Fidelity	无线保真
WiMAX	Worldwide Interoperability for Microwave Access	全球微波互联接入
WLAN	Wireless Local Area Network	无线局域网
WPAN	Wireless Personal Area Network	无线个人局域网
WWAN	Wireless Wide Area Network	无线广域网
XML	Extensible Markup Language	可扩展标记语言

——推荐阅读——

5G 之道：4G、LTE-A Pro 到 5G 技术全面详解（原书第 3 版）

埃里克·达尔曼（Erik Dahlman）等著　缪庆育　范斌　堵久辉　译
定价：129 元

■ 通信经典畅销书《4G 移动通信技术指南》面向 5G 的全面
升级版。

■ 业界知名专家对 LTE 到 5G 等技术的经典解读。

■ 由与 3GPP 工作紧密的爱立信权威工程师所著，内容实用
得到全球通信从业者认可。

本书详细解释了 5G 以及 LTE、LTE-A 和 LTE-A Pro 的实现技术与过程，并对通往实现
5G 之路以及相关可行技术提供了详细描述。

NB-IoT 物联网技术解析与案例详解

黄宇红　杨光　肖善鹏　曹蕾　李新　等　定价：69 元

■ 业界专家学者热情推荐，中移动研究院核心团队出品。

■ 应用 NB-IoT 开发物联网项目的手把手实践教程。

■ 从技术解析到真实商用案例实战的全景路线图，让垂直行
业更好理解通信技术。

本书以实际商用案例为切入点来剖析 NB-IoT 技术特性和带给
行业的新价值，指导实际项目开发。

LTE 小基站优化：3GPP 演进到 R13

哈里·霍尔马（Harri Holma）等著　堵久辉、洪伟　译　定价：
119 元

■ 讨论 LTE 小基站，从规范到产品再到外场测试结果。

■ 国际电信业专家编写，通过大量商用网络样本检验 LTE 优
化方案。

本书及时地讨论了 LTE 小基站和网络优化的相关研发和标准
化工作，涵盖了小站从规范到产品及外场测试结果，以及 LTE 优
化和从商用网络中获得的经验总结。